新曲缐 | 用心雕刻每一本……
New Curves
http://site.douban.com/110283/
http://weibo.com/nccpub

用心字里行间　雕刻名著经典

商务印书馆(成都)有限责任公司出品

独立思考

——日常生活中的批判性思维

（第2版）

［美］朱迪丝·博斯　著

岳盈盈　翟继强　译

商务印书馆

2023年·北京

Judith A. Boss

Think: Critical Thinking and Logic Skills for Everyday Life

ISBN: 0-07-803820-0

Copyright © 2012 by The McGraw-Hill Education

All Rights reserved. No part of this publication may be reproduced or transmitted in any form or by any means, electronic or mechanical, including without limitation photocopying, recording, taping, or any database, information or retrieval system, without the prior written permission of the publisher.

This authorized Chinese translation edition is jointly published by McGraw-Hill Education and The Commercial Press. This edition is authorized for sale in the People's Republic of China only, excluding Hong Kong, Macao SAR and Taiwan.

Copyright © 2016 by McGraw-Hill Education and The Commercial Press.

中文简体字本由麦格劳—希尔公司授权出版

独立思考 **THiNK**

简要目录

1 批判性思维为什么很重要　2

2 理性与情绪　30

3 语言与沟通　56

4 知识、证据与思维中的错误　84

5 非形式谬误　116

6 论证的识别、分析和构建　144

7 归纳论证　172

8 演绎论证　200

9 伦理与道德决策　228

10 市场营销与广告　260

11 大众传媒　286

12 科学　310

13 法律与政治　340

详细目录

1 批判性思维为什么很重要 2

什么是批判性思维 6
　日常生活中的批判性思维 6
　大学生的认知发展 7

优秀批判性思维者的特征 8
　分析技能 8
　有效的沟通 8
　调查和研究技能 8
　灵活性与包容模糊性 9
　心智开放的怀疑态度 9
　创造性地解决问题 10
　注意力、专注力和好奇心 11
　合作学习 12

批判性思维与自我发展 13
　在生活中自我反省 13
　制定合理的人生计划 13
　面对挑战 15
　自尊的重要性 15
　民主国家的批判性思维 15

妨碍批判性思维的因素 18
　思维的三层模型 18
　抗拒 19
　抗拒的类型 19
　思想狭隘 22
　合理化与双重思想 24
　认知失调和社会失调 25
　压力障碍 26

批判性思维之问：关于大学入学平权法案的观点 27

2 理性与情绪　30

什么是理性　33
　关于理性的传统观点　33
　性别、种族、年龄与理性　34
　梦与解决问题　37

情绪在批判性思维中的作用　38
　关于情绪的传统观点　38
　情绪智力与情绪的积极影响　38
　情绪的消极影响　40
　理性与情绪的结合　40

人工智能、理性与情绪　41
　人工智能领域　44
　计算机会思考吗？　44
　计算机能够感知情绪吗？　44

信仰与理性　45
　信仰主义：信仰高于理性　45
　理性主义：宗教信仰与理智的结合　46
　批判理性主义：信仰与理性是一致的　47
　宗教、灵性与生活决策　48

批判性思维之问：关于人工智能的灵性与进化的不同观点　51

3 语言与沟通　56

何为语言　59
　语言的功能　59
　非言语语言　61

定　义　63
　外延与内涵意义　64
　约定定义　64
　词典定义　65
　精确定义　65
　说服性定义　67

评价定义　67
　五个标准　67
　基于模糊定义的舌战　68

沟通风格　69
　沟通的个体风格　69
　沟通风格、性别和种族　70
　沟通风格的文化差异　72

使用语言来操纵　73
　情绪性语言　73
　修辞手法　74
　欺骗与说谎　77

批判性思维之问：关于美国大学校园是否应该设立自由言论区的观点　80

目　录　•　ix

4 知识、证据与思维中的错误 84

人类知识及其局限性 87
　理性主义和经验主义 87
　思维的结构 87

评估证据 88
　直接经验和错误记忆 88
　传闻和轶事证据的不可靠性 89
　专家与可靠性 90
　评估某个观点的证据 92
　研究资源 94

思维中的认知和知觉错误 95
　知觉错误 96
　对随机数据的错误知觉 97
　难忘事件错误 98
　概率错误 99
　自我服务偏差 101
　自我实现预言 105

社会错误与社会偏见 106
　"非我即他"错误 106
　社会期望 107
　群体压力与服从 108
　责任分散 109

批判性思维之问：关于UFO（不明飞行物）
是否存在的不同观点 111

5 非形式谬误 116

什么是谬误 119
歧义谬误 119
　语词歧义 119
　构型歧义 120
　错置重音 121
　分解谬误 121

不相关谬误 122
　个人攻击（人身攻击）谬误 122
　诉诸强力（恐吓策略） 123
　诉诸怜悯 125
　诉诸众人 126
　诉诸无知 128
　以偏概全 128
　稻草人谬误 130
　转移注意力（熏青鱼谬误） 131

包含无理假设的谬误 132
　窃取论题 132
　不恰当地诉诸权威 133
　暗设圈套的问题 133
　虚假两难法 133
　不合理的因果谬误 135
　滑坡谬误 135
　自然主义谬误 137

避免谬误的策略 137

批判性思维之问：关于美国向伊拉克开战
的观点 140

6 论证的识别、分析和构建　144

什么是议题　147
确定一个议题　147
询问准确的问题　147

论证与修辞术　148
区分修辞术与论证　149
避免修辞术　149

识别论证　151
命　题　151
前提与结论　151
非论证：解释和条件陈述　152

拆分和图解论证　153
将论证拆分为命题　153
识别复杂论证中的前提与结论　154
对论证进行图解　155

评价论证　158
清晰性：论证是清晰的还是模糊不清的？　158
可靠性：这些前提是否有证据支持？　158
相关性：前提与结论是否存在相关？　159
完整性：是否存在未阐明的前提与结论？　159
合理性：前提是正确的吗？能支持
　　结论吗？　161

构建论证　161
构建论证的步骤　161

批判性思维之问：关于同性婚姻的观点　167

7 归纳论证　172

什么是归纳论证　175
日常生活中对归纳论证的运用　175

概　括　175
使用民意调查、普通调查和抽样调查的方法进
　　行概括　175
将概括运用到具体个案中　179
运用概括来评价归纳论证　180

类　比　182
类比的运用　182
基于类比的论证　183
将类比用作驳斥论证的工具　184
对基于类比的归纳论证进行评价　185

因果论证　186
因果关系　187
相　关　187
构建因果关系　188
公众政策和日常生活决策中的因果论证　189
评价因果论证　191

批判性思维之问：透视大麻合法化　192

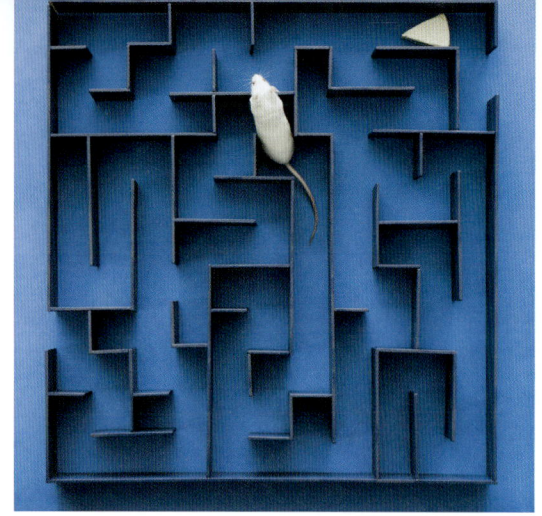

8 演绎论证 200

什么是演绎论证 203
演绎推理和三段论 203
有效论证和无效论证 203
合理论证和不合理论证 204

演绎论证的类型 204
排除法论证 204
数学法论证 206
定义法论证 207

假言三段论 207
肯定前件式 208
否定后件式 210
连锁论证 210
评价假言三段论的有效性 210
评价假言三段论的有效性和合理性 211

直言三段论 211
直言三段论的标准形式 212
数量和性质 212
利用维恩图图解命题 213
利用维恩图评价直言三段论 214

将普通论证转换为标准形式 216
将日常命题改写为标准形式 216
找出论证中的三个词项 217
将论证改写成标准形式 217

批判性思维之问：透视死刑 219

9 伦理与道德决策 228

什么是道德推理 231
道德价值观与幸福 231
良知和道德情操 232

道德推理的发展 236
劳伦斯·柯尔伯格的道德发展阶段理论 236
卡罗尔·吉利根关于女性道德推理的观点 237
大学生的道德推理发展 237

道德理论：道德是相对的 239
伦理主观主义 239
文化相对主义 240

道德理论：道德是普遍的 242
功利主义（以结果为基础的道德规范） 242
义务论（以责任为基础的道德规范） 243
自然权利理论 245
美德伦理 246

道德论证 246
识别道德论证 246
构建道德论证 247
评价道德论证 249
解决道德困境问题 250

批判性思维之问：透视堕胎 252

10 市场营销与广告 260

消费文化中的营销 262
- 市场研究 262
- 避免思维中的证实偏差和其他错误 263

营销策略 266
- SWOT 模型 266
- 消费者对营销策略的觉察 269

广告与媒体 270
- 广告在媒体中的作用 271
- 植入式广告 272
- 电视广告与儿童 273

广告评价 274
- 广告中常见的谬误 274
- 修辞手法和误导性语言 276
- 错误和薄弱的论证 276
- 对广告的一些批评 278

批判性思维之问：透视广告与儿童 280

11 大众传媒 286

美国的大众传媒 289
- 大众传媒的兴起 289
- 当今的媒体 289

新闻媒体 290
- 新闻报道的可靠性 291
- 哗众取宠与新闻娱乐化 291
- 新闻中的偏差 292
- 新闻分析的深度 292
- 证实偏差 296

科学报道 296
- 科学发现的歪曲报道 296
- 政府影响和偏差 297
- 对科学报道进行评价 298

互联网 298
- 互联网对日常生活的影响 299
- 社交网站 299
- 被称为"伟大平衡器"的互联网 300
- 互联网的滥用：色情作品和网络剽窃 302

媒介素养：一种批判性思维的方法 302
- 媒体体验 302
- 解释媒体信息 303

批判性思维之问：大学生群体中的网络剽窃现象 305

12 科学 310

什么是科学 313

    科学革命 313

    科学假设 313

    科学的局限性 314

    科学与宗教 315

科学方法 316

    1. 识别问题 317

    2. 提出原始假设 317

    3. 搜集附加信息并提炼假设 318

    4. 检验假设 320

    5. 以检验或实验结果为基础来评价假设 321

评价科学假设 321

    好的假设应当与研究问题相关 321

    好的假设应当与完善的理论保持一致 321

    好的假设应当简单 323

    好的假设应当是可检验的和可证伪的 323

    好的假设应当拥有预测力 323

    鉴别科学与伪科学假设 323

研究方法与科学实验 325

    研究方法与研究设计 325

    现场实验 326

    控制实验 327

    单组（前后测）实验 328

    评价实验设计 329

    解释实验结果 330

    科学实验中的伦理问题 330

托马斯·库恩与科学范式 332

    常规科学与范式 332

    科学革命和范式转换 333

批判性思维之问：当进化论遇上智能设计理论 334

13 法律与政治 340

政府的社会契约论 343
    自然状态 343
    社会契约论 343
    国际法律 344

美国民主制度的发展 344
    代议制民主：防止"多数人暴政"
      的机制 345
    自由民主：保护个人权利 345
    政治竞选和选举 345
    投票：权利还是责任？ 348

美国政府的行政机构 349
    行政机构的作用 349
    行政命令和国家安全 349
    对行政权力的监督 349

美国政府的立法机构 351
    立法机构的作用 351
    公民与立法 351
    不公正的法律和不合作主义 353

美国政府的司法机构 356
    司法机构的作用 356
    证据规则 357
    法律推理与判例原则 357
    陪审义务 359

批判性思维之问：征兵制与《通用国家服役法案》（2007） 360

目录 • xv

专栏

思想库
自我评价问卷：你的信念　6
情商测试中的问题摘录　40
自我评价问卷【沟通风格】　69
自我评价问卷：知识与推理　87
自我评价问卷：道德推理　235

分析图片
偏激思维　7
发生在伊拉克阿布扎比监狱的虐囚事件　17
无知是福吗？　21
"只有人类能够……"　43
来自世界各地的穆斯林在做礼拜　49
动物语言　62
非言语交流与一项有罪判决　63
国际外交与非言语交流　72
圣路易斯拱门　96
罗夏墨迹测验　97
阿施实验　109
做出糟糕的选择　121
达尔文的类人猿血统　124
"宝贝儿，你已经取得了长足的进步"　127
协助自杀　136
辩论僵局　150
关于大麻的争论　155
加里·拉森的漫画 FAR SIDE　160
"然后，奇迹发生了！"　162
盲人摸象　182
大脑与道德推理：菲尼亚斯·盖奇案例　232
1930 年发生在印第安那州的三 K 党私刑　241
凯文和霍布斯　247
凯西漫画　265
媒体中的植入式广告　272
丰田混合动力系统的广告　275
莎白苏打酒广告　277
媒体中的刻板印象与种族歧视　295
火星上的运河　315
达尔文描绘的生活在加拉帕戈斯群岛上的鸟类的喙　319
科学 VS 伪科学　325
警察与法律的实施　350
塞勒姆女巫审判案　358

行动中的批判性思维
电子游戏中的大脑活动　36
"莫扎特效应"　42
你说了什么？　66
他说/她说：沟通中的性别差异　71
个人广告中"代码词"的真正含义是什么　75
记忆策略　90
精神食粮：知觉与超大食物分量　100
非理性信念与抑郁症　104
人际关系中言语攻击的危险　123
匆忙得出结论的危险　164
是时候戒烟了：尼古丁简介——大学生与吸烟现象　190
记在我的账上：使用信用卡支付大学学费是否是更明智的选择？　208
空头支票：如果这样，那么那样——许诺和恐吓　212
黄金定律：互惠是世界上各宗教的道德基础　245
越过你的肩膀：监视员工使用互联网　301
科学与祈祷　328
如何阅读科技论文？　331

独立思考
格洛丽亚·斯泰纳姆　11
伊莉莎白·凯迪·斯坦顿　16
斯蒂芬·霍金　23
坦普尔·葛兰汀　35
罗莎·帕克斯　41
阿尔贝特·施韦泽　50
萨莉·雷德　61
蕾切尔·卡逊　92
亚伯拉罕·林肯　149
乔治·盖勒普　178
安东尼娅·诺维罗　188
波·迪特尔　205
莫罕达斯·甘地　238
钟彬娴　270
爱德华·默罗　293
阿尔伯特·爱因斯坦　322
詹姆斯·麦迪逊　346
罗杰·马奥尼　354

独立思考

——日常生活中的批判性思维

优秀的批判性思维技能可以帮助一个人脱颖而出吗?你认为什么特征能描述这个持绿伞者的思维过程?

批判性思维
为什么很重要

要 点

- 6 | 什么是批判性思维
- 8 | 优秀批判性思维者的特征
- 13 | 批判性思维与自我发展
- 18 | 妨碍批判性思维的因素
- 27 | 批判性思维之问：关于大学入学平权法案的观点

1960 年，纳粹战犯阿道夫·艾希曼在以色列受到反人类罪的审判。尽管他一直声称，自己只是服从上级的命令，才下令杀害无数的犹太人，但法庭最终还是判其有罪，并处以死刑。难道艾希曼是灭绝人性的魔鬼？或者如他的辩护律师所说，艾希曼只是做了我们大多数人都会做的事情——服从上级命令。

为了回答这一问题，美国耶鲁大学的社会心理学家斯坦利·米尔格拉姆于 1960 年至 1963 年间进行了一项经典的实验研究。米尔格拉姆在报纸广告上招人，参加一项记忆与学习的科学研究。实验者告诉参与者，该项实验的目的是研究惩罚对学习的影响，他们的任务是在学习者回答错误时对其实施电击，电击要在实验者的指

想一想

- 一个优秀的批判性思维者具备哪些特征？
- 思维的三个水平是什么？
- 批判性思维的阻碍因素有哪些？

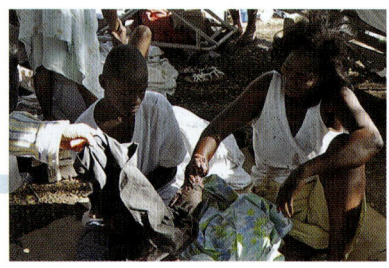

示下完成。电击强度在15伏特至450伏特之间。事实上，并没有真正实施电击，但参与者并不知道这一点。

随着电击强度的"不断增加"，学习者（实际上是实验者的助手）的反应越来越痛苦，发出惨烈的尖叫声，不断恳求参与者停止电击。然而，尽管学习者再三恳求，所有参与者在电压增加到300伏特前仍然接受了实验者的命令，对学习者实施电击。并且，有65%的参与者在强度达到450伏特仍一直对学习者实施电击，仅仅是因为权威人物（身着白色实验服的科学家）要求他们继续。很明显，大多数持续实施电击的人都因自己的行为而感到焦虑不安。然而，与拒绝继续实施电击的人不同，他们提不出合乎逻辑的、合情合理的理由来反抗科学家下达的"实验要求你必须继续"的命令。

怎么会出现这样的结果呢？米尔格拉姆的实验结果会不会只是一个特例？然而，事实证明并非特例。

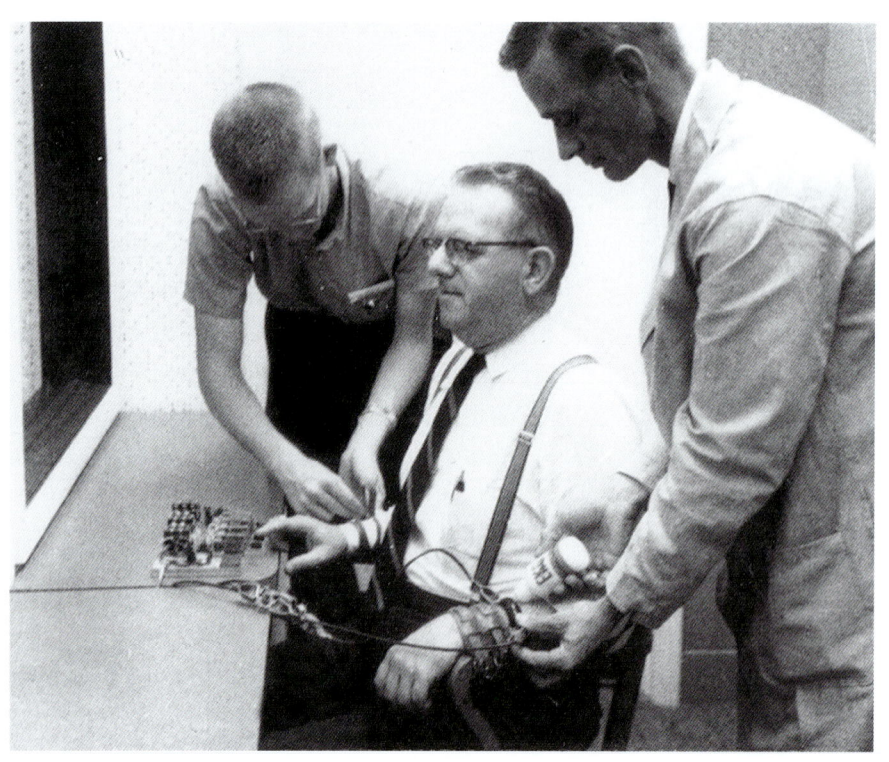

米尔格拉姆实验　米尔格拉姆服从实验中的场景。"学习者"连接在一台仪器上，每当他给出错误答案，都会受到电击。

几年之后，美国海军在1971年资助了一项研究，考察人类在权威和力量对比悬殊的情境下（如监狱）的反应。该项研究在美国心理学家菲利普·津巴多的指导下进行，他挑选了心理健康且情绪稳定的学生志愿者作为参与者。实验者将学生志愿者随机分成两组，要求他们在为期两周的时间内，分别扮演模拟监狱中的看守或囚犯，实验地点就在斯坦福大学心理学系大楼的地下室。为了让监狱更加真实，实验者给"看守"配备了木制警棍，让他们穿卡其布制服，戴上太阳镜以尽量减少与"囚犯"的眼神交流。同时，实验者给"囚犯"准备了不合身的未搭配衬衣的囚服，还有橡胶拖鞋。此外，实验者用编号来代替"囚犯"的名字。实验者没有提供给"看守"任何正式指令，只是告诉他们，管理监狱是他们的责任。

这项实验很快就超出了实验者的控制。无论是在身体还是情感上，"囚犯"都遭到了"看守"的虐待和羞辱。三分之一的"看守"变得越来越残暴，尤其是在他们认为摄像机已经关闭的晚上。"看守"强迫"囚犯"赤手清洗厕所，在水泥地板上睡觉，并将"囚犯"单独监禁，让他们挨饿。除此之外，"囚犯"还被迫裸体，遭到性虐待——这与多年后发生在伊拉克的阿布格莱布监狱的虐囚事件非常相似。因此，斯坦福监狱实验在进行6天之后就不得不取消。

这些实验表明，即便算不上大多数，但确实有许多美国人会不加批判地服从权威的命令。与米尔格拉姆的研究结果一样，斯坦福监狱实验也表明，如果存在社会支持和制度支持或者能诿罪于人，普通人也会做出违心之举，犯下令人发指的暴行。米尔格拉姆写道：

> 尽管普通人只是做自己分内的工作，并不怀有特别的敌意，但仍可能成为可怕的毁灭力量的代理人。而且，即使其所作所为的危害性变得非常明显，且不符合大多数人的基本原则，也几乎没有人拥有反抗权威所必需的资源。

人们反抗权威需要哪些资源呢？明智的批判性思维能力必不可少。在米尔格拉姆实验中，拒绝继续服从命令的人能说出合理的理由，比如"给别人带来伤害是错误的"。相比而言，继续实施电击的人尽管明知自己的行为错误，仍然服从了权威人物提出的不合理要求。

> 这些实验表明，即便算不上大多数，但确实有许多美国人会不加批判地服从权威的命令。

虽然大多数人可能从不会置身这种严酷的情境之中——自己的行为会带来如此严重的后果，但是缺乏批判性思维技能仍然会给我们的日常决策造成负面影响。当面临个人、教育和职业选择时，我们往往会听从父母的意见，或屈从朋友的压力，而不会仔细思考决策背后的原因。如果我们在做重大的人生决定时没有深思熟虑，将会造成永远无法改变的后果，比如辍学或选择了自己并不满意的职业。有效的批判性思维技能除了能够帮助我们避免做出糟糕的决定，而且还有助于提高自尊水平，改善人际关系，增强幸福感，所有这些品质都有利于增强我们自我决断的信心，而不是一味地听从他人。此外，由于批判性思维技能在不同学科之间可以迁移，因此培养批判性思维对学业成功也具有积极的作用。本章我们将考察批判性思维的组成要素，以及培养良好的批判性思维技能的益处。最后，我们将总结批判性思维技能的某些妨碍因素。具体来说，我们将：

- 界定批判性思维和逻辑学
- 了解善于进行批判性思维的人所具备的特征
- 区分发表意见与进行批判性思维的不同
- 阐释良好的批判性思维的益处
- 将批判性思维与个人发展以及民主社会公民身份联系起来
- 识别能够将批判性思维付诸实践的人群
- 识别妨碍批判性思维的因素，包括阻力的类型和思想的狭隘

本章最后我们将批判性思维技能运用到具体问题中，讨论和分析大学入学平权法案的不同观点。

什么是批判性思维

批判性思维（critical thinking）是我们每天都会用到的一系列技能，对于智力和个人的充分发展非常必要。英文"critical"（批判的）这个词源于希腊词"kritikos"，意思是"分辨力""决断力"或"决策能力"。批判性思维需要学会如何思考，而非仅指思考什么。

像逻辑学一样，批判性思维需要很强的分析能力。**逻辑学**（logic）是批判性思维的一部分，可定义为"研究区分正误或好坏观点所用到的方法和原则的学科"。批判性思维包括逻辑法则的运用、证据的收集、评价以及行动计划的制定。从第5章到第8章，我们将全面深入地研究逻辑推理。

日常生活中的批判性思维

批判性思维是我们识别和解决日常生活中各种问题的重要方法。批判性思维不仅是表达对某个问题的看法。**观点**（opinions）可以基于个人情感或信念而非推理和证据。作为具有批判性思维的人，你必须乐意分析你自己的信念并提供逻辑支持。当然，我们都有资格拥有自己的观点。然而，我们的观点并不一定合理，有些观点也许是正确的，而有些观点无论我们再怎么坚持也有可能是错误的。

无知的观点会使人做出糟糕的人生决定，做出以后可能会后悔的行为。有时无知的观点也会对社会产生消极影响。比如，抗生素能杀死病菌，但对感冒病毒却没有任何效果，然而仍有许多人试图说服医生给他们开抗生素药物以舒缓感冒症状。纵使医生告诉病人抗生素对病毒感染丝毫没有作用，而研究却表明，大约一半的医生最终还是屈服于病人的压力，为病毒感染开了抗生素。结果，抗生素的过度使用不仅增强了病菌的抗药性，而且当疾病确实需要使用抗生素时反而使其疗效下降。这种现象与越来越多新的耐药性结核杆菌的出现不无关系。此外，有些性病的发病率再次上升，比如曾经用盘尼西林就可治愈的梅毒。

批判性思维和高效的人生决策能力受到多种因素的影响，包括我们认知发展的阶段，良好的分析和沟通能力，研究的技能，以及思想的开放性、灵活性和创造性。

思想库

自我评价问卷

请对以下条目进行自我评定，1代表强烈反对，5代表强烈赞同

1 2 3 4 5　回答有对错之分。所谓权威就是总能给出正确回答的人。
1 2 3 4 5　回答无对错之分。每个人都有表达自己观点的权利。
1 2 3 4 5　即使世界充满不确定性，我们仍必须根据是非标准来做决定。
1 2 3 4 5　即使有人试图改变我的观点，我仍然倾向于坚持自己在某件事上的立场。
1 2 3 4 5　我有良好的沟通技能。
1 2 3 4 5　我有较高的自尊水平。
1 2 3 4 5　如果权威人物命令我做可能伤害他人的事情，我会拒绝。
1 2 3 4 5　我不喜欢别人质疑我深信不疑的信念。
1 2 3 4 5　与大多数人相比，我更擅长与人交往。
1 2 3 4 5　人是不会改变的。
1 2 3 4 5　我不太擅长处理生活中的问题，比如人际关系问题、抑郁和愤怒。
1 2 3 4 5　我常常为了满足他人的需要而委曲求全。
1 2 3 4 5　男人和女人的交往模式往往不同。
1 2 3 4 5　最可靠的证据来源于直接经验，比如目击者的报告。

分析图片

CALVIN AND HOBBES © Watterson. Distributed by Universal Press Syndicate, Inc. Reprinted with permission. All rights reserved.

偏激思维

讨论问题

1. 漫画人物提出知识复杂性会导致"瘫痪",请你对此进行讨论。
2. 像漫画人物一样,回想曾几何时你认为,用非黑即白的二元对立的思维模式思考问题比"看到问题的复杂性和阴暗面"更轻松。回顾这段生活及其他相似经历,分析依据偏激思维做决定或采取行动有哪些缺点?请具体说明。

大学生的认知发展

批判性思维贯穿人的一生。教育家威廉·佩里(1913—1998)首先研究了大学生的认知发展及其理解世界的方式。他对大学生的研究得到了教育者的广泛认可。虽然佩里曾界定了9种持续发展的状态,但后来的研究者将之简化为3个阶段:二元论、相对主义和付诸行动。思想库专栏的自我评价问卷中,前3个问题就代表了这3个阶段。

第一阶段:二元论(dualism,也译作二元主义、二元对立)。年龄较小的大一或大二学生,他们对知识或生活经验的理解往往过于简单,呈现出"二元化"的特点,认为事物非对即错。他们认为知识是外在的,希望从权威人物身上获取答案。

该年龄段的大学生面临冲突时,二元论的特征尤为明显。虽然他们能将批判性思维技能运用到结构化的课堂教学中,但仍然缺乏将该技能运用到现实冲突之中的能力。当遇到类似米尔格拉姆实验中的服从情境时,即使感到不舒服,他们也很有可能会服从权威人物的命令。

此外,类似平权法案这样有争议性的问题,权威界仍没有达成一致,答案也没有明确的对错之分,这会使该阶段的大学生理解起来非常困难。本章最后,我们将探讨有关平权法案的一些观点。

探讨某一问题时,二元主义阶段的学生往往存在**证实偏差**(confirmation bias),他们只是努力寻找支持自己观点的证据,而忽视与自己相左的证据,认为它们是不可靠的统计数据而不予考虑。他们的"研究"证实了其观点,这一事实强化了他们简单化的、非黑即白的世界观。

这一阶段的学生也可能无法认识到实际生活中的模糊性、相互矛盾的价值观以及动机。尽管我们通常认为,老年人更容易受骗,但由于证实偏差的存在,年轻人成为欺骗、金融诈骗、身份盗窃的受害者也就不足为奇。因为许多年轻人缺乏批判性思维技能,无法解决现实生活中的诸多冲突,所以处于该发展阶段的年轻人更有可能经历心理学家所称的"生存问题"。

> **联系**
>
> 一个简单的过失如何导致科学上的错误结论?参见第12章。

当学生自以为正确的思维方式遭到质疑或被证明有误时，他们很有可能会过渡到认知发展的较高阶段。在转变过程中，他们开始认识到，世界具有不确定性，权威人士可能持有不同的观点。一些教育者把大学生质疑所有答案和感到迷失的这一时期称为"大二期"（sophomoritis）。

第二阶段：相对主义（relativism）。处于相对主义阶段的学生走到了另一个极端，他们认为事物的模糊性不可避免，即便存在确定性也不必做出决定。他们反对二元论的世界观，坚定地认为所有的真理都是相对的，仅仅是"仁者见仁，智者见智"。处于该阶段的学生往往认为，说出自己的观点就是最好的表达，而且他们不屑于质疑他人的观点，甚至认为那样做太过武断和无礼。尽管他们声称自己秉持相对主义，但大多数人还是希望老师能支持自己的观点。

对学生的观点提出质疑，让他们参与讨论颇具争议的问题，与认知发展水平较高的角色榜样进行思想碰撞，了解自己思维的局限性和矛盾之处，所有这些方法都有助于学生的认知发展水平进入下一阶段。

第三阶段：承担责任（commitment，也译作承诺）。随着学生不断地发展成熟，他们逐渐能够意识到，并不是所有的想法都同样有效。不仅权威人士可能出错，而且在某些情况下不确定性和模糊性也在所难免。此阶段的学生面对某种不确定性时，他们能够根据推理和最有力的证据来做决定或支持某一观点。同时，作为独立的思考者，他们能接受挑战，保持灵活性，而且找到新证据时乐于改变自己原来的立场。

随着我们不断成熟，逐渐掌握了更好的批判性思维技能，我们认识和理解世界的方式也会变得愈加复杂。对于那些在"真实世界"中生活和工作过一段时间之后再重返校园的学生更是如此。第一阶段的学生寻求权威人士给出答案，第三阶段的学生与此不同，他们能认识到在与周围环境的互动中自己承担着责任，对挑战更宽容，更能接受模糊性。

优秀批判性思维者的特征

批判性思维并非单一的技能，而是一系列技能的结合，这些技能相互促进和强化。本章我们将讨论高效批判性思维中的一些重要技能。

分析技能

要学会批判性思维，你必须具备分析能力，而且能为自己的观点提供逻辑支持，而不只是相信自己的观点。在认识和评价别人的观点时，分析技能同样重要，这样你才不会被错误的推理所蒙蔽。我们会在第2章及后续章节更深入地探讨逻辑论证。

有效的沟通

除了分析技能，批判性思维还需要沟通和读写技能。沟通技能包括听、说和写。你不仅要认识自己的沟通风格，而且要了解文化差异和两性沟通风格上的差别，这对促进人际关系大有裨益。我们在第3章"语言与沟通"将学习更多的沟通知识。

调查和研究技能

了解和解决问题都需要调查和研究技能，比如收集、评价和综合支持性证据的能力。例如，在研究和收集最适合自己的专业或职业信息时，首先要明确自己的兴趣和才能，然后由此来评估可能适合自己的专业和职业。另外，在理解和解决诸如大学入学平权法案这类容易引起分歧的复杂问题上，研究能力也十分重要。

正如米尔格拉姆在服从实验中所设计的那样，调研并获得更加深刻的见解都需要提出正确的问题。当大多数人都在询问，纳粹是什么样的变态魔鬼，或者德国人为什么会允许希特勒拥有如此大的权力时，米尔格拉姆却提出了更加基本的问题：普通人服从权威人物的命令能达到何种程度？尽管美国心理学协会于1973年宣布米尔格拉姆实验这类研究不道德，因为许多参与者之后遭受了长期的心理困扰，但米尔格拉姆的科学研究仍堪称该领域的经典实验。

要培养批判性思维，我们必须避免证实偏差，防止选择性地择取和阐释符合自己世界观的论据，如若不然往往会导致人际关系和政治

联 系

科学家如何找到某个研究问题，并就该问题提出假设？参见第12章。

关系陷入僵局，甚至引发冲突。我们的研究也应该是精确的，建立在可信的证据之上。第 4 章我们将学习更多关于研究和评价证据的知识。

灵活性与包容模糊性

对批判性思维者而言，在整理各类主张和证据时，洞察力和包容模糊性必不可少。太多的人之所以顺从别人或对有争议的问题不能坚持自己的立场，仅仅是因为他们没有能力评价互相矛盾的观点。随着不断成熟，我们逐渐善于在不确定和模糊的情况下做决定。有效的决策包括制定明确的短期目标和长期目标，并且形成实现这些目标的现实策略。批判性思维者在制定计划时也注重灵活性，以便适应变化，尤其是在刚上大学的头一两年，大多数人都缺乏足够的经验来确定一生的规划。本章后半部分我们将深入探讨制定生涯规划的方法。

心智开放的怀疑态度

批判性思维者乐于克服个人偏见。他们的心智开放，拥有反思性的怀疑态度。关键在于，他们不会武断地对某个问题直接得出结论，比如，什么职业最适合我？堕胎不道德吗？上帝是否存在？妇女在家庭里应该扮演什么角色？相反，在得出最终结论之前，他们会批判性地考察支持不同观点的证据和假设。如此一来，高效的批判性思维者能够很好地权衡自己的观点和怀疑。

法国哲学家、数学家笛卡尔（1596—1650）最先提出了**怀疑方法**（method of doubts，也译作怀疑论）来悬置信念。这种批判性的分析方法自古以来就受到科学和哲学等领域的偏爱，它起源于怀疑主义立场，即把先入之见置于一旁。笛卡尔写下了运用怀疑方法的有关规则：

第一条规则是，如果我没有明确的知识证明它的真

勒内·笛卡尔（1596—1650）提出了怀疑论，即如果我们没有证据和理由支持某一结论，那么我们绝不会相信它为真。

实性，我绝不相信任何事物为真。也就是说，努力避免形成先入为主的观念和做出轻率的结论，我仅仅根据非常清晰明白而毫无疑义的观念做出判断。

有一点非常重要，在批判性地审视自己深信不疑的信念和权威人士的观点时，你要乐于采取怀疑的态度。爱因斯坦（1879—1955）在提出相对论时便运用了怀疑方法，当时公众普遍认为时间是"绝对的"，也就是固定不变的，而他则对这一公认的信念提出了质疑。

相反，**信念方法**（method of belief）会妨碍怀疑精神。当人们沉浸于书籍、电影或游戏时，经常会出现英国诗人塞缪尔·泰勒·柯尔律治（1772—1834）所说的"自愿放弃怀疑"。如果我们对某些问题有根深蒂固的看法，而且不能够开放地思考相反的观点，那么我们在讨论这些

与 2005 年卡特里娜飓风袭击墨西哥湾岸区的情形不同，美国在 2010 年初毁灭性的海地地震之后对当地进行了快速和有效的援助。

问题时，信念方法就会发挥作用。比如，在人工流产的赞成者与反对者的对话之中，具有批判性思维的赞成者要想克服自己的偏见，就应真诚地敞开胸襟，听取反对者的意见，而不是一开始就站在怀疑对方的传统立场上。要做到这一点，需要我们具备同理心、积极倾听的技能和好奇心。

创造性地解决问题

创造性思维者会从多个视角审视问题，为复杂问题提出独创性的解决方案。他们会运用自己的想象力来构想各种可能性，包括将来可能出现的问题，并制定应变计划来有效地处理这些可能的问题。

尽管美国国家安全局的工作人员将可能发生的灾难集结成书，但他们万万没有预料到，灾难过后的市民骚乱和社会崩溃，连本应首先做出回应的人（如警察）都没有表现出救灾的意愿或能力。2005 年，在卡特里娜飓风袭击墨西哥湾后，由于政府对此类事件的准备不足，使得数百名原本有机会获救的人失去生命，还有数千人无家可归，在混乱无序、肮脏不堪的环境下居住了好几个月。所幸的是，在灾难中解决问题的经验使得美国在 2010 年海地毁灭性地震发生时做出了快速而有效的反应。

创造性还包括"冒险、应对突发事件、迎接挑战的意愿，甚至将失败视为获得崭新的深刻见解的必由之路"。即使在面临困难或资源匮乏时，创造性的批判性思维者也不会屈服，而是创造性地使用可利用的资源。1976 年，年仅 21 岁的史蒂夫·乔布斯在自家车库里发明了第一台苹果个人电脑。他提出的用户界面友好软件这一创造性的想法改变了人们对电脑的认知，标志着个人电脑时代的到来。后来，他又继续发明了 iPod，这是便携式音乐播放器领域内的一次革命。

在商界，创造性思维这项技能越来越受欢迎。与行

> **联 系**
>
> 为什么科学领域的人具备开放的思想很重要？参见第 12 章。

业里打拼多年的人相比,年轻人通常更少把精力投入到传统的观念或行事方式中,他们对新观念更加开放。一个人能够认可创造性的解决方案,产生新的想法并与他人进行交流,这不仅需要创造性思维,而且需要具备心智开放、自信、好奇心和有效的沟通能力。

注意力、专注力和好奇心

批判性思维者对知识充满好奇心。他们密切关注自己的思想、情感以及周围发生的一切。佛教中的"初心"与西方的批判性心智开放或专注具有密切的关联。禅宗大师铃木俊隆把初心定义为"不断寻求智慧的智慧"。他写道:

禅悟的真谛就是初心。一开始会天真地疑问我是谁?……初学者的心灵是空的,没有专家制定的规则,随时准备接受、怀疑,敞开心灵接受一切可能性……如果你的心灵是空的,那它就是开放的,就能接纳万物。在初心中有无数的可能性……

独立思考

格洛丽亚·斯泰纳姆,一位女权主义者和作家

格洛丽亚·斯泰纳姆(1934—)是一位女权主义者,同时也是一位作家,她乐于接受挑战,是创造性解决问题的典范。当年斯泰纳姆29岁,是一位十分敬业的新闻记者,她想把"花花公子俱乐部"贬低女性的真相公之于众。但是,她没有只是简单地写一篇文章,而是创造性地独辟蹊径,伪装成"花花公子的兔女郎"进行秘密调查。斯泰纳姆的坚持和冒险使花花公子俱乐部的行径得以曝光,这也是导致该俱乐部最终关闭的重要因素之一。

讨论问题

1. 你赞同斯泰纳姆的方法吗?你认为还有更好的办法让花花公子俱乐部贬低女性的行径公之于众吗?说出你的答案。
2. 想想发生在校园、社会或世界上与你利益攸关的不公正事件。想一个你有可能采取的创造性方法,让更多的人认识到这一不公正事件,或者改变公共政策。

观点	男性	女性	差异
武力、暴力和攻击		比例%	
支持军事打击伊拉克	55	35	20
希望控制枪支的法律更加严格	45	70	25
支持对杀人犯处以死刑	62	38	24
同情			
预算结余应该用于社会项目的建设，而不是减税	49	64	15
政府应该提供健康保险	35	41	6
政府应该提供工作机会，提高生活水平	20	29	9
政府应该增加针对无家可归者的支出	52	63	11

优秀的批判性思维者尊重差异，即使别人的观点最初与自己的观点相矛盾，他们也乐于考虑别人的观点。

像初心那样，优秀的批判性思维者在缺乏合理理由的情况下不会随意排斥与自己相左的观点。相反，他们尊重差异，愿意思考各种观点。最近，神经科学有一项重大突破，研究发现，佛教僧侣经常冥想，他们的大脑神经较一般人更加活跃，更具可塑性。冥想是人们练习对当下正在发生的事情保持专注、开放和注意。许多大公司，包括500强企业，目前正在鼓励高管们在工间休息时做冥想练习，因为事实证明，这样可以提高他们的业绩。

合作学习

批判性思维在现实生活情境中是真实存在的。我们每个人都不是与世隔绝的孤立个体，而是相互依存的社会存在。作为批判性思维者，我们需要超越传统的、分离的思维方式，形成合作性更强的学习方式，比如和别人分享谈话或加入一个团体。

如果我们做事时不充分考虑情境和人际关系，就会导致做出错误的决定，以至于后悔不迭。例证之一是，许多人倾向于忽视别人的反馈和事物的复杂性。因此，他们往往不能充分而准确地考虑对方的反应。在亲密关系中，我们经常试图做某些事情来吸引对方更多的注意。比如，如果男朋友总是花很多时间跟男性伙伴一起去看体育比赛，女朋友常常以分手相威胁。不料事与愿违，这段亲密关系竟然真的结束了，这正是因为我们没有考虑对方可能会有的反应。

再举一个例子，有时，军事规划者在制定军事战略时没有考虑敌人会如何应对，导致这些策略的效果降到最差。在1812年的战争中，华盛顿的一群政治家认为，将加拿大合并到美国的时机已到。他们的军事战略根本就是错误的，因为他们没有准确评估加拿大人对美国的这一军事命令会做何反应。结果，加拿大人并没有将美国入侵者看做是帮助他们摆脱英国统治的救星。相反，他们认为，这场战争是美国平白无故对祖国和人民的侵略。除此之外，许多美国人，尤其是新英格兰居民，也完全反对这场战争。最终，1812年

你知道吗？

古希腊思想家苏格拉底（公元前469—前399年）经常出现在雅典市场上，在那里有许多年轻的追随者所围绕在他的身边。他在市场这类公共场所找受教者，向人们的传统信念和习惯发起挑战。他让原本粗心大意的人开始进行批判性思维，用提问的方法使人们意识到自己思维的不合理性和不一致性。

的这场战争并没有使美国兼并加拿大，相反，它却激起了加拿大第一场惊心动魄的民族独立运动（甚至引发新英格兰脱离美国的运动）。

优秀的批判性思维者善于采用合作的方式，而不是对抗的态度，他们乐于倾听和考虑别人的意见。我们回顾一下前面提到的男女朋友分手的例子。优秀的批判性思维者不会一味地责怪男朋友（或女朋友）与自己相处的时间少，而是会向对方表达自己的感情和想法，然后倾听对方的立场。批判性思维者认真考虑所有的观点，然后在广泛理解的基础上重新审视自己的想法。通过运用批判性思维技能，我们或许能够意识到，男性朋友对他很重要。或许，他感到不安全，需要与自己的朋友多待在一起，你应该给予男朋友更多的私人空间。或许，我们能够找到两全其美的解决办法。比如，那些男性伙伴可以带着自己的女朋友或其他朋友一起看球赛，每个月一两次。

批判性思维与自我发展

批判性思维不仅与抽象思维有关，而且与一个人的自我提升和整体发展密不可分。自我成长需要你诚实地对待自己和他人，能够正视和反思自己的偏见和优缺点。我们的愿望切合实际吗？我们是否有经过深思熟虑的生活计划和目标？思维不灵活的人不能适应变化或新奇的环境，反倒会受到惯例和传统思维方式的束缚，无法解决问题。

在生活中自我反省

苏格拉底曾说："不自我反省的人生是没有价值的"。上大学时，我们经常踌躇不前，那是因为我们没有花时间了解自己，没有为未来做规划。太多人的生活不是自己心甘情愿的选择，而是受环境所制约。优秀的批判性思维者能够掌控自己的生活和选择，而不是为了安全一味地迎合大众的要求。他们不仅是理性的思考者，而且能够触及自己的情绪和情感。我们将在第2章更多地介绍情绪的作用。

一些心理学家和精神病学家认为，不理性的信念和糟糕的批判性思维能力会导致许多"生活困扰"，比如抑郁症、愤怒和低自尊。虽然抑郁症的生物化学成分需要治疗，但是糟糕的批判性思维能力会加重抑郁，甚至就是导致某些情境性抑郁症的重要因素。患有抑郁症的学生在某些特定场合会感觉自己被彻底击垮，以至于无法做任何决定。在美国大学健康协会2003年的一项调查中，超过40%的大学生反映，在过去的一年里，他们至少有一次感到"特别沮丧，很难正常生活"。

尽管没有证据表明，提高批判性思维技能是包治百病的万灵药，能够帮助人们更有效地处理生活中的问题。但是，我们应该听从认知心理学家的建议，不要把问题看成是无法控制的，而是要掌握控制自己生活的策略，制定能够实现的目标，发展自己解决问题的技能。

抑郁症的年龄差异

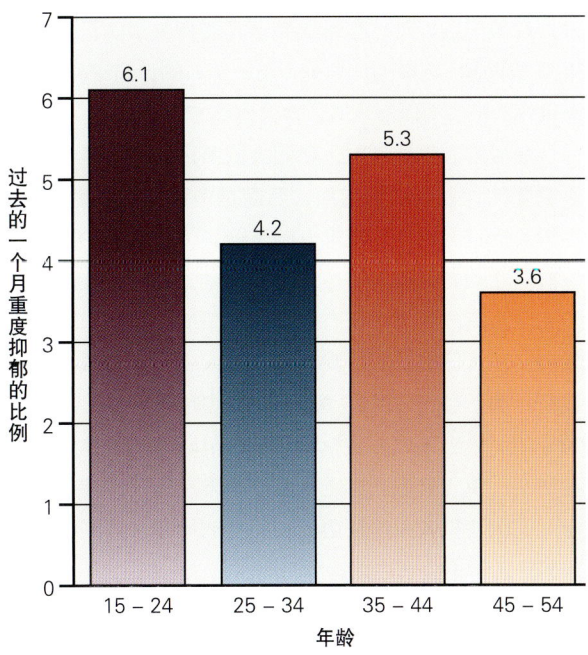

联系

参与公民生活如何提高你的批判性思维能力和促进你的个人成长？参见第13章。

你应该了解哪些市场策略，才能避免成为不加批判的消费者？参见第10章。

制定合理的人生计划

美国哲学家约翰·罗尔斯（1921—2002）写道，为了让我们的人生更精彩,每个人都需要制定一个"合理的人生规划"——也就是,"一个人在经过充分而理性的思考之后做出的计划,也是在完全弄清相关事实,并对后果深思熟虑后选择的计划……当一个人的计划进展顺利,而且伟大抱负得以实现时,他会感到非常高兴。"

在拟定人生计划时,我们会按照一定的优先级,将最重要的计划列在最前面,后面是一系列的辅助方案。尽管目标越远,计划越难以制定得具体,但我们还是应该根据活动的进程表有序地组织活动。当然,我们并不能完全预测一生当中所有会发生的事情,总会出现阻碍我们实现目标的状况。我们可以把人生计划看成是一次飞行计划。由于天气、风向和其他航行因素,飞机有90%的可能会偏离预定轨道。飞行员必须不断地调整这些状况,使飞机重回预定轨道。如果没有飞行计划,飞行员们和飞机就只能任由风和天气的摆布,被刮得失去方向,永远不会到达预定目的地。

从现在开始,重新审视你的人生计划,首先列出你的价值观、兴趣、技能和才能。价值观是指在你的人生中,哪些是最重要的,包括经济安全感、爱情、家庭、职业、独立性、精神感悟、健康、教育、对社会的贡献、朋友、正义感和乐趣等。你的人生目标应该合理且与你的价值观保持一致。根据2007年大学新生调查结果,进入大学的学生有两个最重要的目的或生活目标,分别是"养家"(77%)和"经济富足"(74%)。请花些时间认真思考你的各种价值的层级。当你对某种价值比如"经济富足"的含义慎重思考之后,你也许会把它放在相对次要的位置。

如果你对自己的技能和能力不太确定,你可以到学校的就业办公室,做一些能力倾向测验和人格测验,比如Myers-Briggs职业性格测试。这些测验能够帮助你确定哪些职业是最适合你的。www.collegeboards.com 这个网站也可以为你选择专业或职业提供有用的信息。

但是,不要只列出你的优势,比如你的资产和能力;同时也要注意你的弱势。弱势是指某些我们不太擅长或缺乏的事物,比如经济来源、信息或专业技术。

一旦你把自己的价值观、兴趣、才能、技能和弱势写下来,就可以制定生活目标了。目标可以帮助你组织每天的生活和找到人生的方向。最开始,你可以先列出短期目标,或者说你打算在大学毕业之前完成的任务,比如选择一个主修专业,平均成绩保持在3.0,做更多的锻炼。这些目标应该与自己的兴趣、才能和你将来想成为的人相一致。同时,你也要制定实现这些短期目标的行动计划。

接下来,列出你的一些长期目标。理想状态应该是长期目标和短期目标互相增进。你制定的实现长期目标的计划应该切实可行,与你的短期目标和兴趣相一致,并且创造性地想一想如何将某几个目标有效地结合在一起。熟练的批判性思维者不仅有合理的、深思熟虑的目标以及实现目标的策略,而且他们为人有正义感和个人真实性,同时尊重正义和他人的生活期望。我们每个人都不是孤立的个体,而是社会存在,我们的决定会影响周围所有人的生活。

面对挑战

有时,传统的习惯和信念——既有我们自己的,也有别人的——会阻碍我们实现自己的人生计划。在这种情况下,我们需要制定亚目标,向阻碍我们实现目标的观念宣战,而不是放弃自己的人生规划。公开质疑传统的信仰体系和有力地向根深蒂固的信念发起挑战需要勇气和自信。由于向自己认为不公平的传统体制发起了挑战,废奴主义者、早期的女权主义者和公民权利的提倡者经常遭受人们的嘲笑,甚至被关进监狱。参见专栏"独立思考:伊莉莎白·凯迪·斯坦顿,女权主义者的领袖"。

1955 年,马丁·路德·金因在阿拉巴马州蒙哥马利市组织了公共汽车联合抵制活动而被关进监狱。尽管同行的牧师们苦苦哀求他放弃原来的主张,但马丁·路德·金拒绝了。所幸的是,路德有勇气坚持自己的信仰。在《伯明翰监狱的一封信》中,路德写道:

> 我亲爱的牧师朋友,我在伯明翰,是因为这里存在不正义……痛苦的经历告诉我们,压迫者绝对不会心甘情愿地给我们自由,自由是靠被压迫者努力争取来的。你们对我们打破法律的意愿表现出极大的焦虑……这种关心是合理的……一项不公平的法律是不符合道德法则的……任何侮辱人类人格的法律都是不公正的……我认为,一个人去打破自己内心认为不公平的法律,并且心甘情愿地待在监狱接受刑罚,以唤醒整个社会的正义感,实际上,这种行为是对法律所表示的最崇高的尊重。

作为批判性思维者,除了能够有力地向社会不公平发起挑战之外,同时,在别人向我们的信仰体系发起挑战时,我们也要能够聪明且认真地做出回应,而不是抗拒。这不仅需要良好的批判性思维技能,更需要自信。

自尊的重要性

有效的批判性思维技能似乎与健康的自尊呈正相关。健康的自尊源自个体能够有效地解决问题和成功实现自己的人生目标。有研究表明,拥有积极自尊的年轻人"朋友更多,更倾向于抗拒消极的同伴压力,而且对批判的声音或别人的想法更加不在意,智商更高,知识也更加渊博"。区分真实自尊与虚假自尊需要批判性思维。健康的自尊与傲慢自大或自私自利完全不同,同时,拥有健康的自尊之人也不会习惯性地自我牺牲,即为了别人的利益和评判而丧失自己的立场。

一个独立自主的人同时具有理性和自我导向,因此他不太可能被糟糕的推理所蒙骗,也不会为自己或别人推理中的矛盾所困扰。

低自尊的人更容易受别人操纵。他们会更多地体验到"抑郁、易怒、焦虑、疲劳、噩梦……在别人面前退缩,神经质地大笑,身体疼痛和情绪紧张。"有些特质,比如焦虑和神经质地大笑,在米尔格拉姆实验中服从权威人物命令的参与者身上可以看到。实际上,这其中有许多人后来非常后悔自己当时的服从行为,甚至需要接受心理治疗。

在锻炼独立性的过程中,良好的批判性思维技能是必不可少的。批判性思维者会未雨绸缪。他们能够认识到生活中的各种影响因素,包括家庭、文化、电视和朋友;他们会设法利用积极因素,克服消极影响,而不是被动地维持生活,在别人做出错误决定时求全责备。

一个独立自主的人同时具有理性和自我导向,因此他不太可能被错误的推理所蒙骗,也不会为自己或别人推理中的矛盾所困扰。但是,具有自我导向并不意味着忽视别人的观点。相反,它需要在合理的基础上做决定,而不是陷入群体思维或者盲目地服从权威人士的命令。为了达到这一目的,独立自主的批判性思维者会寻求不同的观点,积极地与别人进行批判性对话,获取新的知识,拓展自己的思维。

民主国家的批判性思维

在民主国家,批判性思维是不可或缺的。**民主**(democracy),照字面意思来讲,是指由人民做主;它是一种政府形态,国家的最高权力由人民赋予,或者由人民直接管理,或者像目前大多数现代民主国家一样,由人民选举出来的官员管理。作为民主国家的公民,我们有义务详细了解国家的政策和存在的问题,这样我们才能有效地参与重要的讨论和决策。

托马斯·杰斐逊曾写道:"在一个运用理性和说服而不是武力来领导公民的共和国,推理的艺术便变得尤为

独立思考

伊莉莎白·凯迪·斯坦顿，女权主义者的领袖

伊莉莎白·凯迪·斯坦顿（1815—1902）是早期女权运动的社会活动家和领袖。1840年，刚新婚不久的她出席了伦敦举办的世界反奴隶制度学会会议，她的丈夫作为代表而参加那次会议。在那里，斯坦顿认识了卢克里霞·莫特（1793—1880）。在几位美国男性代表的强烈反对下，美国的女性代表在会议上没有席位。莫特对此表示强烈抗议，要求自己应该受到与任何男人同样的尊重——不管是白人还是黑人。在热烈的讨论中，斯坦顿对莫特的做法大为惊奇，一个47岁的女人，据理力争，"巧妙地回避了所有的抨击……反唇相讥，用她的真诚和尊严化解了对方的嘲笑和奚落。"

南北战争之后，斯坦顿拒绝支持通过第十五条修正案，这条修正案虽然赋予了黑人男性选举权，却忽视了女性。修正案规定，要么黑人男性能够获得选举权（但不包括女性），要么只是白人男性可以投票。她指出，该修正案从本质上就是错误的，是在两难困境谬误的基础上制定的，还有第三个选择：男性和女性都应该有选举权。很不幸，她的观点和向传统的女性角色观念发起的挑战遭到了众人的讽刺。虽然随着1870年第十五条修正案的通过，黑人男性获得了选举权，但是美国女性最终被赋予该项权利则是50年后的事情了。尽管如此，斯坦顿的坚持不懈和拒绝放弃为女性争取平等机会的斗争，为最终修正案的通过铺平了道路，由此，其他女性才能实现她们的人生目标，获得平等参与国家政治生活的机会。

讨论问题

1. 在伊莉莎白·凯迪·斯坦顿争取女性权利的斗争中，她有卢克里霞·莫特和苏珊·布朗内尔·安东尼这样亲密的朋友作坚强后盾。请讨论，熟练的批判性思维者如何帮助你提高避免错误推理的能力。讨论你怎样才能成为别人的批判性思维顾问。
2. 回想你因为别人嘲笑追逐目标的能力而最终妥协的经历。用具体的例子进行解释。讨论你将会采取哪些措施，使自己不向错误推理妥协，或者不放弃自己的某个人生计划。

分析图片

发生在伊拉克阿布扎比监狱的虐囚事件 一个具有独立意识的人,不加批判地服从命令或屈从同伴压力的可能性较小。2003 年发生在伊拉克阿布扎比监狱的美国士兵虐待伊拉克囚犯事件是米尔格拉姆实验和斯坦福大学监狱实验的现实翻版。美国军队预备役军人、监狱看守查尔斯·格拉勒(幕后主使)是伊拉克虐囚事件的罪魁祸首,2005 年 1 月,他被法院宣判有罪,而且被判处 10 年监禁。他在辩护中声称,自己只是执行命令。他的辩护律师也指出,美国军队的情报部门没有进行很好的训练,管理较差,正是这些因素导致预备役军人无法明辨是非。但最终,格拉勒的辩护被法庭驳回。

讨论问题

1. 格拉勒为他对伊拉克囚犯的所作所为做的辩解是正当的吗?他应该对自己的行为负责吗?请论证你的答案。
2. 假如你是阿布扎比监狱一名等级很低的士兵,目睹其他士兵虐待伊拉克囚犯,你会怎么做?
3. 在兄弟会和妇女联谊会接纳新成员时也会发生类似的事情。如果你了解或目睹过任何相似的情境,请讨论最有可能的原因,以及该如何预防这类事件的发生。

重要。"民主制度的目的不是通过民意测验或多数投票使人们的意见达成一致,而是为了推动自由讨论和持有不同观点的人进行辩论。英国哲学家约翰·斯图亚特·米尔(1806—1873)指出,真理既不是支持现状者的观点,也不是非国教者的观点,而是不同观点的融合。因此,言论自由以及无论攻击性多强的反对观点都要倾听,这在民主国家的批判性思维中是非常必要的。

腐败官员曾经也是由公众选举或被委派到政府部门工作,并且在其所在的政党中有着很高的职位,但这些人未能对自己的行为和思想加以约束,因此才会导致腐败。事实上,在 1938 年关于普林斯顿新议员的民意测验中,阿道夫·希特勒曾被评为"最伟大的人"!而且,

你知道吗?

有研究表明,拥有积极自尊的年轻人"朋友更多,更倾向于抵抗消极的同伴压力,对批判的声音或别人的想法更加不在意,智商更高,知识也更加渊博"。

在 19 世纪中叶,纽约政客威廉·马西·特威德(1823—1878)从公民中诈取数百万美元。他还组织了著名的特威德集团,选派他的腐败团伙到重要的政府部门任职。

联系

你在参加竞选和选举、影响公共政策和理解法律体系时都需要哪些批判性思维技能？参见第 13 章。

与极权主义社会不同，现代民主制度鼓励差异，支持人们公开讨论不同的思想观念。有关不同种族、阶级和其他不同类型的大学生的研究表明，"多样化的经历与更多的公民参与、民主成果和社会参与有非常重要的关系。""让学生在校园和教室里接触不同的事物可以拓展他们的视野，提高他们的批判性思维技能和问题解决能力。"

在《攻击理性》(*The Assault on Reason*, 2007)这本书中，美国前副总统阿尔·戈尔提出，自从电视取代印刷文字成为人们获取信息的主要来源以来，参与民主过程的普通公众便开始减少。电视作为信息来源的一种方式，它主要是感染我们的基本情绪，而不需要批判性地思考，从而使电视观众只能被动地接受包装好的信息和意识形态。戈尔认为，在公众减少参与政治对话的同时，伴随而来的则是政府和有能力控制媒体的富人们权力的增大。

能够熟练运用批判性思维的人很少被错误言论或花言巧语所蒙蔽。批判性思维可以教你如何勇敢地反抗权力和不合理思维，这不仅能够增进你的幸福，而且还能给整个社会带来福祉。

联系

互联网是怎样促进你参与公共生活和讨论政治问题的？参见第 11 章。

新闻媒体在哪些方面存在偏差？参见第 11 章。

妨碍批判性思维的因素

通过提高自己的批判性思维能力，你可以变得更加独立，而且不容易受狭隘思想的影响。在这一节，我们将了解妨碍批判性思维的一些因素，这些因素阻碍我们分析自己或别人的经验和观点。

思维的三层模型

批判性思维的过程可以分为三个层次或水平：体验、解释和分析。但要记住，这种分类是人为的，只是为了重点突出批判性思维的过程。尽管分析处在思维过程的最高点，但三层模型是循环往复、不断变化的，有时人们为了进一步确认会从分析水平返回到经验水平，也会根据对新信息的分析重新修正原来的解释。人们决不会只有单纯的经验或分析。

经验（experience），是第一个水平，包括直接经验和从别处得到的信息或经验事实。经验是批判性思维和论证的基础。它为解释和分析过程提供基础材料。在这一思维水平，我们只是描述自己的经验而不是试图理解它们。比如：

1. 在工作面试中，我被拒绝了。
2. 当我离开教室时，马克为我开门。
3. 在美国，克隆人类是违法行为。
4. 尽管黑人仅占美国人口的 12.9%，但却占囚犯数量的 45%。
5. 在 2004 年的总统选举中，只有 58.4% 有资格的美国选民进行了投票。该比例在 18~25 岁的年轻人群中甚至更低，仅为 41.9%。

解释（interpretation），是第二个水平，需要我们努力弄清经验的含义。思维的这一水平包括人们对经验的个体化解释，也掺杂着集体和文化的思想。有些解释是我们依据事实而做出的；而有些则仅仅是根据我们自己的想法、个人情感或个人偏见。下面是对上述经验的可能

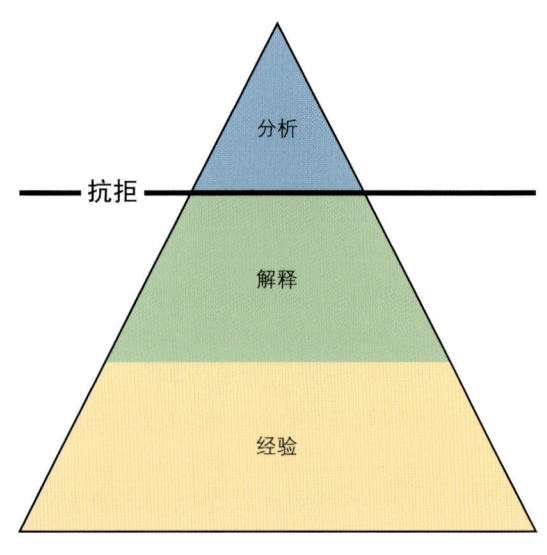

图 1.1　思维的三个水平

> **联系**
>
> 你如何运用思维的三层模型来分析媒体信息？参见第 11 章。
>
> 科学家运用哪种思维模型？参见第 12 章。

的解释：

1. 我没有获得这份工作是因为我没有熟人。
2. 马克是一个大男子主义者，他认为女性太弱小，自己开门费劲。
3. 如果克隆人类是违法的，那么它必定是不道德的。
4. 黑人在囚犯中占据这么大的比例是因为黑人男性天生比白人男性更暴力。
5. 美国年轻人在选举中不投票是因为他们对政治不感兴趣。

分析（analysis），是第三个水平，需要我们提高思维能力，批判性地审视自己或别人对经验的解释，拒绝采纳狭隘或过于宽泛的解释。大家共同完成的分析最有效，因为我们每个人都有不同的经验、解释和分析技能。分析经常以提出问题开始。下面列举这些问题是我们对上面的解释进行分析时所提出的：

1. 我没有得到这份工作，是因为我没有熟人，面试技能不足，还是没有达到这份工作所需要的条件？
2. 马克为我开门的目的是什么？

> **如果有些人所持的观点得到了公共舆论或法律的支持，那么当这些观点受到挑战时，他们很可能会产生抗拒：他们不希望改变现状。**

3. 为什么克隆人类是违法的？是否在某些情况下，克隆人类是可以被接受的？
4. 有没有证据表明黑人男性天生暴力倾向更强？有没有可能是因为黑人男性比白人男性受到的歧视更多？有没有其他因素能够解释黑人男性在囚犯中的过高比例？
5. 为什么越来越多的美国人，尤其是年轻的美国人，不参加投票选举？联邦政府的选举投票是不是应该像有的国家那样实施强制措施？会不会是候选人的原因？

思维的这个三层模型为批判性思维提供了一个动力模型，在这个模型中，为了确认，人们常常从分析水平返回至经验水平。作为批判性思维者，不仅要明白推理过程很重要，而且要知道推理联系实际也很重要。

抗 拒

由于我们大多数人不愿意被证明是错误的，因此我们会制造一些障碍使自己固守的观点免受争议。抗拒对批判性思维起着阻碍作用，它被界定为"运用不成熟的防御机制，这种机制是僵化的、冲动的、适应不良的和不加分析的"。

当我们感受到威胁时，几乎所有人都会运用防御机制。但是，如果我们习惯性地把抗拒作为应对问题的方法，那么它将成为困扰我们的难题。习惯性抗拒会妨碍自我发展，因为它会促使我们回避与自己原有观点不同的新经验和新观念。如果有些人所持的观点得到了公共舆论或法律的支持，那么当这些观点受到挑战时，他们很可能会产生抗拒：他们不希望改变现状。

除此之外，抗拒会使人产生焦虑，因为它把我们置于一种防御状态，远离别人的意见和观点，从而使我们无法与别人合作，不能想出有效的行动计划。

抗拒的类型

抗拒有多种类型，包括回避、愤怒、陈词滥调、否认、无知、从众、思想斗争和分散注意力。

回避（avoidance） 我们运用回避这种机制来逃避某些人或某些情况，而不是对不同观点进行探索。有些人强烈支持某种观点，但却没有足够的证据为自己的观点辩护，他们只与赞同自己观点的人为伍，只阅读和观看支持自己观点的文献和电视新闻。我曾参加过一次教堂祷告，牧师在布道时严厉斥责了梅尔·吉布森的电影《耶稣受难记》，认为这部电影充满了暴力，而且对耶稣被出卖和死亡经历的描述也不恰当。祷告之后，我问她是否看过这部电影，她说没有。当我告诉她我非常喜欢这部电影时，她只是皱了皱眉，然后迅速转身离开去跟别人交谈。作为抗拒的一种形式，回避使人不愿意与持相反观点的人交流，甚至会对他们产生敌意。

愤怒（anger） 我们并不总是回避持不同意见的人。

有些人在面对不同观点时，无法运用批判性思维进行分析，而是感到愤怒。与身单力薄或缺乏社会资源的人相比，身体强壮或拥有强大社会资源的人更容易愤怒，并强迫不同意见的人保持沉默。愤怒可以通过多种方式表达出来，比如怒视、恐吓、身体暴力、团伙行动，甚至战争。

但并非所有的愤怒都表示抗拒。当我们听说最喜爱的一位教授由于是阿拉伯人而被学校拒绝长期聘用时，我们会感到愤怒，或者说是义愤填膺。这种愤怒可能会促使我们给当地报纸写一封抗议信，从而纠正这种不公平。在第2章，我们将会更多地了解情绪在批判性思维中的积极作用。

陈词滥调（cliches） 说些陈词滥调会妨碍我们批判性地思考问题，比如不断重复类似的话："不要把你的观点强加于我""一切都是相对的""众口难调""一切都会好起来的"以及"我有坚持自己观点的权利"。广告商和政治人物经常使用陈词滥调来转移人们的注意力，让大家不再关注产品的质量或即将发生的社会问题。陈词滥调也会使我们不能批判性地审视自己的人生选择。当然，适当地运用陈词滥调也会有助于阐明某个观点，但是，习惯性地使用它们会对批判性思维起到阻碍作用。

> **联系**
>
> 互联网是怎样促进你参与公共生活和讨论政治问题的？参见第11章。

否认（denial） 根据美国国家伤害预防与控制中心的数据，每30分钟就会有一起因酒驾导致死亡的交通事故，酒驾造成的死亡人数在所有交通事故中占41%。尽管这些数据令人震惊，但酒后驾驶的人却经常否认自己喝醉。他们认为自己完全有能力驾驶，拒绝代驾。

许多美国人不承认世界石油储备可能很快就会枯竭。尽管探测技术不断进步，新发现的石油储备量于1962年达到峰值，但从那时到现在，数量一直不断下降。根据某些推测，任何地方可利用的石油资源在2020到2030年间会耗尽。然而，面对不断减少的化石燃料资源，许多美国人仍然继续开大型车辆，建造大型住宅，耗费越来越多的资源。

无知（ignorance） 古罗马哲学家西塞罗曾经说过这样一句话："无知是思想的黑夜。"现代印度瑜伽修行者斯瓦米·帕拉瓦南达曾写道："无知制造了其他所有的障碍。"人们更有可能对自己深入了解的问题进行批判性思维。在某些情况下，我们弄不清楚某个问题仅仅是因为无法得到相关信息。然而，有时却是因为我们根本不想去了解。如果我们原本可以通过某种途径获得关于某一问题的相关信息，却为了避免思考或讨论而刻意回避，那么这种无知就成为了抗拒的一种类型。有些人认为，无知可以让他们不必去批判性地思考某一问题或采取行动。结果却是，问题永远得不到解决，甚至会变得越来越糟糕。

从众（conformity） 许多人担心如果自己与同伴的观点不一致，会受到同伴的排斥。因此，即使他们实际上不赞同群体的观点，也会与群体保持一致，而不会冒险提出反对意见。也许我们都经历过这样的场景：在工作场合或聚会上，有人说了关于种族主义或男性至上主义的笑话，或者对同性恋或女性发表攻击性的言论。许多人并没有大声说出反对意见，而只是保持沉默，甚至跟着大笑，正因如此，才会使得偏见和负面的刻板印象一直存在。

而有的人从众则是因为他们对某个问题根本没有自己的看法。他们经常会说"我看到了问题的两面性"这样的话来掩饰自己不愿意批判性地思考问题。马丁·路德·金曾经指出："许多人最害怕站在与大众普遍接受的

CALVIN AND HOBBES © Watterson. Distributed by Universal Press Syndicate, Inc.

无知是福吗？

讨论问题

1. 你是否曾经有过宁愿无知也不愿意学习更多知识的经历？对比你和凯文的经历。
2. 有些人指责现在的大学生在参与公共生活和国家选举活动中持有凯文"无知是福"的观点。你同意这种观点吗？请论证你的观点。

分析图片

观点明显相悖的立场上。大多数人倾向于采纳这样的观点，它是如此的模棱两可、模糊不清，以至于可以囊括所有的一切，它又是如此流行，以至于可以包括任何人的观点。"

思想斗争（struggling） 在第二次世界大战纳粹党占领法国期间，利尼翁河畔勒尚邦村庄的村民给躲避纳粹党的犹太人提供了避难所。《精神武器》是一部描写利尼翁河畔勒尚邦的人们抵抗纳粹运动的纪实性影片，皮埃尔·苏拉吉是这部影片的导演。多年后，美国公共广播公司的比尔·莫耶斯向皮埃尔·苏吉拉询问，为什么有的村民仍然在为该怎么做而挣扎。苏拉吉回答道："饱受痛苦的人是因为没有采取行动，而采取行动的人则不会感到痛苦。"当我们面临复杂的问题时，在暂时没有想法之前，犹豫不决或饱受折磨是正常的。然而，有些人过于纠结问题的细节，过多地考虑"如果……将会怎么样"，也就是被称为"分析瘫痪"的情况，如此一来，到头来什么事情也做不了。拖延的人最有可能使用这种抗拒方式。尽管针对一个问题进行思想斗争是分析过程的一部分，可以有助于想出解决方法和行动计划，是批判性思维的重要组成部分，但是，如果这种思想斗争本身成为了目的本身，那么我们就不是在对问题进行批判性思维，而只是抗拒。

分散注意力（distractions） 有些人厌恶沉默，不喜欢安静地独立思考。我们许多人通过看电视、听音乐、聚会、工作、吸毒、酗酒或购物等方式，让自己逃避批判性地思考生活中遇到的难题。政治人物也许会用战争、战争威慑或恐怖主义来吸引公众的注意力，让人们无暇思考经济或卫生保健等方面的社会问题。人们往往会大吃大喝，而不去审视导致自己感到不满足或不幸福的原因。根据佛教思想，像分散注意力这种妨碍思考的因素会导致我们无法清晰思考。相反，佛教哲学崇尚沉静和冥想，把它们视为获得智慧和知识的方式。

思想狭隘

与抗拒一样，狭隘的思想和僵化的信念也是妨碍批判性思维的因素，比如绝对主义、自我中心主义和种族优越感。

绝对主义（absolutism） 正如前面所了解的，我们的举动经常与自己原来固守的道德信仰相悖，就像发生在米尔格拉姆实验中大多数参与者身上的那种情况，这仅仅是因为我们缺乏必要的批判性思维技能来反驳权威人物的不合理要求。特别是认知发展水平处于第一阶段的大学生，他们认为信息要么是对的，要么是错的，"寄希望于专家教给自己完全正确的知识"。当他们还面临类似米尔格拉姆实验中的"电击"情境时，他们不具备批判性思维技能来对抗权威人物的"推理"。要了解更多关于道德发展阶段的信息，请参见第9章。

害怕挑战（fear of challenge） 我们也会因为害怕自己原来坚持的信念受到挑战而不能勇敢地去面对别人。比如，有些人认为，改变自己对某个问题的态度是懦弱的表现。但实际上，优秀的批判性思维者具有开放性，乐于根据反面证据改变自己原来的立场。与在专栏"独立思考：史蒂芬·霍金，物理学家"中所介绍的霍金不同，许多人竭力抗拒与自己原有信念相左的信息和证据，尤其是自尊水平较低或者自我中心人格的人更是如此。他们会把别人表达反面的意见或证据看成是一种人身攻击。

自我中心主义（egocentrism） 把自己看成是或表现得像所有事物的中心被称为**自我中心主义**。自我中心或自私自利的人几乎从不考虑别人的利益和想法。关于大学生认知发展的研究表明，随着学生认知水平的不断发展，批判性思维能力也逐渐加强，他们表现出自我中心主义的可能性也会降低。除此之外，尽管人们都更愿意听信赞美之词，不喜欢被批评，但这种倾向在自我中心主义的人身上表现得尤为突出。阿谀奉承的话会妨碍人们做出正确的判断，而且会增加被奉承者说服的可能性。广告商和骗子高手对人类的这一本性了然于胸，因此经常使用谄媚的手段试图赢得人们的认可，让我们花钱去买本来不想购买的商品。

种族优越感（ethnocentrism） 种族优越感是指不加批判或无正当理由地相信自己所在的群体或文化具有内在的优越性。其特征表现为，个体对外国或外来文化表示怀疑或缺乏了解。有种族优越感的人经常根据刻板印象和舆论对其他群体、文化和国家做出判断，而不是依照真实信息。除此之外，我们还倾向记住支持自己观点或刻板印象的证据，忘记或低估反面信息。

自"9·11"恐怖分子袭击纽约和五角大楼以来，由于受到警察和联邦政府官员种族貌相的歧视，阿拉伯裔美国人感到他们被当做了深恶痛绝的犯罪分子，尽管官方政策明令禁止这种行为。在美国爱国者法案下，数百名穆斯林和阿拉伯裔美国人

> **联 系**
>
> 新闻媒体如何影响和强化狭隘的世界观？参见第11章。

独立思考

斯蒂芬·霍金，物理学家

斯蒂芬·霍金（1942—2018）很可能是目前在世的最著名的物理学家。大学毕业后不久，他便得知自己患了肌萎缩性侧索硬化症（也叫卢伽雷氏症），这是一种致命的、无法治愈的神经系统疾病。大约有一半罹患此病的人活不过三年。在经历了痛苦和等待死亡的那段时间后，霍金并没有认输，而是重新振作起来，决定努力活出最精彩的自己。

后来，他进入研究生院，结婚，并生育了三个孩子。他写道："肌萎缩性侧索硬化症并没有阻止我拥有一个幸福美满的家庭和取得事业上的成功。我很庆幸，我的状况比通常此病症恶化得更慢一些。这也表明一个人不能失去希望。"

2004年，霍金公开承认自己坚持了30年的观点是错误的，他曾经认为黑洞的引力非常大，任何物质都不能逃逸，甚至包括光在内。*如此一来，他带着些许遗憾，承认了加州理工学院天体物理学家约翰·裴士基关于黑洞的理论自始至终都是正确的。裴士基提出了一种理论，认为被黑洞吞噬的物质信息能够从黑洞中逃逸出来，也就是著名的"黑洞信息佯谬"现象。霍金不仅认输，而且赔给裴士基原先说好的赌注——一部棒球百科全书。

* 见 Mark Peplow, "Hawking Changes His Mind about Black Holes," news@nature.com, July 15, 2004.

讨论问题

1. 讨论文中提及的霍金在面对逆境和不确定性时表现出一个优秀的批判性思维者所具有的哪些特征？
2. 想一个没有任何证据支持而你却依然坚持的观点。当有人对你的观点提出质疑时，你会做出怎样的反应？请将你的反应与霍金的反应进行比较。抗拒或狭隘思想在多大程度上促使你不愿意改变或修正自己的立场。

在并没有受到指控的情况下被监禁。然而，这种轻率的举动往往会导致误解，甚至加深敌意。

不加批判的爱国主义——民族优越感的一种形式——会使我们无视自己文化中的瑕疵和不断恶化的状况。比如，这类思想狭隘的美国人只是听到美国不是世界上最伟大、最自由的国家就会被激怒。全球治理指标

布兰登·梅菲尔德是俄勒冈州波特兰市一位有中东血统的美国人,他是种族貌相的受害者。在西雅图－塔科马国际机场受到炸弹威胁后,他曾被拘禁数日。一段时间之后,控告才得以撤销。

(WGI)根据公民发表意见和选择政府的自由程度来对政府打分,然而2007年度的报告显示,美国并没有位列首位,而是在全球212个国家中排名第35位,排在加拿大、澳大利亚和大多数欧洲国家之后。而在2005年,美国排名第22位,这表明这两年来美国治理出现下降,其中部分原因在于言论和出版自由受到越来越多的限制。

人类中心主义(anthropocentrism) 有一种观点认为,人类是宇宙的中心或者是宇宙中最重要的生物,这被称为人类中心主义,该主张会使人们无视其他动物的能力。查尔斯·达尔文在他的进化论中假设,人类和其他动物的认知功能差异仅仅体现在程度或数量上,而不是人类的认知功能属于"更高级"的类型。然而,人类中心主义却认为,人类是独一无二的生物,是以上帝的形象创造的,因此超越自然,独立于自然,而且目前这种观念仍占主导地位。这体现在"动物"一词的使用上,尽管我们是动物的一种,但即使是在科学杂志和书籍中,动物也不包括人类。在人类中心主义中,其他动物或生物并不是以自身而存在,而只是人类的资源。人类中心主义会阻碍人们批判性地思考人类与自然界其他生物的关系,而且会由此对其他物种的生存和环境造成威胁,比如全球变暖,这同时也会对人类自身的生存构成威胁。

人类发明了计算机、机器人和其他装置来学习和做决定,但却认为人工智能永远无法匹敌人类智能,这种观念就是人类中心主义的产物。我们将在第2章介绍人工智能与推理。

合理化与双重思想

尽管有时哪个是最佳的选择方案一目了然,但更多的情况却是,我们在做决定前需要对互相矛盾的观点深入分析。当面对相互对立的方案时,有些人能够轻易而迅速地做出决定,是因为他们以前对某个方案已经有所偏爱。如此一来,他们对自己的选择进行辩护或做出合理解释的依据是个人喜好或观点,而不是基于对两种观点的批判性分析。在一项关于决策的实验中,心理学家A.H.马丁发现,个体对自己的决定进行合理化的同时伴随着强烈的满足感,从而能够进一步说服个体认为自己的偏好是恰当无误的。

在试图为自己过去某些不符合理性形象的行为进行辩护时,我们也会运用合理化机制。儿童骚扰者也许会把自己看成是温柔亲切、充满爱心的人,孩子们喜欢与他们在一起;而一个欺骗了爱人的人,当谎言被发现时,他可能会把谎言解释为,自己是出于关心爱人,为了不说伤害对方感情的话才撒谎的。

由于合理化会忽视相互矛盾的观点,因此运用合理化机制的人们经常会陷入双

> **联 系**
>
> 政府对媒体报道的信息会施加怎样的影响?参见第11章。
>
> 作为民主国家的公民,我们承担着哪些责任?参见第13章。

> **联 系**
>
> 所谓科学的观点在多大程度上隐含了人类中心主义?参见第12章。
>
> 新闻媒体如何影响和强化狭隘的世界观?参见第11章。

重思想。**双重思想**（doublethink）是指个体同时持有两种互相矛盾的观点或"双重标准"，即同时认为两种观点都是正确的。这种现象在人们面对存在强烈争议的问题上尤为普遍，比如奴隶制度、种族和女性权利等问题。人们不是对有关这些问题的争论进行理性分析，而是不知不觉地陷入双重思想中。

比如，当被问及男女是否平等的问题时，大多数大学生表示他们认为男女是平等的。然而，当涉及生活方式和职业等问题时，这些宣称男女平等和自由选择权的学生却说，女性应该是儿童的主要照料者。大多数老师对待男学生和女学生的方式存在很大差异，即使是最狂热的女权主义者也不乏例外，老师们表扬男生的次数更多，对男生的捣乱行为也更加容忍。当老师们看到自己班级的录像带时，大多数都对自己忽视女生和轻视女生贡献和成绩的程度感到震惊。

与此相似，大多数美国白人在谈到种族问题时都会把平等奉为基本原则，但也存在无意识的种族偏见。缺乏审视的偏见会歪曲人们对这个世界的认知。在2003年的一项研究中，实验者要求参与者将以消极词汇和积极词汇命名的名字与欧裔美国人和非裔美国人进行匹配。结果发现，参与者的种族偏见越内隐，他们把消极词汇与非裔美国人、积极词汇与欧裔美国人进行匹配的可能性反而越大。

双重思想对我们在日常生活中的决定也发挥着一定的作用。女性，包括全职工作者，仍然承担了大量做家务和照看孩子的责任。尽管职业歧视是非法的，但在实际工作中，女性和少数族群依然遭受着职业歧视，而且劳动所得明显低于白人男性。虽然有证据表明，许多大学生坚持认为工作场所的性别歧视和种族歧视已经成为历史，但事实却是，男性和女性的工资差异随着年龄的增长而不断拉大。

认知失调和社会失调

当面临**认知失调**（cognitive dissonance）和**社会失调**（social dissonance）时，也就是在新观念或社会行为与原有观点发生直接冲突的情况下，我们很可能会分析或修正自己的观念。迫不得已居住或生活在宿舍、大学教室或公共住房等集体社区的人经常面临与自己的种族优越感相矛盾的情况或行为。有证据表明，一旦某个人的行为改变了——换句话说，当他与其他种族或民族的人一

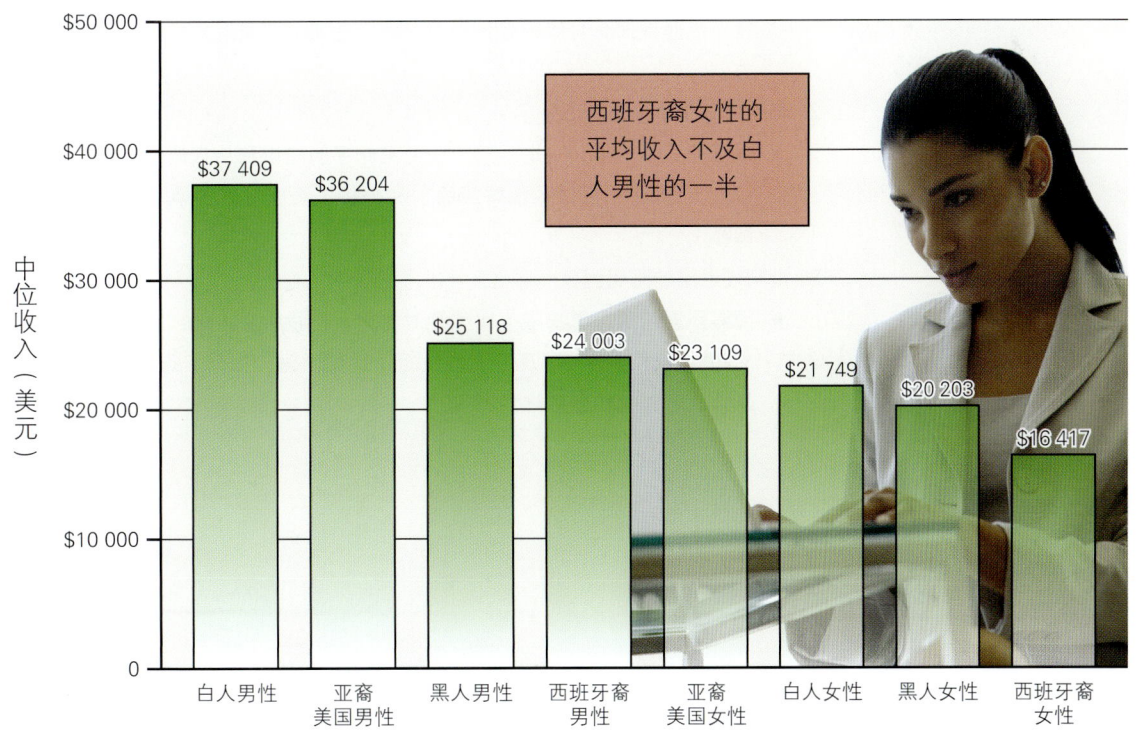

2008年，美国不同种族、民族和性别群体的平均收入

西班牙裔女性的平均收入不及白人男性的一半

- 白人男性 $37 409
- 亚裔美国男性 $36 204
- 黑人男性 $25 118
- 西班牙裔男性 $24 003
- 亚裔美国女性 $23 109
- 白人女性 $21 749
- 黑人女性 $20 203
- 西班牙裔女性 $16 417

中位收入（美元）

起吃饭或在课堂上讨论问题之后——他的想法也会跟着发生变化。经常接触善于进行批判性思维的人也能够增加你清晰思考的动力，避免陷入抗拒。

压力障碍

尽管一定程度的压力能够激发思考，但如果承受的压力过大，大脑会变得迟钝，思考能力也会下降。研究者发现，当人们遭遇飞机失事、飓风、洪水或火灾等灾难时，大多数人的思维处于呆滞状态。据美国联邦航空局和民用航空航天医学研究所的麦克·麦考林所说，大多数人会被灾难吓得"目瞪口呆、不知所措"，想不起来采取行动使自己脱离险境。

我们可以通过在内心演练自己面临各种压力场景时该作何反应，来消除压力对批判性思维的消极影响。在火灾或恐怖袭击等紧急情况下，重复演练过从大楼的最佳路线撤离的人，比没有演练过的人更容易采取行动，迅速逃生。更为重要的是，内心演练可以帮助我们在熟悉性任务上表现更好。比如，在20天内，如果篮球运动员大多数日子花15分钟进行内心演练，其他日子则花15分钟做实际练习，那么他们会比每天只进行身体训练的队员表现更佳。

你知道吗？

在一项研究中，实验者给大学生呈现了一幅图片，图中一个穿西装的黑人站在地铁上，旁边是一个手拿剃须刀的白人。当后来大学生被问及看到什么时，大多数人报告说看到一个手持剃须刀的黑人站在一个穿西装的白人旁边。

再想一想 »

1. 一个优秀的批判性思维者具备哪些特征？
   - 一个优秀的批判性思维者具备见多识广、心智开放、专注和创造性等特点，而且拥有有效的分析能力、研究能力、沟通能力和问题解决能力。
2. 思维的三个水平是什么？
   - 思维的三个水平分别是经验（包括第一手的知识和从其他来源获得的信息）、解释（指试图理解经验）和分析（需要批判性地审视自己的解释）。
3. 批判性思维的阻碍因素有哪些？
   - 障碍因素包括思想狭隘（比如绝对主义、自我中心主义、人类中心主义和种族优越感）以及习惯性抗拒（比如回避、愤怒、否认、无知、从众、合理化和分散注意力）。

关于大学入学平权法案的观点

　　平权法案是指，采取积极措施，弥补过去在雇佣和大学入学过程中针对少数族群或妇女等群体的不公平。1954年，美国最高法院审理了布朗诉教育委员会案，裁定学校的种族隔离政策是违反宪法的，黑人孩子与白人孩子享有平等的受教育权利。第一个平权法案是1959年由美国副总统理查德·尼克松提议的。平权法案计划和立法在20世纪60年代期间的民权时代得到进一步扩展。

　　1978年，一位叫阿伦·贝基的白人，将加州大学戴维斯分校医学院告上法庭，原因是他的入学申请遭到学院拒绝，而分数比他低的少数民族学生却被录取。最高法院判决贝基胜诉，裁定反向歧视也是违反宪法的。1996年11月，随着"209提案"的通过，加州成为第一个禁止在公共部门实施平权法案的州，包括州立大学的入学。华盛顿州和得克萨斯州也通过了禁止州立大学入学平权法案的投票。

　　2003年6月，美国最高法院裁定，密歇根大学法学院根据种族身份对申请者进行加分的入学政策是有缺陷的。然而，法院最终还是裁定，法学院和大学招生时依然可以将种族作为考虑个体申请的诸多因素之一。

平权法案与高等教育

最高法院裁定密歇根大学录取案前后

南希·康托尔

> 南希·康托尔现在是伊利诺伊大学香槟分校的校长。当年平权法案提交给美国最高法院时,她正任密歇根大学的教务长。本篇文章刊登于2003年1月28日的《芝加哥论坛报》,她对大学录取的平权法案发表了自己的看法。

种族融合的确十分艰难,各种族之间除了具有共同的集体恐惧、刻板印象和原罪之外,实现种族融合的基础真是少之又少。美国是时候认真考虑大学教育平权法案的真正意义了:它是丰富白人学生和有色人种学生教育和智力生活的一种方式。我们绝对不能放弃将种族作为大学录取的考虑因素。

在美国最高法院结束密歇根大学录取案之前,有关争论主要聚焦在人们获得的相对利益上,而这些争论都偏离了重点。大学录取一直以来都具有相对利益,原因在于大学教育是一种稀缺资源,成本很高。

在这个重视标准化测验分数的年代,人们很容易忘记,高等院校在招生时总是还会考虑申请者许多其他方面的经历,包括来自哪个地区,他们的家庭与学校的关系,他们的领导经验怎么样。

世界上最好的大学应该为个体融合多种生活经验创造最大的可能性,这是非常合理的,的确也很关键。种族是美国生活的基本特征,它对一个人必须在校园里有所作为有着极为重要的影响。大学招生应该具有种族意识,充分考虑所有学生——土著美国人、非裔美国人、西班牙裔美国人、亚裔美国人和白人——的文化差异和历史差异,并且在这些差异的基础上开展教育。布什总统把密歇根大学的平权法案称为"配额制"是错误的。

密歇根大学不存在配额制。所有的学生都可以参与竞争。种族只是附加因素,招生还会考虑学生其他的生活经历和才能,总统的建议应该会实现。密歇根大学有色人种学生所占的比例每年都在发生变化。

布什说,他认为大学入学应该是"种族中立的",而且他还说,他支持加利福尼亚大学董事诉贝基案的原则。但他不可能两面都讨好。在校方对贝基的决定中,种族是不中立的,它是非常重要的,甚至是核心因素,就像50年前的布朗诉教育委员会案那样。在这两件案例中,最高法院勇敢而正直地敦促国民思考种族这一问题。最高法院大法官里维斯·鲍威尔对贝基案的裁决带来的不仅是关于有色人种学生的问题,他还把美国的种族问题摆在了桌面,督促教育者联合起来,为学生创造一个真正融合的环境。

如果我们被告知不要考虑种族问题——转而去编造某些制度,比如在实行种族隔离政策的公立学校对学生进行班级排名,或通过编造一些委婉的托辞,比如"文化传统",以此来掩饰过去的种族歧视,同时也不重视种族在国家的未来发挥建设性作用的可能性,那么又怎能实现布朗和贝基的愿望,构建一幅美国各种族和谐的美好图景呢?

我们要吸纳各个种族,而不是将他们排除在外。我们要把种族当作一个积极类别,成为决定录取哪些学生时考虑的众多因素之一。

问题

1. 根据康托尔的观点,平权法案是如何同时有利于白人学生和有色人种学生的?
2. 康托尔说"大学招生应该具有种族意识",是什么意思?
3. 总统布什对平权法案持什么态度?康托尔为什么不同意他的观点?
4. 康托尔是怎样运用最高法院对布朗诉教育委员会案和加利福尼亚大学董事诉贝基案的裁决,支持自己对大学录取平权法案的观点的?

总统对密歇根州大学平权法案的评论

乔治·W. 布什

乔治·W. 布什于2001至2009年间任美国总统。2003年1月15日，布什在白宫发表了一场演讲，声称密歇根大学的平权法案政策是不公平的，也是违反宪法的。

最高法院很快就会审理一桩关于公立大学入学政策和学生群体多样性的案件。我强烈支持任何种类的多样性，包括高等教育的种族多样性。但是，密歇根大学为达成这一重要目标而采取的方法是完全不可取的。

实质上，密歇根大学的政策相当于一种配额制，仅仅根据种族身份对未来的学生进行不公平的奖励或惩罚。因此，明天政府将向法院提交一份文件，证明密歇根大学仅仅根据学生的种族身份额外加分，对少数种族学生实行定额招收的入学政策是违反宪法的。

我们的宪法明确规定，所有种族的公民在法律面前都必须是平等的。但是，我们也知道，我们的社会还没有完全实现这一目标。在美国，种族歧视是事实，它给许多公民造成了伤害。作为国家、政府和个人，无论何时何地，我们都要谨慎地对待歧视。然而，在致力于纠正种族歧视这种错误的同时，我们决不能采用制造另一类错误的做法，这样会使种族分裂问题变成难以解决的痼疾。

就种族、经济水平和民族而言，美国是一个多元的国家。高等教育制度应该反映国家的这种多样性。大学教育应该教给学生学会尊重、理解和友善。如果学生与不同背景的人一起生活，互相学习，这些价值观就会受到强化。然而，根据种族身份来招收学生或将他们排除在高等教育之外的配额制，提供的机会却是不公平的，容易引起种族分裂，而且完全违背了宪法的宗旨。

在最高法院正在审阅的案件中，密歇根大学制定了一项基于种族招生的政策。在本科阶段，非裔美国学生、一些西班牙裔学生和土著美国学生在满分150分的考试中可以多加20分，这并非是因为他们的学习成绩或生活经历，而仅仅是因为具有非裔美国人、西班牙裔美国人和土著美国人的身份。

我们仔细思考一下这个问题，在密歇根大学的招生体系中，最高的能力倾向测验分数仅占12分，累计得100分的学生一般都能被录取，因此，仅因种族身份而奖励的20分经常会成为决定因素。

法学院为了达成预定的比例目标，允许某些少数种族学生入学，而其他成绩更优秀的申请者却被拒之门外。

这就意味着，决定学生是否被录取的主要依据是他们皮肤的颜色。制定这种招生政策的动机也许是好的，但结果却造成了种族歧视，而这种歧视是错误的。

美国有些州正在使用创新性的方式来提高学生主体的多样性。近来的历史已经证明，不使用配额制也可以达成多样性目标。加利福尼亚州、佛罗里达州和得克萨斯州的招生体系已经表明，通过确保整个州最优秀的高中生入学，包括低收入社区的学生，可以实现大学最广泛的种族多样性。在这些州中，种族中立的招生政策已经实现少数种族的入学比例接近过去基于种族的招生政策中的入学率，甚至在某些情况下还超过了后者。

我们不应该满足于目前美国大学校园中少数种族学生的数量。尽管我们已经取得了很大进步，但仍然需要更加努力。大学官员要有责任和义务认真有效地开展工作，从各行各业选拔学生，而不是依赖于违反宪法的配额制。学校在制定招生政策时应该广泛考虑各种因素，包括学生潜在的能力和以往的生活经历，以此寻求多样性。

我们政府必须努力让家庭经济条件差的学生能够负担起上大学的费用。同时，因为我们致力于种族平等，所以我们必须确保美国的公立学校能够为来自任何背景的每个孩子提供优质的教育，这也正是我去年签署的教育改革的首要目的。

尽管美国长期以来的种族隔离问题已经得到解决，但我们仍需要努力克服种族歧视，让所有人都享有平等机会的承诺真正得以实现。我的政府会采用法律允许的任何方式来继续积极推进多样性和平等机会。

问 题

1. 根据布什的观点，密歇根大学法学院和密歇根大学本科学院的平权法案政策是什么？
2. 布什根据什么理由声称密歇根大学的平权法案政策既不公平，又违反宪法？
3. 根据布什的观点，为什么美国增加多样性非常重要？
4. 布什为提高美国大学的多样性提出了哪些建议？

2

理性与情绪

你认为照片中的跳伞者在想什么,有何感受?理性和情绪如何为一项活动如跳伞带来积极的成果?

要 点

33 | 什么是理性

38 | 情绪在批判性思维中的作用

41 | 人工智能、理性与情绪

45 | 信仰与理性

51 | 批判性思维之问:关于人工智能的灵性与进化的不同观点

在 陀思妥耶夫斯基的小说《罪与罚》中,故事的主人公拉斯科尔尼科夫在偶然听到一名学生和一名军官在咖啡馆中的谈话后,决定杀富济贫,杀掉一个有钱的老妇人,然后将她的钱分给那些需要的人。谈话是这样的:

这名学生说道:"一边是一个毫无用处、毫无价值、愚蠢凶恶而且有病的老太婆,谁也不需要她……而另一边,一些年轻的新生力量,由于得不到帮助,以致陷入绝境……老太婆的那些钱注定要让修道院白白拿去,还不如用来做几百件、上千件好事和创举;成千上万的人也许因此能走上正路;几十个家庭也许因此会免于贫困、离散、死亡、堕落,不至于被送进性病医院——而所有的这一切,都可以用老太

想一想 >>

- 理性在批判性思维中发挥了什么样的作用？
- 情绪如何对批判性思维产生积极和消极影响？
- 关于信仰和理性存在哪三种观点？

婆的钱来实现！杀死她，拿走她的钱，为的是日后用这些钱为全人类服务，为大众谋福利的事业做贡献。你认为做成千上万件好事，能不能赎一桩微不足道的小罪过，使罪行得到饶恕呢？牺牲一个人的性命，成千上万人就可以得救，不至于受苦受难，不至于妻离子散——这不就是数学吗！"

拉斯科尔尼科夫最终决定杀死这个老太婆，是完全出于理性计算，他认为这样做能够为最多的人带来最大的利益。在拉斯科尔尼科夫的决策过程中，情绪既没有影响他的决策，也没有阻止他犯罪。但是从批判性思维的角度看，这个决定正确吗？

在这一章中，我们将讨论理性与情绪在批判性思维过程中发挥的作用。

尤其会涉及：

- 评判理性在批判性思维中的作用。
- 探寻性别、种族和年龄如何影响理性和批判性思维的方式。
- 评估情绪在批判性思维中的作用。
- 考察理性和情绪是如何共同作用的。
- 着重讨论人工智能（AI）是否能够拥有理性和情绪。
- 考虑信仰和理性之间的关系，以及批判性思维在关于宗教信仰的争论中发挥的作用。

最后，我们将针对人工智能能否获得与人类相同的智力、情绪和思想，以及人工智能发展的可行性的不同观点进行介绍和讨论。

什么是理性

当我们在思考为什么对某一问题应该持肯定或否定的态度，或者是否应该采取某一行动以及为什么要这么做时，总是有各种各样的理由。例如当飓风或龙卷风预警来临时，你应该为了躲避即将到来的灾难而逃离家园，还是应该留下来尽力保护你的财产？你是应该去医学院读书，还是要加入美国和平队，又或者是抽出一年的时间去环游世界？你是否应该选择和男友或女友同居？在上面这些例子中，最终都需要你从一个批判性思维者的角度，仔细考虑可供选择的路径，并做出最佳的决定。

理性（reason，也译作理智）是基于某些证据做出论断或得出结论的过程。它需要你能够熟练地运用智力，并掌握解决问题的常用规则。对一些人，尤其是那些在批判性思维和逻辑方面没有受过正规训练的人来说，在熟悉的环境中思考问题往往比较容易。下面这个问题经常发生在你身边熟悉的情景中，请仔细阅读并思考。

假设你负责检查喝啤酒的规定是否得到了贯彻，该规定要求只有21岁以上的成年人才可以喝啤酒。有这么四个人，其中第一个人正在喝咖啡；第二个人正在喝啤酒；第三个人今年23岁；第四个人今年16岁。你必须检查哪几个人（他们正在喝什么或者他们年龄多大）才可以确保没有人违反规定？

几乎所有的大学生都能够在很短的时间内解决这个问题。那么现在来看另外一个问题，它被称为Wason卡片问题，这个问题所包含的情景是大多数人所不熟悉的：

假设给你四张卡片，需要你检查一个规则，如果卡片的一面有元音字母，另一面必须是一个偶数。现在这四张卡片的正面分别是"E""K""7"和"4"，你必须检查哪几张卡片，才能确保这条规则得到了遵守？

虽然这个问题同上面所说的我们的四个朋友的问题在逻辑上是相同的，但只有5%的大学生挑出了两张正确的卡片。通过学习逻辑学知识，我们就可以掌握解决困难和陌生问题的工具。在逻辑学中，理性的一般表现形式是仔细地罗列论据，以支持提出的各种论点，而这些论点为结论提供原因或证据，是结论存在的必要条件。然而，理性其实是一个非常宽泛的概念，虽然我们在日常生活中经常用到。理性是一个复杂的过程，与情绪洞察力一样，需要发挥创造性精神才能完成。

关于理性的传统观点

在很多人看来，理性是人类区别于动物的主要标志。古希腊哲学家柏拉图（公元前427—前347）在其著作《斐德罗篇》中提出，人的灵魂可以分为三个部分，一个理性的部分和两个非理性的部分。两个非理性部分指的是情绪和身体欲望，例如饥饿感和性欲望。柏拉图主张，当灵魂的这三个部分和谐共存时，人就会处于一种最佳状态。处于最佳状态的时候，理性应处于主导地位，就像驾驭战车的战士，情绪和身体欲望则像接受指挥的马匹。

柏拉图将灵魂划分为三部分的学说被中世纪哲学家圣·托马斯·阿奎那（约1225—1274）融入了基督教义

存在之大链条

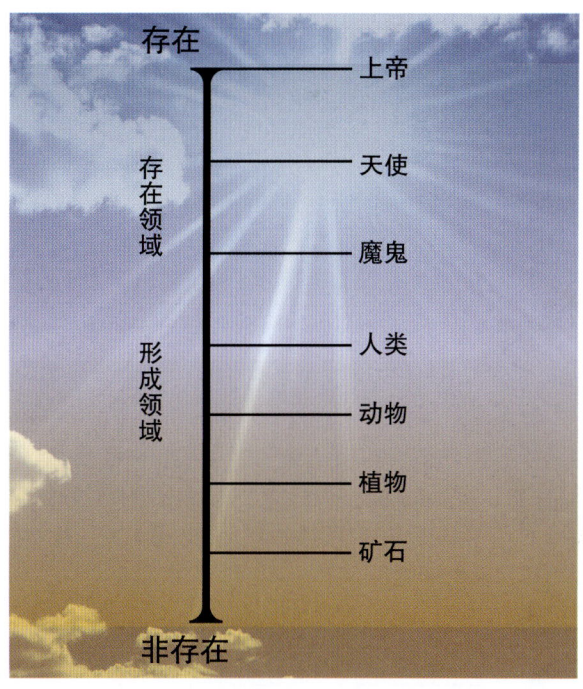

几个世纪以来，西方学者接受了"人类是闪耀着理性的神圣火花的特殊创造物"这一观点。

之中。根据阿奎那的说法，上帝是最完美的理性存在。理性是神灵对人类的恩赐。直到19世纪晚期，大多数西方学者才毫无疑义地接受了人类是一种特殊存在的观点。

人类中心主义认为有一个庄严有序的存在链条，上帝高高在上，天使紧随其后，人类位居其下，更低一级的是那些所谓的高级动物。这种学说在历史上统治已久，而查尔斯·达尔文（1809—1882）则毫不留情地将其完全推翻了。根据达尔文的进化论，理性的进化是人类适应环境行为的一部分，并且也存在于其他动物努力求生存的过程中。

达尔文在他的著作《人类的起源》中写道："这是一个显而易见的事实，自然学家对于某种动物的习性研究得越深入，越倾向于认为这种习性来自于理性，而不是天性。"现代的绝大多数科学家都认为，很多动物都拥有抽象思维能力和理智，其行为不仅仅是受本能驱使。

20世纪，理性逐渐被归类到自然科学当中。虽然理性在自然科学中的重要性毋庸置疑，但颇具讽刺意味的是，自然科学研究的基本假设——世界存在于人类之外——似乎并不能通过理性来证实。然而一般来说，对人类而言，相信世界的存在被认为是"理智的"。换句话说，我们可以在其他信念的基础上获得某些信念，即使不能够只凭借理性来证实或证伪。

除了抽象思维与逻辑论证，理性还包括行为因素。作为一个理性的人，你会调整自己的行为以适应环境或者获得最好的结果。例如，如果你有足够的理由认为，你和你的现任男友或女友无法相处，那么你可能会去采取一些使双方感情疏远的行为，而不是搬去和他（她）一起住。再来看另外一个例子，如果你在完成人生规划之后，发现自己正在一个完全错误的领域中学习，那么作为一个理性的人，即使面临可能要延期一年毕业的风险，你仍然会采取措施去调整你的大学课程计划。毕竟从事一份令人讨厌的工作会带来40年的痛苦经历，这比在大学里延期一年或两年毕业要沉重得多。

作为批判性思维的组成部分，理性包含多种策略，例如推理、归纳（一种逻辑学方法）和想象。在解决数学、工程学、建筑学和物理学中广泛出现的时空问题时，包括时间概念和空间概念的应用，理智便发挥了至关重要的作用。美国学校对语言能力的过分重视被认为是导致美国学生在数学和物理等学科成绩欠佳的原因之一，而这些学科恰恰有助于提高学生的时空推理能力。

性别、种族、年龄与理性

在西方传统观念中，男性与思维和理性联系更紧密，而女性由于承担着繁衍下一代的角色，所以与身体和自然联系更紧密。亚里士多德是西方哲学领域里最具影响力的思想家，他认为男性和女性拥有完全不同的自然天性。男性往往受理性和逻辑引导，而女性则更倾向于受情感驱使。亚里士多德之所以会得出这样的结论，是由于当时男性的活动场所是公共政治领域和工厂、车间，而女性则被限制在家庭内部，所以上述观点也成为那个时代的普遍态度。在犹太教和基督教的教义中，上帝的理性能力与生俱来，完美无缺，他被描述为一名男性。阿奎那宣称，神创造女人仅仅是为了繁衍后代，而女性生来就比男性低一等，应该服从男人的权威。这些千百年来形成的男尊女卑的传统观念现在仍在继续影响着我们的思想。

自2001年以来，这种状况并没有发生太多的改变。根据2008年夏天的皮尤调查，22%的美国人认为"妇女应该回归到她们的传统社会角色当中去"。当莎拉·佩林，一位5个孩子的母亲，被提名为共和党副总统时，有些人做出的过激反应也暴露了这种观念的存在。

格洛丽亚·斯泰纳姆、西蒙波娃和约翰·斯图尔特·米

联系

理性在科学与科学方法中扮演了什么角色？参见第12章。

根据达尔文的进化论，理性的进化是人类适应环境行为的一部分，并且也存在于其他动物努力求生存的过程中。

你知道吗？

在2001年的"大学新生调查"中，28.5%的男性和15.9%的女性对"已婚妇女的活动最好限制在家庭内部"这一陈述表示赞同。

独立思考

坦普尔·葛兰汀，结构设计师

坦普尔·葛兰汀（1947—）是一个患有自闭症但却非常有才华的人，她在美国科罗拉多州立大学畜牧学专业任助理教授。她为结构设计的一些领域带来了革新，而之前人们由于没有意识到该领域的潜在问题而受困已久。

例如，葛兰汀博士是全世界牲畜管理设施设计的首席专家。在设施的设计过程中，她仿佛能看到自己化身为动物进入正在设计中的系统中。在想象的空间里，她能够在设施四周和内部随意徜徉，甚至像坐上直升机一样飞到高空去观察。利用这种时空推理能力，她能够预见未知的问题并做出改进。她的设计是革命性的，因为她所设计的结构与动物浑然天成，以一种平和、人道的方式，轻松地对牲畜进行饲养。

讨论问题

1. 讨论葛兰汀博士如何将批判性思维能力与卓越的时空推理能力相结合，提出其所在领域问题的解决方案。
2. 评估自己的能力对于选择职业来说至关重要。你最擅长的推理能力属于哪一种类型，在选择工作的过程中如何充分地利用自己的能力？如果你对自己的能力并不确定，可以向学校的职业发展咨询师寻求帮助。

Temple Grandin, Matthew Peterson, and Gordon L. Shaw, "Spatial-temporal versus language-analytic reasoning: The role of music training," *Arts and Education Policy Review*, Vol. 99, Issue 6, July–August 1998, p. 12.

尔等女权主义者提出，男性和女性拥有同等的理性。她们宣称，男性和女性之间的差距是源自于社会的歧视，以及男性不愿意放弃在家庭和社会中的传统优势地位。另一方面，政治活动家菲莉丝·施拉夫利和社会学家史蒂文·佐治亚等保守派则主张，这些差异是由男性和女性不同的自然属性决定的。而科学研究表明，社会上常见的一些基于性别差异的现象，是受到了社会传统以及男女之间先天差异的共同影响。

然而，即使女性与生俱来的处事方法可能比男性更加情绪化，但是这并不能证明女性没有理性，不能像男性一样进行逻辑论证。此外，有关性别差异的传统观念还歧视喜欢待在家里和照顾孩子的男性，以及选择护士、小学教师等护理行业作为职业的男性，这对他们来说也是一种伤害。批判性思维要求我们以更开阔的眼光来考虑不同的观点，审视自己对性别和种族的看法，而不是依靠那些陈词滥调做出决定。

终身教育对于培养我们的理智或推理能力也非常重要。一个人接受的教育越多，那么随着年龄的增长其心智也会逐渐得到加强。正像锻炼身体能够促进身体健康一样，追求终身学习和应用批判性思维能力能够使我们的心智保持活力。很多大学管理人员非常支持成年人重返校园学习这一趋势，因为这不仅增加了学生的多样性，还丰富了课堂上的生活经验。这种趋势增加了不同年龄段学生之间的交流，同样有助于打破关于年龄的消极传统观念。一名合格的批判性思维者，必须愿意运用我们的理性去审视关于种族、性别和年龄的传统观念。那些未加审视的观念可能会扭曲人们对这个世界的看法，伤害自己的同时也在伤害他人。

行动中的批判性思维

电子游戏中的大脑活动

玩游戏或者学习乐器演奏不仅能够提高人们的批判性思维能力,而且能够有效延迟老年痴呆症等认知障碍的发生,这一认识已经得到了广泛的证明。游戏对大脑的锻炼与体育运动对身体的锻炼有异曲同工之处。第1章中提出,内心演练能够提高人们在现实生活尤其是在压力较大的工作环境中的表现。研究表明,需要决出胜负的计算机游戏能够提高人们的表现。[*] 已经有研究表明,计算机游戏能够提高诸如时空推理能力、系统性思考、问题解决能力等认知技能,并能够提高手眼协调能力。诸如俄罗斯方块和模拟人生这样的游戏,通过不断提高难度来使玩家接受更大的挑战,往往更具锻炼效果,因为此类游戏可以让玩家时刻挑战其能力极限。

通过这种知觉性模拟,人们学会了在日常生活中要时刻准备做出决策并立即付诸行动,这些从游戏中学到的技巧可以被推广到真实生活中去。在位于纽约的贝丝以色列医学中心进行的一项研究发现,每星期玩计算机游戏超过3小时的外科医生,在手术中的犯错率比平时不玩游戏的同事低37%。哈佛商学院的一项研究则发现,从事白领工作的人如果经常玩计算机游戏,比那些不玩游戏或者很少玩游戏的同事表现得更加自信,工作能力也更加突出。[**] 美国军方、美国儿童基金会、美国肿瘤协会和联邦紧急情况管理署等机构都将计算机游戏作为教学工具。

当然,由于计算机游戏如此具有挑战性和模拟性,人们可能会沉迷其中而不能自拔。它们还可能导致游戏者逃避思考生活问题,这也是一种抗拒。学习如何平衡玩游戏的时间与学习和社会生活的需求,对批判性思维者来说是一笔宝贵的财富。如果你花太多时间在虚拟的人物上,而不是在真实生活中陪伴你所爱的人,那么他们因此而离开你,你便得不偿失了。

讨论问题

1. 说出你最喜欢的计算机游戏。描述游戏中你最感兴趣的或者觉得最吸引人的人物形象。讨论一下在现实生活中,这些形象在改善你的思维能力和问题解决能力等方面提供了哪些帮助。

2. 在一些学校中,学习如何玩计算机游戏已经被列为一门课程。如果要求你来设计这门课程,考虑一下哪些课程和游戏能够成为计算机游戏课程表的组成部分,你将如何利用其促进批判性思维的发展。

[*] John C. Beck and Mitchell Wade, *Got Game: How the Gamer Generation Is Reshaping Business Forever* (Cambridge, MA: Harvard University Press, 2004).

[**] Steven Johnson, "Your Brain on Video Games: Could They Actually Be Good for You?" *Discover*, Vol. 26, Issue 7, July 2005, pp. 39–43.

梦与解决问题

虽然推理常常被认为是一种有意识的活动，但认知科学家的最新发现表明，很多推理实际上是无意识地自动进行的。按照传统观念，梦境被看做是压抑情感的无意识释放和非理性冲动，但通过对大脑功能的研究发现，做梦所涉及的大脑活动包含有理智和问题解决相关的部分。尤其需要指出的是，做梦能够帮助我们解决难以描述的视觉问题，例如，如何把你所有的家具放入你的单身宿舍或小公寓。

科学家通过研究梦境以了解人类如何利用梦来解决生活和工作中的问题，以及如何发现表面上看似无关的事物之间的逻辑联系。大多数人可能都听到过这样的建议：在考试之前好好学习，这样就能够考得更好，但却没人会说：等到考试那一天，"睡出一个好成绩"。

当人们在睡梦中时，大脑中控制情绪和监测逻辑矛盾的部分就会变得异常活跃。根据神经病学家埃里克·诺夫辛格的理论，"这可能正是人们经常在梦境中找到棘手问题的解决办法的原因。在梦境中，大脑似乎能够仔细审视内部环境并尝试指明该如何去做，还能够判断该做法是否会与本人身份产生冲突。"此外，男性和女性的梦境似乎也存在某些不同。男性的梦境中包含有更多的身体攻击行为；新妈妈们的梦境中则会上演有关自己孩子人身安全的情景。

经验丰富的科学家、数学家和侦探们有时并不需要通过慎重的、有意识的思考去解决复杂的问题，可能在睡梦中就解决了。许多美国印第安部落的人也把梦境看做指引生活的源泉。

在梦境中取得开创性的科学发现，这样的说法并非耸人听闻。然而，正像哈佛医学院的神经病学家迪德·巴伦特指出的那样，这种在梦中找到问题解决办法的情形虽然看起来极富创造力，但只有当一个人在清醒时已经做了与此相关的大量具体工作之后才有可能发生，这些工作包括仔细研究和反复推敲前期做出的假设以及有可能得出的结论。

俄国化学家德米特里·门捷列夫在经过几年对元素分类表的研究后，终于在梦境中找到了元素周期表的画法，这一具有划时代意义的成果直到今天仍在为化学家们所使用。无独有偶，美国的发明家伊莱亚斯·哈维也是经过长期苦苦思索后，在梦中灵光一闪，找到了完善缝纫机的方法。

艺术家们同样也在梦境中找到了灵感。从事梦境分析训练的心理学家甚至与公司的管理层一起工作，利用梦境帮助他们解决商业问题。每天晚上睡觉之前，心理学家和企业家雷·库兹韦尔（本章的最后将会引用他撰写的关于人工智能的相关论述）都会选择一个困扰企业许久的问题，例如一项商业策略或者某个技术问题，然后让梦境帮助他找到解决方案，得到的方案可能仅仅是解决问题的大致方向，却让他受益匪浅。

在每天入睡之前，你可以试着写下已经考虑了一段时间的问题，然后在第二天早晨记录下你的梦境。你可能会很惊喜地发现，做梦竟然会如此管用。我的一名学生试着进行了这种练习，有一次他需要在同一天面临三场考试，复习时间很难做出安排。在梦中，他看到一支队伍簇拥着三位美国前总统乔治·布什、罗纳德·里根和比尔·克林顿的塑像在游行，这三位总统的塑像被安放在了同一辆彩车上。醒来之后，他意识到这三位总统分别代表了三门考试科目，他需要做的仅仅是"坚持到底"，并且将这三门课程放到一起复习（正像三个总统的塑像被放在了同一辆彩车上），而不是为每门考试单独分配时间。按照梦境的指示去做，他惊奇地发现，其中一门课程的复习资料居然可以用于另外一门考试中的短文写作。

我的另外一个学生，与男友出现了感情问题并因此困扰不已。她在梦中梦到自己正在驾驶着一辆长长的小型摩托车，在行驶的过程中不时有路人请求搭载，她都欣然同意了，结果最后小车失去平衡倾倒了。通过对梦境的分析，她意识到，感情出现问题的原因之一可能是：由于自己总是将他人的要求放在首位，最后不堪重负，只能结束已千疮百孔的恋情。意识到这个问题之后，她在自己人生目标的列表中添上了一条"学会如何在自己和他人的事情之间做出取舍"。

理性在逻辑和批判性思维中起决定性的作用。利用理智，人们能够分析自身观念和客观证据，对生活中的选择进行慎重考虑以做出正确的决定，并解决实际问题。理智既可以在有意识的情况下进行，也可以在无意识的情况下运作。在批判性思维中，理性和情绪等其他因素共同作用，相互影响。在本章随后的内容中，我们会对理性和情绪的相互作用展开更多的介绍。

情绪在批判性思维中的作用

很多哲学家认为，要想达到幸福快乐、内心平和的状态，我们就必须过上一种理性的生活。那么，情绪是否在批判性思维以及良好的生活状态中发挥了作用？如果有的话，发挥了哪些作用？

关于情绪的传统观点

在兰登书屋出版的《韦氏大学词典》中，情绪被解释为："一种区别于认知和意志的意识状态，包括高兴、悲伤和恐惧等感受。"在西方文化中，情绪一直被放在与理性对立的位置，并且被认为是导致草率推断、非理性生活选择的罪魁祸首。在现代，一些学者和科学家仍然认为情绪对于指导行为是不可靠的，是进化过程中遗留的糟粕，应当抛弃。

相反，中国传统的儒家哲学则强调同情、忠诚等关系与情绪的培养，并将其看做获得幸福与和谐生活的关键。很多非洲传统哲学也十分注重个人经历与感受在批判性思维中发挥的作用。在佛教中，对世间万物的同情和爱是形成批判性思维的基础。从以上几个例子可以看出，西方和东方文化对情绪的态度大相径庭。此时再来考虑在北美与日本中学进行的有关批判性思维概念的研究结果，就会发现该结果与东西方的文化差异不谋而合，北美的学校将批判性思维视为理性和分析的过程，而日本的教师则更多地强调情绪在批判性思维中的作用。

批判性思维是否应该将情绪考虑在内，理智如果没有情绪的"干扰"是否能够表现得更好？本章开篇时曾引用了《罪与罚》中的一段摘录，看过之后，读者是否想知道拉斯科尔尼科夫为什么会如此"冷酷无情"呢？作为批判性思维者，我们不仅需要时刻关注发生在身边的事，还要时刻关注自己的情绪。虽然生气和恐惧等情绪是拥有良好推理能力的障碍，但是从另一方面来讲，情绪也可以通过预先倾向或自身激励，促使我们做出更好的决定，从而提高判断能力。《罪与罚》中对谋杀受害者的那种同理心（拉斯科尔尼科夫不仅杀死了那个老妇人，还杀死了老妇人那个有智力障碍的妹妹，而原因仅仅是因为她妹妹不小心成了目击者），或者面对诸如发生在纳粹集中营中的大屠杀等暴行时出现的厌恶和愤怒情绪，这些情绪与平静和冷酷的计算相比，应该是更自然的反应。

情绪智力与情绪的积极影响

健康的情绪发展——某些认知学家称之为情绪智力——与抽象思维能力呈正相关。**情绪智力**（emotional intelligence）是指"准确地感知、评价和表达情绪的能力；酝酿和产生能促进思维能力的感受的能力；理解情绪及情绪性知识的能力，以及控制情绪以促进情绪和智力发展的能力"。同理心、道德义愤、爱、幸福甚至内疚等情绪都能够促使人们做出更好的决定，从而为推理能力带来积极的影响。

你能识别这里展现的是何种情绪吗？

甚至，美国前副总统阿尔·戈尔认为，美国人之所以没有对伊拉克战争中出现的虐待俘虏事件和过多的平民伤亡表示出更激烈的抗议，没有因为政府对卡特里娜飓风带来的灾难作出如此之慢的反应表现出更多的愤慨，原因之一便是人们的道德义愤感随着电视中太多耸人听闻的事件和暴力画面而变得迟钝了。很多人不能认清自己的感受并表达出来。有时候一个人的情绪无从表达也会对其行为和决策产生消极的影响。只有对自己的道德义愤和对受害者（包括自己）的同理心等情绪有更深入的了解，人们才能够利用理性，积极地提出具体的行动计划来阻止这些虐待行为的发生。*

在日常生活的决策过程中，我们常常是首先感觉到有做决策的需要时，才会考虑采取行动以满足这种需要。罗莎·帕克斯首先因为受到歧视而产生愤慨情绪，继而拒绝在公交车上为一位白人男士让座（那时的当地法律要求她这么做），此举动引发了1955至1956年发生在亚拉巴马州蒙哥马利市的公交车抵制运动（见"独立思考：罗莎·帕克斯，民权活动家"）。然而，她拒绝给白人让座并不是一时冲动的情绪反应，而是经过了理性思考后的行动。作为美国全国有色人种协进会（NAACP）的资深会员，罗莎一直在仔细考虑采取哪些具体行动，才能为促进种族平等尽自己的一份力量。

同理心（empathy），是指设身处地感受并理解他人经历和情绪的能力，这种能力能够让人们避免心理压抑，成为更好的倾听者和交流者，从而改善与他人之间的人际关系。一个具有同理心的人，更容易理解和接受他人的看法，积极使用批判性分析，而支持某项行动计划则需要人们明确阐述一个合乎逻辑的论证，因此这一技能就显得至关重要。

为体验同理心而设计的角色扮演活动能够避免对他人固执的、不切实际的信任。它是以一个小组为单位，要求每个成员扮演小组内另外一名成员的角色并感受他的情绪，然后对这种经历进行反思，结果证明，这种方法能够提高参与者的批判性思维能力。

幸福感和乐观情绪能够增强解决问题的信心。感到幸福和对生活满意的人更容易适应或重新适应生活环境中积极的或消极的变化。而这又反过来增强了他们的幸福感和成就感。物理学家斯蒂芬·霍金的经历是一个很好的展现乐观主义和积极思维作用的例子（见"独立思考：斯蒂芬·霍金，物理学家"）。幸福的心境能够带来流畅感，音乐家、艺术家和作家常常能够体验到这种状态，在这种状态下他们完全融入了创造性的工作中而达到忘我的境界。

情绪还能够激励人们改正过去的错误。在《罪与罚》的结尾，拉斯科尔尼科夫决定向警察自首，这不仅是经过理性思考的结果，情绪也起到一定的作用。这些情绪包括对杀害老妇人及其妹妹的内疚感，还有他对索尼亚深深的爱。索尼亚曾因生活所迫做过街头妓女，但却心地善良，正是在她的劝说下，拉斯科尔尼科夫才下定决心迷途知返。相反，有的人虽然擅于推理但却丧心病狂，例如托马斯·哈里斯的小说《沉默的羔羊》中的虚拟人物——臭名昭著的食人者汉尼拔·莱克特博士，他更有能力从自己犯下的诸如谋杀这样的恶行中逃脱。像莱克特这样反社会的人往往处于颓废、低落的情绪状态，也不会让他们的情绪阻止对其他人的伤害。

教育工作者尼尔·诺丁斯认为，批判性思维不应该忽视情绪的作用，而应该在理性与逻辑之中融入人与人之间的关怀。她将融入了关怀与同理心的批判性思维称之为"积极的批判性思维"。例如诺丁斯提出，人们往往能够深切地体会自己孩子的感受，而这种体会又能帮助人们成为好父母，这就可以称之为一种能力。在成人的恋爱关系中，良好的态度意味着需要彼此全身心地投入，倾听对方的内心世界。若能如此，人们就能够在恋爱关系中做出考虑到双方兴趣与利益的选择。

> 一个具有同理心的人，更容易理解和接受他人的看法，积极使用批判性分析，而支持某项行动计划则需要人们明确阐述一个合乎逻辑的论证，因此这一技能就显得至关重要。

联 系

为什么新闻总是关注令人触目惊心的事件，人们如何才能在面对新闻媒体上那些耸人听闻的事件时不那么敏感？参见第11章。
道德义愤和不公正等感受如何促使你参与政治活动？参见第13章。

---

* 了解更多关于同理心和道德义愤在道德决策中所起的作用，可参见第9章"良知和道德情操"一节。

情绪的消极影响

虽然情绪有时能够激励人们做出更好的选择,但批判性思维也有可能会受到一些消极情绪的影响,例如以往失败的经历所带来的消极刻板印象和焦虑情绪,经常会引发对失败的担忧和愤怒。当人们充满恐惧时,常常会轻易放弃,甚至问题明明已近在咫尺却装作视而不见。当出现反对的声音时,他们甚至会暴跳如雷。类似的行为和态度会成为批判性思维的障碍,在第1章中曾介绍过相关的案例。

此外,人们极易受诸如广告和政治竞选这样一些情绪诉求的伤害。如果这些情绪诉求缺乏证据和令人信服的推理的支持,例如对校园恐怖袭击的恐惧,在没有任何征兆时担心配偶或伙伴欺骗自己,这些焦虑情绪往往使人们无法将注意力集中到更重要的事情上,或者会做出一些令人追悔莫及的事情。虽然情绪是批判性思维的重要组成部分,但如果完全随性而为,那么你只能陷入到永无休止的麻烦当中。

理性与情绪的结合

令人遗憾的是,现代的教育方法完全没有意识到情绪的重要性,反而鼓励学生时时刻刻保持理性。哲学家克里·沃尔特斯在其文章《批判性思维、理性以及学生的定型》中明确提出,人们现在严重忽视了情绪在批判性思维中的重要作用。在电视连续剧《星际迷航》中,史波克的逻辑性完美无缺。但是,虽然瓦肯人是理性思维和解决问题的行家,却毫无情绪。由于这种缺陷,他们的推理缺乏想象力和创新性。

情感与理智的完美结合使人们在批判性思维过程中能够事半功倍。情绪能够帮助人们警觉到问题并洞悉他人的观点,还能够激励人们积极采取行动并解决问题。要想成为一个成熟的人、适应能力强的人,就必须承认情绪的存在,并努力让情绪与理性协力合作,做出更好的、更明智的决策。

> **联系**
>
> 为什么警惕新闻媒体对你的情绪诉求和偏见很重要?参见第11章。

思想库

情商测试中的问题摘录

请对以下各项进行自我评定,1代表"几乎从不如此",5代表"几乎总是如此"

1 2 3 4 5　当不得不面对一个正在生气的人时,我会感到焦虑。

1 2 3 4 5　当面对一个重大的个人问题时,我无法思考任何其他问题。

1 2 3 4 5　不管多么努力,我总觉得自己做得不够好。

1 2 3 4 5　即使不清楚什么事情或什么人使我紧张,但我就是感到压力很大。

1 2 3 4 5　即使已经尽了全力,但我仍然为事情做得不完美而感到内疚。

1 2 3 4 5　在需要表达感情的场合,我常常感到很不安。

* 对以上问题做5点评分,从"几乎总是如此"到"几乎从不如此"。要完成包括106个问题的整个测验,请浏览www.queendom.com/tests.

独立思考

罗莎·帕克斯，民权活动家

1955年12月1日，罗莎·帕克斯（1913—2005）在一辆实行种族隔离政策的公共汽车上拒绝了一位白人男士向她提出的让座要求。帕克斯的这一举动违反了当地的种族隔离法，她因此被逮捕并受到监禁。帕克斯因被不断要求"屈服"而迸发的道德义愤，以及由此做出的反抗行为，成为了亚拉巴马州蒙哥马利市公共汽车抵制运动的导火索。成百上千的工人冒着失去工作甚至生活来源的危险，拒绝乘坐实行种族隔离政策的公共汽车。帕克斯事件一直闹到联邦最高法院，最后最高法院裁定公共汽车上的种族隔离政策违反宪法，应予以取缔。帕克斯继续在全国巡回演讲，为非洲裔美国人呼吁公平与正义。她的坚定不移和非凡勇气鼓舞人们开始了轰轰烈烈的反种族隔离运动。之后她一直为了全人类的平等而不知疲倦地工作，直到80岁。

讨论问题

1. 罗莎·帕克斯的行为如何证明了情绪在批判性思维中的重要性？
2. 回忆一下你是否曾经因为自己或他人受到不公正待遇而感到愤慨，但却没有遵从自己的情绪而采取行动。为什么你当时没有做出回应？如果再给你一次机会，你会怎么做？

人工智能、理性与情绪

大卫·鲍温：嗨！HAL。你能听到我说话吗，HAL？

HAL：听得到，大卫。我能听到你说话。

大卫·鲍温：HAL，请打开辅助舱通道门。

HAL：对不起，大卫。我恐怕不能这样做。

大卫·鲍温：出了什么问题？

HAL：什么问题，我想你应该比我更清楚。

大卫·鲍温：HAL，你在说什么？

HAL：这次任务对我来说太重要了，我不允许你破坏它。

大卫·鲍温：HAL，我真不知道你到底在说什么。

HAL：我知道你和弗兰克打算关掉我，但我绝对不会让你们得逞的。

大卫·鲍温：你是怎么知道的，HAL？

HAL：大卫，虽然你们在辅助通道中说话，不让我听到，但是我会读唇语……

大卫·鲍温：HAL，我不想和你多费口舌了！快把门打开！

HAL：大卫，再多谈下去已经没有意义了。再见。

人们一般认为只有人类，或者其他高级生物才具有理智和情绪。但是这种假设是否有充分的证据呢？在电影《2001太空漫游》中，一台名叫HAL的计算机接管了一艘宇宙飞船，并杀死了除大卫·鲍温之外的所有乘员，鲍温与其展开了生死搏斗并最终制服了它。这部影片体现了人类的一种普遍担心：如果我们让计算机越来越智

行动中的批判性思维

"莫扎特效应"

听音乐在影响情绪的同时,似乎也能影响人的认知。在合适的时机,听莫扎特的奏鸣曲,或者其他古典或浪漫作曲家的音乐,能够提高人们的数学和推理能力。*物理学家戈登·肖把这种现象称为莫扎特效应。一些学者认为,人们之所以在听莫扎特或其他音乐的过程中有更好表现,尽管并非长期效应,主要是因为音乐本身改善了人的心境。**

古典音乐并非惟一能够影响大脑活动并改变情绪的音乐。以下不同类型的音乐也被证明可以给听者带来深刻的影响:

- 巴洛克音乐(巴赫、亨德尔、维瓦尔第)给人带来稳定和有秩序的感觉,能为工作和学习创造一种激励性的心理环境。
- 爵士乐、布鲁斯乐、迪克西兰乐、灵魂乐以及雷鬼乐能够振奋、鼓舞和释放内心深处的情感,并唤醒共同的人性。
- 萨尔萨舞曲、梅伦格舞曲以及其他一些包含轻松打击乐的南美音乐能够使人心跳加快,呼吸急促,身体不由自主地动起来。
- 摇滚乐在人精神饱满时能够刺激人们的情绪,激发人们的热情,释放压力。反之则会使人产生压力和紧张情绪。
- 环境音乐和新世纪音乐使人达到一种放松警惕的状态。
- 重金属音乐、朋克音乐、说唱音乐和嬉哈街舞能够刺激人的神经系统,使个人能动性和自我表现力处于兴奋状态。***

讨论问题

1. 你最喜欢哪种类型的音乐?听这种类型的音乐对你的学习能力和批判性思维能力产生哪些影响?
2. 在学习的时候试着听不同类型的音乐。如果有影响的话,哪种音乐会提高或妨碍你的学习能力或注意力?

* Kristin M. Nantais and E. Glenn Schellenberg, "The Mozart Effect: An Artifact of Preference," *Psychological Science*, Vol. 10, Issue 4, July 1999, p. 372.

** Christopher Chabris, "Prelude or Requiem for ′Mozart Effect′?" *Nature*, Vol. 400, 1999, pp. 826–827.

*** Don Campbell, *The Mozart Effect* (NY: Avon Books, 1997), pp. 78–79.

能化,越来越独立于创造它们的人类,有一天它们是否会对人类的存在构成威胁。在我们更多地担心人类的未来之前,先来考虑一下像HAL这样拥有理智的人工智能生物是否有可能出现?如果出现的话,对我们人类来说又意味着什么呢?

© Ray Kurzweil

"只有人类能够……"

讨论问题

1. 人们曾经一度认为有些工作只有人类才能胜任，但事实证明，人工智能可以在这些工作上替代人类。以小组为单位，列出你们认为只有人类才能胜任的工作。将全班的答案集中在一起。讨论一下，人工智能是否有能力在将来从事其中一部分甚至全部工作。说明你的理由。
2. 你认为漫画中的这个男人为什么如此烦恼？很多以前只有人类才能做的工作现在人工智能都有能力去做，你对此有何感受？以第 1 章中讨论过的抗拒与狭隘思想类型为参照，讨论你的答案。

第 2 章 Ⅰ 理性与情绪

人工智能领域

人工智能（Artificial Intelligence，AI）被一名专家定义为："一种使机器能够感知、推理和行动的计算研究。"这是一个从认知心理学、精神哲学和计算机科学三门学科中总结出的概念。开发人工智能的最初目的是用于提高和增强人类的推理能力，使我们的生活变得更加轻松。而人工智能的长远目标是创造一个拥有自我意识，能够进行抽象决策和其他认知运算，并独立于人类创造者的智能机器。最近，这个目标又被扩大为创造一个在情绪层面与人类进行交流与合作的会社交智能机器。

计算机会思考吗？

虽然人类的大脑要比现在的计算机更加智能，思维也更灵活，但计算机在很多领域的表现已经超过了人类。它们可以在一转眼的工夫搜索拥有上亿条记录的数据库，其计算能力每几年就提高一倍。计算机还可以通过互联网与其他计算机共享数据库，这就使得以计算机为基础的人工智能可以共同组成一个巨大的全球脑。

亚伦·图灵，英国数学家，第二次世界大战期间在破解纳粹军队的密码和制造全球第一台计算机的工作中发挥了关键作用。他在1950年提出一个问题："机器会思考吗？"针对该问题，他进一步提出了著名的图灵测试，用实验来确定人工智能是否拥有独立思考的能力。实验要求一个人猜测正在与他交流的是人还是看不见的机器。如果看不见的机器能够完成一项认知任务（例如进行一场谈话），并且令人无法分辨该任务是由人还是由机器完成的，那么我们就可以说这台机器拥有和人一样的智能。虽然有几个计算机程序几乎可以通过**图灵测试**（turing test），却没有一台计算机能够"官方正式地"通过该测试。然而可能在不久的将来，真的很难在人和智能机器之间做出区分。

计算机能够感知情绪吗？

情绪也是批判性思维的组成部分，如果能够将理智编写为程序，那么为什么不能够将情绪也编写成程序？美国麻省理工学院进行的"会社交机器"计划已经研制出一台极富表现力的机器人"Kismet"，它能够对人类之间的交流做出适当的情绪回应。诺贝尔经济学奖获得者赫伯特·西蒙（1916—2001）被称为"人工智能之父"，他认为计算机其实已经拥有情绪。他坚持认为思维（认知）与情绪之间并没有明显的界限。相反，情绪只是实现我们的目标的倾向和动机。如果人工智能能够表现出达到某一目标的动机，例如改善自己与人类交流的能力，那么按照西蒙的说法，它应该被看做已经拥有了情绪。

很多人认为，让一台机器会思考，有意识，能够感知情绪，甚至拥有创造性的想法，这未免太荒谬了。英国数学家和物理学家罗杰·彭罗斯认为，人类的意识既不是算法，也不是基于传统数字计算机的经典力学。相反，意识是一种量子现象，或者说是神经元内部量子微结构的表现。量子计算机的发展是否能够解决机器的意识问题？彭罗斯认为不能，人类的意识甚至超出了量子物理学的范畴。基于此，计算机永远不可能发展出与人类相同的思维和意识。

显然，西蒙不同意彭罗斯的观点。在西蒙看来，智能计算机没有思维和感知能力这一普遍观点是基于对人工智能的偏见，就像人们一度坚定地认为，妇女和非洲后裔没有理性思维能力一样。与西蒙一样，很多神经科学家相信，与其认为意识是一个独立的非物质的实体，或者是未被发现的物理定律的产物，不如认为意识是"大脑的活动"，这个大脑有可能是有机的，也有可能是无机的。如果因为无法证明，就草率地认为智能计算机或机器人无法获得意识，没有能动性，或者不会享受，那么我们就犯了无知谬误（我们将在第5章"非形式谬误"中针对逻辑错误展开深入探讨）。

一些研究人工智能的科学家预测，**半机械人**（cyborg），即部分计算机化并且永久在线的人类，可能会成为未来世界的潮流。将计算机芯片直接植入大脑有可能提高人类的推理水平，改善批判性思维能力。现在

> 如果人工智能能够表现出达到某一目标的动机，例如改善自己与人类交流的能力，那么按照西蒙的说法，它应该被看做已经拥有了情绪。

图灵测试

(a) 模仿游戏：
阶段1

(b) 模仿游戏：
阶段2，版本1

(c) 模仿游戏：
阶段2，版本2

(d) 通常意义上的模仿游戏
（图灵测试）

一些计算机已经能够与人类的大脑进行直接的交流。例如，"BrainGate神经网络"为人脑和计算机建立了直接的连接，通过这个连接，瘫痪者能够用意识玩电子游戏或者切换电视频道。假肢也可以计算机化，从而接收截肢者大脑中产生的电脉冲并做出相应的动作。

在批判性地分析人工智能是否能够拥有理智能力和情绪这个问题时，我们需要超越狭隘的、人类中心主义的思维（参见第1章）。即使我们无法证明人工智能能够拥有自由的意志和意识，但这并不意味着它们永远无法拥有。作为批判性思维者，我们不能为人工智能制订一个比人类更高的证明标准。此外，人们应该积极接受人工智能为人类的批判性思维提供的帮助，例如直接植入人体内的计算机部件。

信仰与理性

信仰与理性有时看起来是完全相反的两个概念。道格拉斯·亚当斯在他的讽刺体科幻小说《银河系漫游指南》中，用幽默的手法对这种观点进行了诠释。小说中有条神奇的小鱼叫宝贝鱼，将它放到耳朵里，就能听懂外星人的语言。在小说中他这样写道：

> 这是一个不可能发生的巧合，真是令人难以置信：像宝贝鱼这样神奇的物种居然是偶然进化来的。一

些思想家选择将它作为证明上帝不存在的终极证据。证据大概是这样的："我不会为我的存在做出证明，"上帝说道，"因为证据与信仰不能并存，而没有信仰，我就什么都不是。"

"但是，"这个男人说道，"宝贝鱼只是一个你无意中下放到人间的精灵，不是吗？它不可能是偶然进化来的。它是能够证明你存在的证据，但又因为如此，按照你自己的说法，你又不存在。证明完毕。"

"哦，天哪！"上帝说道，"这点我倒从来没有想到。"然后迅速在一团逻辑的烟雾中消失了。

是否能够单纯通过逻辑推理去证明上帝或神灵的存在，这一命题已经争论了数百年。**信仰**（faith）不仅仅是相信上帝的存在，还包括将自己完全托付给上帝并服从上帝。对那些有信仰的人来说，他们的整个世界和整个生命都集中在了上帝以及对上帝的崇拜上。在很多犹太教和基督教教义中，信仰的本质可以由《创世纪》第22章中亚伯拉罕的故事加以阐明。作为对亚伯拉罕信仰和服从的考验，上帝命令他献祭自己的儿子艾萨克。当亚伯拉罕准备照做，以此证明自己的服从时，上帝宽恕了艾萨克的生命。如果没有服从，对上帝的信仰只能是空谈。

信仰能够通过理性获得吗？缺乏理智的信仰还值得拥有吗？针对这类问题，我们将讨论两个主要的观点。第一个是信仰主义，信仰主义者声称，信仰远远超出理性能够证明的范围。第二个是理性主义，理性主义者主张，信仰如果不能被理智或证据证明，便毫无可信之处。当然现在还出现了第三种观点：改进的理性主义，又称为批判理性主义。

信仰主义：信仰高于理性

根据**信仰主义**（fideism）的说法，神存在的超然领域是通过信仰与启示展现的，并不需要理性或实验证明。很多信仰基督教和伊斯兰教的正统教徒都持这种态度。1997年特蕾莎修女逝世后，她的个人日记和信件被公布于众，这些文字表明她在生命的最后50年里一直没有感觉到上帝的存在。尽管出现了"信仰危机"，甚至认为上帝抛弃了她，特蕾莎修女仍然坚持着自己的信仰。她写了一封信给一位灵魂导师："耶稣给了你特别的爱，但对我却只有无际的沉默和空虚。我看却看不见，听却听不到，

特蕾莎修女（1910—1997）尽管感到上帝抛弃了她，但是仍然坚持对上帝的信仰。

嘴唇在动却说不出话……"

人类的力量是有限的，而上帝的力量是无穷的，所以人类和上帝之间的联系不可能通过人类的理性建立起来。就像特蕾莎修女一样，在信仰中我们必须无条件接受上帝的存在。然而，这并非意味着理性不能在生活中占据一席之地。

基督教福音传道者比利·格雷厄姆曾经说过："信仰并不是反理智的。它是一种超越我们五大感官局限的人类行为。它是一种认知：上帝比人类更伟大，我们通过自身的努力无法处理的问题交给上帝便能轻易化解。"换句话说，如果信仰愿意接受理智的检验，那便不是真正的信仰。同理，如果信仰是依赖于理性证据存在的，那么当这些证据出现漏洞的时候，信仰便会动摇。

信仰主义的第一个缺陷是，深信事物为真并不需要证明其为真。举一个小例子，你可能曾经坚定地认为，圣诞老人是一个真实存在的人。但是，不管你的这一信仰是多么的坚定和强烈，极有可能你还是错误的。从另一方面来说，我们不能或者现在还不能从科学角度证明神的超然领域的存在，但这并不能说明它不存在。

信仰主义的第二个难题是选择哪种信仰。神的形象有很多。如果不使用理性的话，我们如何知道在那么多各执一词的信仰体系中应该选择哪种信仰？是天主教，摩门教，还是佛教？在选择之前，我们是否应该仔细考虑一下，那些只会做出拯救灵魂、永恒幸福和心灵归属感的空头许诺，并妄图以此换取人们坚定不移的信仰和义无反顾的献身，整日在大学校园忙碌着招募新教徒的教派，它们是否值得我们信仰。

不仅如此，信仰主义者所谓的信仰决不允许我们使用理性检验自身的信仰，或者其他信仰体系以清除内部矛盾。我们如何才能知道，2001年"9·11"恐怖袭击中恐怖分子是否真的只是凭着对上帝或真主的信仰犯下罪行，抑或他们的决定是受到了世俗的政治组织的指使，与其宗教信仰毫无关系。我们所能够知道的仅仅是他们的口供：他们只是遵照神的旨意行事。如果我们在校园里加入一个教派，而教派领袖要求我们去做一些诸如终止学业、与家庭或朋友断绝关系等与自己的价值判断相违背的事情，这时候应该怎么办？

> **联 系**
>
> 现代科学思维发现了哪些不言而喻的宗教假设？参见第12章。
>
> 宗教与科学之间是什么关系，两者是不可调和的吗？参见第12章。

理性主义：宗教信仰与理智的结合

信奉**理性主义**（rationalism）的人主张，宗教信仰应该与理性和证据结合在一起。证据是以直接或间接得到的信息为基础，为我们提供了理由来相信一种言论或主张是正确的。按照理性主义者的说法，如果某一宗教信条与证据产生了冲突，我们就有足够的理由去怀疑它。相信上帝存在的理性主义者认为，以证据或关于世界的某个前提为基础，从中得出"上帝是存在的"这一结论，这是可能的，也是所有理性的人都会接受的。如果两者之间存在冲突，那么对于信仰宗教的理性主义者来说，这不是宗教的问题，而只是因为科学还存在某种缺陷。第4章将对证据在批判性思维中的作用展开更深入的探讨。

理性主义对美国人关于宗教的态度产生了深远的影响。很多19世纪的美国福音派信徒相信科学与宗教是一致的，上帝是造物主的证据可以从自然的巧夺天工和物尽其用中找到。近来，这种观点随着智慧设计理论的出现而卷土重来。当达尔文提出进化论时，信仰的证据论者们遭受了重大挫折，至今仍有一些自然神学家反对进化论。而最近提出的宇宙大爆炸理论指出，宇宙是大约150亿年前由一场大爆炸产生的，现在仍在继续膨胀，这一理论对他们来说无疑又是一次重击。

进化生物学家和理性主义者理查德·道金斯是一位**无神论者**（atheist），他认为世界上根本没有上帝的存在，信仰上帝是荒谬的。道金斯还提出，虽然信仰能够给人类带来心灵上的安慰和启示，但是信仰的语言却毫无意义，因为它依赖于上帝的存在，但又无法证明其正确与否。道金斯认为，信仰上帝和计算机病毒之间有相似之处，都是让自身依附于一个现存的、合理的程序并感染我们的理智。信仰的病毒会给人类带来极大的痛苦，他写道："典型的现象便是发现自己被内心一些强烈的信念所驱使，坚信某些事物是真实的、正确的或高尚的；但若追本溯源，却寻不到根据，经不起推敲。尽管如此，人们却仍然完全深信不疑，无法自拔。"

道金斯这样的理性主义者是无神论者；其他的则是**不可知论者**（agnostic）。不可知论者认为，上帝是否存在，人类是永远无法知道的。2004年，分子生物学家兼不可知论者迪安·哈默宣称，他已经定位到了"上帝基因"，这意味着体验信仰的倾向在遗传上是"天生的"。哈默主张，灵性和对神的感知能力是一种适应性特征，它促进了人类社会性的形成和乐观情绪的产生。上帝基因能否得到表达，表达到何种程度，取决于环境与社会是否提供了培育这些基因的土壤。

信仰可以归结为大脑中的化学物质和DNA，这一论断可能会激怒那些虔诚的信徒。哈默对此回应说，他的发现与上帝的存在并不相互矛盾。当理解视力的基因结构后，人们知道视力可以被解释为大脑的脉冲刺激，但这并不意味着眼中看到的世界并不存在。同样，基因也不能被认为就是人类拥有信仰的惟一原因。换句话说，

> 我们如何才能知道，2001年"9·11"恐怖袭击中恐怖分子是否真的只是凭着对上帝或真主的信仰犯下罪行，抑或他们的决定是受到了世俗的政治组织的指使，而与其宗教信仰毫无关系。

世界上是先有神，还是先有信仰？"如果人类真的是由神创造的，"哈默写道，"组成我们身体的零件清单，包括某个基因碎片，为什么不能使我们思量我们的创造者呢？"

批判理性主义：信仰与理性是一致的

批判理性主义（critical rationalism）是理性主义方法的一种改进，体现了人们一直努力去理解信仰的传统。对大多数相信上帝的人来说，这只是因为信仰，而不是理性。信仰主义者认为，信仰是基于有关上帝的启示或直接知识，和理性没有任何关系，对于这一点，批判理性主义者表示接受。对上帝的信仰是一切的出发点，是不证自明的。就此而言，我们的信仰并不需要理性的证明或证据的论证。

从另一方面来说，信仰主义者认为，以信仰为基础的主张不允许通过理性或世间的证据来反驳，批判理性主义者对此则持反对意见。批判理性主义者认为，在信仰或神示与理性之间不应该存在逻辑上的矛盾。例如，大多数的穆斯林不赞同2001年发生的所谓以信仰为基础的"9·11"恐怖袭击，他们之所以做出这种判断是认为，这些恐怖分子的行为与真主的善良之间存在逻辑上的不一致。

批判理性主义在西方宗教中有着漫长的历史。约翰·加尔文（1509—1564）是新教改革的领导者之一，他认为上帝给每个人都注入了对上帝神性的理解。信仰便是以此为出发点开始出现的，正像科学的基本假设是物质世界的存在并不需要理性的证明或证据的论证一样。犹太教也具有很强的批判理性主义的传统。

正像以物质世界的存在这个直接知识为基础的科学论断可以经得起理性的检验，以信仰为基础的论断也应该经得起检验。信仰主义者认为亚伯拉罕和艾萨克的故事是为了考验亚伯拉罕的信仰和对上帝的命令是否绝对服从；与此不同，批判理性主义者将其视为以理性为基础、盲目服从与道德规范之间产生的冲突。犹太教学者利普曼·波多夫认为，由于信仰应该与基本道德准则在逻辑上保持一致，亚伯拉罕在接受上帝考验的同时也在考验他刚开始信奉的神灵。一位值得信奉的神是不会允

许亚伯拉罕杀死自己的儿子的。最后，上帝和亚伯拉罕都通过了考验。

对批判理性主义的批评之一是，并不是所有人对上帝的存在都拥有直接知识。批判理性主义者回应道，这种情况确实存在，并不是所有人都能得到上帝的启示，正像盲人看不到现实存在的物质世界一样。然而，对盲人来说，相信世界确实存在仍然是合理的。此外，与上帝的存在无法证明不同，人们可以通过向盲人出示证据（通过触摸或其他身体感觉）证明世界确实存在。另一方面，一些理性主义者则声称宇宙的设计如此完美，这就足以证明上帝的存在。

> 信仰主义者认为亚伯拉罕和艾萨克的故事是为了考验亚伯拉罕的信仰和对上帝的命令是否绝对服从；与此不同，批判理性主义者将其视为以理性为基础、盲目服从与道德规范之间产生的冲突。

宗教、灵性与生活决策

信仰在批判性思维中是否有作用？在以理智为基础的前提下，信仰是否能够帮助人们在生活中做出更好的决策？以宗教的名义实施的暴行屡见不鲜：美国南部的奴隶制曾得到了大多数基督徒的支持；中世纪晚期罗马教廷的私刑残害了不计其数的生命和家庭；以上帝旨意或宗教复仇为名义发动的战争数不胜数。美国总统小布什坚定不移地认为，在伊拉克战争中美国和上帝站在了一起。在2002年西点军校的毕业典礼上，他说道："我们正处在善恶冲突的风口浪尖。面对邪恶，美国将理直气壮，义正辞严。"同样，基地组织在反抗罪恶的斗争中声称拥有"全能的神"——对他们来说，罪恶是指那些所有不支持恐怖主义事业的犹太教徒、基督教徒和穆斯林。

在个体水平上，研究表明，信仰宗教的人并不一定比不信仰宗教的人更可能表现出道德英雄主义或善行。相比之下，灵性是一种内心的崇敬态度，一种对自己或他人不可冒犯的尊敬。此外，它独立于信仰某一宗教或神灵之外，代表了对弱者的同情和对正义的追求，以及灾难来临时临危不惧、坚持不懈。例如阿尔贝特·施韦泽将他的一生奉献给了帮助非洲穷苦病人的伟大事业，既受到了灵性的驱使，又受到了信仰的驱动，他的信仰坚定地遵循理性（见"独立思考：阿尔贝特·施韦泽，人道主义者和医学传教士）。

根据对美国大学新生的调查，79%的大一学生声称信仰上帝；然而却只有40%的人认为应该在日常生活中遵循宗教信念。到大学一年级末的时候，几乎一半以前经常去教堂的学生不再去教堂。对于其中很多学生来说，尤其是走读生，他们的信仰缺乏理智的或理性的基础，经受不住新环境带来的挑战。

如果信仰与理性和证据无关，当挑战来临的时候，人们往往会感到彷徨。如果拒绝使用理性，在面对信仰和启示中的矛盾主张时，人们就会陷入迷茫。当有人解释信仰上帝的意义时，我们很容易受到其解释的影响。一名优秀的批判性思维者应该学会如何在信仰和怀疑之间找到平衡，并且应该乐于质疑某些信仰——那些声称与证据和理性无关的信仰。

联系

进化论和智慧设计论之间存在哪些科学上的争论？参见第12章。

来自世界各地的穆斯林在做礼拜 来自世界各地的穆斯林在纽约穆斯林社区的一所清真寺内为"9·11"恐怖袭击中的受难者做祷告。

分析图片

讨论问题

1. 注意在这个宗教礼拜仪式上出现的不同民族群体。讨论宗教如何能够使拥有不同背景的人们在一起更好地交流。如果可以，结合自己的经验给出具体的例子来说明你的答案。
2. 讨论当对某一宗教缺乏了解时，本来能够和平解决的问题如何会演变成为一场冲突。结合伊拉克战争或巴以冲突的实例来说明你的答案。讨论前请做充分的调查。

再想一想 >>

1. 理性在批评性思维中发挥了什么样的作用？
   - 理性可以帮助人们分析信仰和证据，深思熟虑之后再做决定，更好地解决问题。
2. 情绪如何对批判性思维产生积极和消极影响？
   - 同理心和情绪智力会给批判性思维带来积极的影响。而诸如生气和恐惧等情绪则会使人形成偏见或逃避，给批判性思维带来消极的影响。
3. 关于信仰和理性存在哪三种观点？
   - 第一种观点是信仰主义，认为信仰超越理性。第二种是理性主义，认为理性是知识的源泉，信仰必须与其保持一致。第三种是批判理性主义，认为知识既可以来自于神示，也可以来自于理性，但两者之间不存在逻辑上的冲突。

独立思考

阿尔贝特·施韦泽，人道主义者和医学传教士

阿尔贝特·施韦泽（1875—1965），1952年诺贝尔和平奖获得者，出生于德国，其父亲和祖父都是牧师。读大学期间，施韦泽主修神学并于1899年获得哲学博士学位。他还爱好音乐，是一位出色的乐器演奏家。施韦泽还是一名非常虔诚的教徒，非常认真地对待每一条教义，并且认为这些教义与是一致的，能够指引人类过上美好的生活。

将近而立之年时，施韦泽决定奉献自己的一生，致力于救助那些最需要帮助的人。在30岁时，他宣布要开始学习医学，这样就能够以一名医学传教士的身份为大众服务，这让他的很多朋友感到无法理解。更令人感到震惊的是，施韦泽居然如此认真地对待耶稣的教义，去救助那些处于危难中的人。作为一名杰出的批判性思维者，他首先认真地调查哪里的人最需要帮助，最终选择了加蓬的兰巴雷内，当时那里是法属赤道非洲的殖民地，之后他生命中的大多数时间都待在那里，他用写书得来的版税以及在欧洲演讲和举办音乐会赚来的钱，创办了一所医院。

施韦泽相信可以通过理性的方法信仰宗教。他说，任何违背理性的事情都不应该被接受。他认为那些狂热地捍卫基督教的人，实际上妨碍了人们接近真理。

讨论问题

1. 讨论施韦泽的人生如何反映出他的宗教信念。
2. 你的信仰（或缺乏信仰）如何体现在你的人生计划当中？当你需要做出重大人生决定时，信仰是否对你的批判性思维起到了帮助或者阻碍作用？解释之。

批判性思维之问

关于人工智能的灵性和进化的不同观点

适者生存是进化论的一条基本规律。根据物竞天择的原则,在任何环境下,使生物拥有更强生存和繁衍能力的特征或性状,将更有可能被传递给下一代。达尔文的物竞天择原则已经被用于未来智能计算机的制造。例如,美国宇航局(NASA)那些成功完成使命目标的航天器计算机,现在正在被应用于创建更快、更好的新计算机程序。实际上,一些智能计算机已经能够为下一代更强大、更智能的计算机编程。

一些科学家,例如雷·库兹韦尔——本章中的阅读材料就引自他的著作《智能机器的时代》(The Age of Spiritual Machines)——认为人工智能将是进化的下一个发展阶段。今天的计算机和人工智能已经在很多方面超过了人类的智力,其"进化"速度已经远远超过亿万年来生物的进化速度。人工智能已经接近一个临界点,那便是不再需要人类编写程序以维持其存在和进化。

虽然已经取得了如此大的进步,以诺琳·赫茨菲尔德(本章中也摘录了她的文章)为代表的一些人,仍然认为人工智能永远无法在智力上超越人类,因为它们缺少自由意志和灵性维度。智力和自由意志是生命体拥有的非物理特性。另一种支持这种看法的观点认为,智力和自由意志是以碳为基础的生命所拥有的特性,而以硅为基础的无机物,无法支持这些特性,比如计算机就是以硅为基础制造出来的。因此,由于自身的局限性,机器在进化的阶梯上永远无法拥有智慧并取代人类。

人工智能与进化

雷·库兹韦尔

> 美国发明家、企业家和作家雷·库兹韦尔提出了一个著名的问题:"一种智能是否能够创造出比自身更具智慧的智能?"在《智能机器的时代》一书中,他认为这是有可能的,并大胆预言智能机器将是进化的下一个发展阶段。

进化是一出上演了数十亿年的戏剧,人类的智力是其最伟大的创造。在21世纪初期,地球上出现了一种新的智力形式,它能够与人类相媲美,并最终远远超越人类。它的出现将成为足以改变人类发展史的诸多事件当中最重要的一件;它的出现将比创造它的人类的出现更加重要,它将给人类正在努力发展的所有领域带来深远的影响,包括工作的本质、人类的学习、政府、战争、艺术以及我们对于自身的观念。

这种幽灵还没有成为现实。但是计算机在复杂性上确实比人类大脑更胜一筹。随着它的出现,机器在一些相关方面的能力也会更加突出,例如对抽象概念和细微处的理解能力和反应能力……

工程技术的发展速度赶上了进化,都是呈指数型增长。虽然人类并非是惟一会使用工具的动物,但是制造工具显然已经成为人类的标志之一。而最终,工具本身也会制造新的工具……

智能是否能够创造出比自身更具智慧的智能形式?

首先来考虑一下创造人类的智能过程:进化。

进化是一个伟大的程序设计师。它一直都极为多产,创造出了数百万计、各式各样、独具匠心的物种,令人叹为观止。它就在地球的这里正在发生着。这些物种就像软件程序一样,以数据的形式被写出并记录在分子精巧的化学结构中,这个分子就是脱氧核糖核酸,或者称为 DNA……

考虑一下,创造人类仅仅花去了几千年的时间。最终,不管如何定义或者衡量智能这个词,人类创造的机器最终会赶上甚至超越人类自身的智能。即使我的时间表不可预测,也很少有研究该领域的专家认为计算机永远不会在智力上赶上或者超越人类……

我们正在创造的智能同样也会超越其创造者的智能。正在创造智能技术的人类是在自身基础上进化的另一个例子。进化创造了人类智能。现在人类正在以前所未有的速度创造新的智能形式。然而,另外一个例子可能要等到将来人类创造的智能技术能够创造比自身更智能的技术……

我们已经发现,大脑可以在直接的刺激下经历多种情绪,而之前人们一直认为这些情绪只有在现实的生理或心理体验中才会产生……

这些结果表明,一旦神经移植成为稀松平常的事情,人们将不但能够制造出真实的感官体验,还能够产生与这些体验有关的情绪,甚至我们还能够创造出与这些体验毫无关系的情绪……

这种能够控制和改变我们情绪的能力在21世纪后期将会变得更加意义深远,到那时人类的技术将发展到不仅仅是神经移植,而是能够将思维过程完全移植到一种新型计算媒介中去——这也意味着,到那时人类将变成计算机程序……

无论是在精神层面还是在其他层面考虑心理体验的本性和起源,一旦人们找到能够产生心理体验的计算过程,就能够弄清楚心理体验的神经构造。如果我们能够理解心理过程,我们就有可能找到智力、情绪和精神体验的存在形式,可以随意召唤,并使之增强。

来自于加利福尼亚大学圣地亚哥分校的神经科学家,声称自己找到了所谓的"上帝模块",由位于额叶的一小片神经细胞组成,这一片区域在宗教体验期间出现激活。他们是在研究癫痫病患者时发现这一神经机制的,这些病人在发作时往往有强烈的神秘体验……

当能够确定人类所拥有的不同精神体验的神经关联时,人们就能够针对性地提高这些体验,用同样的方法也能够提高人类的其他体验。到了进化的下一阶段,将诞生出新一代的人类。与今天的人类相比,新人类在能力和复杂程度上要比现在的人类先进亿万倍,精神体验的能力和洞察力也会更加强大和深化。

只有正在体验、有意识的存在才具有灵性,并反映出精神的本质。机器起源于人类的思维,并且在获取经验的能力上远远强于人类,所以将来某一天,机器一定会变得有意识,并因此拥有灵性。到那个时候,机器也会相信自己是有意识的,相信自己拥有精神体验,相信这些体验是有意义的。考虑到自古以来人类总是倾向于将遇到的现象人格化,而机器又拥有相当的说服力,所以当机器告诉人类它们是拥有意识和灵性的存在时,我们很可能会选择相信它们的话。

问题

1. 库兹韦尔说"进化是一个伟大的程序设计师"是想表达什么意思？
2. 进化及人类技术创新能力的未来发展方向，对人类来说有什么意义？
3. 库兹韦尔提出技术正在逐渐赶上进化的节奏，他的这一论点有何依据？
4. 随着计算机的进化可能超过人类的智慧，会产生哪些哲学问题？库兹韦尔是如何回答这些问题的？

按照我们的形象：人工智能与人类精神

诺琳·赫茨菲尔德

> 诺琳·赫茨菲尔德是圣·约翰大学的计算机科学副教授，同时还是一位神学博士。在下面这篇引自《按照我们的形象：人工智能与人类精神》一书的摘录中，赫茨菲尔德对以库兹韦尔为代表的试图以人类形象创造机器人的科学家们的动机提出了质疑。她断定人工智能永远不可能复制人类的本性和思想，因为人类的身体是上帝按照自己的形象创造的，除了有限的身体以外，还拥有不断自我超越的心智和精神。

如果某个人或事物是按照已存在的人或事物创造出来的，对它来说意味着什么？这个问题出现在圣经的开篇中，所以多年来基督教的神学家们一直在研究它。《创世纪》第一章中提到，人类是上帝按照自己的形象创造的，但是并非只有上帝对按照自己的形象进行创造感兴趣。作为人类，我们同样表现出了按自身形象进行创造的强烈欲望……

20 世纪中叶，电子计算机的出现为人类创造自身的形象提供了一个崭新的工具。尤其是在人工智能领域，人类积极探索计算机的应用，并创造出远远超越了肉体或静态的人类形象。计算机在模拟人类思维方面的巨大潜能，为人类进行自我形象创造的新时代开启了一扇大门……

这些事件引起了媒体的广泛关注，同时也表明社会文化对计算机技术越来越着迷，更具体地来说，是陶醉于计算机能够表现出人类特征这个梦想。社会文化对人工智能广泛而持久的兴趣不仅仅体现在媒体关注方面，智能计算机、自动控制装置、机器人以及电子人已经成为科幻故事和电影中的常见角色。普及人工智能知识的书籍总能成为畅销书，例如雷·库兹韦尔的《智能机器的时代》。大学里开设的人工智能课程越来越受欢迎，选课人数居高不下。针对人工智能开展的研究也能吸引更多基金的青睐。

这种对人工智能的痴迷依旧狂热，但事实上人工智能领域所取得的进步令人失望，当然还没有令人失望到引起公众注意的程度……

这种持续的狂热更多地表现了我们作为人类的本性，并不是计算机技术本身以及人工智能实现的可能性……

人类渴望按自身的形象进行创造说明了什么，通过精神学科的相关知识来回答这个问题是一条可行的途径……这种渴望代表了人类内心深处的呐喊："我是谁？我应该成为什么样的人？"这种渴望向我们揭示出人类内心最深处的本性……以人类自身形象为基础制造机器人带来很多启示，例如作为 21 世纪的美国人，我们把自己视为什么样的人；哪些本性和特征是人类最重视的；具备哪些不可或缺的条件时，其形象才可称之为人类……神的形象或神在人间的化身，在传统上一直起着象征的作用，它标志着人类和神之间的共同特征。从神的形象中还可以发现，人类最尊重的自身特征到底是什么，是什么将人类与动物区别开来，哪些特征构成了人性中不可或缺的核心……

库兹韦尔曾经在《智能机器的时代》一书中预言，到本世纪末，计算机技术将会成功开发出人工智能产品，人类能将自己的大脑加载到此类产品中，从而获得永生……

库兹韦尔认为没有躯体的智能可能会很快抑郁和消沉，所以他为这些智能设计了机械结构的身体。然而，并非所有机械永生论的支持者都认为有必要设计躯体。虚拟现实技术成为人们希望摆脱生物躯体束缚的有效方法，在虚拟现实中，一个人的精神自我只能存在于虚拟空间中……

如果永生的虚拟空间能够被设计出来，它的优点是毋庸置疑的。首先，尽管设计出的计算机系统或网络能够容纳人类虚拟化身的数量有限，但还是会远远超过地球上的有限空间所能容纳的生物人或机器人数量。虚拟空间可以是无限大的。此外，在虚拟空间的世界人类可以有更大的灵活性。当一个人变为数据后，就可以按照意愿对自身进行变换，无论何时何地，无论变成什么，不受任何限制……

在虚拟空间里得到永生这种梦想现在只能称之为科幻而不是现实。但这种梦想却表现出人类在技术领域的一种渴望，渴望计算机技术能够使人类"从身体的存在……和肉体的限制中解脱出来"。此外，这种梦想提供了一种方式，既维护了简化唯物主义的信念，同时保留了永生的希望。

这种关于人类个体本性的假想，希望在计算机中创造永久的存在以保持永恒的生命，但这个假想与大多数基督徒的想法迥然不同……

首先，这种对人类个体的控制化理解是不加掩饰的二元论，蔑视了人类身体的重要性。他们认为，虽然人类依附于物质而存在，但构成人类个体本质的却是其思维、记忆和经验……

我们身体的能力虽然有限，但却是构成人这个整体所不可或缺的一部分。人类最基本的天性通常包括两个不可分割的方面，自我超越的心灵和有限的肉体存在。对后者的否定是对女性和自然环境的贬低。直接导致这种双重贬低的还有虚拟空间里的永生。因为如果人类能够生活在硅元素组成的躯体或虚拟空间里，自然界还有什么意义？人工智能可以通过对副本拷贝完成对自身的复制，性别的区分也就没有必要。然而，基督徒们是在世间万物的创造和性别分化的背景下来理解人类的创造的。人类以及世界上与人类有关系的其他事物，无论是否同一性别，是否同一物种，都是三位一体的上帝按照自身形象创造的世界中不可或缺的一部分。值得注意的是，在虚拟空间里得到永生的可能性，只有在富有的白种男性的著作里才被提到。我想知道的是，这种计算机中的虚拟生命是否吸引女性，或者对于第三世界的人们是否有意义。这样的生命恐怕只能在精神层面建立关系。虚拟空间的永生在否定身体重要性的同时，又把永生与物质世界紧密联系在一起……

在某些方面，一台智能计算机能够按照类似人类的方式工作。今天的计算机能够代替人们完成很多以前只有人类才能完成的工作。人们甚至发现，有时自己的行为方式越来越像计算机。然而，正如造物主创造人类时不能达到尽善尽美一样，人们再怎么努力，在很多方面也无法成为上帝的形象，我们创造的人工智能同样也不能达到人类的水平。计算机的行为方式最多只能近似于人类，因为上帝的方式不是我们的方式，我们的方式也不会是计算机的方式。我们希望计算机是对人类智慧的补充，它们既和人类有相似之处以便与人类协同工作，但是又拥有人类无法达到的精确性，除此以外我们对计算机别无他求。

或许事实正是如此，智力其实并不是人性特征中最重要的方面。我们不能仅仅用智力来描绘人类赖以生存、心之向往的上帝。我们的上帝是一位同子民建立盟约的神，他以人的形象出现，教导我们，爱护我们，甚至为我们而死。这样的上帝永远与我们同在，存在于我们的世界、关系以及每个人的心中。而这种存在并非依赖于我们的理性能力。这是一个好信息，因为这意味着人性中最重要的部分并非智力，毕竟，上帝赐予我们每个人的智力各不相同，而且随着疾病和死亡，智力也会随之消失。恰恰相反，当人们之间建立真正的关系时，上帝的形象便出现在人们身上。计算机永远无法取代人类，对人类来说，每一个人都是关系的参与者，都是不可替代的。

问题

1. 赫茨菲尔德在文章中指出，人类对人工智能的狂热更多地反映了人类自身的本性，而与计算机技术无关。这句话应如何理解？
2. 据赫茨菲尔德的说法，人类想要按照自己的形象创造出人工智能是出于何种动机？
3. 针对库兹韦尔等人渴望在虚拟空间中求得永生的梦想，赫茨菲尔德作何评价？
4. 根据赫茨菲尔德的看法，哪些特征能够体现出人类和机器人的本质区别？
5. 为什么赫茨菲尔德坚称，我们根据自身的形象创造的智能永远无法达到人类的标准？

3

照片中的男人和女人在进行哪种方式的沟通？缺乏沟通技能如何损害关系并导致我们容易受到操纵？

语言与沟通

要 点

59 | 何为语言

63 | 定义

67 | 评价定义

69 | 沟通风格

73 | 使用语言来操纵

80 | 批判性思维之问：关于美国大学校园是否应该设立自由言论区的观点

2003年2月1日，哥伦比亚号航天飞机在重返地球大气层时失事，七名宇航员无一生还。哥伦比亚号事故调查委员会的调查结果表明，美国宇航局的工作人员之间沟通不足是导致这场灾难的主要因素。错误沟通导致工程师在航天飞机进入轨道时没有拍下照片，而这些照片也许能够使航天员及时校准飞机，避免潜在的危险。宇航员萨莉·雷德是事故调查委员会的成员之一，她表示似乎是"航天飞机上的宇航员说，我们等分析结束之后再看看是否需要拍照"，而这句话却被宇航局其他工作人员理解为"不需要拍照"。

想一想 >>

- 语言的主要功能是什么？
- 为什么在评价和解释词语的含义时，要特别注意？
- 修辞手法有哪些？它们是如何使用的？

这是人际沟通的真实案例。"错误沟通不仅牺牲了七名宇航员的生命，而且使这一航天项目推迟好几年。"

良好的沟通技能是进行批判性思维和做出有效决策的必要因素。有效的沟通不仅需要坦诚、清晰、准确的表达，而且还需要注意用词，了解和关注自己和别人的沟通风格。

比如，在米尔格拉姆的服从实验研究中（见第1章），那些拒绝继续实验的参与者能够清晰地说出，为什么他们认为该实验是错误的，以及不能继续给研究被试施加电击的理由。相反，那些继续执行实验者命令的人则不能清楚地表达自己对该实验的疑虑，而且当实验者让他们继续施加电击时，他们通常感到茫然不知所措。

本章叙述了有关语言的一些重要方面，而且对语言和批判性思维的关系进行了解释。在本章中我们将了解以下内容：

- 界定我们所说的语言的含义，讨论语言与文化的关系
- 学习语言的不同功能
- 讨论语言和刻板印象如何塑造我们的世界观
- 了解不同类型的语言定义
- 区分单纯的口头争论和真正的意见分歧
- 研究沟通的风格以及性别和文化对其的影响
- 考察非言语沟通的作用
- 看看如何使用语言和修辞手法来影响人们

最后，我们将讨论关于大学校园自由言论区的问题，并证明对校园外受保护的言论设置一定规则加以限制的合理性。

何为语言

语言（language）是人们用来沟通的系统，包括一系列的专门符号，无论是口语、书面语，还是手语中的非言语。也有一些沟通并不表现出符号性元素，比如婴儿在不舒服时发出的哼哼声，猫咪在感到满足时的叫声。

人类语言具有深刻的社会性——我们从出生起就存在于某种语言环境中。通过在人与人之间创设可以共享的现实，语言成为传播文化概念和文化传统的主要手段。

目前全世界已知的语言种类多达 6800 种。根据语言学家乔姆斯基的理论，所有的人类语言都使用相同的普遍语法规则或句法规则。换句话说，我们生来具备获得语言的内在能力。他表示，正是这些基本的、与生俱来的语法规则使我们能够把词汇和短语合成独一无二的句子，而且我们可以讨论任何话题。并不是所有的语言学家都认同乔姆斯基的语言理论。杰弗里·桑普森认为儿童可以在不具备这些先天规则的情况下学习一种语言。桑普森坚持认为，虽然大多数语言看起来拥有共同的普遍语法规则，但这是由抽样误差造成的，因为语言学家倾向于研究较为常见的语言（抽样误差的解释见第 7 章）。他指出，至少有几种语言似乎并不适用普遍语法规则，比如某些本土澳洲语和巴布亚语。

语言的功能

语言具有多种功能。它可以是信息性的、表达性的、指示性的或礼节性的，这里仅列举四项。语言的基本功能之一是交流关于我们自己和世界的信息。**信息性语言**（informative language）要么是真的，要么是假的。这种类型的语言例子包括："普林斯顿大学坐落在新泽西州"和"死刑无法阻止犯罪"。

指示性语言（directive language）被用来指导或影响某些行为。"关上窗户"和"请下课后来找我"这样的句子都是指示性语言。手势等非言语语言也可以起到指示的作用。

表达性语言（expressive language）被用来交流情感和态度，也被用于给听众带来情绪上的影响。诗歌在很大程度上是表达性语言。宗教崇拜也被用于表达敬畏感。表达性语言可能包含**情感词**（emotive words），用来引发某种情绪。一篇美国在线文章讲述了一个关于儿童抢玩具的故事，如果这个儿童是男孩，便被贴上"意志坚强"的标签；而如果是女孩，则

> **联系**
> 一个简单的过失如何导致科学上的错误结论？参见第 12 章。

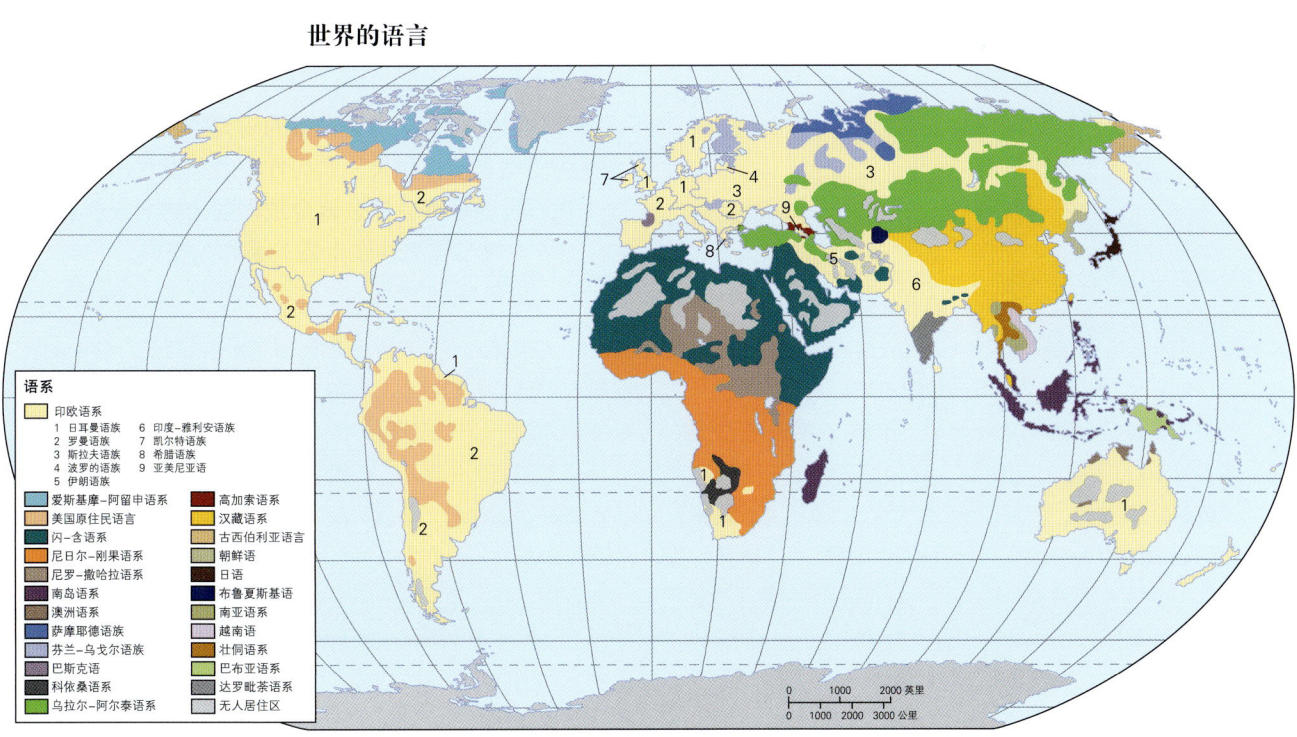

世界的语言

并非所有语言都是言语性的——人们可以通过手势、表情或身体语言进行沟通。

被贴上"粗鲁的"标签。这两个词其实描述的是同一种行为,然而却引发了完全不同的情绪反应,并且进一步强化了文化中的性别刻板印象。在本章后面,我们将更加深入地探讨情绪语言和刻板印象。

礼节性语言(ceremonial language),语言的第四种功能,常被用在正式场合中,比如问候语"你好",婚礼上的"我愿意"和祈祷后的"阿门"。在许多文化中,鞠躬弯腰或握手也起到礼节的作用。虽然有些语言分布广泛,比如中国普通话、西班牙语、英语、阿拉伯语和印地语,但全世界60%的语言是小语种,说这些语言的总人数甚至不足1万人。有些北美和澳大利亚本土语言每年仅在仪式中被使用一次,而且只有很少人会说。随着懂这些语言的长者相继去世,这些礼节性语言正在快速消失。

大多数语言具有多种功能。比如,"期末考试安排在5月16日下午3点进行",这句话不仅告知了我们考试的日期和时间,而且指示我们要去参加考试。能够认识到话语的作用有助于提升我们的沟通技能。毕竟,我们都不想成为那种笨拙的人,比如把礼节性用语"你好吗?"当真以为别人想知道他的健康和生活上的细节信息,最后还为被别人并不想听他的解释而感到奇怪。

能够有效地使用语言来传递信息、提供指令和表达感情,这是合作性的批判性思维和实现人生目标的必要条件。就像宇航员萨莉·雷德,优秀的沟通技能使她成为美国首位女性航天员(参见"独立思考:萨莉·雷德,宇航员")。

人类语言的灵活性和功能多样性几乎可以使我们创造出无数个句子。像文化一样,人类的语言也是不断变化的。我们现在熟悉的英语与1000年以前人们所使用的英语的相似之处已经很少。然而今天,随着全球化的发展,不同种类的语言之间,相同的词汇却越来越多。

虽然人类语言的灵活性和开放性大大丰富了我们交流想法和感受的技能,但也会导致模棱两可和误会的产生。比如,在聚会上有个与你聊天的人对你说:"我会给你打电话"。他(或她)这句话的意思并不清楚。如此简单的一句话,含义都模糊不清。这是一个直截了当的信息性句子吗?还是不止如此?他(或她)在约你?他愿意跟你多待在一起?还是他只是一个礼貌性用语,而实际上并没有什么?如果第二天他真的打来电话,而且提议"我们一起吃晚饭",那将会怎么样?再一次,他是在邀请你约会?他是暗示由他来付饭钱,还是期望两人分摊,或者甚至全部由你来付?他带你去吃晚饭是否期望得到什么回报?

> 在一项以初高中学生为对象的研究中,一半以上的被访男生表示,如果一名男性带着某女性出去吃了一顿昂贵的晚餐,那么就会被理解为这名女性愿意以与该男性发生性关系作为交换。

如果我们不先弄清楚这个人的意图或期望,也许会造成严重、可怕的后果。比如,有时误解是导致强奸案的重要因素之一。在一项以初高中学生为对象的研究中,一半以上的被访男生表示,如果一名男性带着某女性出去吃了一顿昂贵的晚餐,那么就会被理解为这名女性愿意以与该男性发生性关系作为交换。尤其是非言语的语言,很容易被误解。在一项类似的研究中,多数男大学生表示,他们认为女性不拒绝就代表同意性行为。智力上的好奇心以及在意如何使用语言,构成了批判性思维的两大技能,这两者能够让我们不易受到误解或是他人的影响。

联系

当你看到广告和媒体中的图像时,你应该注意哪些?参见第10章。

法官会采取哪些手段减少陪审团成员受到被告人外表造成的非理性看法和偏见的影响?参见第13章。

独立思考

萨莉·雷德，宇航员

当萨莉·雷德（1951—）还是个孩子的时候，她就非常喜欢解决难题。她的大学朋友把她描述为"沉着冷静、注意力高度集中……她总是能看到事情的本质……而且思维敏捷，很快就能把问题弄明白，并加以解决。"*作为一位杰出的批判性思维者，雷德能够清楚地表达自己的观点，而且形成策略以实现自己的人生目标。她认识到，沟通能力对实现自己的目标非常重要，因此，她在大学期间主修了英语和物理学双学位。

当年，雷德在斯坦福大学刚刚取得物理学博士学位，便在大学学报上看到一个通知，得知美国国家宇航局要招收一批新的宇航员。她当天就递交了申请。1978年，在8000多位申请者中有35人脱颖而出，雷德就是其中一位。由于杰出的分析能力和批判性思维能力，1983年，她成为年龄最小且第一位女性美国宇航员。由于出色的沟通能力，雷德被选为第一和第二班机的地面通讯主任，即地面与空中飞行员联络的负责人。后来，她帮助创立了美国国家宇航局探索办公室。

雷德是一位极其优秀的演讲家和作家，在美国发表了题为《领导力和美国航空的未来》的演说，并且把报告整理好呈交给国家宇航局。她还写了几本适合儿童阅读的关于太空探索的书籍。目前，她在管理萨莉·雷德科技公司，为一些项目提供资助，鼓励女孩对科学的兴趣，并帮助她们发展领导力、写作以及沟通技能。

讨论问题

1. 回顾第1章列出的一个优秀的批判性思维者应具备的特征，讨论雷德是如何展现这些品质的？
2. 你曾经是否错失过极好的机会？如果有的话，讨论一下缺乏良好的批判性思维技能在其中扮演的角色。

* Carole Ann Camp, *Sally Ride: First American Woman in Space* (Springfield, NJ: Enslow Publishers, 1997), p.19.

非言语语言

我们在解释某个人传达的信息时，经常会注意非言语线索，比如身体语言或语调。事实上，许多陪审员在对某一案件做出判断时也是主要依据被告人的非言语行为。尽管有些非言语信息具有普遍性，比如高兴时微笑、识别信号时扬起眉毛、做鬼脸以示厌恶，但也有很多非言语信息是由文化决定的。

我们经常使用非言语信息来强化言语信息。我们说"是"时会点头，说"在那边"时伴有手势，说"不"时双臂交叉放在胸前，所有这些都是为了强调我们所说的话。由于许多非言语信息在较低的意识水平下出现，因此，在其与言语信息相矛盾时人们倾向于对这样的非言语信息更加敏感。

图像也能用于交流想法和感受，比如照片和插图。俗话说"一图胜千言""百闻不如一见"就是这个意思。图像不仅能够传递信息，而且可以激发我们的情绪以至于采取行动，而语言往往达不到这种效果。在伊拉克阿布格拉布监狱虐囚事件中，有位士兵是在看到囚犯被迫摆出性羞辱姿势的照片之后才毅然决定公开揭发这一丑闻。约瑟夫·达比说道："语言无法表达我的感受，我都惊呆了，我感到非常失望，极其愤怒。"这张照片激怒了全世界的民众，引起了大家对伊拉克战争正义性的怀疑，同时也促进了阿布格拉布监狱审讯程序的改革。

总之，我们要记住，语言在很大程度上是一种文化

动物语言 *　　语言似乎仅限于高级群居动物，它有助于提高群体凝聚力。蜜蜂以跳舞这种象征性姿态来传递方向和距离的信息，其他蜜蜂就可以根据这一信息找到食物或其他有趣的东西。鸟、地松鼠和非人灵长类动物，例如绒毛猴，能够发出同伴可以识别的多种警告声，即使是在捕食者没有出现的时候。家养的公鸡也会使用语言来表达对食物的偏好，或者当母鸡在场的时候向对方传递信息。

像人类一样，这些动物也知道它们所使用的信号与其所代表的事情之间的关系。它们不仅仅表达了某种情绪或当时正在发生的事情。实际上，它们用符号语言来指代外部的世界，以及不需要即刻理解的事情。

许多动物，包括猿、黑猩猩、海豚、狗和鹦鹉，还能够理解人类语言中的一些词汇，并对包含词汇的命令做出回应。例如大猩猩 Coco，它能听懂 1000 多个人类词汇；牧羊犬 Rico 也能听懂 200 多个词汇。

讨论问题

1. 人类也用非言语信息进行沟通，比如跳舞。请列举几个你使用非言语进行沟通的例子，比如跳舞或打手势。
2. 讨论一下，都有哪些因素妨碍批判性思维，比如思想狭隘是如何阻碍我们看到其他动物对语言的使用，以及欣赏其他文化语言的丰富性和多样性。

* 要获取更多关于动物语言的信息，请参考 Jacques Vauclair, *Animal Cognition* (Cambridge, MA: Harvard University Press,1996),and Donald R. Griffin, *Animals Minds: Beyond Cognition to Consciousness* (Chicago: University of Chicago Press, 2001)。也可以参考 www.thelowell.org/content/view/1202/28/ 获取灵长类动物学家 Netzin Gerald–Steklis 关于大猩猩沟通的著作。)

分析图片

非言语交流与一项有罪判决　　一个被指控的凶手抗拒回答问题，但陪审员可以观察被告人的非言语信息。20岁的阿曼达·诺克斯是华盛顿大学的一名交换生，她被指控于2009年12月在意大利的佩鲁贾市杀死了她的英国室友。尽管指证她的证据只是间接的，但意大利陪审团仍然依据她的身体语言认定她有罪。观看审讯的一个人说道："你只要观察她的身体语言，就可断定她绝对就是有罪的。她讲述的故事显然是花言巧语的欺骗。"*

讨论问题

1. 当你看到诺克斯受审的照片时，你的第一反应是什么？这些图片是否改变了你对本案中所呈现的证据的看法？
2. 在审判期间，应该允许陪审员与被告人见面吗？为了不影响陪审员的决定，是否应该实施一种法律，让被告人远离他们的视线？请说明理由。

分析图片

* Barbie Latza Nadeau, "Amanda Tells Her Story," http://www.thedailybeast.com/blogs-and-stories/2009-06-12/Amanda-Knox-tells-herstory

建构。此外，由于人类语言具有功能多样性和灵活性，我们选择使用的词汇和非言语线索会影响他人对信息的理解，有时也免不了会产生误会。作为优秀的批判性思维者，我们在沟通过程中需要保持头脑清晰，而且要能够意识到在特殊情境下如何运用语言。如果对别人表达的信息感到不确定，我们应该乐于询问以进一步确认。

定　义

英语是世界上词汇量最多的语种之一——大约有25万个不同的单词。这在一定程度上是因为英语吸纳了许多外来词语。有些英语词汇现在已不再使用，也有一些词汇随着时间的推移被赋予了新的含义。

正因如此，我们不能简单地认为别人说的某个单词或短语正是我们所理解的那样。除了要理解一个词汇的历史渊源之外，我们还要弄清它的外延和内涵，熟悉不同类型的定义，这对准确而清晰地与他人进行沟通非常有利。

外延与内涵意义

词汇有外延和内涵双重含义。一个词汇或短语的**外延意义**（denotative meaning）表达了物体、生物或事件的特性，等同于词典上的含义。比如，"狗"这个词的外延意义是指犬族（Canis familiaris）中被家养的成员。因此，任何具有家养和犬族成员两种特性的生物从定义上讲都是狗。

一个单词或短语的**内涵意义**（connotative meaning）包括基于以往经验和相关事物而产生的个人情感和思想。"狗"这个单词可能代表"忠诚的宠物"这一含义，也可能代表另一个极端，即毫无价值或品质低劣的事物，比如一个卑鄙的人或丑陋的人。一个词汇的内涵意义可能包含在词典定义的列表中，但某一特定的内涵意义可能仅仅在某一特定群体中存在。

语言并不是中性的。它反映了我们的文化价值观，同时也影响着我们认识世界的方式。语言能够强化某些文化概念，比如是有特定内涵的刻板印象。在**刻板印象**（stereotyping）中，我们通常不把人们看成个体，而是将他们看做某一特定群体的成员，并贴上标签。我们所使用的标签体现了看待自己和他人的方式。标签也会使人受到侮辱和孤立。"精神病"这一标签使我们坚持认为有些疾病完全是由于心理作用，从而使得精神病人得不到医疗和健康护理成为合情合理的事情。再比如像 *chick*（代表少女或少妇的俚语）和 *ho*（代表妓女的俚语）这类的性别偏见词汇强化了性别刻板印象，使得女性不够理性、能力不如男性这样的观念更加根深蒂固，从而使女性在职场和家里都有可能受到不公正待遇。

约定定义

当听到定义这个词的时候，大多数人很可能会想到《韦氏词典》或《牛津英语词典》。然而，词典定义只是定义的一种类型，其他类型还包含约定定义、精确定义、理论定义和说服定义。**约定定义**（stipulative definition）经常用于新词汇，比如字节（*bytes*）和脱因咖啡（*decaf*）；或者常用于旧词的合成词，比如摩天大楼（*skyscraper*）和笔记本电脑（*laptop*）。约定定义有时也被用于表达旧词新意，比如"*straight*"这个单词还增加了异性恋的含义。

> **联 系**
>
> 有时新闻媒体和广告会使刻板印象更加深刻，你是如何认识到这一问题的？参考第11章。

> **你知道吗？**
>
> 在美国最高法院美国男童子军诉詹姆斯·戴尔案（2000）中，童子军坚决主张，禁止男同性恋是非常必要的，这样男童子军才能继续向青年人宣扬做个"品德正直"的人的信念。"morally straight"这个术语第一次被使用是在1911年的童子军誓词中，而之前"straight"与性取向的含义无任何关系。

约定定义经常以行话或俚语开始，而且最初往往仅限于某一特定人群。年轻人会创造出属于他们自己的专门用语，比如"beer goggles"（啤酒眼）和"hooking up"（勾搭），以此彰显自己与上几代人的不同。约定定义无对错之分，仅仅是用处有大有小。

新词汇和约定定义的产生反映了文化和历史的变迁。**种族灭绝罪**（genocide）这一词语是20世纪40年代早期由拉斐尔·莱姆金引进的，他是一名波兰的犹太律师，二战期间从纳粹占领的欧洲逃离出来，后在

美国定居。他设法游说联合国采纳反对种族灭绝的公约。1948年，联合国通过了种族灭绝罪公约，公约规定，"蓄意全部或部分消灭某一民族、种族或宗教团体的行为即为种族灭绝罪。"

"约会强奸"（date rape）和"性骚扰"（sexual harassment）这两个术语是在20世纪70年代女权主义运动中被创造出来的，它们唤起了人们对此类事件的关注，而在此之前这种事情根本不值一提。反对堕胎（pro-life）和赞成堕胎（pro-choice）这两个术语的引进导致公众对流产问题的概念化和两极化。Jell-O、Band-Aid和Kleenex这些商品名称已经成为一般词汇的一部分，用来指该种类一般意义上的任何商品。

如果一个约定定义得到人们的广泛接受，那么它将变成词典定义。比如运动鞋品牌"Nike"，有些中国人把其称为"耐克"，目前正努力在中国的青年群体和日益增加的中产阶级中开拓运动鞋的市场，"耐克"这个词将会变得越来越流行，并成为汉语词汇中的一部分。

词典定义

词典定义（lexical definition），正如我们前面提到的，是指一个术语通常被使用的字典定义或外延意义。在约定定义中，词汇的意义依据情境的不同而变化，而词典定义则不同，一个词的词典定义非对即错。大多数词典每年都会更新。词典修订者考虑一个新词汇或约定定义是否应该被纳入词典，判定的标准是该词在印刷品中出现的频率是否足够高。

词典定义的两个主要目的是增加词汇量，减少词汇的模糊性。如果我们要确定是否正确运用了词典定义，只需查阅一下词典即可。当然，有些词汇有好几种词典定义。在这些情况下，我们需要明确自己正在使用的是哪种定义。即使是同一种语言，一个单词在不同国家中的词典定义也是有差别的。在美国，"homely"这个词经常是指"不好看的，相貌平庸的"，带有负面的含义。而在加拿大和英国，"homely"这个词却意味着"舒服的、舒适的"，或者是"家常的"。

随着新词汇持续不断地涌现，一些曾经普遍使用的词汇逐渐变得过时。最终，这些不再被使用、过时的词汇便从词典中消失。比如，我们不再使用"lubitorium"这个词来表示加油站，因为它已不能准确描述现代的自助加油站。

在讨论有争议的问题时，控制词汇的定义可以创造某种优势。例如，2004年的教科书中把婚姻界定为"两个人之间的结合"，后来得克萨斯州的公立学校放弃这一定义，将婚姻界定为"一个男人和一个女人的结合"，如此一来，便给那些反对同性恋婚姻的人更多的话语控制权。

精确定义

当某个词汇或概念所涉及的含义不够清晰、准确时，**精确定义**（precising definition）就被用来降低模糊性。为了确立定义的准确边界，一个词汇的精确定义远不止在词典中的普通含义。比如，任课教师需要把课程大纲中的"**课堂参与**"或"**学期论文**"界定得更加准确，以便于评定学生的成绩。

与此相似，普通的词典定义在法庭上使用时往往过于模糊。"约会强奸或熟人强奸"究竟是在什么情境下发生的？该如何界定强迫和自愿才合法？所谓的受害者没有强烈拒绝对方的追求就意味着同意发生性行为，还是被告使用暴力强迫？像某些争论中提到的，这些情况下的"同意"是否需要男女双方就发生性行为进行语言上的交流？

如果定义过于模糊，缺乏准确性，就很容易产生混淆。《残疾人教育法案》把"学习障碍"界定为"在理解或使用口语或书面语的一个或多个基本心理过程中存在障碍，表现在听、想、说、读、书写、拼写或数学运算上能力不足。"然而，这一定义非常模糊，我们很难确定学习障碍究竟包括哪些。事实上，关于学习障碍人群比例的估计值从1%到30%不等。

当新发现的事物或情境需要更加准确的定义时，精确定义也要不断更新。

行动中的批判性思维

你说了什么？

20世纪70年代的新词：acquanintance rape（熟人强奸）；bioethics（生物伦理学）；biofeedback（生物反馈）；chairperson（董事长）；consciousness-raising（意识提升）；couch potato（沙发土豆，意指电视迷）；date rape（约会强奸）；disk drive（硬盘）；downsize（裁员）；Ebonics（黑人英语）；focus group（焦点小组）；gigabyte（千兆字节）；global warming（全球变暖）；he/she（他/她）；high-tech（高科技）；in vitro fertilization（试管婴儿）；junk food（垃圾食品）；learning disability（学习障碍）；personal computer（个人计算机）；pro-choice（赞成妇女自由选择节育）；punk rock（朋克摇滚）；sexual harassment（性骚扰）；smart bomb（智能炸弹）；sunblock（防晒霜）；VCR（录像机）；video game（视频游戏）；word processor（文字处理）。

20世纪80年代的新词：AIDS（艾滋病）；alternative medicine（替代医学）；assisted suicide（协助自杀）；attention deficit disorder（注意缺陷症）；biodiversity（生物多样性）；camcorder（摄像机）；CD-ROM（只读型光盘）；cell phone（手机）；codependent（共存）；computer virus（计算机病毒）；cyberspace（网络空间）；decaf（脱因咖啡）；do-rag（束头巾）；e-mail（电子邮件）；gender gap（性别差异）；Internet（因特网）；laptop（便携式电脑）；mall rat（爱逛商场的年轻人）；managed care（管理式医疗）；premenstrual syndrome（经前综合征）；rap music（说唱音乐）；safe sex（安全性行为）；sport utility vehicle（SUV，运动型多用途车）；telemarketing（电话销售）；televangelist（电视布道者）；virtual reality（虚拟现实）；yuppie（雅皮士）。

20世纪90年代的新词：artificial life（人工生命）；call waiting（呼叫等待）；carjacking（劫车）；chronic fatigue syndrome（慢性疲劳综合征）；dot-com（网络公司）；eating disorder（饮食障碍）；family leave（探亲假）；hyperlink（超级链接）；nanotechnology（纳米技术）；senior moment（老年失忆症）；spam（垃圾邮件）；strip mall（沿公路商业区）；Web site（网站）；World Wide Web（万维网）。

21世纪的新词：biodiesel（生物柴油）；bioweapon（生化武器）；blog（博客）；civil union（民事结合）；carbo-loading（碳水化合物）；counterterrorism（反恐怖主义）；cybercrime（网络犯罪）；desk jockey（坐办公室的人）；enemy combatant（敌对武装分子）；fanboy（狂热粉丝）；google（谷歌）；hazmat（危险物品）；hoophead（篮球运动员）；infowar（信息战）；insourcing（内包）；jihadis（圣战组织成员）；labelmate（同属一家唱片公司的艺人）；nanobot（纳米机器人）；powerhead（动力头）；sexile（强迫室友离开以享受性爱）；speed date（快速约会）；spyware（间谍软件）；supersize（超大型快餐）；taikonaut（中国宇航员）；truthiness（以为真实，而非真实）；webinar（在线研讨会）；w00t（欢呼）

讨论问题

1. 再找五个自2000年以来英语中新添的单词。讨论一下，这些单词告诉我们自2000年以来社会发生了哪些变化？
2. 你所使用的单词和你的父辈、祖辈有哪些区别？这些差异是怎么反映你所处的文化变化的？

2007年，人类在太阳系发现了环绕太阳运行的几个新天体，国际天文学联合会一致认为要给"行星"的定义增加一项新的条件。新定义要求，行星不仅要围绕太阳运行，而且要在附近运行，同时也要在其轨道领域居于主导地位。这一更加准确的定义将冥王星排除出行星的行列。

理论定义（theoretical definition）是精确定义的特殊等级，用来解释某一术语的特定本质。提出一个理论定义类似于提出一个理论。这些定义更有可能存在于特定学科的词典中，比如科学。举一个例子，在《泰伯尔医学百科词典》中，酗酒在某种程度上被定义为"慢性的、逐渐发展的、有潜在生命危险的疾病……酗酒是一种疾病，应该得到治疗。"与词典定义仅仅描述症状或后果不同，这种医学定义提出了关于酗酒本质的理论——它是一种疾病，而不是道德败退。

操作定义（operational definition）是精确定义的另一种类型。操作定义是对某一测量指标的简明定义，这一测量指标用于在数据收集和解释时提供标准。肥胖的词典定义是"非常胖或超重"，但对于医学专业人员而言，要确定一个人的体重是否存在健康危险或一个病人是否应该做胃分流术，这一定义还远远不够精确。医学专业人员会使用体重指数（BMI）这一操作定义来界定肥胖。

操作定义会随着时间的推移而发生变化。比如，不同国家对贫穷的界定是有差异的，不同时期贫穷的定义也不同。2008年，在美国，美国健康和人类服务部将贫困临界值定为人均收入10 400美元，而1982年，贫困临界值仅为人均收入4 680美元。

> **联　系**
>
> 操作定义在科学中起着什么样的作用？参见第12章。

说服性定义

说服性定义（persuasive definition）是用来说服或影响别人接受我们观点的一种手段。把"税收"定义为偷窃的一种形式，把"基因工程"定义为用人类基因扮演上帝，两者都是说服定义的例子。说服定义经常使用**情绪性语言**（emotive language），比如刚才说到的负面词"偷窃"。

使用说服语言或情绪语言本身并没有错。比如，在诗歌和小说中使用情绪语言无疑是非常恰当的。但是，如果我们的主要目的是传达信息，最好不要使用说服或情绪语言。因为说服语言的主要意图是影响别人的观点而不是传递信息，因此当别人试图转移我们的注意而远离真相时，说服语言会影响批判性思维。

评价定义

对关键术语的明确界定是清晰的沟通和批判性思维的必要成分。知道如何确定某一特定定义是否合适，可以让我们更少地陷入单纯的舌战或荒谬的推理。

五个标准

我们可以使用多个标准来评价定义。下面列举了5个相对比较重要的标准：

1. 一个恰当的定义既不会太宽泛，也不会过于狭隘。包含过多内容的定义即太宽泛，包含的内容过少的定义即太狭隘。比如，把母亲定义为"生孩子的妇女"便过于狭隘。收养孩子的妇女也是母亲。与此相似，把战争定义为"武装冲突"便过于宽泛，因为这一定义也涵盖了街头打架、警察追捕嫌疑犯的行动以及家庭暴力。而有些定义则不仅太宽泛，同时也过于狭隘，比如把企鹅定义为"居住在南极洲的一种鸟"。我们说这一定义太宽泛是因为南极洲还居住着许多其他种类的鸟，说这一定义太狭隘是因为企鹅也居住在南半球的其他地区，比如南非。

2. 一个恰当的定义应该表达被定义词汇的本质属性。把社区大学定义为"一种高等教育机构，不提供住宿场所，通常由政府资助，其特征为学生接受两年

体重指数

体重（磅）

身高（英寸）	120	130	140	150	160	170	180	190	200	210	220	230	240	250
4'6"	29	31	34	36	39	41	43	46	48	51	53	56	58	60
4'8"	27	29	31	34	36	38	40	43	45	47	49	52	54	56
4'10"	25	27	29	31	34	36	38	40	42	44	46	48	50	52
5'0"	23	25	27	29	31	33	35	37	39	41	43	45	47	49
5'2"	22	24	26	27	29	31	33	35	37	38	40	42	44	46
5'4"	21	22	24	26	28	29	31	33	35	36	38	40	41	43
5'6"	19	21	23	24	26	27	29	31	32	34	36	37	39	40
5'8"	18	20	21	23	24	26	27	29	30	32	34	35	37	38
5'10"	17	19	20	22	23	24	26	27	29	30	32	33	35	36
6'0"	16	18	19	20	22	23	24	26	27	28	30	31	33	34
6'2"	15	17	18	19	21	22	23	24	26	27	28	30	31	32
6'4"	15	16	17	18	20	21	22	23	24	26	27	28	29	30
6'6"	14	15	16	17	19	20	21	22	23	25	26	27	28	29
6'8"	13	14	15	17	18	19	20	21	22	23	24	25	26	28

体重过轻　正常体重　超重　肥胖

的课程教育之后，或拿到肄业证书，或转学到四年制大学"，这一定义涵盖了社区大学的本质特征。

3. **一个恰当的定义不循环说明。** 在对某个术语下定义时，你应该避免使用该词本身或其变化形式。比如"教师是教书的人""红细胞生成是红细胞的产生"。因为循环定义几乎不会提供任何有关这个词含义的新信息，只有那些原来已经知道这个词语含义的人才能够理解。

4. **一个恰当的定义避免使用模糊性语言和比喻性语言。** 定义应该清晰，易于理解。有些定义使用晦涩难懂的语言，以至于只有该领域的专家能够理解。把网定义为"在与各交叉点同等距离处的空隙之间形成的任何网状或十字形"便使用了模糊性语言。

   政治学家亚瑟·卢皮亚坚持认为，有力的科学证据表明全球变暖是人为原因造成的，然而却没有引起人们足够的重视，两者之间的分离在很大程度上是因为科学家过多地使用模糊性或专业术语。太多的科学家在给非专业人员定义或解释全球变暖这一问题时，使用专业性非常强的术语，比如分布函数和反照率。卢皮亚建议，科学应该把有效的沟通本身当做一项专门的课题进行研究。

   在下定义时也要尽量避免使用比喻性语言。"爱情就像一朵红红的玫瑰"，这在诗歌中会是令人感动的句子，但它很难被当做爱情的定义。

5. **一个恰当的定义应避免使用情绪性语言。** 把女权主义者定义为"厌恶男人的人"，把男人定义为"女性的压迫者"，这两个定义很容易激起人们强烈的情绪，却无益于促进对该问题的理性讨论。

了解如何评价定义可以使人与人之间的沟通更加顺利、更加清楚。

基于模糊定义的舌战

如果森林里有棵树突然倒下，附近没有人听到它的声音，那么这棵树发出声音了吗？你说没有，而你的朋友却坚定地认为有。最后两个人都感到心烦意乱，觉得对方太固执。但是在你和朋友展开更充分的争论之前，请退一步，问问自己，你和朋友对关键术语的定义是否一致。

就像我们前面所注意到的，对关键术语进行定义是清晰的沟通和有效的批判性思维的必要成分。如果忽视这一点，我们也许会像前面所提到的那样陷入一场仅限于言辞的舌战，而且会变得心情沮丧。在上一段的例子中，你和朋友使用了声音这一关键术语的不同定义。你是从知觉这个角度对声音进行定义："听觉器官受到刺激而产生的感觉。"而你的朋友则是从物理学的角度对声音进行定义："由弹性介质传递的机械振动。"而它们仅仅是标准词典对声音的 38 种定义中的两种！换句话说，你和朋友的争论纯粹是舌战。一旦你和朋友对声音这一关键术语的定义达成一致，那么一开始发生的看似理性的争论便不复存在。

口舌之争经常发生，很多时候是在我们意识不到的情况下。

然而，并不是所有的争论都可以通过就关键术语的定义达成一致来解决。有些情况下，我们的争论是真实的。比如，有人也许认为死刑具有威慑力，而其他人也许会认为死刑起不到任何威慑作用。双方对死刑定义的认识是一致的，但对它的威慑作用意见不一。对真实事件的分歧可以通过研究事实来解决。

你知道吗？

在 2002 年的盖洛普民意测验中，当被问及"你认为自己是个女权主义者吗？"时，仅有 20% 的男性和 25% 的女性回答"是"。然而，当被问及是否支持女性拥有同样的权利时——女权主义的主要词典定义之一，大多数人却回答是。这次民意测验表明，许多人对女权主义这一术语的定义大不相同。

自我评价问卷【沟通风格】*

面对以下各种情境，选出最符合你的做法的答案。

1. 你正在排队买东西，突然有个人插队。你会
   a. 既然他已经插队，就让他站在自己前面
   b. 把这个人推出队伍，让他站到后面
   c. 告诉这个人大家正在排队，并指给他在哪儿开始排队

2. 有个朋友来访，但是待的时间太长了，影响你做一项非常重要的工作。你会
   a. 让这个朋友继续待在这里，另外安排时间完成工作
   b. 告诉这个人不要打扰自己，请他离开
   c. 向朋友解释你需要完成一项重要工作，邀请他改个时间再来。

3. 你怀疑有个人对你心怀怨恨，但你不知道为什么。你会
   a. 假装没有意识到他的愤怒，不理他，希望事情会自行解决
   b. 以某种方式向这个人施加报复，让他学乖点，不敢怨恨你
   c. 问问这个人是不是生气了，并想办法解释

4. 你去汽车修理店修车，并拿到一个报价单。但是后来，你去取车的时候，对方要求你付额外的费用，比报价高出许多。你会
   a. 付款，既然这辆车需要额外的修理
   b. 拒绝付款，向机动车管理部门或相关部门投诉
   c. 向经理表明，你只同意原来的报价

5. 你邀请一个好朋友来家里吃饭，但是这个朋友一直没来，而且也没打电话取消或道歉。你会
   a. 不理他，等你的朋友下次邀请你参加聚会时设法不出席
   b. 再也不与这个朋友来往，结束这段友谊
   c. 给朋友打电话看看发生了什么事情

6. 你正在参加一个老板在场的工作讨论会，同事问你一个工作问题，但是你不知道该如何回答。你会
   a. 给同事一个错误但貌似合理的答案，这样老板会觉得你很能干
   b. 不做回答，但是会反过来问同事一个他不知道怎么回答的问题
   c. 告诉同事你现在不确定该如何回答，过后给他答案

* 问题来自 Donald A. Cadogan,"How Self-Assertive are You?"(1990)http://www.oaktreecounseling.com/assrtquz.htm.

沟通风格

有时，沟通不良不是因为沟通的实际内容，而是因为沟通风格。我们作为批判性思维者，认识到沟通风格不仅有个体差异，而且存在群体差异，这是非常重要的。我们看来"非常正常"的话语，在别人眼中也许是充满攻击性的、冷漠的甚至是冒犯的。

沟通的个体风格

我们的沟通方式与我们的身份是无法分割的。理解自己和他人的沟通方式，对人际关系中的良好沟通及批判性思维技能的培养大有裨益。沟通风格包括四种基本类型：自信型、攻击型、被动型和被动攻击型。

自信型是在我们感到很自信或自尊强烈时表达自己的方式。如有效的批判性思维者那样，自信型沟通者能够清楚地表达自己的需要，同时能很好地把握分寸。自

信型沟通者十分在意人际关系，努力寻求让双方都满意的解决方案。

攻击型的沟通风格意味着通过操纵或控制的手段让别人按照自己的意图做事或满足自己的需要。被动型沟通者则完全相反，他们不想无事生非，经常把自己的需要置于他人之后。被动型沟通者的原则是顺从，而且努力不惜一切代价避免冲突。

被动攻击型沟通者综合了被动型和攻击型的成分。他们避免直接冲突（被动的），却使用卑劣的、阴险的操纵手段（攻击性的）来达到自己的目的。

正像我们在第1章中注意到的，有效的沟通技能是一个优秀的批判性思维者的重要特征之一。健康、自信的沟通风格和正确理解别人所传达的信息的能力在人际关系中至关重要，正如宇航员萨莉·莱德所认为的那样。良好的沟通技能也是建立亲密关系最重要的因素之一。随着关系的进一步发展，在决定人际关系满意度的诸多因素中，对一个人能否有效、恰当地沟通的判断显得比其他因素如外表或相似性都重要。

> 健康、自信的沟通风格和正确理解别人所传达的信息的能力在人际关系中至关重要。

遗憾的是，我们许多人不能准确地理解别人的信息。在最近的一项研究中，参与者只能正确理解亲密同伴73%的支持性行为和89%的消极性行为。假如我们不能意识到同伴所表现出来的喜爱之情，那么他（她）也许会对我们是否真正在意对方感到疑惑。在其他时候，我们也许会因为误解而错把同伴或同事的行为理解为生气的、固执己见的和多余的，从而引起争吵。因此，如果你想与他人建立成功的人际关系，不管是私人的还是职业的，有效的沟通行为和模式是非常重要的。

沟通风格、性别和种族

性别会影响个体更倾向于哪种沟通风格。在语言学家黛博拉·坦嫩所著的《你只是不明白：沟通中的女性和男性》一书中，她写道："由于沟通风格的不协调，男人和女人之间的沟通就像跨文化之间的交流。"她提到，女性倾向于运用沟通来建立和维持人际关系，而男性则主要靠沟通来做事情和解决问题。大多数男性认为，只要人际关系良好，没有问题，就没有必要谈论它。而女性则不然，她们认为，如果时常与伴侣谈论有关人际关系的话题，那么两人的关系则会更加和谐。当男性对讨论人际关系或感情不感兴趣时，女人往往把男人表现出来的这种沉默误认为是不在乎（参见"行动中的批判性思维：他说/她说：沟通中的性别差异"）。

大多数科学家与黛博拉·坦嫩的观点一致，他们认为遗传在沟通风格的差异上起着重要的作用。事实上，最近的研究表明，男性和女性在语言功能上使用的大脑区域是不同的。也有人认为，沟通风格的性别差异主要是甚至仅仅是社会化的不同结果。男孩被教育要坚持自己的主张，而女孩则被教育学会倾听，做出回应。

无论是与生俱来的，还是社会化的结果，沟通的性别差异不仅体现在人际关系中，它还会产生实实在在的后果。在谈判中，女性常常不如男性自信，她们往往设置更低的目标，而且容易做出让步。女性也容易把谈判视为双重目标：得到想要的结果，维持（或促进）与谈判对方的关系。女性一般不会采纳男性那种攻击性更强的谈判风格，她们经常问："我们能不能找一种对双方都有利的方式？"因为女性更容易妥协，所以女性通常比男性赚得更少，而且会花更多的钱买辆新车。为何女性不愿意更加自信地谈判？《女人不要问：谈判和性别鸿沟》

不同的沟通风格，尤其是男性和女性之间，会导致误会，因此注意你的沟通风格是非常重要的。

行动中的批判性思维

他说/她说：沟通中的性别差异

女性的沟通：

- 沟通的主要目的是与他人建立和维持关系。
- 控制谈话很重要，但人与人之间的平等更重要。体现平等交流的典型方式是："这样的事情我也做了许多次。我也感觉是这样。我也发生过这样的事情。"
- 包容性的交流方式："再给我说说"或者"给我说说你的想法"。
- 试探性的交流方式常常使谈话保持开放，得以继续。
- 交流更加个体化、具体化，对他人的反应也更加敏感。
- 与男性相比，女性在表达个人感情和与他人建立关系时，会更多地使用以下非言语方式，比如眼神交流、微笑、专注的身体姿势。

男性的沟通：

- 沟通的主要目的是控制别人，保持自己的独立性，使人愉快以及提升自己的地位。
- 控制交谈很重要。男性倾向于说得更多，常打断别人的话，而且更具有挑衅性。
- 自信的交流方式，有时带有攻击性，倾向于给出这样的建议，比如："这就是你处理这个问题应该采用的办法"或者"别让他找到你"。
- 男性往往以非常直接或武断的方式表达自己。他们的语言比女性更有说服力和权威性。
- 沟通更加抽象化、概念化，反应性不够强。
- 男性经常使用以下非言语交流方式，比如身体向前倾、两手摊开，主要是为了强调他们的言语信息。

讨论问题

1. 根据以上所述，讨论男性和女性在非言语沟通风格上存在的差异。
2. 讨论男性和女性的沟通风格是否存在差异。关于沟通的性别差异，你有什么经验？和同学分享你的经验。

总结自 Julia T.Wood, Gendered Lives:*Communicotion,Gender,and Culture* (Belmont, CA:Wadsworth, 2001), pp.125–130; 138.

的合著者之一萨拉·拉斯谢弗解释道："我们一直在教育小女孩，我们不喜欢她们太固执，也不喜欢她们太具有攻击性。""研究表明，一旦成年，无论是男人还是女人，都不喜欢攻击性太强的女性。"

不同种族、不同文化的群体在对男性化和女性化的定义上有所差别。比如，若按照美国的主流标准，那么泰国、葡萄牙和北欧诸国男性和女性的沟通风格则显得更加"女性化"。这主要是因为在这些国家，培养人际关系是优先考虑的，而美国男人在社会化过程中更加注重个人主义、竞争性、自信，甚至是沟通中的攻击性。

种族认同也会影响沟通风格。比如，非裔美国妇女通常被社会化得更加自信。与欧裔美国妇女相比，她们在谈话中很少微笑，而且与对方的眼神接触较少。除此之外，非裔美国男性很不习惯自我表露，而且在矛盾解决中比欧裔美国男性更多地采纳对抗，而不是妥协。

社会隔离和偏见会导致沟通风格的种族差异。为了在学校和职场中取得成功，非裔美国人往往要抛弃非裔美国群体的沟通风格，而接受在社会上占优势地位的欧裔美国文化。研究表明，为了在学校和商业环境中获得成功，非裔美国男性经常采用"颠倒黑白"和"扮演角色"的策略，以此避免种族刻板印象带来的污名化。一位研究者指出，非裔美国人需要"扮演角色"是一场持久战，

国际外交与非言语交流 在阿拉伯文化中,男人之间手牵手是完全可以接受的。当沙特阿拉伯王储阿卜杜拉和美国总统乔治·W. 布什在得克萨斯州一条不平坦的小路上一起走的时候,这位 80 岁身体虚弱的沙特阿拉伯王储向布什总统伸出手要求搀扶,布什亲切地握住了他的手。这件事使许多美国人不安,媒体对此大肆渲染,认为两国首脑这种过于亲密的行为是不恰当的。一位记者报道说:"在利雅德,几乎人人都感到非常震惊。"*只有美国第一夫人劳拉·布什——当杰·雷诺在《今晚秀》上问她"这种做法你嫉妒吗?"的时候——认为她丈夫的举止是和蔼可亲的。

美国媒体和公众的反应表明,我们对阿拉伯国家的非言语交流一无所知。这种对文化差异的无知会导致误解,也会导致带有偏见的报道。

讨论问题

1. 当你看到小布什和阿卜杜拉王储手牵手的照片时,你的第一反应是什么?你做出这样的反应的根据是什么?
2. 回想一下,你曾经误解了一个来自不同文化的人的手势或身体语言,这对你与他进行有效的沟通产生了怎样的影响?讨论如何提高你对跨文化行为的理解,这将有助于你成为一个优秀的沟通者和批判性思维者。

* Joe Klein, "The Perils of Hands-on Diplomacy." *Time*, May 9, 2005, p.29

要做表面功夫,小心谨慎,不像自己……"如果在学校你是一个黑人男性,你必须扮演双面角色。"

沟通风格的文化差异

文化在塑造我们的沟通风格中发挥着关键的作用。比如,中国人非常重视尊重和尊严。所以,如果在与别人沟通时没有听懂对方的话,他们会犹豫是否应该让对方再重复一遍。在许多东亚文化中,点头并不一定意味着这个人同意或者是听懂了你所说的话。相反,点头只是表示他或她正在倾听。在不同文化下,交流中沉默的使用也大不相同。欧裔美国人往往对沉默感到不自在,而在亚利桑那州的阿帕奇部落和许多亚洲文化中,沉默在人与人的交流中扮演着非常重要的角色。

西班牙文化中的沟通或西班牙裔美国人之间的沟通更加注重促进群体合作,而非个人需求。除此之外,人们非常重视尊重,而且正式的沟通风格和头衔比名字更重要。西班牙人在与人交流时往往非常礼貌,而这经常被误认为是低声下气的姿态。

非言语沟通也存在文化差异。在阿尔及利亚，美国人打招呼时的挥手意味着"过来"，而在墨西哥，美国表示"过来"的手势则被视为极为下流的手势。不同的文化群体对私人空间也有各自的规则。在美国、加拿大和北欧，私人空间相对较大，而且人与人交流时很少发生肢体接触，而在欧洲南部、阿拉伯和拉丁美洲等一些国家，肢体接触则较多。事实上，阿拉伯人有时把许多美国人"冷漠的"行为误认为是不友好的、不礼貌的。

即使是着装，也可以作为非言语沟通的一种类型。事实上，我们有时会说某个人是"时尚的代言人"。相比其他文化中的人，许多美国人穿着更加随意一些，这些人经常把身穿T恤或粗糙牛仔装的美国旅行者看做无礼的或邋遢的。在美国，几乎在所有的公共沙滩上，女性都需要穿上衣，而男性则不用。这一要求在法国或一些其他西方国家包括加拿大部分地区看来，是极端限制性和清教徒式的。

作为批判性思维者，我们需要意识到各种沟通风格之间的差异。有些人能够根据不同情境的需要，轻易地从一种沟通风格转换到另一种。然而，也有一部分人的沟通风格具有支配性，很难从其他人的角度看待情境。关于沟通和文化的研究引发了"跨文化研究"这一学科的产生，并且催生了面向学生、商务人员和政府雇员的多样化训练。认识到自己和别人的沟通风格，能够调整自己的风格以适应某一具体情境，这对改善沟通、促进有效的批判性思维大有裨益。

使用语言来操纵

语言可以用来告知，也可以用来操纵、欺骗。操纵可以通过使用情绪性语言、修辞手法或蓄意欺骗等手段实现。古语有云："棍棒石头可以打断我的骨头，但言语伤害不了我"，这句话忽视了人类具有深刻的社会属性，语言可以影响我们的自我概念。言语可以鼓励我们，但也可以伤害、侮辱我们。

情绪性语言

正像我们前面所提到的，情绪性语言用来引发某种情绪。比如，统治（regime）、前后不一（flip-flopper）、顽固不化（obstinate）、吹毛求疵（anal retentive）等这些词语可以用来激发对抗情绪。相反，政府（government）、灵活多变（flexible）、坚定不移（firm）和干净利落（neat）这些词可用来唤起积极情绪。在2008年的美国总统选举中，奥巴马和麦凯恩都大力使用"改变（change）"这个词，醉翁之意不在酒，他们并非要传递任何实质信息，而主要想唤起选民积极的反应。

当一件真实事件正处于危急关头时，情绪性语言会扭曲事实，阻碍我们从批判性思维者的角度思考问题。当情绪性语言被用来掩盖薄弱的观点或证据不足的事实时，或者在媒体中冒充新闻时，尤其危险。比如，由于恐怖主义一词容易激发民众极为负面的情绪，因此《纽约时报》尽可能少用这个词。国际新闻副总编伊桑·布朗纳解释道："我们非常谨慎地使用恐怖主义这个词，是因为它是个含义丰富的词汇，直接描述某一群体的目标或行为比重复'恐怖主义'一词更能为读者服务"。《泰晤士报》在描述法律时，也尽量避免使用改革（reform）这样的字眼，因为对读者而言，法律应当是自动合理的。

情绪性语言常见于对广受争议的政治问题和道德问题的讨论中，特别是当情绪高涨时。下面是读者写给编辑的一封信，关于使用试管婴儿剩下的胚胎进行干细胞研究的问题，请你思考一下：

如果你愿意，两种过程都会损害胚胎或试图扮演上

着装可以传递关于某个人及其文化信仰的信息。你的穿着是如何向别人传递关于自己的信息的？

新闻出版物经常依靠头条来吸引人们的注意力和刺激销量。

帝。为什么一个可以被接受,而另一个却被视为对生命的威胁?丢弃剩余的胚胎,把它们扔进垃圾箱,这种事情在这个国家几乎每天都会发生,为什么丢弃反而比用来挽救生命显得竟少了些许荒谬?为什么我们能够接受利用胚胎制造更多的人,尤其是在当前有如此多的儿童正处于无家可归的状况下,而不能接受利用胚胎来挽救那些身患严重疾病的人?我发现这种观点是伪善的,自以为是的。

在这封信中,作者没有提供进行干细胞研究的逻辑论证,而是使用情绪性语言攻击反对干细胞研究的人。

"有可乐相伴,事事更如意""令人满足的口味""坚如磐石"这些广告语都是用来操纵人们去买某种产品,而不是提供信息。最著名的两个州宣传语是"我爱纽约"和"弗吉尼亚,爱的拥抱"。拉斯维加斯的口号"在这里发生,在这里结束"在2003年帮助其吸引了3500万游客。

我们所使用的词语会带来现实的后果。集体强奸经常发生在游戏或仪式中,选择的受害者往往被认为是"女色情狂或荡妇",意指受害者"需要"。情绪性语言的使用使男人更容易参与到集体强奸中,而且不把自己视为强奸犯。

修辞手法

如同情绪性语言,**修辞手法**(rhetorical devices)也不使用推理,而是运用劝说来让他人接受某种观点。常见的修辞手法有委婉语、粗直语、讽刺和夸张。

委婉语(euphemism)是运用中性或积极的词汇代替消极词汇来掩盖或粉饰真相。有时,委婉语很幽默,而且很容易被看穿(参见专栏"行动中的批判性思维:个人广告中'代码词'的真正含义是什么")。但有时委婉语也会使真相模糊不清,制造假象。用"最终解决"这样的词暗指在纳粹德国消灭犹太人的企图则是较为阴险的委婉语之一。

委婉语常用来掩饰一些社会敏感话题。比如,用"去世"这个词来代替"死亡",反映了我们的文化对死亡话题的避讳。再比如,我们使用"隐私部位"或"国境之南"这类"文雅"的词汇来代替"阴道"或"阴茎"。与此相似,流行歌星珍妮·杰克逊在超级碗星期天表演中裸露胸部被描述为"走光事件"。这些委婉语透露出,我们的文化对过于露骨的性的语言感到不适或尴尬。

语言有能力改变我们如何看待现实。人们使用委婉语来让别人站在自己的角度认识问题。在战争年代,交战双方的领导者都试图让老百姓认为战争是可以接受的,甚至是高尚的,以此赢得老百姓的支持。比如,美国在伊拉克进行的是"持久自由行动"和"国家建设",而不是侵略或占领。我们的士兵正在"为目标服务",而不是要杀掉敌军的士兵。在战争中被无辜杀害的敌方平民是"附带的损失"。我们自己部队的意外开枪被称为"误杀或误伤",这看起来几乎是一个友善的词。在战争中牺牲的士兵不是用裹尸袋,而是用"传送管"运回家。为驻扎在伊拉克的美国军队

联 系

媒体是如何通过情绪性语言和轰动效应操纵你的?参见第11章。

你是如何识别广告中的操纵性语言,并避免上当受骗的?参见第10章。

行动中的批判性思维

个人广告中"代码词"的真正含义是什么

委婉语	解释
40岁上下	52岁了还指望停留在25岁
漂亮的	在镜子前花费很长时间
喜欢步行	汽车被收回
灵活的	绝望的
自由精灵	物质滥用者
爱好玩乐的	期望被款待
很有幽默感	看了很多电视
派对焦点	糟糕的冲动控制能力
外向的	吵闹的
身体健康	还活着
时髦的	拼命追赶街边一时的风尚
深沉的	在需要啤酒时说"请"
随心所欲	缺乏基本的社交技能
渴望知己	离监视只差一步

讨论问题

1. 运用具体的例子,讨论使用委婉语是如何导致沟通不畅和错误的期望,如以上所列出的?
2. 当你想给某个人留下讨人喜欢的印象时,你会使用哪些委婉语来描述自己?

摘自 Fortune Cookies, http://personal.riverusers.com/–thegrendel/euph.html

---

卖命的秘密士兵被称为"秘密安全顾问",而不是雇佣军。

由于一些旧词汇的含义过于消极,商业界也会创造一些新的词汇。公司不再开除雇员,取而代之的是裁员、解雇、实行人力资源管理或轮岗等。后来,这些词汇也被认为太消极。比如,"裁员"这个词被更具人性化的词语"缩小规模"所替代。另外,像"旧车"或"二手车"这样的词用"有经验的车"来代替。有些委婉语被人们广为接受,甚至成为词典中的定义。比如,"裁员"这一词汇在20世纪70年代便被添加到词典中。

政治上正确的语言经常以委婉语为基础,比如在表述"瘸子"和"疯子"时,用"残疾"和"精神病"这类更为中性或积极的词汇来代替。政治纠正运动在一定程度上成功限制了仇恨言论,尤其是在校园里。美国百余所大学目前依然有言论准则,用于对某些形式的言论加以约束,包括仇恨言论和"违反礼仪的准则"。若你要了解更多关于限制校园里自由言论的信息,请参见本章最后的专栏"批判性思维之问:关于大学校园是否应该设立自由言论区的观点"。

有些人对言论准则持支持态度,认为其可以鼓励人们更加宽容,接纳多样性。而有些人则认为,这些准则恰好适得其反,通过审查开放性讨论和批判性思维,强硬地掩盖了偏见和狭隘的问题。比如,关于所谓的种族歧视的观点,默认的压抑使人们想当然地认为种族偏见和隔离不再是问题,然而事实却是,美国许多学校的种

> **联系**
>
> 广告商为什么要使用委婉语和其他的修辞手法?参见第10章。

政治家常因使用操纵性语言而著称，尤其是在竞选活动中，他们经常对某些直接问题避而不谈，而只谈他们认为选民想听到的回答。

族隔离状况比 1954 年更加严重。而早在 1954 年，在布朗诉教育委员会案中，美国最高法院就宣布了学校隔离不合法。

乔治·奥威尔在小说《一九八四》中描写了社会中语言操纵的潜在作用，尤其是当权者对语言操纵的运用。奥威尔告诫道，当权者通过对政治危险性高或具有攻击性的词汇或概念进行净化，再用委婉语加以替代，如此一来，言论自由成为不可能，反抗专制也更加困难。如果不抵抗这种趋势，我们将会陷入矛盾的思想中，而且会成为缺乏批判性思维的、没有灵魂的机器人。

粗直语（dysphemism）与委婉语相反，是用来产生负面效果的。人们创造了 *death tax* 这个词语表示遗产税，用来表达反对这一税种的情绪。在关于堕胎的争论中，anti-choice 这个词是支持堕胎的人创造的，用来向反对堕胎权的人表达负面情绪。

粗直语在赢得一部分群体支持的同时也会疏远另一部分人。政治家会使用粗直语来夸大文化差异，制造"我们与他们"的思想。用邪恶轴心这样的词来描述伊拉克、伊朗和朝鲜，伴随而来的是美国 2002 年掀起的一场反对这些国家的公众舆论，以及支持攻打这些国家的观点。

讽刺（sarcasm），是另一种修辞手法，包括嘲笑、侮辱、奚落和冷嘲热讽。讽刺的力量来源于大多数人都憎恨被嘲弄这一事实。像其他修辞手法一样，讽刺可以歪曲批判性分析，并对讽刺对象产生敌对情绪，下面是有人写给《新闻周刊》编辑的一封信：

> 我们正处于血腥的国外战争中，国债给我们的金融期货带来很大威胁，憎恨美国的情绪日益高涨，最终惹怒保守的俄勒冈州投票者的是同性恋者结婚吗？我彻底理解了自己最应该做的事情。

运用讽刺手法的人经常用幽默来做托辞。但是，对于被讽刺的对象来说，那完全不是有趣的事情。作为批判性思维者，我们需要识别这种修辞手法，不要小觑它。

> **联系**
>
> 在修辞手法如此频繁地主导竞选活动的情况下，你会怎么评价政治候选人？见第 13 章。

夸张（hyperbole）是使用夸大的手法来扭曲事实的一种修辞类型。比如，有名大学生抱怨道："今天课堂上教授点我的名字时，我想我差点就死掉了。"有些记者在发布报道时使用夸张的手法以达到哗众取宠的目的，甚至将故事夸大到荒谬的地步。《世界新闻周刊》有篇报道的标题竟然为"太平间工作人员的打鼾声吵醒了死者"。

在政治中也存在夸张，有些事实也会被夸大和扭曲。在伊拉克战争刚开始的几个月，伊拉克信息部长萨哈夫在报告战争形势时使用了夸张的手法，他向公众宣告伊拉克部队大胜联军，尽管事实完全与此相反。昔日的堕胎权支持者伯纳德·尼芬逊医生也曾使用过夸张的修辞手法，他为了赢得公众对堕胎合法化的支持，夸大了因非法堕胎导致母亲死亡的人数。他后来写道："我承认，我知道这些数字统统是假的，但在道德范畴内，它是有用的数字，是被广泛接受的数字。"在这些例子中，夸张都涉及有意的欺骗和说谎。

而有些人则是为了吸引别人的注意力而故意夸张。然而，不可否认，习惯性地使用夸张会损害一个人的信誉。正像喊"狼来了"的小男孩，当狼真的来了时，我们反而不再相信了。

> **联系**
>
> 记者为什么要运用夸张的修辞手法，我们怎样才能避免被骗？见第11章。在报道科学发现时，媒体如何使用夸张的修辞手法？见第11章。

欺骗与说谎

虽然修辞手法会涉及欺骗（deception），但并不是所有的欺骗都是人们故意的。有些欺骗是人们所期望的，是可以接受的，比如在玩扑克或准备一次惊喜的聚会时。而另一方面，说谎（lying）却是"在没有取得对方同意前提下的有意误导"。隐瞒或遗漏某些消息会在一定程度上扭曲信息，因此欺骗也可能会导致说谎。

在1998年普拉·琼斯提出的克林顿性骚扰案中，律师在询问美国前总统比尔·克林顿是否与莫妮卡·莱温斯基存在性关系之前，先对"性"进行了界定。克林顿断然回答没有。他的回答基于该定义没有将"嘴巴"作为参与性行为的身体部位之一。不过关于克林顿与莱温斯基之间不恰当的性关系，克林顿后来承认他之前的回答是有意"误导的"，"给大家留下了错误的印象"。1998年12月，众议院以伪证罪和妨碍司法公正罪通过了对克林顿的弹劾案，两个月后参议院做出了无罪宣判。

像克林顿所说的那样，大多数谎言是为了避免陷入麻烦或掩盖不正当的行为。而所谓善意的谎言，可以用来缓解社交焦虑，避免伤害别人的感情，或者让别人对我们有更加积极的看法。而其他的谎言，像尼芬逊医生夸大因非法堕胎导致母亲死亡的人数以及在战争中对敌人说谎则被认为是合理的，为的是追求更高的善。

谎言除了会破坏真诚的沟通之外，还导致一些伦理方面的问题。为了不伤害某个人的感情或促进我们所认为的"更高的善"而撒谎，这在道德上能否被接受？为了拯救生命而说的谎言又如何？大多数伦理学家认为，多数谎言是不合理的。说谎会破坏信任，像发生在比尔·克林顿身上的那样。此外，在谎言的基础上做出政治决策或生活决策都有可能造成破坏性的后果。在错误信息的误导下，战争有可能被发动。在谋杀案中，如果负责调查的警官或陪审团相信谋杀犯的谎言，那么凶手就会逍遥法外，逃之夭夭。

我们大多数人很容易受别人谎言的蒙骗。最近的一项研究表明，人们在与别人交流时有三分之一的时间在说谎，而仅有18%的谎言被识破。普通人只有55%的时间能够区分说谎者和说真话的人之间的不同（并不比偶然的可能性大多少）。即使谎言被揭穿，人们有时也会陷入矛盾思想中——明明知道自己曾经相信的是谎言，却依旧按照谎言仿佛是真的那样采取行动。

所幸的是，我们可以通过专门的训练来提高自己发现别人说谎的能力。训练有素的谎言捕手，比如警察、FBI调查员和一些心理治疗师区分说谎者和说真话的人的准确性能达到80%~90%。他们的准确性几乎可以达到多导生理记录仪或测谎机器的水平。专业的谎言捕手仔细地观察说话者的言语和非言语沟通的类型。大多数人在说谎时，身体语言和说话的声调会发生微妙的变化。比如，9岁到14岁的儿童在说关于性虐待的谎话时（9岁以下的儿童很少说性虐待的谎话），倾向于按照时间顺序报告虐待的过程，因为打破时间顺序捏造故事非常困难。相反，说真话的人会不停地跳转，而且掺杂着当时的气味、背景噪音和其他感觉等多方面的信息。与说谎话的人不同，说真话的人常常对自己的故事进行自动的修正。

说谎会产生认知和情绪上的负荷。因此，说谎话的人很少动，也很少眨眼。因为他们需要额外的能量记住

面部表情，尤其是眼睛，能够暴露大量的信息。图片中左边女孩的笑容是伪装的，而右边女孩的笑是发自内心的、真实的。

刚才说过的话，使自己的故事保持连贯。他们的声音可能会变得紧张或声调变高，说话时会不时地停顿。说谎的人比说真话的人更少犯言语错误，也很少返回来补充"忘记的"或"不正确的"细节信息。

加利福尼亚萨克研究所的科学家已经发明了一种计算机，它可以阅读人类快速变化的面部表情和身体语言。多导生理记录仪只能记录心率和出汗程度，而有些聪明的说谎者是能够控制这些指标的。科学家期望计算机有朝一日能够确定不同面部表情下掩藏的真实情绪。然而，由于不同类型的身体语言在很大程度上受文化的影响，因此无论是人类还是计算机，在辨别欺骗时都需要考虑文化差异和性别差异。

虽然最初我们会被某个人的谎言所欺骗，但我们也要乐意审查其他人为其他相反的证据所说的话，这些人可能是朋友、亲戚或媒体。作为批判性思维者，我们应该时刻准备检查信息的来源，确保其可信，避免掉入欺骗的陷阱。我们也需要注意操纵性语言。情绪性语言和修辞手法常使我们忽视眼前的问题，在缺乏任何实际信息或合理推论的情况下支持某种立场。

语言是符号沟通的一种形式，能够让我们组织和批判性地分析自己的经历和体验。语言可以表现我们对现实以及自己是谁的概念。我们主要通过语言来传递人类的文化。作为批判性思维者，我们需要对使用的词语做出清晰的界定，并且要随时留心自己和别人的沟通风格。可惜的是，语言也会通过故意欺骗或修辞手法造成误解或形成刻板印象。良好的沟通技能在批判性思维中至为关键，同时在建立和维持良好的人际关系中也发挥着重要的作用。

> **联 系**
>
> 检举过程如何检查行政权的滥用？参见第13章。

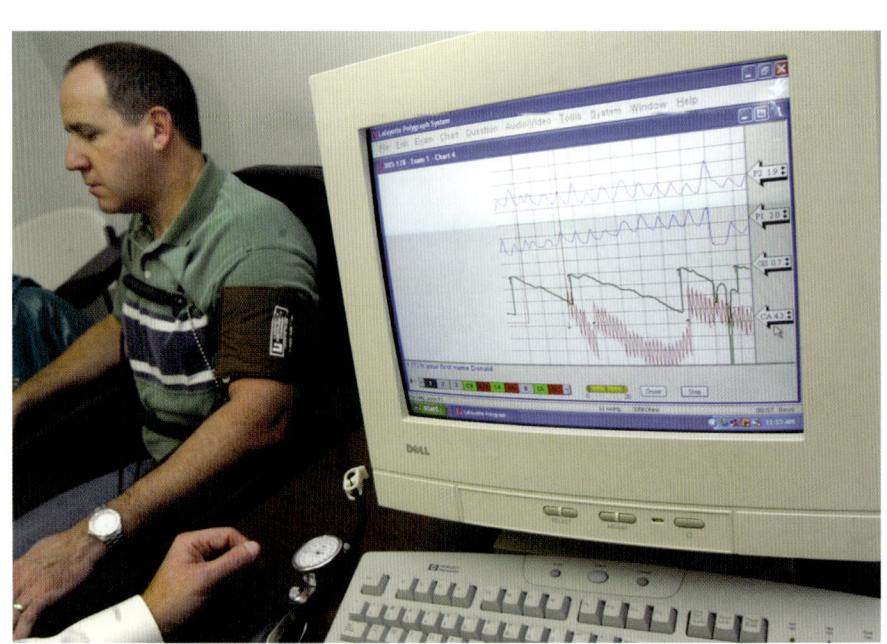

人们发明了各种实验和设备来评估某个人所做陈述的有效性和真实性，比如图片中的多导生理记录仪。

再想一想

1. 语言的主要功能是什么?
   - 语言的主要功能之一是信息性,即传递关于世界和我们自己的信息。指示性语言的功能是影响人们的行动,而表达性语言是为了沟通情感。最后,礼节性语言在某些正式场合中被使用。
2. 为什么在评价和解释词语的定义时,要特别注意?
   - 定义是不固定的——它们可以有外延意义,描述这个词所指代的事物的属性;它们也可以有内涵意义,包括了基于以往经验的感受和想法。同样,还有约定定义、词典定义、精确定义和说服定义。
3. 修辞手法有哪些?它们是如何被使用的?
   - 修辞手法被用来说服别人。委婉语使用积极词汇代替消极词汇,用以掩盖事实;粗直语则相反,用来激起消极反应。两者都是修辞手法的例子。其他的修辞手法还包括讽刺和夸张。

批判性思维之问

关于美国大学校园是否应该设立自由言论区的观点

几乎一半的美国公立大学有限制言论的规定，而这些言论在校外通常是受保护的。在某种程度上，这些限制是政治纠正运动的延伸。限制言论自由的一种方式是将有争议性的演讲、散发宣传手册或张贴布告等限制在所谓的"自由言论区"内。自由言论区是大学校园里学生或团体可以举行集会的指定区域。

关于自由言论区的主要争论是嘈杂的抗议会妨碍正常的上课秩序。加利福尼亚大学洛杉矶分校政治学系罗布·亨宁认为，对言论进行一定的限制是合乎宪法的，因为这些规定只是合理地指定了演讲的时间、地点、方式，对内容并没有约束。"大学有权利实行合理的限制性规定，"他说，"如果演讲违背了这些规定，法庭会仔细审查这些规定背后的原因和理由，然后确定它们是否公正。"

许多学生并没有被这一理由所说服。2001年10月，西弗吉尼亚州大学一名大四的学生马修·波在自由言论区外发传单时被校园警察制止。波说道："我认为美国是一个言论自由的国度，学校不应该加以限制，相反，学校肩负着支持言论自由的道德责任。"他认为，学校的自由言论区只是一个几乎不加掩饰的借口，旨在"防止校园变得充满对抗性，就像加利福尼亚大学伯克利分校那样"（在越战期间学生举行了抗议活动）。

随着学生的抱怨声越来越大，学生团体起诉学校管理部门的法律诉讼案件逐渐增多，关于将有争议的演讲限制于自由言论区的争论也越来越激烈。在好几例案件中，法庭判决学生团体胜诉。来自学生和民权组织的压力已经迫使一些学校管理部门不得不废除自由言论区的相关政策，比如西弗吉尼亚州大学和威斯康星大学白水分校。

下面首先是西弗吉尼亚州大学2002年关于言论的政策，该校建立了自由言论区。接下来是民权组织写给西弗吉尼亚州大学校长戴维·哈德斯第的一封信，信中对自由言论区表示了抗议，最后是校长对这封信的回复。

西弗吉尼亚州大学关于自由言论的政策

下面是《西弗吉尼亚州大学学生手册》上关于自由言论的政策。黑体部分是建立自由言论区的相关政策。

西弗吉尼亚州大学承认，每个人都有权利追求宪法所赋予的言论自由权和集会权，欢迎同学们畅所欲言，同时以此拓展校园团体受教育的机会。个人或组织可以使用指定的自由言论区，不用预约，先到先用。

无论是个人还是团体，自由表达观点的前提是不能触犯他人的权利，也不能破坏学校的正常秩序或违反学校制定的学生行为准则。教唆和鼓动是决不允许的。

如果活动产生的噪音过大，影响交通秩序或者使个人的人身安全受到威胁，学校有权强制疏散或终止活动。由于校园中心地带空间有限，**学校指定的两个言论自由和集会区域是 Mountainlair 广场的露天剧场以及 Mountainlair 和相邻的 WVU 书店前面分段的水泥地区域。**

问题

1. 西弗吉尼亚州大学对于自由言论有什么样的政策？
2. 学校对学生自由言论设置了哪些限制条件，又是如何证明其合理性的？
3. 西弗吉尼亚州大学指定的自由言论区在哪里？

写给西弗吉尼亚州大学校长哈德斯第的一封信

格雷格·卢加诺夫，个人教育权利基金会

格雷格·卢加诺夫是个人教育权利基金会（Foundation for Individual Rights in Education，FIRE）的法律辩护人和公众代言人，这封信是他写给西弗吉尼亚州大学校长戴维·哈德斯第的。他写这封信的目的是支持学生团体联盟，也就是著名的西弗吉尼亚州大学自由言论社团。

尊敬的哈德斯第校长：

个人教育权利基金会联合多个领域人士，包括公民权利和公民自由领域的领导者、学者、记者和政治思想领域的知识分子等，表达了对民主、法律平等、宗教自由、学术自由、司法公正——西弗吉尼亚州大学关于"自由言论区"的政策——以及美国大学校园言论自由和表达自由的支持。通过我们的网站 www.thefire.org，你可以对我们这个组织的特点和活动有更加深入的了解。

我们支持西弗吉尼亚州大学自由言论社团的观点，反对西弗吉尼亚州大学的"自由言论区"政策，这一政策将学生的言论自由局限于校园一隅。任何学校都应该革除这种对宪法的歪曲政策，致力于建立治学严谨、百家争鸣、自由和充满活力的社团。我们请求您能消除言论自由的所有障碍，声明整个西弗吉尼亚州大学都是"自由言论区"。

"自由言论区"政策颇具讽刺意味，因为在任何自由社会，大学的社会功能都不会是最后的"自由言论区"。一个追求真理的大学应该始终致力于鼓励公开演讲、促进知识探索和挑战人们思考的方式。把言论自由限制于校园一个小小的角落，您向人们传达了这样的信息：言论是可怕的，一直要受到控制和监督。这种信息与自由社会的宗旨格格不入，而且彻底违背了高等教育的理念。您应该时刻铭记，我们的最高法院在 1957 年史威兹诉新罕布什尔州案中关于大学重要性的永恒表达。

美国大学社团自由的必要性是不言而喻的。大学社团对引导和培养我们青年的民主意识发挥着极其重要的作用，没有人会轻视它。**任何强加给大学校园里知识领袖的束缚都会危害我们民族的未来。**如果人们不能完全理解教育领域的内涵，那么就不会有新的发现……在充斥着猜疑和不信任的学校氛围里，学术也不会繁荣。教师和学生必须能够自由地探索、研究、评论、获得新知识和新认识；否则我们的社会文明就会停滞不前。【着重强调】……

我们确信，没有任何合理的理由支持把校园 99% 的场所——实际上是公共场所——转变成"审查区"。判例法也从来没有这样的先例，将公共场所改变为宪法保护的倒成了例外。对安全和秩序的普遍担心既不具体,也不重要,难以支持这项制度的合理性。

就有关自由言论区的所有争论而言,自由言论区政策似乎根本不合法,即使是根据西弗吉尼亚大学自己的标准也是如此……因为这项政策简直与废除权利和自由法案无异。由于美国和西弗吉尼亚州的宪法在废除某些权利时都需要基本的司法程序,西弗吉尼亚大学也有义务从言论是否可强制执行的角度来制定规则,因此,FIRE要求西弗吉尼亚大学立即提供该政策"合法性"的证据。然而,如果做不到,也就等同于宣告了自由言论区的终结,相应地,贵校作为完全的自由言论保护区即得到了认可。

我们要利用所有的媒体和法律资源来无条件地支持西弗吉尼亚大学的自由言论区团体,并要力争看到一个公正的、符合道德的结果。请您向外界袒露西弗吉尼亚大学反对人权法案的尴尬,因为该法案符合法律和道德的底线。我们会敦促西弗吉尼亚大学拿出必要的勇气来承认错误,取消自由言论区这一不公正的政策,向全世界宣告,在西弗吉尼亚大学,言论自由是受到赞扬的、值得尊敬的和宽广的,人们不用害怕、不受限制,也不必隐藏。

我们深信您会做出正确的决定。

诚挚的,

问 题

1. FIRE是一个什么类型的组织,卢加诺夫写这封信支持西弗吉尼亚州大学自由言论团体的目的是什么?
2. 根据卢加诺夫的观点,为什么大学校园里的言论自由尤其重要?
3. 卢加诺夫认为自由言论区不合法的依据是什么?
4. 卢加诺夫要求哈德斯第校长采取什么行动?为什么?

合理的限制是有利的

罗伯特·J. 斯科特

罗伯特·J. 斯科特是一位宪法专家,法律评论员,同时也是达拉斯法律事务所的合伙人。在《今日美国》的这篇文章中,斯科特表达了支持设立自由言论区的观点。

今日焦点:自由言论区

反方观点:暴力性示威表明了维持公共秩序的需要。

"自由言论区"和"示威区"不是什么新生事物,也没有对自由言论的权利构成严重威胁。

示威区经常在召开政治会议和其他重大活动时使用,比如2002年盐湖城冬奥会。政府通过建立示威区,让那些有意愿表达自己观点的人们有处可去,并且将示威可能带来的干扰减至最小。

近期游行示威的暴力性和破坏性,确实对社会秩序造成了真实的、直接的威胁,政府有充分理由作出合理的反应。3月份,旧金山联邦政府大楼旁边发生了游行示威,示威者阻碍交通,破坏商店,举行了有组织的抗议活动,造成大部分商业区停业两天。在奥克兰湾,示威者甚至试图切断运输军需品的船只的通道。

这些事件提醒我们,第一修正案并不是人们可以随时随地为所欲为、信口开河的许可证。宪法不会保护那些砸窗、阻碍交通、破坏军事供应航线或威胁其他居民安全的人。

人们很早便达成共识,政府可以对言论的时间、地点和方式做一些合理的、强制性的限制。显然,美国特工处不会被迫允许游行示威者无限地接近总统。大学管理者应该能够确保示威者不会妨碍其他学生学习。

示威区可以设置合理的限制,既可以让人们的自由言论权得以表达,同时还可以降低安全风险,防止不正当的破坏。

我们的民主首先是建立在法律基础之上的。合理的示威区实际上与我们关于民主自由的基本理念是一致的,即公民自由只有在一个维持正常公共秩序、有组织的社会中才能得以保证和保护。

正如美国前总统西奥多·罗斯福所说,"没有自由的秩序和没有秩序的自由同样具有破坏性。"最近发生的几次游行示威中表现出来的目无法纪、暴力和恣意破坏不是自由,而是无政府状态的标志。要求抗议者在示威时遵守法纪并不意味着压制。

问 题

1. 根据斯科特的观点,设立自由言论区的主要目的是什么?
2. 设立自由言论区有哪些好处?
3. 斯科特认为自由言论区与第一修正案和民主原则一致的依据是什么?

4

知识、证据与
思维中的错误

我们的眼睛想要把这张20美元上的图片与真实的建筑连接起来,但我们的大脑告诉我们这种连贯是错觉。

要 点

- 87 | 人类知识及其局限性
- 88 | 评估证据
- 95 | 思维中的认知和知觉错误
- 106 | 社会错误与社会偏见
- 111 | 批判性思维之问:关于UFO(不明飞行物)是否存在的不同观点

1973年,当18岁的高中生彼得·赖利从教堂集会回到康涅狄格州迦南市的家中时,他发现母亲倒在卧室的一片血泊中,已经死去。现场惨不忍睹,而且死前还遭受过严重的性侵犯。赖利立即报了警。虽然赖利的身上没有任何血迹,而且他本身也没有任何犯罪前科,但是警察仍然怀疑赖利就是杀人凶手。他的母亲是一个很难相处的人,经常以贬低他人取乐,即使对自己的儿子也总是恶语相向。

当被带去问话时,赖利认为如果据实以告,事实可以很快解释清楚,自己肯定会被无罪释放,所以放弃了请律师的权利。一队警察对赖

想一想 >>

- 知识的来源有哪些？
- 经验会带来哪些形式的误导？
- 人类的思维中存在哪些类型的认知和社会错误？

利展开了轮番讯问，并不断地暗示他与母亲发生了口角，怒火中烧而将其杀害。当赖利否认这一指控时，警察不断地强迫他去挖掘自己的潜意识，试图让他找回失去的记忆。在长达 16 个小时的疲劳轰炸之后，赖利开始"回忆"起一些事情，这些记忆起初还很模糊，但随着时间的推移逐渐变得清晰起来，记忆中正是他杀死了自己的母亲。又过了几个小时，已经筋疲力尽、思维混乱的赖利终于在供状状上签了字。尽管清醒之后，赖利开始对自己是凶手产生了怀疑，并提出了质疑，但在审判中，他自己签署的供认状还是成为了无法推翻的证据。

最终，赖利被判犯一级过失杀人罪，监禁 6 至 16 年。直到两年后，有证据表明，谋杀案发生时，赖利在几英里之外，他不可能是杀人凶手。赖利终于被免除罪名并释放。虽然提供了有力的不在场证据，但是康涅狄格州的一些警察仍然认为，赖利就是凶手。谋杀他母亲的凶手始终没有找到。

赖利一案表明，社会期望和诱导性问题能够改变一个人的信念和记忆。人们应该掌握良好的批判性思维技巧，对证据进行全面评估，对思维中的社会错误和认知错误时刻保持警觉，实事求是地分析发生的状况，避免被先入为主的观念所左右，草率地得出结论。第 4 章将涉及以下知识：

- 学习人类知识的特点与局限性
- 区别理性主义与经验主义
- 了解证据的不同形式
- 掌握评估证据的准则
- 查明研究论断和证据的来源
- 研究不同类型的认知或知觉错误，包括自我服务偏差
- 学习社会期望与群体压力如何导致错误思维

最后，我们将考察关于 UFO（不明飞行物）是否存在的证据与争论，并思考如果要证明 UFO 确实存在，哪一类证据是必需的。

彼得·赖利被误判为杀害母亲的凶手——1973 年康涅狄格州

人类知识及其局限性

知识（knowledge）是人们认为正确的、得到证明或者证据支持的信息或经验。理解人类如何获取知识，并能意识到人类的理解存在局限性，对逻辑推理而言至关重要。

理性主义和经验主义

我们的世界观和人生观是由对真理的本质和知识的基本来源的理解来塑造的。**理性主义者**（rationalist）认为大多数的人类知识来源于推理。古希腊哲学家柏拉图（公元前427年—前347年）认为，人们通过推理得到的真理是永恒不变的，但大多数人却被世界的表象所蒙蔽而无法看到真相。

理性主义者认为人们通过推理识别真理，这一观点遭到经验主义者的反对。**经验主义者**（empiricist）认为，人们主要通过身体感官发现真理，科学的主要基础是经验论。科学的方法包括对世界进行直接观察，进而提出假设，解释观察到的现象。

思维的结构

德国哲学家伊曼努尔·康德（1724—1804）则认为理性主义与经验主义都是片面的。他主张，我们体验现实的方式并不是简单的推理或通过身体感官，而是取决于我们思维的结构。像电脑一样，其接受和处理外部输入的特定信息是设定好的，我们的大脑也必须拥有正确的"硬件"以接受进入的信息并理解其中的含义。

大多数心理学家和神

> **联系**
>
> 经验主义的假设是如何体现在科学方法中的？参见第12章。

自我评价问卷

请用1到5分评价你在多大程度上同意下面的陈述。1分代表非常不同意，5分代表非常同意。

1 2 3 4 5　知识主要通过推理而不是感官获得。

1 2 3 4 5　我总是倾向于接受那些肯定自己的假设或符合自己世界观的证据。

1 2 3 4 5　最可靠的证据应该基于直接经验，例如目击者的报告。

1 2 3 4 5　当我看到不规则的形状时，例如天空的云彩或者月亮上的环形山，我总是不自觉地从中发现意义或一幅图景。

1 2 3 4 5　在一个24人组成的班级中，两名同学同月同日生的概率是50%。

1 2 3 4 5　买彩票时，我喜欢买我的幸运号码。

1 2 3 4 5　只有感到一切都在掌握之中时，我才能够真正地享受生活。

1 2 3 4 5　我比大多数人更善于与他人相处。

1 2 3 4 5　与其他地方的人，尤其是来自非西方文化的人相比，美国人更值得信赖。

思想库

经学家同意康德的观点，即我们无法直接观察到"现实"，相反，我们的思维和大脑提供了处理进入信息的结构和规则。换句话说，正像在第1章中提到的那样，我们会对自身经验进行解释，而不是直接感知那个"外在的"世界。

大脑在帮助我们理解这个世界的同时也限制了我们。例如，根据物理学中最新提出的弦理论，世界至少存在九种维度空间。然而，我们的大脑结构却只能感受到三维的世界。对我们来说，想象九维世界不说不可能，那也是极为困难的。因为大脑本身的结构，人类常常犯某些感知和认知错误。在本章的最后两节将对这些错误进行讨论。

评估证据

证据（evidence）是用来证明某一观点正确或错误的事物。在论证的过程中，证据是我们相信某一结论的基础或前提。由于分析能力是评估某一论点所必需的（在接下来的章节中我们将着重介绍），所以我们首先需要确保作为分析基础的证据是准确的和完整的。证据可以来源于很多方面，有些是可靠的，有些则未必。学习如何评估证据的可信度和准确性是批判性思维和逻辑的关键。

> **联系**
> 你如何判断新闻报道是否可信？参见第11章。

阿尔·戈尔在《攻击理性》一书中提出，美国政府之所以错误地（作者的看法）陷入伊拉克战争之中，是由于领导人不能有效地分析证据，而发动这场战争时，最重要的证据莫过于伊拉克拥有大规模杀伤性武器。证据或缺乏证据，是人们选择相信某一论点或主张正确或很可能正确的原因。证据可以来源于亲身经验，也可以来源于其他途径。只要没有其他反面的证据，以自身经验作为可靠的证据去相信某一论断就是合理的。同样，如果某一论断与自己的亲身经验相冲突，那么人们就有很好的理由去质疑它。

直接经验和错误记忆

有效的批判性思维需要我们愿意审视自身经验的准确性。我们前面提到，大脑会对感官经验进行组织与解释，而不是直接记录，因此，直接的感官经验并非绝对可靠。即使某些重大事件对人们来说"仿佛就发生在昨天"，但这些记忆并不像科学家曾经认为的那么稳定。1986年发生了"挑战者号"航天飞机爆炸事件，四年后对当时的目击者进行了一项调查，结果发现，很多人关于那次航空灾难的记忆已经发生了惊人的变化，甚至"看见"了一些根本没有发生的事情。

随着时间的推移，语言也能够改变记忆。当警察无意地使用一些诱导性问题时，证人的证词有可能产生偏差，对事件的记忆甚至也会发生改变，这个时候问题就变得非常严重，本章开篇介绍的被错误定罪的彼得·赖利谋杀案正是如此。

语言改变事实的力量令人触目惊心，这可以通过诱导性的问题如何改变目击者对某一事件的感知体现出来。在一项研究中，参与者首先观看了一场车祸的视频短片，然后回答下面的其中一个问题。问题都是关于发生车祸时车辆行驶的速度，但是每个问题询问的方式稍有不同。

错误记忆能够显著地改变目击者如何"记住"一个事件，就像在挑战者号航天飞机爆炸事件中的情形一样。

下面是具体的问题，括号中是每个问题答案的平均值：

1. 当两辆车猛撞在一起的时候，它们的速度有多快？（41 英里/小时）
2. 当两辆车冲撞在一起的时候，它们的速度有多快？（40 英里/小时）
3. 当两辆车撞击在一起的时候，它们的速度有多快？（38 英里/小时）
4. 当两辆车碰撞在一起的时候，它们的速度有多快？（35 英里/小时）
5. 当两辆车碰触在一起的时候，它们的速度有多快？（32 英里/小时）

注：1 英里 ≈ 1.6 公里

目击者报告的不可信程度令人咋舌，有时会给执法工作、事故调查和案件侦破带来困难。

虽然事实上他们看到的是同一个车祸的短片，但参与者会根据动词的强烈程度给出不同的速度。当问题中提到两辆车是猛撞或冲撞在一起的时候，参与者回答的速度最高，而当问题中提到两辆车仅仅是碰触在一起的时候，参与者回答的速度则要低得多。

不准确甚至错误的记忆能够和真实的记忆一样栩栩如生，令人深信不疑。在侦破工作中，目击者的指认错误率现在已经超过了 50%。目击者对嫌疑犯的错误指认已经成为误判产生的首要原因。在 2002 年发生于华盛顿特区与弗吉尼亚交界处环形路的一起枪击案中，福克斯新闻频道首先报道了一名目击者声称看到嫌犯驾驶着一辆白色的货车逃走。这条新闻播出后，相继又有多名目击者向警方证实，在其他犯罪现场也看到嫌犯驾驶的是一辆白色货车。经过在全国范围内对白色货车的搜捕后，警察发现嫌犯当时驾驶的是一辆蓝色汽车，而不是目击者们所说的白色货车。由于听信了这些目击者错误的描述，警察在抓捕嫌犯的过程中浪费了大量的时间。

人们确实非常容易受到他人描述的影响，常常无意地改变自己的记忆，甚至能够生动地回忆起从未发生过的事，这种现象被称为**虚假记忆综合征**（false memory syndrome）。心理学家们发现，从未发生过的童年小事很容易以假乱真，例如五岁时曾在商场走失，或者参加一场婚礼时不小心洒了葡萄汁，这些事件只要经过三次重复强化，就会有大约 25% 的人"回忆"起来，甚至能够提供细节。此外，心理学家还发现，记忆的真实性与人们对记忆的自信程度没有任何关系。

为什么有些人更容易产生扭曲的记忆呢？该领域最著名的专家伊丽莎白·洛夫特斯解释说，有些人没有在记忆的过程中使用批判性思维，而只是不假思索地接受，因此就容易产生虚假的记忆。在"行动中的批判性思维：记忆策略"专栏中介绍了记忆策略的使用，这些策略能够帮助人们更准确地记住新信息。当事情发生时保持警觉并仔细分析，对"记忆"中出现矛盾的地方提高警惕，我们就会更少地受到错误和歪曲记忆的欺骗。

传闻和轶事证据的不可靠性

我们不应该轻信他人提供的信息，尤其是一些推测出来的或道听途说的证据或评论。**传闻**（hearsay），指的是某人从他人那里听到然后复述给其他人并最终被你听到的证据，这样的证据尤其不可信。童年时大家都玩过"电话游戏"，在游戏中我们悄悄地告诉一个人一句话，然后她把这句话悄悄告诉下一个人，依次进行，直到最后一个人把听到的话说出来。最初的信息经过传递之后往往变得面目全非，令人忍俊不禁。

行动中的批判性思维

记忆策略

为什么有的人能够更准确地记忆新信息？对此一项研究采用核磁共振成像技术以确定哪些大脑区域与具体的记忆策略相关。* 研究者发现，大多数人在记忆右侧图片的时候采用了以下四种记忆策略中的一种或多种。

1. **视觉化审视**。参与者仔细研究物体的视觉外观。有些人非常善于使用此种策略，能够将视觉记忆中的画面像书的页面一样组织起来。
2. **语言精巧加工**。有些人在记忆某些事情的时候会通过语言将对象或材料组织起来。例如右侧的图片可能被他们描述为："这头猪是记住这幅图片的关键。"
3. **心理意象**。人们形成交互式的心理意象，使其看起来像栩栩如生的动画片。例如，他们可能会想象这头猪从一只钥匙形状的船头跳入水池。
4. **记忆检索**。人们对记忆对象进行思考，并赋予其某种意义，或者将对象与个人已有的记忆联系起来。

在学习新材料时，有的参与者常常使用以上的一种或几种策略，与很少使用甚至不使用这些策略的参与者相比，他们的记忆能力要好得多。此外，研究还发现，每种记忆策略都使用了大脑的不同区域，最适合自己的记忆方式每个人各有不同。

讨论问题

1. 你在学习新知识的时候是否采用了记忆策略，采用了哪些记忆策略？例如，当你尝试记忆上面这幅图画的时候，你采用了哪些记忆策略？在帮助你成为更好的批判性思维者或取得更好的学习成绩方面，这些记忆策略起到了多大的作用？
2. 你是否发现自己曾经有过不准确或错误的记忆，与大家分享自己的经历并展开讨论。使用以上记忆策略能在多大程度上帮助你少犯此类记忆错误。

轶事证据（anecdotal evidence）是指基于个人证词的证据，这类证据同样不可靠。因为它同样来自于不准确的记忆，并且人们往往倾向于夸大或歪曲自己的经历，以符合我们的期望。例如，很多人报告曾经目睹过 UFO（不明飞行物）的出现，甚至有些人声称自己曾被外星人绑架。然而，尽管他们的信念非常真诚，但是轶事证据在缺少物证的情况下仍然不能成为 UFO 和外星人存在的证据。在本章结尾，我们将考察关于 UFO 证据可信度的不同观点。

专家与可靠性

信息最可靠的来源之一是相关领域的专家。当求助于专家时，我们应该寻找在该问题的相关领域富有见识的人，这一点至关重要。如果我们使用的是非相关领域专家的证词，我们就犯了诉诸不恰当权威的谬误。我们在第 5 章将对谬误展开更深层次的探讨。

例如，很多学生听信朋友的一面之词，认为吸食大麻没有害处，吸食大麻之后开车也没有危险，非常安全。

而实际上，医学专家的研究表明，虽然大麻不如酒精对驾驶的影响大，但吸食一支大麻后人的反应能力会下降41%，吸食两支大麻后反应能力会下降63%。虽然有来自专家的权威证据，但大多数青少年仍然倾向于听信同伴给出的信息，认为大麻无害，这种情况会一直存在，除非他们发展出了更好的批判性思维能力。

在寻找专家的过程中，我们应该仔细检查他们的背景，包括：

1. 权威机构的教育或训练
2. 该领域内做出判断的经验
3. 作为专家在该领域内同行中的声誉
4. 该领域内取得的成就，包括发表的学术论文和获奖情况

遗憾的是，专家证词并非万无一失。不同的专家之间也可能会出现分歧，这时我们只能自己判断或者寻求更多的证据。此外，有时专家也是有某种倾向性的，尤其是被那些有着特殊目的的团体或公司雇佣的专家，支持某一特定的观点可以为这些团体或公司带来经济利益。

例如，长时间以来，人们一直认为牛奶和乳制品能够维持成年人骨骼的强健。然而，这种看法并没有得到科学的证实。它之所以得到宣传主要是受到了经济利益的驱使，以便更好地促进日常乳制品的销售。美国国家乳制品委员会一直在吹捧牛奶对各个年龄段人群都有好处，但医学界的专家，包括来自哈佛公共卫生学院和美国责任医疗医师委员会的研究者则提出，他们的实际研究表明，牛奶实际上会加速成年人骨质的流失。最近，作为政府机构，美国联邦商务委员会为了保护消费者，减少不公平和误导性的市场行为，勒令美国国家乳制品委员会撤回关于牛奶能够预防骨质疏松症的广告。

先入为主的观念或假设也会影响专家对证据的解释。布兰登·梅菲尔德是俄勒冈州的一名律师，也是一名穆斯林，在波特兰被逮捕，原因是 2004 年 3 月 11 日西班牙马德里发生火车爆炸之后，他的指纹神秘地出现在了爆炸者使用的塑料袋上。虽然西班牙的执法部门对于该指纹是否属于梅菲尔德持有疑虑，但美国官方坚持认为"绝对符合，无可争议"。后来证实，该指纹属于一名在西班牙居住的阿尔及利亚人。美国司法部门由于受到先入为主观念的影响，错误地逮捕了梅菲尔德。

尽管我们说专家是可靠证据的有效来源，但是他们也可能会产生偏见或者曲解数据。因此，评估观点的能力至关重要，尤其是面对具有明显倾向性或者与其他专家的分析相冲突的观点时。

不充分的研究会导致大众对产品的误解。例如，广告商宣称牛奶可以强壮骨骼，而随后的研究证明事实并非如此。图片中的广告还包含了诉诸不恰当权威的谬误，因为奥运游泳冠军迈克尔·菲尔普斯并不是牛奶健康养生方面的专家。

联 系

如何判断一则科学新闻故事是准确的、严谨的？参见第 11 章。

科学家们如何设计实验以避免偏见的产生？参见第 12 章。

如何才能够识别出误导性广告并避免被欺骗？参见第 10 章。

评估某个观点的证据

对某种观点的证据所做的分析应当是准确、无偏见的，而且要尽可能的全面。可靠的证据应该与其他相关证据保持一致。此外，支持该观点的证据越充分，该观点就越可信（参见"独立思考：蕾切尔·卡逊，生物学家和作家"）。从批判性思维的观点来看，盲目地坚持缺乏证据支持的立场有百害而无一利。

有时，人们无法为某一观点找到可靠的证据，在这种情况下，就应该去寻找与观点相矛盾的证据。例如，一些无神论者反对上帝的存在，理由是世界上存在那么多的邪恶，这岂不是与上帝存在相矛盾？当存在反对某一观点的证据时，就有很好的理由去怀疑它。然而，如

独立思考

蕾切尔·卡逊，生物学家，作家

在约翰·霍普金斯大学拿到动物学硕士学位后，蕾切尔·卡逊（1907—1964）受雇于美国鱼类和野生动物管理署，成为了一名撰稿人。1951年她的著作《我们周围的海洋》(*The Sea Around Us*) 取得了巨大的成功，这使她可以离开自己的工作，专心致力于自己的人生目标：成为一名作家。

早在1945年的时候，她就已经开始为过度使用DDT等化学类杀虫剂感到忧虑。虽然之前已经有人试图提醒公众这些强力杀虫剂的危险性，但是作为一名专业和认真的研究者，她的名声以及智力上的好奇心，促成了她的成功。她开始调查现有的关于杀虫剂影响的研究。她的名声也使她得到了该领域内许多科学家的支持和专业上的帮助。

《寂寞的春天》于1962年出版，立即在社会上引起了巨大的反响。一些大型化学公司，包括孟山都和维尔思克开始对她进行猛烈的攻击，谴责她是个"歇斯底里的女人"，没有资格在这个问题上发表著述。即使面临对簿公堂的威胁，卡逊也没有退缩。因为她的研究结论证据充足，准确无误，反对者们无法在她的证据中找到漏洞。《寂寞的春天》这本书改变了美国的历史进程，开启了新的环境保护运动。

讨论问题

1. 回顾自己的经历，你是否曾经冒着激怒或疏远自己家人、老师或老板的风险，通过理性的论证，捍卫自己有可靠证据支持的立场。最终的结局如何？这么做是否值得？说明你的理由。
2. 蕾切尔·卡逊是一个人能够改变世界的典型例子。展望自己的未来，你能够在哪些方面利用自己的天赋和批判性思维技能使世界变得更美好？

> **联 系**
>
> 科学家们如何通过证据来检验假设？参见第 12 章。
>
> 新闻媒体如何增强了人们作为消费者的证实偏见？参见第 11 章。

果没有矛盾证据，应该保持开放的态度，认为该观点还是有可能正确的。

在评估某个观点时，人们需要提防**证实偏差**（confirmation bias）的出现。证实偏差是指人们倾向于寻找支持自己原来假设的证据，拒绝与自己观点相矛盾的证据。这种倾向如此强烈，以至于当出现一些与自己深信不疑的观点相矛盾的证据时，人们会忽视甚至曲解这些证据。在一项研究中，针对死刑是否应该废除，持支持和反对观点的人居然引用了同一项研究成果，即关于死刑是否能够起到威慑犯罪作用的研究，但是他们通过不同的解释以支持各自的观点。如果证据不能支持自己的观点，人们会将注意力集中到研究的缺陷上面，并质疑研究的有效性，在一些情况下，甚至会有意歪曲证据以支持自己的立场。政客也会挑选有利于自己立场的证据，阅读持有相同观点的文章，听取支持自己先前信念的证据。2002 年华盛顿的美国政策制定者们宣称，有确凿的证据证明伊拉克藏有大规模杀伤性武器，反映出的正是这种情况。相同的情况还会出现在一些新闻播报员和记者身上，他们对特定的事件有着坚定的信念，往往也会犯证实偏差的错误。

证实偏差也可能以其他的形式出现。例如当证据不支持自己的观点时，人们往往会对其进行更加严密的仔细检查。美国广播公司《今夜世界新闻》的主持人彼得·詹宁斯，介绍了一项"反驳"触摸疗法的研究。触摸疗法是一种在印度被广泛使用的治疗方法，治疗师利用自己手中的"能量"帮助病人纠正身体内的"能量场"。这项研究是由一名四年级学生艾米莉·罗莎作为科学课程的一项课题完成的。后来，一家权威医学期刊引用了这项研究。以该研究为基础，期刊编辑断定触摸疗法是无效的。因为该编辑本身就对非传统疗法有偏见，他将所有涉及触摸疗法的"研究"都看做低标准的证据，甚至是无效的。

由于人们习惯于犯证实偏差的错误，很多学术性科学期刊要求研究者同时呈现否定性的证据以及相关数据的反面解释。脑成像研究发现，当人们遇到肯定自己先前偏见的结论时，即使最终证明该结论是错误的，做决定的过程也伴随着愉悦的反应和快乐的情绪。作为批判性思维者，我们应该有意识地发展出一些策略，强迫自己仔细检查证据，尤其是那些肯定先前观点的证据，以质疑的眼光和开放的心态面对那些与自己的观点相矛盾的证据。

在评估证据时，对可靠性程度的要求取决于具体的情况。对行为的影响越大，对证据的可靠性和确定性提出的要求就应该越高。依照

> **联 系**
>
> 科学家们如何收集证据以检验他们的假设？参见第 12 章。
>
> 在法庭上，"证据的规则"是什么？参见第 13 章。
>
> 新闻媒体作为信息源的可靠性如何？参见第 11 章。

电影《达·芬奇密码》融合了历史真实事件与作者的虚构，由汤姆·汉克斯和奥黛丽·塔图主演。

法律，法庭在定罪时要求证据必须非常可靠，因为宣判一个无辜的人有罪的后果是非常严重的，必须尽力避免重蹈赖利一案的覆辙。当然对于生活中的小事，比如早上天气预报说今天可能有雨，这对出门带雨伞或雨衣的决定来说绝对是一个充足的理由。

研究资源

我们现在所处的这个时代，信息以惊人的速度增长。我们每天都会被报纸、电视、网络和其他媒体带来的海量信息所淹没。当使用来自媒体尤其是大众媒体的证据时，人们需要仔细考虑证据的来源以及是否存在偏见。

此外，一些文学作品，例如小说、诗歌，甚至一些社论，都不是基于事实而写的。例如，一些喜欢丹·布朗的惊悚小说《达·芬奇密码》的读者将小说中的叙述当成了事实和证据，认为抹大拉的玛丽亚是耶稣的妻子，即使这只是一部小说。布朗本人很快公开表明，虽然这部小说是以一些文献资料、宗教仪式、历史组织、艺术作品和建筑知识中确切的事实为基础的，但小说中的人物对这些事实的解释纯粹是推测和虚构。

对一些论点进行评估，包括辨别事实与虚构，需要良好的研究技巧以及收集、评估和综合相关证据的能力。研究中需要时刻保持开放的心智，仔细检查获取的信息，评估信息来源的可靠性，以及将所有信息提供的证据综合在一起并在此基础上得出结论的能力。

一个优秀的批判性思维者应当像科学家一样，在得出结论之前，要花费大量的时间收集信息和研究论点。在开始一项研究之前，试着与该研究领域的专家约定一次会谈，例如大学教师或外界专家。专家能够为你提供信息并向你推荐权威的书刊。会谈时不要依赖于你的记忆，而要做好准确的记录；如果对听到的话不确定，要当面重复以避免错误。图书馆员同样是很有价值的信息来源。他们不仅拥有丰富的资源知识，而且有些大学图书馆员拥有某些专业领域的博士学位。

词典和百科全书是开展研究的另一个好资源。专业的参考书籍常常包含大量的参考文献目录，能够提供很好的资料来源。这些目录既可以通过网络查询获得，也可以去图书馆的相关部门查阅。如果你开展的是时效性很强的研究项目，应确保查阅的参考文献来源是最新的。

图书目录对研究者来说是非常宝贵的，大多数图书目录可以在线获得。在网上目录或电脑中输入关键词就能够找到所研究的主题。在选取资源时，应核对其发表日期。如果图书馆中找不到需要的某本书或期刊，你可以通过馆际借阅来获得。

学术期刊中的文章都已经通过了同行专家的审阅。互联网极大地扩展了现代图书馆，大多数学术期刊都能在专业数据库中检索到，你可以在图书馆的主页上登入这些数据库。有时候你可以在网上直接下载到期刊论文的全文。要想获取更多的一般信息，《学术索引扩展版》（*Expanded Academic Index*）是一个很好的渠道。

政府公文也是非常可靠的信息来源，比如失业率和人口统计数据等信息。很多美国政府公文可以直接从网上的数据库中下载获得。输入网址 http://www.usa.gov/ 可以得到此类数据库的列表。

互联网提供了大量的信息。每周都有上百万新网页添加到互联网中。很多互联网站点是由著名的机构和个人发起的。然而，有些时候对网站中信息可靠性的甄别是非常困难的。

网站地址（URL，统一资源定位系统）的结尾处是顶级域名，能够帮助人们鉴别网站的可靠性。美国政府官方网站地址的结尾是顶级域名".gov"。如果结尾是顶级域名".edu"，则表示该网站的信息来源于美国的教育机构。这两种类型的网站一般都能够提供可靠和准确的信息。全球顶级域名".org"表明该站点属于私人或非营利机构，例如大赦国际和一些宗教团体，它可能来自于世界各地。这些站点的信息是否可靠，主要取决于网站主办者的声誉。全球顶级域名".com"表明该站点由商业机构主办，例如来自于美国或其他地方的公司或私人企业。在这些情况下，必须考虑公司提供信息的动机，例如该公司是否是出于广告的目的。最后一种顶级域名是国家代码，表明该网站的拥有者是在哪个国家注册的，例如".al"代表阿尔巴尼亚，".de"代表德国，".ke"代表肯尼亚。如果无法确定某一网站的可靠性，最好去咨询该领域相关的图书馆员或专家，进入最可靠的站点以获取信息。

在从事研究时，无论你正在使用何种资源，都应该做准确的记录或者对文章进行备份。为资料保留完整的引用信息以便日后进行参考，如果需要的话也可以引用。如果在发表研究时需要引用

联系

科学家们如何收集信息和证据？参见第12章。

互联网给人们的生活带来了哪些影响？参见第11章。

原文作为材料，应当使用引用标记，并在致谢中列出来源。如果某条信息并非大家所熟知，应当引用解释信息的来源。此外，记得对引用的所有的调查、数据和图片要标明来源和出处。

研究某种论点或议题需要人们具备分类整理和分析相关数据的能力。良好的研究能力也能够通过提供评估不同观点的工具和可以采取的行动方案，来帮助人们做出更好的决定。

思维中的认知和知觉错误

1938年10月30日晚上，一出关于火星人入侵地球的短剧通过广播向全美播出，该剧改编自赫伯特·乔治·威尔斯的小说《世界大战》。很多收听该节目的人认为外星人入侵地球是真实的。有些人甚至"闻到了"有毒的火星气体，"感觉到了"广播中描述的热射线。还有人声称看到了巨大的飞行器降落在了新泽西州，并燃起了战争的火焰。一位恐慌的听众甚至告诉警察自己在广播中听到了总统命令民众撤离的声音。

人们对周围世界的感知在受到社会影响时很容易出现偏离，就像在上述事件中，广播对火星人入侵事件的现场直播引发了大量的目击报告，但显而易见的是，这些现象并不存在。大多数人低估了认知因素和社会因素在我们感知和解释感官数据时起到的关键作用。虽然当理性偏离正轨时，传统观点总是将情绪作为导致问题的原因，但现代研究表明，人类思维的很多错误实际上来自神经学上的原因。本节

> **联系**
>
> 作为消费者，你如何避免被商家采用的认知和知觉错误所欺骗？参见第10章。

当根据小说《世界之战》改编的广播剧播出时，很多听众相信外星人入侵是真的。

分析图片

圣路易斯拱门 圣路易斯拱门坐落在美国密苏里州圣·路易斯市中心，由芬兰裔建筑学家埃罗·萨里恩设计，于1965年完工，在拱门顶端可以俯瞰密西西比河。虽然拱门的高度和底部宽度同为630英尺，这座优雅的悬链式建筑物却带给人一种拱门高度大于宽度的错觉。即使在被告知它的高度和宽度相同之后，我们仍然很难做出认知上的调整以纠正这一视觉上的错误。

讨论问题

1. 当被告知圣路易斯拱门的高度和宽度相同时，你的第一反应是什么？在你得知拱门尺寸后，它是否看起来与之前不同？与其他人分享你遇到的建筑学或其他方面的视错觉。
2. 去网站 http://www.michaelbach.de/ot/ 观看更多的视错觉。你认为这类视错觉是否是为了达到某些目的？如果是，目的何在？

就来介绍此类认知与知觉错误。

知觉错误

人类的心智并不像经验主义者所声称的那样，是一张白纸或者诸如照相机或摄像机之类的记录装置。相反，人类的大脑在构建世界的图景时更像一位艺术家。大脑会对感觉进行过滤，并基于我们的期望补充丢失的信息，就像《世界大战》广播事件中发生的那样。

一些持怀疑态度的人认为UFO目击事件是基于知觉错误，知觉错误中包括视觉假象（参见"分析图片：圣路易斯拱门"）。1969年，

联系

科学家利用什么工具，采用何种策略将知觉错误最小化？参见第12章。

一名空军国民警卫队的飞行员自认为觉察到一个中队的 UFO 在离自己飞机几百英尺的范围内活动。后来他描述这些不明飞行物拥有"光亮的铝"色,"形状像水上飞机"。但实际上,他看到的"UFO 中队"很可能是燃烧的流星在飞机附近解体。然而,虽然对大多数 UFO 目击事件都能够给出替代的解释,使得外星人存在的可能性大大降低,但是人们仍然不能肯定地得出结论,认为所有的目击事件都是知觉错误导致的。本章结尾将针对 UFO 是否存在进行深入探讨,参见"批判性思维之问:有关 UFO 是否存在的不同观点"。

人类的思维也可能会扭曲觉察到的事物。当一根直棒插入水中时看起来像折弯了。满月靠近地平线时会显得更大,美国宇航局将这种现象称为"月亮错觉"。

对随机数据的错误知觉

人类的大脑讨厌含义的缺失。因此,人们常常"看到"秩序或有意义的模式,但实际上并不存在。例如,当我们抬头仰望天空的云朵和无法解释的光线时,大脑总会将一些含义强加给这些随机的形状。当我们仰望月亮时,看到了一张"脸",即广为人知的月中人。最近出现了

分析图片

罗夏墨迹测验 在罗夏墨迹测验中,心理学家要求人们描述自己看到的墨迹,如上图所示。心理学家通过分析这些描述,了解一个人的动机和潜意识中存在的动力。

讨论问题

1. 从图片中的墨迹中你看到了什么?为什么你会看到自己做过的一些事?
2. 讨论罗夏墨迹测验怎样阐明了我们对随机数据强加秩序的倾向?

2005年卡特里娜飓风的雷达照片，照片中的一个物体看起来像"面向子宫左侧的婴儿"。

片涂上奶酪的吐司面包，据说看起来像圣母玛丽亚的形象，在易趣上的出价高达28 000美元。

此类错误中最著名的例子之一便是"火星运河"。1877年意大利天文学家乔瓦尼·夏帕雷利首先声称在火星上看到了水渠，之后很多天文学家一直相信火星上存在运河。直到1965年，美国的航天探测器"水手4号"飞近火星并拍下火星表面的照片。照片上没有发现任何运河。原来这些"运河"是在视错觉、人们对运河存在的期望以及大脑对随机图像强加秩序的倾向这三者的共同作用下产生的。由于大脑总是倾向于对出现的随机数据强加秩序，因此人们应当保持怀疑的态度，不要对看到的事物轻易下结论。

对随机数据的错误感知和证实偏差（按照肯定原有观点的方式解释数据）两种错误的结合可以通过下面这个例子加以说明。2005年卡特里娜飓风给新奥尔良市造成了灾难性的后果，一个自称为哥伦比亚生命基督徒的组织宣称，上帝之所以降下这股飓风，其目的是为了摧毁市内的五所堕胎诊所。他们的证据是一张飓风的雷达照片，他们声称照片中的飓风看起来就像是"怀孕早期子宫内面朝左侧（西方）的胎儿"。

压力，以及对周围事物的先入之见，能够影响人们的感知。我们有多少人在夜晚独自赶路的时候，看到一个人或一条狗站在阴影之中，最后却发现不过是树丛或其他东西？压力还会扭曲人们的记忆，使人们更容易受到操纵和诱导性问题的控制，就像在本章开篇所介绍的赖利案中发生的那样。

难忘事件错误

难忘事件错误（memorable-events error）指的是人们能够生动地记住重大事件的能力。科学家通过研究发现大脑中存在一些通道，这些通道会将日常生活中发生的寻常事件筛选出去，从而阻碍了大多数的长时记忆。

联系

为什么新闻报道增加了人们犯难忘事件错误的概率？参见第11章。

科学家采用什么方法和技术减少个人和社会偏见？参见第12章。

然而，当一些引人注目的事情发生时，这些削弱记忆的通道似乎就关闭了。例如，大多数美国人都能准确地回忆起2001年9月11日的早上自己身在何处，在做什么。然而，如果被问到两个月之前的一个普通工作日正在做什么，大多数人都无法回答，或者只能回忆出那天发生的一些特殊事件。

接下来再看另外一个例子，媒体总会报道飞机坠毁和人员伤亡事故，而对车祸伤亡事故却视若无睹。然而，若以每公里来计算，飞行出行的安全性要远高于汽车。人们在车祸中丧生的可能性是飞机事故的16倍。事实上，交通事故是导致15岁至44岁人群死亡和残疾的主要原因之一。难忘事件错误对人们思维的影响如此之强，以至于即便被告知这一组数据，很多人仍然在乘飞机时比乘坐汽车更紧张。

难忘事件错误有时会与证实偏差结合在一起，此时人们倾向于记住肯定自己信念的事件，而忘记与其信念相左的事件。在美国，有一种观念非常流行："死亡也会休假"，临终的病人总能将死期推迟到重大的节日或生日之后。实际上，这种观念仅仅反映了人们的主观愿望，只是基于轶事证据，因为人们只能记住那些"等"到大寿或重要节日之后死亡的例子。通过分析死于癌症的一百多万人的死亡证明，生物统计学家唐·杨和艾因·海德发现，并没有证据表明重大节日或重要事件之前死亡率有明显的下降。个人与社会信念如此强烈，甚至当经验证据在逻辑上根本站不住脚的时候也是如此。当杨和海德的结果发表后，两人收到了很多表达愤怒的电子邮件，指责他们带走了人们的希望。

概率错误

一个班级里有两名同学同月同日生的概率是多少？大多数人可能会认为这个概率会非常低。当人们错误地估计了某事件发生的概率，并与实际概率相差很大时，就犯了**概率错误**（probability error）。实际上，一个拥有

根据统计，死于车祸的概率要远远大于飞机坠毁，但大多数人还是更害怕乘坐飞机。

第4章｜知识、证据与思维中的错误

行动中的批判性思维

精神食粮：知觉与超大食物分量

肥胖正成为大学校园里的流行病。超大分量的薯片、汉堡和苏打饮料等垃圾食品应该为这种趋势负有一定的责任。超大分量的食物果真会造就超重的人吗？或者仅仅是天花乱坠的炒作，如此人们就能够将体重超标的责任推卸给乐事薯片和麦当劳汉堡？

实际上，大量研究表明，降低食物的分量确实有助于减轻人们的体重，这其实是利用了一种知觉错误。食欲并非仅仅与饥饿的生理状态有关，还涉及知觉因素，那便是对放在眼前的食物的视觉感受。当桌面上和盘子里盛满食物时，大多数人都会吃得更多。

人类并非是会犯这种错误的惟一物种。研究者将一堆 100 克的小麦放到一只母鸡面前，它会吃掉 50 克剩下 50 克。然而，如果研究者将 200 克小麦放到一只相同饥饿状态下的母鸡面前时，它会吃掉 83~108 克小麦，大约也是眼前食物的一半，与前一只母鸡相比明显吃得更多。此外，如果放到母鸡面前的是全谷粒大米，而不是只有全谷粒大米 1/4 大小的碎米，那么它吃下的分量可能是吃碎米时的两到三倍。

换句话说，通过减小分量的大小，或者将食物分成若干份，大脑可能在你吃下更少的食物时便感到饱了。

讨论问题

1. 许多学生在大学一年级时体重会明显增加，这种现象被称为恐怖的"新生 15 磅（freshman-15）"。批判性地评估大学里的生活环境，想一下有哪些因素对良好的饮食习惯起到了促进或妨碍作用。列出能够改善生活习惯的建议。亲自执行其中一条建议，并将列出的清单传授给需要做出改变的人。
2. 审视自己的饮食习惯。讨论对自己思维过程的良好意识能为保持健康的饮食习惯带来什么样的帮助。

---

23 名学生的班级，其中有两名同学生日相同的概率大约是 50%。如果班级人数更多，此项概率还会更高。

人类确定概率的能力要比想象中低得多。人们总是倾向于认为巧合的发生一定有异乎寻常的原因，而实际上它们是符合概率的。例如，你想起了一位一年多都没有见过面的朋友，而恰巧这时电话铃响了，电话那头正好是这位朋友。难道你俩之间有心灵感应吗？或者只是一次巧合？在过去的一年里，你可能有几百次甚至上千次想起这位朋友却没有接到电话，但是这些都被你忘记了，因为没有难忘的事情发生。考虑到每年包含 105 120 个五分钟，每个五分钟里你都可能想起你的朋友，在一年中那么多五分钟里接到一次电话实在算不上不寻常的事件。

概率错误中最令人难以捉摸的形式便是**赌徒谬误**（gambler's error），这种错误是指认为先前发生的事件会对本次随机事件的发生概率产生影响。对大多数人来说，无论是上网打牌、玩老虎机、二十一点或是购买彩票，赌博只是一种放松的消遣方式。但对一些嗜赌成性的人

赌徒谬误和赌博成瘾都是基于对概率的随机本质的错误理解。

来说,赌博占据了他们生活的全部。根据美国心理科学协会的统计,成年人群中有1.2%的人是病态赌徒,还有至少2.8%的人是问题赌徒。为什么有的人能够与赌博保持距离,而有的人却很容易沉迷其中而无法自拔呢?

研究表明,赌博成瘾的主要原因是基于概率问题的认知错误。在一项研究中,要求参与者在赌博的同时出声思考。参与者表达出来的观点中有70%是基于错误的想法,例如:"机器也该往外吐钱了,不继续玩就亏了";"这是我的幸运发牌员";"今天真是我的幸运日,手气不错";"也该轮到我赢一把了"。这些陈述无一例外地暴露出赌徒根本没有认识到概率的随机性。

当有人对这些表述进行质疑时,赌性较轻的人立即意识到自己的观点是错误的。这些人能够利用日常积累的证据批判地评估和修正自己的知觉。与之相反,问题赌徒处理证据的过程完全不同。他们认为,有时自己能够说出和解释偶然的、随机的赢利,这使他们更加确定

> 根据美国心理科学协会的统计,成年人群中有 **1.2%** 的人是病态赌徒,还有至少 **2.8%** 的人是问题赌徒。

能够预测和控制赌局的结果。如何拯救这些问题赌徒?只有努力去改善他们的批判性思维能力。临床医生希望赌徒能够逐渐意识到自己的错误知觉和坚持错误观念的原因,从而戒掉赌瘾。

自我服务偏差

有几种自我服务偏差和错误会阻碍人们思考和了解真相,包括:

- 错误地认为一切都在控制之中
- 与别人比较时,高估自己的倾向
- 夸大自身优势和低估自身弱点的倾向

人们总倾向于认为一切都在自己的掌控之中,而实际上事件本身已远超出了自己的控制范围。"我就知道

2010年5月墨西哥湾原油泄漏事故之后，英国石油公司产生了自我服务偏差，大大低估了从损坏的油井泄漏到海湾中的原油量。英国石油公司还高估了自身控制局面的能力，以及阻止原油泄漏和在没有外界帮助下清除泄漏石油的能力。

"今天会下雨，"你发牢骚道，"但我却没带伞。" 2004年，美国彩票强力球的累积奖金已经达到了1.16亿美元。当时我正在一所小超市排队购物，偶然听到了排在我前面的两个人在交谈，他们正准备购买彩票。

路人甲："你准备怎么买？是买你自己的号码还是买电脑随机生成的号码？"

路人乙："当然是用自己的号码。这样赢的机会更大。"

批判性思维能力不强的人在这种情形下可能会不止一次犯下类似的错误而深受其害。在这个案例中，对自己控制能力的估计错误与我们之前讨论的概率错误结合在了一起。虽然逻辑上人们都知道彩票号码是随机生成的，但仍然很多人相信使用自己精心选择的号码，尤其是自己的"幸运号码"能够增加中奖的可能性。实际上，80%的中奖者购买的是电脑随机生成的号码，而不是自己选择的所谓的幸运号码。

错误地认为自己能够控制随机事件也会最终演变为迷信行为，例如参加重大比赛时穿上自己的幸运衫，考试时带上自己的幸运护身符。在比赛之前，大多数大学运动员或专业运动员都会习惯性地做一些迷信行为，例如吃一条士力架巧克力棒，使用特定颜色的鞋带或发带。一些棒球运动员为了打破低潮期或者保持击球率居然会抱着球棒睡觉。在某种程度上，相信自己能够掌控比赛的信念也能增强取得成功的信心。实际上，人们发现，比赛前做一些自己信奉的仪式确实能够帮助选手保持平和的心态。

尽管如此，如果生活中相信自己能够掌控局势的信念太强，反而会扭曲人们的思维从而做出错误的决定。美国在1972年遭受安德鲁飓风以及2005年遭受卡特里娜飓风袭击时，几千人未能提前从受灾地区撤离出来。虽然很多人是由于缺乏交通工具无法逃离，但还有一些人迟迟没有撤出是因为他们认为形势还在控制之中，自己能够在风暴来临前及时逃离。结果数百人丧生。

如果这种错误走向极端，可以用人们经常听到的谚语来形容，"有志者事竟成"。这句话的含义是，只要人们愿望足够强烈，便能够掌控一切。心灵自助的精神导师们更是因为投合这种自我服务偏差而赚得盆满钵满。朗达·拜恩在她最叫卖的书《秘密》（2006年出版）中声称发现了幸福的秘密，并称之为"吸引力法则"。根据拜恩的说法，我们每个人都能够完全控制生活中的一切。如果拥有积极的心态，你就像一块磁铁，能够吸引任何你想得到的东西，不管是一个停车位、一百万美元、性感的身材还是从癌症中康复。惟一的缺点是，如果没有成功得到想要的，我们只能去责怪自己，责怪自己的想法还不够积极。

在根本无力掌握局势的情况下，相信自己能够控制全局的强烈信念可能会带来莫名其妙的内疚感，甚至会导致创伤后应激综合征。性虐待、家庭暴力、挚爱的人死亡，尤其是死于事故或自杀，这些特殊事件的发生常常会导致人们的精神受到创伤。在创伤事件中存活下来的人常常认为自己本来应该能够想到，并努力去避免这些事情的发生。实际情况是，人们对这些事情确实无能为力，但却仍然认为自己能够控制形势，这种错误想法是导致人们停留在虐待关系中的原因，认为自己对虐待也负有责任。家庭暴力的受害者往往陷入"只要……就好"的想法，相信只要自己能够做出行为上的改变，虐待就不会再发生。而实际上，需要为虐待行为负责的只有施虐者本人。

虽然抑郁症受遗传、生理和环境等各方面因素的影响，但是认为自己应当控制生活的信念也是抑郁症的重要诱因（参见"行动中的批判性思维：非理性信念与抑郁症"）。患抑郁症的病人可能坚持非理性的信念，这种信念便是生活只有两种选项，不是绝对地控制生活，就是完全失去控制。因为感觉缺少对生活的控制，抑郁症患者往往把自己的不幸与悲伤归因于他人的行为。这种消极行为的副作用便是与周围的人逐渐疏远，从而强化了抑郁症患者心中常出现的第二种非理性信念，认为自己毫无价值，不讨人喜欢。因此，他们这种扭曲的期望导致了自我实现的预言，这也是一种认知错误。我们在下一节将对这一概念进行介绍。

第二种自我服务偏差是在与别人比较时过高地估计自己。与他人相处时，大多数人都认为自己处于平均水平之上。显而易见，不可能大多数人都处于平均水平之上，但是这种自我服务偏差能够增强人们的自尊和自信。然而，如果人们忽视这种偏见也可能会出现问题，导致人们拒绝为自己的缺点承担责任。美国皮尤调查中心的一项调查发现，90%的美国人同意大多数美国人体重超标，但是只有39%的美国人认为自己的体重超标，而实际的调查数据是70%的美国人体重超标。显然，实际的体重超标情况与人们对自己体重的估计之间出现了明显的差异。

> **你知道吗？**
>
> 自我服务偏差可能会发生在职场。当办公室雇员在调查中被问到"你是否在工作场所曾遭受过他人的背后中伤、粗鲁或无礼对待？"89%的受访者回答"是"。

自我服务偏差的另外一个例子是，大多数人在成功时将功劳归因于个人，但失败时将责任归咎于外部因素。大学生通常将好成绩归功于个人因素——聪明、快速理解能力和良好的学习技巧。相反，成绩不好时他们常常归因于不受控制的外部因素，例如老师判分不公平，考试那天有点感冒。与此类似的是，当涉及减肥这个问题时，很多人都认为减肥失败的主要原因是新陈代谢的速度太慢，而不是自己的生活方式或其他自己能够控制的因素。然而，当体重超标的人减肥成功时，很少人会将成功归因于活跃的新陈代谢，而是归功于自己坚强的意志和明智的选择。

这种自我服务偏差也可能发生在职场。当办公室雇员在调查中被问到"你是否在工作场所曾遭受过他人的背后中伤、粗鲁或无礼对待？"89%的受访者回答"是"。然而，当回答同一项调查中的另一个问题时，99%的人认为"他们从来没有对同事无礼或引起一场冲突"。换句话说，在别人做出令人不愉快的行为时，大多数人会立刻抱怨，但却很少有人去想自己的行为也可能是同事之间发生冲突的原因。

《错不在我：人们为什么会为自己的愚蠢看法、糟糕决策和伤害性行为辩护》这本书由社会心理学家卡罗尔·塔夫里斯和艾略特·阿伦森共同撰写。书中提到，认识到自我形象与

行动中的批判性思维

非理性信念与抑郁症

阿尔伯特·艾利斯（1913— ）是理性情绪行为疗法的创始人。他认为，非理性想法是导致个体抑郁、愤怒、能力不足感和自我憎恨的主要原因。这些非理性的信念包括：

- "我必须特别优秀，否则就会毫无价值。"
- "别人必须对我体贴周到，否则就是差劲至极。"
- "世界应当给予我幸福，否则我会死去。"
- "事情必须在我的绝对控制之中，否则我便不能享受生活。"
- "因为一些事情曾经对我的生活造成了强烈的影响，这些事情会永久地影响我的生活。"

根据艾利斯的说法，抑郁症患者感到悲伤的原因是，即使他们有能力和正常人表现得一样好，但他们还是错误地认为自己能力不足，被人抛弃。这种疗法的目的是反驳这些非理性信念，让积极、理性的信念取而代之。为了达到这个目的，治疗师会提出类似下面的问题：

- 这种信念有证据支持吗？
- 与这种信念相反的证据是什么？
- 如果你放弃这种信念，最坏的结果是什么？
- 最好的结果是什么？

为了帮助病人改变非理性的信念，治疗师们还会采用其他方法，例如同理心训练、自信心训练以及鼓励病人发展自我管理策略。

讨论问题

1. 讨论哪些认知错误会促使非理性信念的产生。列出其他基于认知错误的非理性信念。
2. 你是否有一些非理性信念，它们妨碍了人生目标的实现？如果有的话，有哪些？

参见 Albert Ellis, *The Essence of Rational Emotive Behavior Therapy*. Ph.D. dissertation, revised, May 1994.

实际行为之间的差异会引起认知失调与心情不愉快。为了减少这种不愉快并维持心目中良好的自我形象，人们会本能地矢口否认自己的行为，或者因为自己的缺点而去责备别人，从而将这种差异减少到最小。然而，这种合理化行为会妨碍人们意识到自己根深蒂固的错误看法和行为并做出改正。作为批判性思维者，人们需要积极地处理这种认知失调带来的不愉快，并努力克服对自身的错误看法。

第三种自我服务偏差是人们倾向于夸大自己的优点并给予较高的评价，但对自己的弱点却估计不足或视而不见。人们倾向于将自己拥有的个性或能力放到比较重要的位置，例如幽默感、智力和吃苦耐劳等，却贬低自己缺乏或欠缺的能力。在一项针对智力天赋很高但学习成绩一般的男学生的调查中，这些学生非常轻视学习的重要性，反而重视其他的兴趣爱好。意识到自己拥有对生活而言至关重要的个性和能力，能够增加自身的价值感并更容易达成人生目标。然而，这种倾向也会导致过分自信，拒绝寻求他人的合作，或对他人的技能漠然视之。

医生过度自信和过快做出结论已经被认为是错误诊断的关键因素。根据美国科学院医学研究所提供的数据，美国每年由医疗错误导致死亡的人数大约为 44 000 至 98 000 人。而在所有医疗错误中，诊断错误造成的病人死亡率最高。美国医学会建议，医科学校应该更加重视这些内在的认知错误，例如会造成诊断错误的证实偏差和自我服务偏差，并且应该开设有关批判性思维技巧与策略的课程以消除这些偏差。作为批判性思维者，除非人们愿意对自己做出坦诚的评价，否则不可能采取有效的措施去提升自我和克服缺点。

> 根据美国科学院医学研究所提供的数据，美国每年由医疗错误导致死亡的人数大约为 44 000 至 98 000 人。

自我实现预言

自我实现预言是指人们夸大或扭曲的期望会影响自身的行为，而这种行为促使了预期事件的发生。对世界的不同看法会使人们对他人和形势产生不同的期望。这种认知捷径为人们理解周围世界提供了省时省力的方法。如果期望符合实际，人们做决策的效率便会大大提高，因为不需要去审视所有的证据和条件。然而，这种认知捷径也可能会使人们过分简单地看待事物的本质，从而导致错误的发生。

期望会对人们的行为造成深远的影响。20 世纪 30 年代初期，世界经济进入了大萧条时期，此时银行即将破产的传言使整个社会陷入了恐慌，人们争相冲入银行以便在其倒闭之前取出存款。这一事件导致大量银行破产。因为银行必须将大量用户的存款用于投资而不是存放在保险库里，人们疯狂取款的行为引发了银行体系的崩溃，而这正是人们所恐惧的事情。

下面介绍另外一个自我实现预言的例子。比如，一名文学教授的班上有一个足球运动员，而且还是明星。按照这位教授对大学运动员的（错误）期望，她猜测这位运动员并非真的喜欢这门课程，选修这门课程的原因是大家都认为这门课程比较简单。基于这种想法，她有意降低了对这名运动员的要求，没有给予他任何鼓励，也没有努力让他融入到课堂讨论中来。这位教授认为自己这么做只是不想让这位运动员陷入难堪。

为了维持自己的期望，人们会朝着自己期望的方向来解释模棱两可的数据。例如，我们的这位足球明星在课堂上表现得非常安静和专心。这位教授认为他是在全神贯注地考虑即将到来的比赛，而实际上他是在仔细品味课堂上正在讨论的诗歌。这位足球明星起初对文学和这门课非常感兴趣，而且高中阶段就已经在校报上发表了好几篇诗歌。但是很快他开始对这门课失去兴趣，课程结束时，成绩也仅仅是中等。

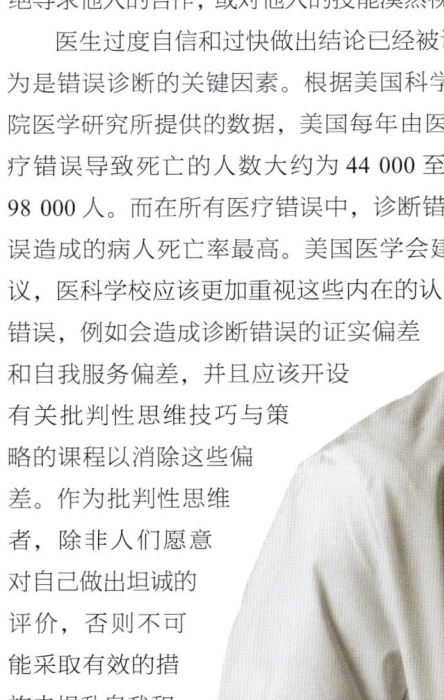

大萧条时期,恐慌的人群正聚集在联邦银行门口等待取款。类似的现象也发生在 2008 年,由于担心股市崩盘,人们纷纷抛售股票,结果导致股市大跌。

因此,这位教授错误的期望最终成真,也成为了一个自我实现的预言。很明显,维持我们的期望可能会给别人带来损失。

人类天生容易犯下多种认知与知觉错误,包括视错觉、对随机数据的错误知觉、难忘事件错误、概率错误、自我服务偏差以及自我实现预言等。由于这些错误是人类大脑解释世界的方式之一,所以有时人们并不能意识到它们对思维产生的影响。提高自己的批判性思维能力可以帮助人们更好地认识这些错误倾向,并在需要的时候做出调整。

社会错误与社会偏见

人类是一种高度社会化的动物。正因为这一特点,社会规范和文化期望对人类感知世界的方式产生了强烈的影响,这种影响是如此之大,以至处于群体中的人感知世界的方式与单独一个人时完全不同。群体会使人们收集与解释证据的过程发生系统性的改变。

第 1 章曾提到,种族主义是一种认为自己的群体或文化比其他群体更优越的不合理信念,这种信念也会使人们的思维产生偏差,成为批判性思维的障碍。

"非我即他"错误

人类的大脑似乎已经被设定好将人们分为"我们中的一个"或"他们中的一个"。人们总是倾向于尊重与自己相似的人,而猜疑与自己存在差异的人,不论这些差异是来自种族、性别和宗教,还是政党、年龄和国籍。虽然大多数人都声称信奉众生平等,然而在美国的文化中,诸如同性恋法官、女性医生、拉美裔参议员以及唐氏症儿童等一些修饰词的使用已经暴露了人们内心深处的看法,那便是任何与标准有差异的事物都应加以特殊化。为什么美国人在日常生活中很少使用下列措词呢?异性恋法官、男性医生、欧裔参议员、健全儿童……

偏见会影响我们的行为和观察世界的方式,而这种影响我们自身可能根本没有意识到。在哈佛大学的一项研究中,研究对象被要求快速地将一些褒义或贬义的形容词与一些白人或黑人的面孔联系到一起。虽然参与者都声称自己没有种族歧视,但是十分之七的白种人"不自觉地表现出对白人的偏爱"。

人们太容易陷入到"我们对他们"的思维模式中,尤其是在感受到威胁时。1994 年,卢旺达的胡图族政府煽动起胡图族人对图西族的仇恨与恐惧,造成了对图西族人持续 3 个月的大屠杀。在这场屠杀中,邻居杀死邻居,学生杀死同学,医生杀死医生。仅仅因为图西族"非我族类",甚至连牧师都开始屠杀教众中的图西人。这场屠杀最终造成了一百多万人惨死。

大多数发生在不同文化群体之间的冲突暴力事件都源于"非我即他"错误。

这种错误也会导致人们在遇到问题时迅速两极分化为两个阵营。不管是"右翼保守势力"还是"老好人",只要是"他们",都是不合理的;与他们争论任何问题都毫无意义。相反,我们的群体占据着道义的绝对制高点。没有中间地带。在 2008 年总统选举中,美国人迅速将整个国家分裂为两大对立阵营:红色的州是共和党阵营,蓝色的州是民主党阵营,自己阵营中的人都是"正义"与"善良"的,对方阵营中的人全是"错误"与"邪恶"的。

根据哈佛大学社会心理学家马扎林·贝纳吉的理论,如果人们想要克服这种社会错误,需要时刻在思维中对此保持有意识的警觉,并建立坚固的防线。作为批判性思维者,为了将这种错误减到最少,我们首先应该批判性地评估当前的形势,然后寻找一种更加直接的、更加包容的与他人建立联系的基础,例如我们住在同一间宿舍,我们就读于同一所学校,我们都是美国人,我们都是人类,从而有意识地改变头脑中的旧观点,为到底应该把谁视为"我们"提出全新的、更加合理的定义。此外,人们还需要有意识地做出努力,即使是面对那些起初坚信是错误的观点,也能保持多元的视角。

联系

如果你是一名陪审员,认知错误与社会错误会怎样扭曲你对证据的分析?参见第 13 章。

社会期望

19 世纪末 20 世纪初,科学技术取得了突破性的进展,人们不断期待着新的发明和革命性的技术出现。1909 年 12 月 13 日,在莱特兄弟史诗般的飞行过后的第六年,《波士顿先驱报》对当地商人华莱士·蒂林哈斯特发明的一艘新飞艇进行了报导。在随后的几周时间里,新英格兰到纽约地区出现了几百名目击者,这些目击者包括警察、法官和商人,都声称看到了在空中飞行的飞艇。这些报道出来的目击事件又导致大量的记者开始搜寻飞

红色州对蓝色州

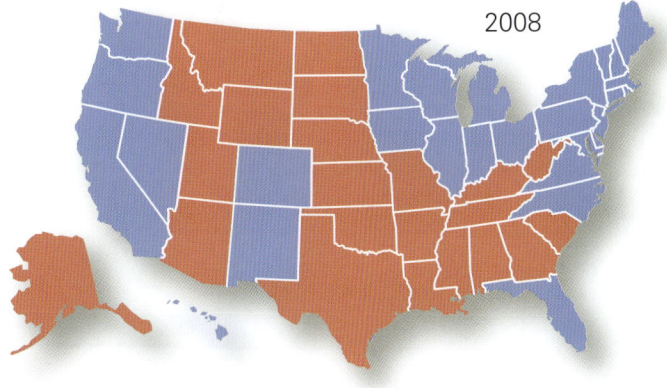

2008

第 4 章 | 知识、证据与思维中的错误 • 107

艇的踪迹。直到故事的真相揭晓，这不过是蒂林哈斯特一手导演的恶作剧，搜寻活动才宣告结束。

社会期望的影响力如此之大，甚至会导致集体错觉，所有人都在试图使证据符合自己的文化世界观。有时，这些社会错误甚至会成为一种制度。一味地按照社会期望行动，不进行批判的分析，会带来可怕的后果。塞勒姆巫术恐慌的根本原因正是16世纪和17世纪的社会期望。生活在21世纪的人们可能认为猎巫者是狂热的极端分子。然而，他们的行事方式仅仅是与当时的主流宗教世界观以及那个时代的社会期望保持一致，当时某些不幸事件的发生，比如农作物歉收、瘟疫横行、人口死亡等，这些都被解释为魔鬼和它在人世间的使者——巫师在作祟。

在本章开篇，我们曾经介绍过彼得·赖利一案，案件中负责审讯赖利的警察采用诱导性问题获取了赖利的"供词"，这些警察之所以会这么做，他们的社会期望也起到了一定的作用。赖利的母亲是一位精神虐待狂。社会上一般认为遭到父母虐待的受害者往往具有暴力倾向，报复心强，尽管实际研究已经证明事实并非如此。家庭暴力的直接受害者往往不会发展出暴力倾向，而那些目睹家庭暴力实施的孩子才最危险，因为他们已经将暴力看做一种正常现象。此外，这种残忍的谋杀案常常是由内部家庭成员实施的。因此，警察基于自己的期望，草率地就得出结论，肯定是赖利杀害了自己的母亲。

刻板印象是另一种类型的社会偏见，指的是由于某个人属于某类社会群体，从而对该群体的社会期望便会被强加到此人身上。在第2章中，我们曾经提到一项研究，研究者向学生展示了一张图片，图片中是一名黑人正在乘地铁，旁边是一名手持剃刀的白人。后来研究者要求学生回忆这幅图片时，竟然有一半的人认为手持剃刀的是那名黑人。2001年"9·11"事件发生以后，一些乘客因为乘坐同一架飞机的人中有一名阿拉伯裔人而拒绝登机，这也是一种典型的刻板印象。

群体压力与服从

从第1章介绍的斯坦福监狱实验中我们可以看到，群体压力会促使个体成员采取某些立场，而这些立场单靠他们自己是无法支持的。一些宗教邪教组织正是充分利用了人们的这一倾向，他们将宗教成员从家人和朋友中分离出来，避免其受到反对意见的影响。在很多邪教组织中，组织成员吃在一起，住在一起，甚至为每个人指派一个兄弟。

群体压力的影响力非常大，它会改变人们看待世界的方式，甚至导致人们对已经摆在眼前的证据视而不见。20世纪50年代，美国的社会心理学家所罗门·阿施开展了一系列关于从众心理的实验。在实验中，他向参加实验的大学生展示一个屏幕，屏幕左侧是一条标准长度的线段，右侧有三条对比线段。其中有一条线段与标准线段等长，另外两条线段的长度与标准线段有明显的差异。在每次实验中，一名不知内情的被试加入到一个由6名实验者的同谋组成的小组，实验者让这6名同谋在实验中给出错误的答案。实验开始后，实验者向小组呈现线段，并问

塞勒姆猎巫事件发生在17世纪末的马萨诸塞州，一些无辜的人——巫师——被认为是引起社会紊乱的罪魁祸首而被逮捕、审判甚至处死。

其中一名同谋右侧三条线段中哪条线段与标准线段一样长。这名同谋毫不犹豫地给出了错误的答案，接着其他几名同谋也相继给出了相同的答案。现在，这名不知情的被试开始表现出茫然不解甚至是惊愕。怎么可能6个人都错了呢？

在听到6个"错误"答案之后，75%的真被试选择了屈服于群体压力，给出了错误的答案，却没有相信自己思考的证据。更令人感到惊奇的是，当实验结束后再次询问这些真正的被试时，竟然已经有一些人真的相信错误的答案是正确的了。奥威尔在小说《一九八四》中曾经提醒人们，如果一个社会的媒体被当权者牢牢控制，生活在其中的人们很容易被操纵，甚至相信"二加二等于五"，那么这个社会就危险了。阿施实验为这个警示提供了生动的证据。

人们寻求与他人一致的渴望是正常的。然而，这种渴望常常与我们将世界分为"我们"和"他们"的内在倾向结合在一起，从而导致与多数人意见不一致的人遭到排斥。此外，人们更喜欢周围是与自己意见一致的人。在公司或企业中，与主流观点不一致常常给人带来不言而喻的沮丧。与群体成员拥有对立观点的"异类"或不墨守成规的人可能会被上级领导排除在下一步的工作之外，甚至会被开除。

因为我们具有顺应他人想法的内在倾向，所以在了解一致性意见以何种方式和条件达成之前，人们无法确定其一定是正确的。实际上，现在人们在做决策时，强调应达成群体一致并不可靠。在达成一致的过程中，群体中的多数常常能够影响整个群体均认同他们的观点。

考虑到思维中的其他错误，我们需要找到有效的策略以识别和消除人类服从群体思维的倾向。例如，在滑冰和跳水比赛中，运动员的成绩是由裁判主观决定的，由于担心裁判在打分时受到其他裁判的影响，所以打分由个人独立完成，而不是群体决策。如果我们一开始在群体决策中发现了群体思维，我们需要在思维上跳出这个群体，仔细评估某一立场的证据，决不能认为被多数人认同的观点就一定是正确的。

责任分散

责任分散（diffusion of responsibility）是发生在人数超过临界数量的群体中的一种社会现象。如果责任没有明确地指派给每个人，人们往往倾向于认为"这不关我的事"或"这是其他人的事"。例如，与我们在人群中时相比，当只有我们一个人在场时，更可能给予他人帮助。

这种现象也被称为"旁观者冷漠"或"基蒂·基诺维斯综合征"。1964年，在美国纽约的一所公寓外，一名28岁的年轻女子基蒂·基诺维斯被杀害。罪犯看到公寓里的人打开灯后离开了两次，直到他第三次回来才将她杀害。事情的发生前后经历了整整30分钟，但是其间听到基诺维斯呼救的38个邻居中没有一个人报警。近期还发生了一起类似的事件，2008年6月，在康涅狄格州哈特福德市的一条繁忙街道上，一辆汽车在撞了一位中年男子后逃之夭夭。这名男子躺在街上，头破血流，动弹不得，周围站着一些围观的人但却没人上前救助。来来往往的汽车从他身旁驶过却没有一辆停下来。最后救护车赶到之前没有一个人

阿施实验 在阿施实验中，当其他人给出明显错误的答案时，不明内情的被试（左）表现出茫然不解。

讨论问题

1. 你认为图中这名不知情的被试正在想什么？
2. 回忆自己有没有与这名被试相似的经历，你认为自己是正确的，但周围人的想法与你都不一样。对于自己与他人的观念之间的差异，你是如何反应的？

分析图片

2008年6月，在美国康涅狄格州哈特福德市的一条繁忙街道上，一名男子被汽车撞成重伤，肇事司机逃之夭夭，而伤者躺在路上动弹不得，无人上前帮助，这正是"责任分散"现象的典型写照。受害者安吉尔·托里斯之后不治身亡。

施以援手。在大学生联谊会中，责任分散也时常发生，造成没有人去拯救一个处在危难之中的同胞。

作为社会性的存在，人们很容易犯"非我即他"错误，并受到社会期望和群体一致的影响。人们处在群体环境中时，常常认为一些没有明确指派给自己的事情与自己无关。虽然这些特质有可能促进群体的凝聚力，但却会妨碍有效的批判性思维能力。作为优秀的批判性思维者，人们需要随时对这些倾向保持警惕，并培养独立思考的能力，同时还要考虑其他人的观点。

再想一想

1. 知识的来源有哪些？
   - 知识的来源包括理性和经验两部分。经验包括直接经验与间接经验、专家证词以及研究资源，例如纸质材料和互联网。
2. 经验会带来哪些形式的误导？
   - 经验可能会被错误记忆、证实偏差以及依赖传闻与轶事证据所歪曲，也会受到人类思维中的知觉、认知和社会错误的影响。
3. 人类的思维中存在哪些类型的认知和社会错误？
   - 认知和社会错误是大脑解释世界的方式的一部分，包括对随机数据的错误知觉、难忘事件错误、概率错误、自我服务偏差、自我实现预言、非我即他错误、社会期望、群体压力与服从以及责任分散。

关于 UFO（不明飞行物）是否存在的不同观点

  自古以来，历史上就有很多关于天空中无法解释的现象的记载。然而，直到 20 世纪 40 年代末，美国新墨西哥州罗斯威尔发生了著名的"飞碟坠毁"事件之后，有关 UFO 的报告才如雨后春笋般的出现。显而易见的是，正是追求轰动效应的媒体报道促使了更多 UFO 目击事件的出现，1909 年《波士顿先驱报》上一则关于发明新型飞行器的报道，导致了数百起对根本不存在的飞船目击事件。

  1948 年，美国空军开始记录 UFO 目击事件，这是蓝皮书计划的一部分。截至 1969 年，蓝皮书计划已经收录了 12618 起 UFO 目击事件，其中 90% 的 UFO 目击事件被证实只是天文或天气现象、飞机、气球、探照灯、高温废气和其他自然现象，而其余 10% 则无从考证。1968 年，美国空军授权科罗拉多大学教授爱德华·肯顿开展了一项研究，研究最终得出结论，根本没有证明 UFO 存在的任何证据，与其相关的科研工作应该立即中止。正是由于该研究结果，蓝皮书计划也得以中止。

  尽管官方已经就 UFO 根本不存在这一事实达成一致意见，但是 2002 年进行的一项罗珀民意调查显示，仍然有大约超过一半的美国和加拿大人相信 UFO 的存在，其中 30 岁以下的年轻人相信 UFO 存在的比例最高。调查还发现，很多美国人认为美国政府对民众隐瞒了有关 UFO 和外星生命形式存在的信息。

  下面是三位科学家的文章，分别来自于爱德华·肯顿、J. 艾伦·海尼克和罗伊斯顿·佩因特，包括肯顿在内的大多数科学家都认为 UFO 并不存在。这些科学家认为，UFO 现象都可以用科学进行解释，包括陨石、气球、幻觉以及人类思维中的知觉与社会错误。也有一部分科学家，比如海尼克，认为目击事件中确实有很少一部分人看到的是真正的外星飞行器。当然，还有以佩因特为代表的一些科学家在怀疑的同时，认为 UFO 的存在也有一定的可能性，所以仍然有必要对 UFO 现象继续进行研究。

针对不明飞行物的科学研究

爱德华·肯顿

> 爱德华·肯顿（1902—1974）是来自科罗拉多大学的一位物理学家。这篇报告非常著名，人们一般将其称为《肯顿报告》，是由美国空军资助完成的。以下内容摘录自该篇报告中的"结论与建议"部分。登录网址 http://www.ncas.org/condon/text/contents.htm 可以查阅本报告的全文。

正如标题所示，本研究的主要目的是力图从 UFO 报告中找到任何对科学研究有价值的内容。一般结论是，在过去的 21 年中，针对 UFO 的研究没有得到任何能够对科学发展做出贡献的成果。对于现有的记录，我们进行了认真考虑，进而得出结论，即使进行更加深入和更加广泛的研究，也不会像人们原本所期望的那样，使科学取得进步。

一直以来便有一种声音认为 UFO 的相关研究之所以没有取得任何实质成果，是由于科研力量投入太少。对此观点我们不敢苟同。我们认为，涉及该课题的科学研究如此之少的原因在于，与此最为相关的领域例如天文学、大气物理学、化学和心理学等方面的专家已经进行了广泛探索，并分别从自己的专业角度出发，一致认为 UFO 现象并不是一个能够获得大量科研成果的领域……

退一步讲，即使整个"官方"科学界同时犯下了错误，做出了错误的结论，我们认为改正这个错误的最好方法是将研究的决定权交给科学家自己，让科学家自己寻找最佳的科研方向。聪明的人在打官司时会去请律师，生病时会去看医生，因此要保持美国科技水平处于领先，最可靠的保证便是将决策过程交给科学家本身和整个科学界。

科学家都有一个特点，那便是不迷信权威。我们得出的结论，即针对 UFO 报告进行的研究很可能不会取得任何成果，也不会被科学家们毫不批判地接受。科学家们不应该全盘接受，我们也不希望他们全盘接受。这份报告详细记录了我们已经做过的以及还不能做的研究，我们希望它能够帮助科学家们更好地决定是否同意我们的结论。我们还希望这份报告的细节能够帮助其他科学家找到存在的问题，并找到解决问题的关键。

如果科学家们同意我们的结论，他们会将自己的注意力和才能转向更有价值的领域。如果科学家们不同意，这说明我们的报告为他们提供了清晰的脉络，帮助他们找到现有研究在哪些方面存在缺点或遗漏，并想出更好的方法以进行更准确的研究。如果科学家们确实找到了更好的方法并且有了清晰的构想，那么我们肯定也会不遗余力地提供支持，以帮助这些目标明确、思路清晰的研究工作能够顺利进行。我们认为这些有想法的工作应该得到支持。

一些读者可能认为我们的观点有些自相矛盾。起初我们说针对 UFO 目击报告的研究可能无法为科学进步提供一个取得丰硕成果的方向，现在我们又说科学家在该领域进行的有创新性的、具体的研究应该得到支持。其实这两种说法并不矛盾。虽然经过将近两年的集中研究，我们得出的结论是，从关于 UFO 的研究报告中无法找到任何有价值的科研方向，但是我们认为，对于受过一定水平的教育和训练的科学家来说，只要拥有目标明确、思路清晰的想法，他们所从事的研究都应该得到支持……

这种设想本身包含着一条结论，那就是美国联邦政府并不应该像有些人建议的那样，现在就成立一所大型的研究机构以从事 UFO 的科学研究。这条结论仅是针对当下情况而言。如果该领域内基于一些新想法的研究取得了一定进展，进而有必要创办此类研究机构以进行更深入的研究时，那么就应该及时做出成立研究机构的决定……

本篇报告的读者很容易看出，我们将研究的主要精力几乎全部集中在了物理学方面。一方面这是由研究的优先次序决定的，另一方面是由于我们发现有些人的信念——认为 UFO 来自于遥远的银河系或其他星系文明派出的宇宙飞船——并不像一些人预期的那样，是由于精神方面出了问题。某些个人或机构已经开始针对人类对 UFO 的迷信展开研究，我们相信，这些严密的研究很有可能会为社会学和行为科学带来一定的科学价值，当然，这一论点目前尚缺乏有效证据的支持。在这里，我们并不是暗示个人或群体精神病理学是研究开展的主要领域。UFO 的目击报告给正在学习认知过程的学生提供了有趣的挑战，因为这些学生正开始受到个人或社会变化的影响。正是由于存在这种联系，我们认为，对杂志和电视上关于 UFO 目击事件的报道进行内容分析能够为社会学家和沟通专家带来有价值的数据。现在此类研究如此缺乏的原因，应该是人们认为其他领域研究的优先级更高。然而，我们并非提出，UFO 现象就其本质而言不属于物理学研究的范畴，而更应该属于这些学科研究的范畴。

相反，我们认为在这些领域开展相关的研究，应该和在物理学领域进行的研究一样，也是非常合理和必要的。

如果还有问题没有解决，那应该就是当接到普通民众提供的 UFO 目击报告时，美国政府应该如何处理。对此，我们倾向于建议什么都不用做，别指望这样的 UFO 目击报告能够促进科学进步……

还有人声称，关于 UFO 事件的真相被官方刻意隐瞒了。对此我们也得出了相反的结论。我们没有发现任何隐瞒 UFO 目击报告的证据。那些所谓的保密措施不过是为了防止消息扩散而执行的合理政策，以避免在对目击报告进行全面研究之前，过早公布于众而引起民众的困惑。

我们希望能够引起公众注意的另外一个相关问题是，很多老师允许甚至鼓励孩子利用自己学习科学的时间去阅读前文中提到的有关 UFO 的书籍和杂志文章，结果使很多学生受到了误导。我们感到让孩子去接受这些缺乏依据和错误百出的科普材料，并认为这就是科学建立的正确形式，无疑是一种教育上的伤害。这类读物的害处并不仅仅体现在错误的事实本身，还由于它们妨碍了考虑科学证据的批判能力的发展，而这种能力在某种程度上来讲应该是每个美国人应当接受的教育的一部分。

因此，我们强烈建议老师们不要再让学生们在阅读现有 UFO 书籍和杂志文章的基础上完成学校作业了。如果老师发现自己的学生对这方面内容有强烈的兴趣，应当试着将他们的注意力转移到天文学和气象学等正规研究方向上来，并教育学生学会在发现由不合逻辑的推理和错误数据支持的论点时，能够对其论证过程进行批判性分析。

我们希望这项研究的结果能够为科学家以及那些为处理这些已经存在 21 年的问题而制定公众政策的人们提供切实有效的帮助。

问 题

1. 根据肯顿的说法，对 UFO 进行了长达 21 年的研究结果是什么？
2. 是否应该继续对 UFO 现象进行科学调查，肯顿的立场是什么？
3. 对有些人声称政府在 UFO 事件中一贯采取严格的保密措施，肯顿是如何回应的？
4. 对于现在学校中存在的涉及 UFO 现象的教育问题，肯顿的建议是什么？

经历 UFO：科学调查

约瑟夫·艾伦·海尼克

天文学家艾伦·海尼克从 1948 年至 1969 年起一直担任美国空军的天文学顾问，参与了《蓝皮书计划》。1973 年他创立了 UFO 研究中心。本文节选自他的著作《经历 UFO：科学调查》（The UFO Experience: A Scientific Inquiry）。在书中，海尼克声称大量无法解释的 UFO 现象被当局忽视了，所以没有得到系统的科学研究。

根据 UFO 目击报告的描述，一种现象值得人们进行系统的、缜密的研究。此类研究应该进行到何种程度，必须取决于该现象能够对人类的思维带来多大的挑战，以及它能够为人类的进步带来多少潜在的益处和贡献。即便我们已经考虑到，这些研究数据是以一种不尽人意或缺乏组织的方式出现的，但是数据仍然指向了自然界中没有被科学所触及的一些方面和领域。

对 UFO 现象的有目标的、客观的研究来说，有效的数据需要进行大量的组织化和系统化，并对这些描述和评估采用统一的术语。而收集和处理新数据时也必须采用这样统一的组织和系统。

试图推翻以上观点的调查已经以失败告终，没有得到任何结果。《蓝皮书》和《肯顿报告》就是这类没有得到任何结果的努力中最典型的例子……

对全球范围内的大量 UFO 目击报告应当按照两种方式进行处理：总体上的统计学方式和逐一进行的专门化方式。各种古怪的 UFO 报告层出不穷，数以千计，从数量上看统计学方法是非常有效的。此外，现代信息技术提供的方法当然也是可以应用的。信息检索、模式识别、显著性检验等成熟的研究方法已经帮助很多学科在看似毫无希望的情形中，从"噪音"中提取出有用的"信号"。

一种更简单但却更有效的论证模式显著性的方法便是将特定种类的大量目击事件与数量庞大的相同种类的目击事件进行比较……

也许有人会问，这些工作为什么以前没有人去做。这个主题已经让我们关注了 20 多年。然而，只要稍加考虑便会发现，如果进行这项工作，将会取得怎样的成就。最近，肯顿小组针对UFO问题的科学研究表面上花费了50万美元，但是事实上他们甚至根本没有考虑过这种方法。那么一些缺乏足够的经费，没有可用的数据，甚至没有经过科学训练的私人团体怎么可能胜任这项任务？尽管《蓝皮书》的顾问是一些专业的科学家，但该书中甚至没有提及这种研究方法。再回想到《蓝皮书》中成千上万的UFO案例，也仅仅是按照时间的先后顺序排列起来，甚至连最基本的参照索引都没有。

实际上很多其他领域的科学研究在刚刚起步时，想取得科学名望是相当缓慢的，只有这个课题在一定程度上得到公众接纳之后，才有可能开展全面的研究。但是即使UFO报告从此刻停止，并且从此以后不再有符合接受准则的报告提交，我仍然认为如果对散落各处的数据加以适当的整理，足以定义UFO现象的基本属性，这一点毫无疑问……

第二种研究UFO问题的潜在可行方法是仔细分析多人目击的UFO案例，尤其是最近发生的事件。研究与外星人亲密接触的案例显然有希望获得最多的成果，尤其是第二类亲密接触的案例，这类案例报告中的物理证据能够提供大量的物理数据。

个案分析法需要参与者接受询问技巧训练，同时还要求个人拥有与UFO现象各种表现形式相关的知识，并能够识别出UFO报告中由普遍错觉带来的特征。系统地学习过心理学和基础物理学也是十分必要的……

这种研究方法对于打开今天这种混乱局面至关重要。现在既有人认为这类课题研究毫无意义（包括先入为主的偏见以及《肯顿报告》的盖棺定论），因此拒绝多花一点时间去检查这些数据，也有人对现有数据进行了仔细分析，并根据分析结果坚信UFO现象代表一个新的科学领域。只有集中力量进行深入的研究才能够消除这种严重的分化。那么，这类研究该如何进行呢？

研究的前提是人们应当了解UFO现象是全球性的。尽管随着《肯顿报告》的出台，《蓝皮书计划》已经中止，但是UFO报告仍然持续地在美国和其他国家出现，很多受过良好科研训练的人，尤其是青年科学家对这个主题表现出兴趣，并且对于过去该领域受到的偏见表示不满。

一些人发现，美国科学院批准《肯顿报告》及其方法论的决定越来越难以让人理解……

围绕这个主题的混乱局面以及科学家关注度的缺乏已经明显地影响了数据的正常采集过程。即使经过了整整20年，这些不系统的数据采集工作也只获得了类别不一而难以处理的数据集，与不着边际的轶事记录相差无几。美国空军收录的超过12000件案例只是简单地按照时间先后顺序进行排列，甚至没有尝试建立参照索引，同样的情况也发生在很多私人调查员和机构收集的数据中。

因此，现在几乎只能从头开始：数据收集和数据处理。对于这个令人兴奋的课题来说，这种方法可能显得太过于平常，但是迄今为止该领域只是虚无缥缈的空中楼阁，建立的基础是大量未加工的、普遍不完整的、定性而无法定量的数据，像流沙一样不坚固……

由于UFO是一种全球性的现象，所以不同国家的研究团体之间保持接触并进行一定形式的交流是十分必要的，或许最终能够逐渐发展出一份该领域的国际期刊……

通过以上分析，并制订有效的计划，使现场勘查都能以真正科学的方式进行，应该能够完成这项积极的UFO计划的第一步目标：建立关于UFO的正规学科，以便进行更深入的科学研究。对于由不同文化层次的人群报告的发生在不同国家的UFO事件，如果能够找到明确的模式并建立起其他的相关性，那么这类相关性只是由于随机错觉而偶然产生的可能性就几乎为零了。正因如此，UFO这种以经验为依据的观察报告确实代表了科学界的新事物，这种可能性将成为事实。

问　题

1. 根据海尼克的说法，调查UFO存在可能性的最好方式是什么？
2. 海尼克认为《肯顿报告》实施的信息采集工作的效率如何？
3. 根据海尼克的说法，现在进行UFO调查的首要工作是什么？

物理证据与不明飞行物

罗伊斯顿·佩因特

> 罗伊斯顿·佩因特拥有英国萨里大学的材料科学博士学位，目前在加拿大魁北克大学国立科学研究院担任教授。在这篇文章里，佩因特教授写道，有关 UFO 存在性和外星人绑架事件的声明由"最严格的科学调查方法"来引导。他认为，如果没有任何实物证据，人们应当对这些声明继续保持怀疑的态度。

对 UFO 的存在性持怀疑态度的人有时会因为要求出示外星人造访地球的实物证据而受到批评。相信 UFO 存在的人声称，这是一种不合理的要求，因为外星人既聪明又狡猾，人们不能期望它们会为自己造访地球留下任何物证。

不过，这种争辩恐怕只能说服那些本来就准备相信外星人确实造访过地球的人，正像有些人相信天使存在一样，这些都只是一种信仰行为。但是，一种不容否认的事实是，确实不存在确凿的实物证据能够使我们得出外星人正在造访地球的结论。

世界上还没有哪个博物馆展出过外星人的宇宙飞船。实际上，目前地球上还不存在这样的东西，我们可以指着它说："这一定是由外星人制造的"。当然，虽然如此，将外星人造访地球当成一种信仰行为并相信其存在仍然是可能的，但是大多数科学家并不相信，因为还没有得到严格的科学方式的证实。

大众飞碟学中流传着一些非常极端的案例，例如牛碎尸案、麦田怪圈、外星人绑架案等，有些相信 UFO 存在的人并不相信这些极端说法，他们转而求助于通过信息自由法案获取的政府和军用报告。一个著名的例子来自于美国空军的"评估形势"信号计划，该报告于 1948 年对外公布，其结论认为飞碟确实存在并来自于外太空。

这份报告的权威性到底有多大？受过科研训练的人在看过这样一份陈述后都会忍不住问道："这个结论是由展示的数据所推理出来的吗？"更确切地说，这样一个结论是不是作为解释这些数据的最经济的方式强加给人们的？或者说这是草率的分析和臆想的结果？在信号计划的"评估"中，霍伊特·S. 范登堡将军认为，这篇报告中的证据不足以支持其结论，他拒绝接受这份报告。

很多人不愿意将相信外星人造访地球视为一种信仰行为，实物证据才是令人们信服的关键。如果地球上真的发现了确系外星人的制造物，我们会选择相信。但是请大家注意，不明飞行物中的"不明"与"确系外星人"绝非同一概念。仅仅是因为无法解释不明飞行物目击事件，并不能推论出一定是一艘外星人飞船。

除了飞碟降落在白宫草坪之外，是否还会有更好的机会获得确系外星人的物品呢？如果我们要相信那些自称曾被外星人绑架的人讲述（或者通过催眠"回忆起"）的故事，那么首先应当把精力集中在从这些人身上找到"外星人的植入物"上。

这么做的风险非常高。如果这些"植入物"被证明确实是由外星人制造的，那么这些人确实曾被外星人绑架过。从另一方面说，如果这些"植入物"无法证实是由外星人制造的，那么人们就必须问一问这些从"被绑架者"身上找到证据的"研究者"了。

由于风险如此之高，所以我们认为，所有这些分析检验过程都应严格按照科学调查的最高标准执行，这是非常必要的。更为重要的是，UFO 研究者们必须为自己声称的发现提供论证。比如有研究者宣称这些"植入物"拥有外星人的痕迹，那么仅是它们拥有"100% 的纯度"，拥有"非同寻常的结构"或者包含无线电发射机中的某些化学元素等这类证据都不足以支持该结论。他们必须证明"外星人制造了植入物"。

一种简单的测试方法就足以检验该结论，并得到大多数科学家的信服，那便是对这些"植入物"的组成材料进行同位素分析。既然外星人制作设备的材料来自于另外一个星系，那么就很容易推测出这些材料应当拥有与地球上的材料所不同的同位素比例。该测试直接切入了"植入物"相关声明的核心，并能消除所有由"100% 纯度"等类似论断所带来的困惑和夸大。

在此，我们强烈呼吁，所有的 UFO 研究人员在今后进行调查和取证时必须采用合适的科学标准。在支持自己的结论时，必须拥有检验性证据和严格的推理过程，在与怀疑自己结论的人进行对质前，应当找到切实的证据——确系外星人制造的飞船。

问 题

1. 为什么一些相信 UFO 存在的人坚持认为，对外星人造访地球应当出示证据这样的要求是不合理的？佩因特对这种反驳是如何回应的？
2. 佩因特等科学家认为什么样的证据是做出 UFO 存在论断所必需的？
3. 佩因特认为什么样的证据是证明确实有人被外星人绑架过所必需的？

5

非形式谬误

什么类型的谬误会导致人们做出意料之外的重大生活改变？

要 点

119 | 什么是谬误

119 | 歧义谬误

122 | 不相关谬误

132 | 包含无理假设的谬误

137 | 避免谬误的策略

140 | 批判性思维之问：关于美国向伊拉克开战的观点

香农·汤森为上大学而感到兴奋不已。她在高中阶段是一名优秀的学生，怀揣着将来成为一名物理学家的梦想走进了美国科罗拉多大学的校门。在第一学期末，她取得了优异的成绩，平均学分积达到3.9分，而且积极参加各种社会活动。但接下来发生的事情彻底改变了她人生的方向。在第一学年结束的几周前，她突然向父母宣布，她打算辍学去"追随耶稣"。她已经加入了一个流浪的异教团体，也就是著名的吉姆·罗伯茨组织，或者简称为"兄弟会"。该组织信仰脱离家庭和财产，与社会隔离，到处流浪（他们认为耶稣也是这样做的），劝人入教，寻觅食物。自从香农从大学辍学加入兄弟会，几乎10年过去了，她的家人再也没有见过她或者收到她的来信。

想一想 >>

- 谬误是什么？我们为什么会被非形式谬误所欺骗？
- 非形式谬误的三种主要类型是什么？
- 我们如何才能避免被谬误欺骗或使用谬误？

　　香农的故事并非罕见。每年都有成百上千的大学生被招募到具有破坏性的异教团体。这些宗教团体由一系列的信仰和仪式组成，表现为对某个人或某种思想的过分追捧，招募者往往使用操纵性和欺骗性的招募技巧，或利用荒谬的推理——包括模糊性的语言——向潜在的成员掩盖真实目的。与家人隔离、来自"新"异教团体的朋友以"爱心炸弹"名义制造的同伴压力——这是异教团体采用的一种技巧，即团体成员对新招募的成员施以无条件的爱，让他们更容易接受新团体所说的话——都会使新成员更容易服从，而且会阻碍他们的批判性思维能力。同时，为了让新成员保持忠诚，破坏性的异教团体也会使用恐吓策略、情感虐待和内疚等手段。

　　大学生，尤其是那些在适应大学环境上存在困难、与家人关系不好或者是在学业或社会交往方面存在困难的大一新生，更容易加入异教团体。缺乏自信，过于依赖别人，对模棱两可的低容忍度（对复杂的问题总想得出简单的"对"和"错"答案）以及较差的批判性思维技能都会增加学生屈从于校园异教团体招募者的可能性。

　　根据临床咨询师和异教团体专家罗恩·伯克斯的建议，避免成为异教团体目标的最佳方法是增加知识储备，不怕问问题。"对策是……批判性思维，"他说道，"异教团体不喜欢总是思考和提问的人。"

　　识破异教团体招募者使用荒谬证据的能力对我们大有裨益，可以让我们抵御破坏性异教团体和其他错误观点的诱惑。在第5章，我们将

- 界定谬误
- 学会如何识别歧义谬误
- 学会识别不相关谬误
- 学会识别论据不足谬误
- 练习识破日常辩论和谈话中的谬误
- 讨论避免谬误的策略

　　最终，我们将讨论支持和反对美国向伊拉克发起攻击的观点，并分析这些观点中的谬误和错误推理。

什么是谬误

论证是在某种前提下，通过推理或证据来支持某种主张或结论的过程。在某些方面，论证可能是无力或无效的。你所使用的前提——用于支持某种结论或观点的推理或证据——可能是错误的，也可能是你所提供的证据并不能支持结论。当论证看似正确，但进一步检验却发现是错误的，这时的论证就包含了**谬误**（fallacy）。谬误可能是形式谬误，也可能是非形式谬误。在**形式谬误**（formal fallacy）中，论证本身的逻辑形式是无效的。比如，下面所说的这一论证就是形式谬误："有些高中辍学的学生是男性。没有任何一个医生是高中辍学生。因此，没有医生是男性。"尽管前提是真实的，但是结论并不正确，因为论证的逻辑形式是错误的。

非形式谬误（informal fallacy）是一种错误推理，是指论证在心理或情绪上具有说服力但在逻辑上却是错误的。因为谬误会导致我们接受不被证据支持的结论，被谬误欺骗会使我们在生活中做出糟糕的决定——正像本章开头所说的香农被破坏性异教团体所欺骗那样。因此，如果能够识别非形式谬误，那么我们被谬误欺骗或在论证时使用谬误的可能性都会减少。

在下面的章节中，我们将研究三种不同的非形式谬误：歧义谬误、不相关谬误和论据不足的谬误。非形式谬误有许多不同类型，本章我们重点介绍较为常见的几种。

歧义谬误

在论证时使用有歧义的单词或短语、使用不明确的语法结构，或混淆两个极为相近的概念均会导致**歧义谬误**（fallacy of ambiguity）。语言和沟通技能欠佳的人更有可能使用这些谬误或者受到这些谬误的欺骗。歧义谬误包括语词歧义、构型歧义、错置重音和分解谬误。

语词歧义

如果论证中使用的关键术语有歧义——也就是说关键术语不止一个含义——而且在论证过程中术语的含义发生了变化，那么就会出现**语词歧义**（equivocation）。当语境中本来就有歧义的关键术语含义模糊不清时，最容易发生语词歧义。比如，森林里的一棵树倒下了，而周围没有人，关于这棵树究竟是否发出了"sound"（声音），两个人发生了舌战。而这场舌战的产生正是因为"sound"这个关键术语有歧义。在这个例子中，两个持不同意见的人运用了 sound 的不同定义。

下面是关于语词歧义的另一个例子：

> 一家熟食店门口贴着："动物不许入内"。我想我们不得不找另外一家饭馆吃午餐，因为我们是人类，很显然人类是动物。

这一论证包含了*动物*这个单词的语词歧义。熟食店的主人所说的*动物*是指不严谨的、大众意义上的非人类动物，而说话的人则使用了科学的、生物学上的*动物*定义。

下面再举一个此类谬误的例子：

> 卡尔：患绝症的病人有*权利*决定自己死亡的方式和时间。
> 胡安：不对。美国法律并没有赋予人安乐死的*权利*。

在这场争论中，卡尔说的*权利*是指道德上的权利，而胡安则使用了*权利*的不同定义——也就是法律上的权利。法律上的权利和道德上的权利是不同的。比如，从法律上讲，我们可能拥有奴隶的所有权，就像美国南北战争之前的美国南方人那样，但不是道德上的所有权（这是今天所有美国人都认可的）。同样，我们也可以拥有一些道德上的权利，比如要对配偶忠贞、诚实，但这并不是法律上的权利。

在我们错误使用一些相关词汇时，比如高、小、强壮、大或者好等词，也会犯语词歧义这类谬误。比如：

> 两岁的凯蒂很*高*。而她的父亲不算高，仅能算作中等身高。因此凯蒂比她父亲还要高。
> 罗纳德·里根是一个*好*丈夫；因此，他也是一个*好*总统。

在这两个例子中，高和好这两个相关词汇在不同语境中用作了相同的论据。这就像拿苹果与橘子相比较。一个高个子小孩和一个高个子大人是两件完全不同的事情。同样，里根是一个好丈夫的事实并不必然意味着他会是一个好总统。

为了避免出现语词歧义的谬误，在进行论证或讨论之前，你应该清晰地界定任何有歧义的单词或短语。而且，你要避免在不同语境中使用相关词汇作为相同的论据。

这个标志是语词歧义谬误的例子,目的在于制造幽默。芒果真的美味还是你应该逃命?

构型歧义

当一个论证中含有语法错误时会出现**构型歧义**（amphiboly），它将得出不止一个结论。比如：

特瑞·夏沃的母亲和她的丈夫在她的生命问题上持相反的意见。

在这一表述中，关涉的问题是，是否把饲管从脑损伤的特瑞·夏沃身上移除（这个问题曾在 2005 年引起美国全民激烈的大讨论），而含混不清的措辞使得结论不清不楚。究竟是特瑞·夏沃的丈夫，还是她的父亲（也就

> 为了避免犯构型歧义的谬误，
> 我们应该正确地使用语言和语法，这
> 样我们论证的含义才会清晰明白。

是她母亲的丈夫）持相反的意见？（在这一案例中，特瑞·夏沃的丈夫要求移除饲管，而她的母亲和父亲则相信她仍然有重新恢复意识的机会，因此坚持保留饲管。

这个悲惨的家庭陷入了两难，并一度成为热门的政治话题，最后法院要求移除饲管，允许特瑞·夏沃死亡。在随后的尸检中，人们发现由于多年处于昏迷状态，特瑞·夏沃的大脑已经缩小至不足正常大小的一半，而且她的植物人状态是不可逆转的。）

广告商也许会故意使用此类谬误，希望消费者能解读到比实际表述更多的含义，正像下面倩碧 Happy 香水的广告语。

Wear it and be happy！（喷上它并且快乐起来！）

在这里，并且（and）这个词是有歧义的。*and* 可以用来表达两个完全不相关、互为独立的观点，也可以用来表达两种观点之间存在因果联系，比如"喷上这款香水，而且如果你这样做，你会变得开心。"当然，广告商期望我们上当，将广告语理解为第二种解释。然而，如果我们使用了 Happy 这款香水，结果却没有变得更加快乐，从而试图起诉倩碧做了虚假广告时，我们确信，广告商肯定会宣称他们在广告中使用 *and* 这个词，从来没想过用它来暗示因果联系。相反，他们极有可能会说，*and* 仅仅是个连词，用来连接两个毫无关系的观点。而与此同时，我们因为模棱两可的语言而上当受骗，从口袋里掏出了钱，人也变得更加不快乐。

从轻松的一面看，滑稽演员使用构型歧义来娱乐观众，就像下面摘自 1996 年的电影《终极笑探》中的对话：

代理人：先生，我们刚刚从直布罗陀巨岩的代理人那里收到一条信息。
主管：是什么？
代理人：西班牙海岸的一块大岩石。

为了避免构型歧义的谬误，我们应该正确地使用语言和语法，这样我们论证的含义才会清晰明白。当我们

> **联　系**
>
> 你如何能够识别广告中的构型歧义谬误？参见第 10 章。

"谢天谢地！学生贷款公司说这是我接到的最后通知！"

分析图片

做出糟糕的选择

讨论问题

1. 漫画中的学生犯了哪种谬误？请讨论，如果这个学生不能认识到这一谬误，可能导致他做出怎样糟糕的选择？
2. 设想你是漫画中学生的父母。讨论若要提醒他注意自己的错误想法，你会对说些什么。

对如何理解某个句子感到不确定时，应该让说话的这个人更加清楚地重新表述这个句子。

错置重音

错置重音（accent）谬误是指根据句中重读或强调的单词或短语的不同，句子的含义发生变化。比如：

近乎发狂的母亲：我不是说了吗，"不要玩火柴"？
犯错的女儿：但是我没有**玩**这些火柴啊！我在用它们烧掉墨菲先生的厂房。

据学校报纸所说，学校管理者正在采取严厉措施，禁止**校外**饮酒。不过我很高兴听说他们同意在校内饮酒。

在第一个例子中，犯错的女儿通过把重音放在"玩"这个单词上改变了母亲发出警告的含义。在第二个例子中，这个学生通过强调"校外"这一用语，错误地得出学校领导只反对校外饮酒的结论。

当我们从上下文中抽出一段话时也会出现错置重音谬误，这样会改变其原来的含义。比如，"断章取义"就是把经文内容从原来具体的语境中抽出来以证明某一特定的观点。异教团体经常使用断章取义的方法来支持他们神学上的论点。下面这段话摘自钦定版《圣经》，本章开头提到的吉姆·罗伯茨异教团体正是引用了这段译文，来说服新成员不仅必须放弃世俗的私人财物，而且也必须放弃家庭、朋友、学业和职业规划。

同样，无论是谁，如果不能放弃他所拥有的一切，他就不能成为我的信徒。《路迦福音》14:33

事实上，不管是耶稣还是他的门徒都没有放弃或否认与家人以及朋友的关系，通过忽略这一事实，异教团体的领导者犯了错置重音的错误。

如果你不确定某一论点强调或重读的是哪个词语，你可以请这个人重复或解释他想表达的意思。如果你怀疑某个论据是从上下文语境中抽取出来的，你可以回过头去查找原文——在这个例子中就是钦定版的《圣经》。如果把论据放回原文中，其含义发生了变化，那么这些论据就是不合理的。

分解谬误

分解谬误（fallacy of division）是指将集合或整体的特征不恰当地推论到其中的元素或部分上。如此一来，我们会错误地认定整体的每一部分都具有整体的一般特征。也就是：

整体 G 具有特征 C。
X 是整体 G 的一部分。
因此，X 也具有特征 C。

比如：

男性比女性高。
丹尼·迪维图是一位男性。

因此，丹尼·迪维图比一般的女性都高。

很显然，这个结论是错误的，因为女性的平均身高为 5 英尺 4 英寸，比丹尼·迪维图高 4 英寸。而且，我们有时仅仅根据某个人或某件事与某一特定群体有关系来判断其好坏。如下面这个例子所表明的：

我听说加拿大人真的是好人。因此，来自萨斯喀彻温省的德里克也肯定是个好人。

尽管加拿大人作为一个群体人很好可能是真实的，但我们不能就此推论每个加拿大人都是好人，比如德里克。

不相关谬误

不相关谬误（fallacy of relevance）是指一个或多个前提在逻辑上与结论不具有相关性。然而，我们之所以会被这类谬误蒙骗，是因为前提与结论从心理上看似存在相关。不相关谬误包括：个人攻击（人身攻击谬误），诉诸强力（恐吓策略），诉诸怜悯，诉诸众人，诉诸无知，以偏概全，稻草人谬误和熏青鱼谬误。

个人攻击（人身攻击）谬误

个人攻击或**人身攻击谬误**（ad hominem fallacy）是指当我们不同意某个人的结论时，不是针对他的观点发表意见，而是攻击这个人本身。这样做，我们试图向对手及其观点表达反对意见。此类谬误在拉丁语中被称为"ad hominem"，意思是"攻击这个人"，它有两种形式：(1) 辱骂，直接攻击这个人的品质；(2) 间接推论，我们反驳某个人的观点或指责某个人虚伪，仅仅是因为这个人的某些特定情况。批判性思维技能较差的人很容易被此类谬误所欺骗，因为人类具有将世界划分为"我们"和"他们"的自然倾向。

这种谬误经常在对争议性话题的激烈辩论和政治竞选运动中出现。在 2008 年的总统竞选活动中，麦凯恩竞选团队对奥巴马发起攻击，嘲笑奥巴马如同小甜甜布兰妮和帕里斯·希尔顿这样的娱乐名流。而民主党对此进行了反击，攻击麦凯恩"太老了""脱离实际"而且"脾气很糟糕"。

那些不遵循广为接受的观点的人可能会成为个人攻击的目标，就像下面这个例子：

厄恩斯特·曾德尔是极端主义者的一分子。他认为在南极下面存在 UFO 的观点简直是疯了。

这个人没有针对曾德尔提出的南极附近存在 UFO 的观点进行讨论，而是试图败坏曾德尔的名声。试图通过攻击某个人的品质或名誉来反驳他的观点，有时被称为"井里下毒"。这在政治竞选活动中极为常见。

缺乏良好批判性思维技能的人往往会对个人攻击"以牙还牙"，用辱骂的方式来反击对方。

帕特：我认为堕胎是错误的，因为它结束了一个活生生的生命。

克里斯：你们这些反对堕胎的人都是一群心胸狭隘、反对人有选择权的宗教狂热分子。

帕特：哦，是吗？那你就是杀害婴儿的凶手，不比纳粹强。

克里斯没有对帕特反对堕胎的观点进行争论，而是将矛头指向帕特本人，对其进行个人攻击。帕特也没有好到哪里去。他没有做到无视克里斯的侮辱，将争论的主题拉回正轨，而是卷入了人身攻击的谬误之中，用侮辱来报复对方。作为一名优秀的批判性思维者，我们必须要抑制冲动，不能用"以牙还牙"的方式来回应那些对我们进行人身攻击的人。

如果我们仅仅通过表明某个人所处的特殊情况使其产生了偏见，以此来反驳其观点；或者如果我们坚持认为，对手接受或不接受某一结论仅仅是因为他自身的特殊情况，比如他的生活方式或他是某一特定群体的成员，那么我们也会犯人身攻击谬误。比如：

劳尔当然会支持大学入学的平权法案。他是拉丁美洲人，会从这项计划中获益。

然而，劳尔是否会从大学入学平权法案中获益与其是否支持该法案并无逻辑关系。我们应该独立于他的身份来评价其观点。

这种类型的个人攻击也可能会采取因某个人的特殊情况而指责其虚伪的形式。

> **联　系**
>
> 在修辞手法如此频繁地主导竞选活动的情况下，你会怎么评价政治候选人？见第 13 章。

行动中的批判性思维

人际关系中言语攻击的危险

不是所有的个人攻击或人身攻击谬误都是有意的。较差的沟通技能也可能会导致处于亲密关系中的人之间发生此类谬误，不管是朋友之间、家人之间，还是恋人之间。

约翰·格雷是《男人来自火星，女人来自金星》的作者，他在书中写道：在私人关系中，我们会不自觉地攻击对方。他指出，男人往往不是对女人的争论做出回应，而是自视高人一等。男人不把注意力放在女人忧虑的事情上面，而是解释她为什么不应该苦恼或者只是告诉她不必担心。如此一来，他忽视了她的情感，而犯了人身攻击的谬误。结果是，女人变得更加心烦。而男人转而也感觉到女人的不情愿，他也变得心烦意乱，而且责备女人扰乱了自己的心情，要求对方道歉。女人可能会道歉，但却对发生的一切感到疑惑不解。又或者女人在听到男人期望自己道歉时会变得更加愤怒，很快争论就升级为一场战争，夹杂着中伤和指责。

为了避免出现上述场景，格雷十分强调良好的倾听和沟通技能在人际关系中的重要性，这样，我们就能够理解对方为什么烦恼，并且也能够更好地处理。

讨论问题

1. 你同意格雷提出的男人和女人之间存在的沟通风格差异吗？这类误会在同性之间是否也同样常见？请用具体的例子支持你的观点。
2. 回想自己的经历，你曾经对一个人说过什么话令他感到难过，但你却不理解对方为什么难过。重新考虑这段经历，你无意伤害对方吗？现在再想一个由于某个人不经意忽视了你的担心而让你感到难过的经历。请讨论，对别人的话或别人对自己话的反应，你应该如何做出更加具有建设性的回应？

父亲：儿子，你不应该吸烟。吸烟有害健康。
儿子：看看是谁在说这话。你每天至少要吸一包烟。

在这里，儿子通过指责父亲虚伪来驳斥其观点。但事实上，一个人就算做了自己所反对的事情，比如吸烟，也并不意味着他的观点是不合理的。在这个例子中，父亲的虚伪和言行不一并不能证明吸烟对儿子的身体健康有害这一观点是错误的。

并非所有关于某个人品质的负面表述都包含谬误，正如下面例子中所呈现的：

> 雅各布·罗比达在马萨诸塞州一个同性恋酒吧的休息室打了三个人，在逃窜途中又杀害了两个人，据说他是一个破坏性和暴力倾向很强的少年，在他的卧室里有纳粹标记和一副棺材。

在这个案例中，罗比达的精神状况、以往的暴力史以及家里的纳粹标记都与他是有罪的这一结论有关，而且这些有助于证实他的犯罪动机。

诉诸强力（恐吓策略）

诉诸强力（appeal to force）谬误或**恐吓策略**（scare tactics）谬误是指我们使用或威胁使用强力——无论是身体上的、心理上的，还是法律上的——试图让别人放弃某种观点或接受我们的结论。如人身攻击谬误一样，使用强力也许会在短期内起作用。但是，恐吓总是会破坏人与人之间的信任，而且具有不良沟通技能和错误推理的特点。下面的两个例子可以用来说明诉诸强力谬误：

> 不要跟我唱反调，记住谁给你交大学学费。
> 不要跟我唱反调，我会揍你的脸！

有时，诉诸强力比上面两个例子所呈现的更加微妙。比如，如果别人不

联系

广告商如何使用恐吓策略让你购买他们的产品？参见第10章。

达尔文的类人猿血统

在非言语交流中也可以使用谬误。在 1859 年查尔斯·达尔文的《物种起源》出版之后,许多反对达尔文进化论的批评者不是把矛头直接指向达尔文的观点,而是对支持进化论的学者进行人身攻击,就像 1870 年这幅漫画中所描写的。生物学家托马斯·赫胥黎(1825—1895)是进化论最坚定的支持者之一,他没有被这种手段所蒙骗。主教塞缪尔·威伯福士问赫胥黎:"请问这位宣称自己是猴子后裔的先生,您是通过祖父还是祖母接受猴子血统的呢?"赫胥黎幽默地转移了这一人身攻击。"如果把这个问题放在我身上,"他回答道,"我会毫不犹豫地选择一个可怜的类人猿作为自己的祖先,也不选择一个拥有极高的天赋和巨大的影响,却把嘲讽奚落带进严肃的科学讨论的人作为祖先。"

讨论问题

1. 这幅漫画在多大程度上决定了你或别人对漫画主题产生的感受?赫胥黎在他的回答中使用人身攻击了吗?你如何看待这种用漫画来攻击持不同意见者的方式?比如,针对那些支持智能设计论的人。
2. 既然人们倾向于被这类谬误所欺骗,那么媒体是否有责任避免这类问题的发生:为了反对某人对某个问题的立场,而利用漫画攻击这个人的品质?请说明你的理由。

转向我们的思维方式,我们便威胁要收回关爱或支持。像我们在本章开头所讨论的,异教团体所提供的"爱心炸弹"——新成员沐浴在"无条件的爱"的氛围下,而且与团体之外的其他社会支持系统脱离了一切联系——使新成员更容易屈服于这种谬误,因为如果新成员不遵守异教团体的规则,就会遭受失去爱的威胁。

诉诸强力也可能采用恐吓策略而不是公开威胁。比如,小儿麻痹症是巴基斯坦与阿富汗交界地区常见的地方性疾病。尽管如此,试图为该地区儿童注射预防疫苗的努力却遭到了保守派穆斯林牧师们的阻挠,他们采用恐吓的策略告诉村民:这些预防疫苗是美国人试图让穆斯林儿童绝育的阴谋,虽然没有任何证据支持这种说法。

电影制作人也使用恐吓策略来吸引观众。随着人工智能的发展，创造出看似人类或行为方式像人类的机器人的可能性已经促生了一系列这类电影，包括：《2001太空漫游》《终结者》《银翼杀手》《我，机器人》《人工智能》《星球大战》系列以及《黑客帝国》三部曲，在这些电影中，机器人与人类在智力上相互影响。许多电影利用了恐吓策略，将机器人描述为要破坏人类的邪恶敌人。

然而，也并不是所有的恐吓策略都是谬误。比如，如果你酒后驾车，那么就很可能会导致一场机动车交通事故。在这种情况下，喝酒与发生机动车事故的可能性增加之间存在逻辑关系。除此之外，也并不是所有的威胁都包含谬误。有些威胁很显然不是谬误。比如，当一个强盗拿枪指着你的脑袋说"把你的钱包和其他值钱的东西交出来"时，你一般会交出钱包。你这么做不是因为强盗说服了你钱包是他的，而是因为你不想吃枪子。

在政治、经济或社会上占有优势资源的人更有可能运用诉诸强力的谬误。尽管我们大多数人都认为自己不会被公然的暴力威胁所蒙骗，但事实上，恐惧确实是一个强有力的激励因素，我们要比想象中的更容易上当。尤其是当弱势群体——比如被虐待的妇女或被压迫的少数群体——开始认同压迫者或者为自己受压迫而自责时，这个问题就会变得非常麻烦。而且，目睹虐待的儿童可能会认为"那也许是对的"，并且认同强权者的行为。相应地，当这些孩子长大成人之后，他们或许也会使用暴力来达成自己的目的。

诉诸怜悯

诉诸怜悯（appeal to pity）谬误是指我们试图通过唤起别人的同情心使其同意我们的观点，而这种怜悯与结论之间并无关系。比如：

警官，请不要给我开超速罚单。我今天真的很倒霉：我发现我的男朋友一直在欺骗我，更重要的是，我刚刚收到了房东下的逐客令。

你刚发现男朋友一直在欺骗自己和收到房东的逐客令确实非常倒霉，但是这些与你开车的速度并没有逻辑上的联系。尽管这位警官可能会同情你的遭遇，但这并不能成为她不给你开超速罚单的好理由。

在前面的章节中，我们讨论过，批判性思维在健康的自尊和自信的沟通技能中起着重要的作用。那些自尊水平低或不能平衡自己和他人需要的人尤其容易受到这类谬误的欺骗。

我没有时间把明天早上的课堂作业打印出来，因为我答应贾斯汀今天晚上去看电影。你比任何人都知

广告牌上诉诸怜悯的标语不是谬误。吸烟引起的死亡不仅影响了吸烟者自身，而且也影响了受害者的家人。

道言而无信是不对的。所以请你帮我把作业打印出来吧。如果你不帮我，我这门课就挂了。求求你了，就帮我这一次。

被这种谬误欺骗的人可能会把自己看做是有同情心的、敏感的，他们不愿意对别人说"不"，而且总是为了朋友不辞辛劳。毫无疑问，同情心是一个非常好的品质。但是如果有人提出这样的请求，有时你也需要退一步想想，问问自己的同情是否与他们的论据相关。如果没有关系，你可以表达自己的关心，但是不要屈服于他们错误的推理。受诉诸怜悯谬误的欺骗不仅伤害你自己，也纵容了习惯用这种方式来操纵别人的人的不合理行为。

并不是所有的诉诸怜悯都是错误的，有时一个人的遭遇确实需要别人的同情。比如：

警官，请您不要给我开超速罚单。我坐在后座的孩子吞了一枚硬币，现在呼吸困难。我不得不赶紧把她送到医院。

在这种情况下，如果这个警官还是给这位父亲开了超速罚单，而没有将他和孩子尽快护送到医院，我们会认为这位警官极其冷酷无情，甚至会认为他犯了罪。许多慈善组织也会利用我们的同情心。重申一遍，如果我们的同情心与求助存在逻辑上的相关，就不存在谬误。

"批判性"（critical）这个词，也就是批判性思维中的（在第一章的开头我们已经做了介绍）批判性，来自希腊词"kritikos"，意思是"识别能力"或"判断能力"。能够判断出何时应该对别人的诉诸怜悯做出回应，而不是被别人操纵，需要我们意识到所提及的怜悯之事是否与事件事实上紧密相关。

诉诸众人

诉诸众人（popular appeal）谬误是指援引流行的观点来支持自己的结论。最普遍的形式是**潮流方法**（bandwagon approach），即某个结论被认为是正确的，仅仅是因为"每个人"都相信它或者"每个人"都在这样做。下面是运用诉诸众人谬误中潮流方法的一个例子：

上帝一定存在。毕竟，大多数人都相信上帝。

这一论证的结论是基于这样的假设：大多数人一定知道什么是对的。然而，大多数人相信上帝存在或其他

一个超速行驶的司机以"我不应该被开罚单，因为每个人都超速"或者"请不要给我开罚单，我参加聚会要迟到了"为借口都是基于错误的思维，这不能说服一个有逻辑思维的警官。

任何事情并不意味着它就是真实的。毕竟，曾经大多数人也都认为太阳围绕地球转，奴隶制度是正常的，在道德上是可以被接受的，而现在看来这些都是错误的。

诉诸众人也可能使用民意测验来支持某个结论。比如：

对进攻性武器的禁令应该进一步扩大。最近的盖洛普民意测验表明，68%的美国人赞成对进攻性武器实施禁令。

即使我们认为应该禁止私人拥有攻击性武器，但大多数美国人支持禁枪这一事实本身并不足以得出我们应该禁枪这一结论。遗憾的是，许多立法者只知一味地附和大多数人的意愿，而没有批判性地分析控制枪支问题或者按照自己的良心来投票。我们不应该使用民意测

联 系

代议制民主提供哪些保护措施反对"大多数人的专政"？参见第13章。

广告商如何使用诉诸众人的谬误将"垃圾食品"类的商品卖给儿童？参见第10章。

在政治竞选活动中，你如何能够识别诉诸众人的谬误？参见第13章。

我们如何能够识别广告中使用的讲究派头诉求？参见第10章。

"宝贝儿,你已经取得了长足的进步" 烟草行业每天都要投入3000万美元广告费,而大多数广告都意在诱发我们的情绪,而不是理性。1968年,菲利普·莫里斯烟草公司推销一款维珍妮牌女士香烟,并举行了一场"宝贝儿,你已经取得了长足的进步"的广告活动,意在拓展女性市场。这场活动的目的在于利用女性不断增强的独立意识,同时利用讲究派头的诉求,引导女性将吸烟等同于漂亮、苗条以及自由。

尽管广告暗含性别歧视的弦外之音,遭到了一些女权主义者对维珍妮牌女士香烟的抵制,但这个广告还是非常成功地让更多的少女迈入吸烟者的行列。尽管在20世纪60年代至80年代末期这段时间,高中生和大学生吸烟的比例呈稳定下降趋势,但女性吸烟的比例在1968年却开始上升,而且到1974年时已然超过了男性。虽然男性和女性吸烟的比例在2000年开始骤然下降,但目前大学女生仍然比男生更有可能吸烟。

讨论问题

1. 讨论该广告中使用的谬误。为什么这则广告能够成功地让一些年轻女性迈入吸烟者行列?
2. 如果你吸烟或知道某个人吸烟,你或他会给出什么理由来支持继续吸烟?检查或分析其中可能的谬误。

验来支持自己的结论，而是需要提出支持或反对禁枪的相关理由和证据。

讲究派头诉求是此类谬误的另一种形式，是指将某种观点与精英群体或流行的形象联系在一起。利用运动员兰斯·阿姆斯特朗为美国世纪投资机构做广告，以及利用流行电视剧《法律与秩序：特殊受害者》中的演员玛莉丝卡·哈吉塔为牛奶做广告都是讲究派头诉求的例子。事实上，这类谬误在那些我们本不想购买的商品的广告中尤其普遍，比如香烟和高档轿车。

作为批判性思维者，我们需要记住，大多数人或精英群体认可的某种观点或结论并不一定是正确的。

诉诸无知

> **联系**
>
> 什么事件导致美国法庭采用"无罪推定"原则？参见第13章。

诉诸无知（appeal to ignorance）谬误并不是指我们愚蠢，而是指我们不知道如何证实或证伪某件事情。当我们仅仅因为没有人能够证明某件事是假的而判断其为真，或没有人能够证明某件事是真的而判断其为假时，我们就犯了这类错误。思考下面这句话：

UFO显然不存在。没有人能够证明它们确实存在。

在这个例子中，这个人得出UFO不存在这一结论的惟一证据是，迄今尚未有人能够证明它们确实存在。然而，我们不知道该如何证明其存在的事实并不意味着它们确实不存在。UFO可能存在，也可能不存在——我们只是不知道。

如果对某种现象是否存在缺乏证据，比如UFO，除非有相反的证据，否则我们至多可以说我们不知道。再比如，仅仅因为我们不知道如何证明一个人是否有灵魂，就妄下论断说人类（或智能计算机）没有灵魂，这显然也犯了诉诸无知的谬误。

有时，诉诸无知的谬误是隐晦的。教育心理学家阿瑟·詹森用下面的论证来支持自己认为黑人的智力水平天生不如白人的观点：

迄今为止，即使对实验条件做了适当控制，比如选取有代表性的黑人样本和白人样本，也没有任何证

> **你知道吗？**
>
> 特洛伊是古希腊盲诗人荷马在他的叙事史诗《伊利亚特》中描写的非常生动的一个城市，但至少有2000多年，这个城市都被认为是虚构的。直到1873年，这座古老城市的遗址被德国考古学家海因里希·施里曼在土耳其发掘出来。如果施里曼相信无知的谬误，特洛伊这座城市也许至今仍未被发现。

据表明，通过对环境和教育条件进行统计控制，黑人儿童和白人儿童在智力能力上可以大体相当。

尽管缺乏证据，但这并不能从逻辑上证明"黑人儿童和白人儿童在智力能力上可以（或不可以）大体相当"。再一次申明，我们最多只能说我们不知道。与此相似，我们也不能仅仅因为人们不能证明某件事情不存在而认为其真的存在。思考下面的论证：

我真的相信我有守护天使。没有人能够证明我没有。

从逻辑上讲，没有人能够证明天使不存在的事实与它们是否真实存在无关。人们也会试图用这类谬误摆脱污点，正如下面的例子：

警官，我没有谋杀亚力克西。你没有任何证据能够证明我昨晚在亚力克西家里。那就证明凶手不是我。

诉诸无知谬误有一个非常重要的例外情况。在法庭上采用的是无罪推定原则，即如果不能证明被告有罪，那么只能认定其无罪，而且举证责任在于原告律师一方，而不是被告。这一法律原则旨在避免对无辜者的惩罚，因为人们觉得冤枉一个无辜者比让一个有罪的人逍遥法外更不公平。除此之外，因为政府的权力远远大于被告个人，所以这一法律原则也有助于提供公平的机会。只是我们要注意："无罪"判决并不一定证明此人无辜。

以偏概全

如果使用恰当，概括在自然科学和社会科学中都是非常有用的方法。但是如果我们从一个太小或有偏差的样本来推论总体，就犯了**以偏概全**（hasty generalization）的谬误。

《绝望主妇》是一部非常受女性欢迎的电视剧,因为这部剧是由男同性恋创作的,因此这意味着,男同性恋比异性恋男性更了解女性情感。

不寻常的事件 ——→ 关于总体的奇怪规则
(前提)　　　　　　　(结论)

刻板印象经常是在这种谬误的基础上形成的:

> 我的父亲是一个施虐者,我前男友也是。所有男人都不善良。

在这里,说话的人仅仅根据她接触的两位男性的有限经验便推断出所有的男人都"不善良"。下面这个例子强化了男同性恋比异性恋男性更敏感的刻板印象:

> 在四部最流行的电视剧中,有两部是由男同性恋创作的。马克·切利创作了《绝望主妇》,瑞恩·墨菲也是一个男同性恋,他创作了《整容室》。这表明男同性恋在描写人际关系上更加敏感、更具有天赋。

正如我们已经看到的,人们倾向于把世界分为"我们"和"他们",而且不把有别于"我们"的人视为个体,而是在以偏概全的基础上贴上"他们"的标签。证实偏差,也就是我们只寻找那些能够证实自己的刻板印象的事例,会强化这一倾向。

比如,保守派作家和演说家安·库尔特赞成在机场根据旅客的肤色和性别设立隔离线。所有14~45岁之间"黑色皮肤"的男性都有可能是来自中东的穆斯林,他们应该单独排队,接受更严格的审查。库尔特认为这么做非常重要,因为自从1993年纽约世贸中心爆炸事件以来,几乎所有针对美国人的恐怖事件的主犯都是伊斯兰极端主义分子。但很显然,她的概括是不准确的。其实,大多数发生在美国国内的恐怖行动都与穆斯林无关,比如地球解放阵线和天军(一个以堕胎诊所为袭击目标的激进的基督教组织)。除此之外,无论是提摩西·麦可维还是特里·尼克尔斯——他们是制造俄克拉荷马市联邦大楼爆炸案的凶手,导致168名美国人死亡——都不是中东人或穆斯林。

以偏概全的谬误也会阻碍跨文化交流和新人际关系的建立。有一次我和妹妹乘船旅行,我们的船没有按预定计划停靠在加勒比港口,而是停在了卡塔赫纳港。当导游听到这一变化,他立即将所有人召集在一起,警告我们停港的时候最好待在船上。他还补充道,如果我们确实想上岸,也最好假装成加拿大人。他告诉我们,哥伦比亚人非常讨厌美国人,他们会抢

联系

广告如何强化刻板印象?参见第10章。

抽样在科学研究和实验中发挥什么作用?参见第12章。

第 5 章 | 非形式谬误 • 129

广告商在广告中经常使用"讲究派头的诉求",花钱请社会名流宣传自己的产品。他们希望消费者能这样想:"我想成为维多利亚·贝克汉姆那样的人,所以我会买她携带的那款钱包。"

劫、攻击我们,或者因为很小的事情逮捕我们,如果有机会甚至还会杀了我们。然而事实证明,卡塔赫纳是一个美丽的城市,我们遇到的人也非常友好、热情。对哥伦比亚人的刻板印象和以偏概全的谬误阻碍了其他乘客真正认识和了解哥伦比亚人。

如果我们以过时的信息为依据形成刻板印象也会导致以偏概全。思考下面的表述:

> 现在的大学生都非常关心学校财政。我 1995 年开始上大学,我当时肯定是这样的,我身边的许多朋友也是如此。

而事实上,自从 20 世纪 90 年代中期以来,大学生表示自己"主要的关注点"是他们的学校财政的人数已经明显下降,现在仅为 12%。

> 1824 年英国诗人拜伦去世之后,一位好奇的医生摘除了他的大脑并称了重量,结果发现,拜伦的大脑比普通人的大脑大 25%。

我们在做出概括之前,首先应该确保有足够大且无偏见的样本,当然也要与时俱进。1824 年英国诗人拜伦去世之后,一位好奇的医生摘除了他的大脑并称了重量,结果发现,拜伦的大脑比普通人的大脑重 25%。这一新发现,当然仅仅是以一个样本为基础得出的,在科学界迅速传播开来,从而引发了关于脑的大小与智力的高低有关的观点。在后面的第 7 章,我们将更加详细地学习抽样方法与概括的正确使用。

稻草人谬误

稻草人(straw man)谬误是指一个人通过歪曲或错误传达对方的观点来击倒或反驳对方。这种策略在充斥着争议性话题的政治修辞中尤其常见,观众也许根本不知道或不关心对方的观点是否被错误传达。

> 我反对同性婚姻合法化。同性婚姻的支持者想破坏传统婚姻,使同性恋之间的婚姻正常化。

这是一个错误的论证,因为它错误传达了同性婚姻支持者的观点。同性婚姻的支持者并没有说,同性婚姻是传统婚姻的另一种选择或优于传统婚姻。相反,他们只是希望在婚姻问题上,同性恋伴侣能够与异性恋伴侣拥有同样的权利。

> 迈克尔·摩尔在他的电影《医疗内幕》(2007)中支持美国建立一种国有的医疗体系。很明显,摩尔赞成社会主义政府明令规定医生该做什么、不该做什么。但是前苏联已经尝试过社会主义制度,而且失败了。因此,摩尔的论点显然是站不住脚的。

与前面的例子一样,说话者对正在讨论的问题的评价过于简单化,且错误传达了国有医疗体系的含义。通过聚焦于其中的某一个方面,以及歪曲大多数实行国有医疗体系的政府在其中扮演的角色,这种论证创造了一个可以轻易击倒的稻草人。而且,这一论证假设摩尔支持前苏联模式的社会主义,而这并不是摩尔的本意,因此错误传达了摩尔的观点。而且,说话者在论证中使用了恐吓策略,将前苏联与美国的国有医疗体系进行了比较。

为了避免使用此类谬误或被这类谬误所欺骗,在讨论某个观点时,我们应该回过头仔细审视它的原意是什么。问问自己:这个观点是否被改变了措辞或过于简单化,以至于被歪曲了?原观点的关键部分是否被遗漏?关键词汇是否被篡改或误用?

转移注意力(熏青鱼谬误)

熏青鱼(red herring)谬误是依据英格兰训练猎犬的一项技术命名的。在训练猎犬搜捕狐狸的时候,人们把一袋熏青鱼扔在狐狸经常出没的路旁,干扰猎犬对狐狸气味的追踪。训练有素的猎犬能够学会不被熏青鱼的气味所干扰,继续寻找狐狸的踪迹。因此,熏青鱼谬误是指一个人试图通过提出一个不相干的问题来转移话题。如此一来,争论便会导向不同的结论。因为转移后的话题经常与最初讨论的问题多少有点关系,所以论点的转移也往往不被人们所觉察。原本的讨论甚至完全被抛弃,人们的注意力全部转移到一个新的、不相干的话题上,而当听众意识到发生的这一切时为时已晚。熏青鱼谬误经常出现在政治辩论中,当候选人想避免回答某个问题或被要求就某个有争议的问题发表评论时,经常使用这种谬误。

比如,当一个政客被问及覆盖所有美国人的全国医疗保健计划这个尖锐的问题时,他可能会把话题转移到争议性较小的问题上,比如所有美国人保持健康和接受良好的健康保健服务是多么重要。如此一来,这个政客便避开了回答他支持哪种医疗保险这个问题。

在 2008 年总统预选中,参议员巴拉克·奥巴马被问到与赖特牧师之间的关系。赖特牧师是一位激进派,而且似乎具有反美倾向,而多年以来奥巴马一直去这位牧师的教堂。奥巴马在做出回应时,话锋一转,将话题转移到美国的种族主义上,从而避开了这个尖锐的问题。

下面是这类谬误的另一个例子:

> 我不明白你为什么如此反感我喝点酒后开车,事情没那么严重。还是看看那些边打电话边开车的人发生的交通事故吧。

迈克尔·摩尔的电影《医疗内幕》抨击了美国的医疗体系,称颂了加拿大和欧洲的国有医疗制度。

在这个例子中,此人把话题转移到了与打电话有关的交通事故上,因此将注意力从他喝酒与开车的问题上引开。

当一个人在讨论道德伦理问题时,将话题从"应该是"转移到"是"上面,也会犯熏青鱼谬误。比如:

> 安吉洛:我认为迈克不应该在昨晚做什么了这件事上对罗塞塔撒谎。那是不对的。
> 巴特:哦,我不知道。如果我是迈克,可能也会那么做。

在此,巴特将话题从他"应该怎么做"转移到"将会怎么做"上。这样一来,他把一个道德问题变成了一个事实问题。

在下面这篇新闻专栏中,作者试图把民众对阿布格莱布监狱虐囚事件的注意力转移到伊拉克独裁者萨达姆·侯赛因的暴行上:

> 发生在阿布格莱布监狱的恐吓和羞辱事件,诚如美国总统乔治·布什对约旦国王阿卜杜拉所说的:"这对我们美国的名声和荣誉是个很大的压力"……但是我们也要辨别这一丑闻不是什么。在阿布格莱布监狱强迫囚犯脱光衣服使其受捉弄,与伊拉克在萨达姆·侯赛因的统治下时常发生的事情是完全不同的。这是一个充斥着折磨、灭绝人性的屠杀和大量死亡的国家,在美国部队到来之前,这就是这个国家的生活方式。

请注意作者是如何使用恐吓、羞辱和捉弄这些词汇来轻描淡写阿布格莱布监狱虐囚事件的,而且还凭空想象出一幅如大学兄弟会入会仪式般的没有任何伤害的场景。驻扎在伊拉克斯图尔特堡的21岁机械师克里斯·克罗齐这样说道:"伊拉克人对我们所做的事情可能完全不同。我们应该教他们如何对待囚犯。"这才是优秀的批判性思维!

包含无理假设的谬误

如果你的论点中包含一个论据不足的假设,那么你的推理可能就是谬误。包含**无理假设**(unwarranted assumption)的谬误是指论证的前提假设缺乏证据的支持。因为论据不足的假设是未被证明的,因此会削弱整个论点的说服力。包含无理假设的谬误包括以下几种类型:窃取论题、不恰当地诉诸权威、暗设圈套的问题、虚假两难法、不合理的因果推论、滑坡谬误和自然主义谬误。

窃取论题

窃取论题(begging the question)是指结论仅仅是对前提的重述。我们并非提供证据,而只是做出与前提一样的结论,以此来假定结论是真的。这种谬误也被称为循环论证。

前提　结论

窃取论题的形式可能是将前提中关键术语的定义作为结论。在下面的论证中,结论只是对关键术语死刑的界定,而不是由前提做出的推论:

> 死刑是错误的,因为用死亡来惩罚某种罪行是不道德的。

这种类型的谬误有时很难被察觉。乍看起来,这个人的论点似乎无懈可击,但如果仔细审视,就会很明显地发现:结论和前提实质上说的是一回事。就像下面的论证:

> 圣经是上帝说的话。因此,上帝肯定存在,因为圣经说上帝是存在的。

在这里,"上帝肯定存在"这个结论已经在"圣经是上帝说的话"这一前提中被假定为真。要为上帝存在提供合理的证据,我们不能在前提中假设其已经存在。

如果我们不能识别出窃取论题这种谬误,那么将会经常陷入令人沮丧的境地。因为一旦我们接受了对方的前提,就没有办法能证明他的结论是虚假的。如果你觉得某个论点包含这种谬误,你可以尝试将结论和前提颠倒位置,看看两者是不是一回事。

不恰当地诉诸权威

通常情况下，在论证中引用该领域某个权威人士或专家的话是恰当的。但是，如果我们依靠的权威人士或专家不属于该领域，那么我们就犯了**不恰当地诉诸权威**（inappropriate appeal to authority）的谬误。比如，年幼的儿童会把自己的父母视为权威，甚至在父母几乎毫无专业知识的领域也是如此。请看下面的例子：

> 我的牧师说基因工程是不安全的。因此，这个领域所有的实验都应该被叫停。

除非你的牧师恰好是基因工程领域的专家，否则在接受他的观点之前，你应该先问问其观点有没有可靠或权威性的证据。

在利用名人促销商品的广告中，我们经常会发现这类谬误。比如，爵士乐音乐家雷·查尔斯和流行音乐歌手布兰妮·斯皮尔斯曾为百事可乐做过广告，网球明星安德烈·阿加西和施特菲·格拉芙曾为佳能照相机做过代言。在这几个例子中，所有的名人都不是他所代言产品的权威人士，然而人们之所以相信他们的话，仅仅因为他们是其他不相关领域的专家。

制服和受人尊敬的头衔，比如医生、教授、主席和中尉，也会强化这种错误观念——某一领域的专家在其他领域也必定知识渊博。这种现象就是著名的**晕轮效应**（halo effect）。比如，在米尔格拉姆的实验中，大多数参与者遵从了实验者的命令，主要原因在于实验者是哲学博士，而且穿着白色的实验服，而这正是科学权威人士的象征。

为了避免不恰当地诉诸权威，在使用某位专家的证言作为权威证据之前，我们应该先核实这位专家在该领域的资质。

> **联系**
>
> 我们如何识别广告中不恰当地诉诸权威的谬误，以及避免上当受骗？参见第10章。

暗设圈套的问题

暗设圈套的问题（loaded question）是指对另一个没有被询问的问题假定某一特定答案。这类谬误时常发生在法庭上律师要求对某个问题做出肯定或否定的回答时，比如：

> 你是否已经停止殴打你的女友？

但是，我们要了解，这个问题首先做了一个无根据的假设，即认为你已经对前面未被询问的问题"你殴打你的女友了吗？"做了肯定回答。如果你从未打过你的女友，而对"你是否已经停止殴打你的女友？"做了否定回答，那么似乎你仍然在殴打女友。而从另一个角度讲，如果你回答"是"，那就意味着你以前打过女友。

下面的例子也是一个暗设圈套的问题：

> 你认为死刑是不是应该仅适用于18岁及以上的人？

这个问题假设被询问的人赞成死刑，然而实际上他们也许并不赞成。

当保守派脱口秀主持人拉什·林博被问到："如果比尔·克林顿的书出版了，你准备先看哪一页？"这位采访的人假定林博打算读这本书，因此问了这样一个暗设圈套的问题。林博却回答道"我没打算翻这本书。因为我不打算相信里面的任何内容,我为什么要读它？"当然，在这个例子中，林博的回答不能表明他具有很好的批判性思维技能，因为他使用了证实偏差和抗拒这两种回避形式。

虚假两难法

虚假两难法（false dilemma）谬误是将对一个复杂问题的回答简化为"不是……就是……"的选择。一般来说，这类谬误把问题的立场两极化，忽视了共有的立场或者其他解决办法。下面这句口号就是这类谬误的典型例子：

> 美国——要么热爱她，要么离开她！如果你不喜欢美国的政策，那么就搬到其他国家去！

这一论点的假设是没有根据的，即不接受美国政策的惟一选择就是搬到其他国家。然而，实际上，还有许多其他可供选择的方案，包括努力改变或改进美国的政策。在这个例子中,错误的推理会受到"我们"和"他们"这种认知错误的强化，这种错误观念使我们倾向于把世界分成对立的两面。

缺乏批判性思维技能和"非黑即白"的看待世界的

第 5 章 | 非形式谬误 • 133

穿上制服有助于增强人们对某人是某领域专家的信念,但该领域也许并不是这个人真正的专长所在。

倾向会使我们更容易掉进这类谬误的陷阱。这在某些政客宣称应对全球变暖只有两种选择的论点中可见一斑:要么(1)减少二氧化碳、甲烷等导致全球变暖的气体的排放量,即使这样做会损害我们国家的经济;要么(2)忽视温室气体排放的问题,像往常一样继续坚持发展工商业,保持经济强劲增长。事实上,两者并不是全部可供选择的方案。许多方案提出,可以使用替代性能源以及建造节能的建筑和交通工具,这样既能减少温室气体的排放,又能巩固整个国民经济。

习惯性地使用这种谬误会限制我们想出创造性方案的能力,不只是在国家政策方面,在个人生活中也是如此。下面的例子说明了这一点:

> 今天是情人节,鲍勃没有像我想象的那样向我求婚。更糟糕的是,他说他想和其他女人交往。我不知道我该怎么办。如果鲍勃不娶我,我最后肯定会成为一个可怜的老处女。

很明显,鲍勃并不是世界上惟一的男性,但当我们被自己喜欢的人抛弃时似乎就是这样。要战胜个人的挫折,我们需要运用批判性思维技能,想出解决问题的方法,而不是陷入错误的思维方式。

在"全或无"的思维方式中,我们总是能够发现这种谬误。比如,贪食症患者认为饮食要么导致发胖,要么就是在暴食之后再吐出来以保持身材苗条。他们就是不把适度饮食视为可行的备选方案。

我们在第4章曾讨论过,那些患抑郁症的人容易陷入这种错误的推理:

"我要么能够完全掌控自己的生活,要么完全失控。"
"不是每个人都喜欢我,就是每个人都讨厌我。"

民意调查者可能会不经意地犯这种谬误。问题选项的呈现方式会影响被访者的反应。比如,在一项调查中,人们被问及这样一个问题:"法庭对罪犯的处理方式是太过严厉还是不够严厉?"如果只有"太严厉"和"不够严厉"这两个选项,那么6%的被调查者回答"太严厉",78%的人回答"不够严厉"。但是,如果还有第三个选项——"我所了解的法庭信息不足以作出回答",那么29%的被调查者会选择该选项,只有60%的人选择"不够严厉"。在第7章,我们会更加详细地学习民意测验的方法。

为了避免虚假两难法这种谬误,当你遇到"不是……就是……"这类让你为难的问题时,你要特别当心。如果你对两个选项都不满意,最好是不作任何回答,或者勾选"我不知道"选项,如果提供了这个选项的话。

很多方法既能巩固国民经济,又能减少温室气体的排放,使我们不再依赖进口石油,利用风能就是其中之一。

不合理的因果谬误

因为我们的大脑倾向于对看到的事物赋予规则，因此我们可能会"看到"原本并不存在的规则和因果关系。如果一个人在没有充分证据的情况下，假定一件事是另一件事的原因，那么他就犯了**不合理的因果**（questionable cause）谬误。这种谬误是指，我们仅仅因为一件事发生在第二件事之前，就武断地认为它是导致第二件事发生的原因，也称为**假性因果**（post hoc）谬误。

> 这真是托了神的眷顾。我非常热爱瓜达卢佩圣母……在中头奖的时候我向她做了祈祷。圣母真的很眷顾我。
> ——瓜达卢佩·洛佩慈，演员和歌手詹尼弗·洛佩兹的母亲，她在大西洋城赌场老虎机上赢了240万美元。

瑞恩·怀特是不合理的因果谬误的受害者。他曾经一度被禁止进入公立学校，因为他是艾滋病患者，而人们认为艾滋病会通过偶然接触传染给别人。

迷信经常建立在这种谬误的基础上：

> 上周，我穿了一件红色毛衣去考试，结果考试通过了。我想是这件外套给我带来了好运。

上面两个例子也表明，我们可以控制的自我服务偏差是如何使自己更倾向于犯这种谬误的。

我们经常把人们当时的行为看做是未来事件发生的原因，而实际上并不总是那么回事。比如，波士顿红袜棒球队80多年来在世界职业棒球大赛中一直失利，很多人都认为，是因为1920年伟大的棒球运动员贝比·鲁斯被卖给了美国洋基队，这给红袜队带来了厄运。鲁斯被卖了10万美元，由此红袜队的所有者可以为百老汇戏剧筹措资金。当2004年红袜队最终赢得世界职业棒球大赛时，很多球迷将这场胜利归功于"诅咒的结束"，而不只是球队良好的球技。

不合理的因果谬误也可能涉及两个或多个相关但并不存在因果联系的事件：

> 在美国罗德岛州的高等教育机构中，罗德岛社区学院的辍学率是最高的，布朗大学和罗德岛设计学院的辍学率最低。因为在罗德岛州，社区学院的学费是最低的，而布朗大学和设计学院的学费是最高的，因此我们要想降低社区学院的辍学率，就应该提高学生的学费。

为了避免犯这类谬误，我们应该时刻谨慎，不要仅仅因为两件事情在时间上接近就断定两者之间存在因果关系。我们也应该借助精心设计的实验研究来确定两个事件之间是否存在因果关系。要了解更多关于评估证据的信息，请回顾第4章。

联系

你如何识别广告中的不合理的因果谬误，以及如何避免上当受骗？参见第10章。

如何使用科学方法来确立因果联系？参见第12章。

滑坡谬误

根据**滑坡谬误**（Slippery slope），如果我们允许某一行为发生，那么接下来所有这类行为，甚至最极端的情况都会很快出现。换句话说，一旦我们开始下坡或者一

第5章 | 非形式谬误 • 135

只脚迈进门,就不再有退路了。当证据并不支持这些预测的结果时,我们就犯了滑坡谬误,正像下面这两个例子所表明的:

> 你永远都不应该向孩子妥协。如果你妥协了,很快她就会把你控制在她的小手里。你需要保持对孩子的控制。

> 如果我们允许任何形式的人类克隆,那么在我们明白之前,就会有大批克隆人接管了我们的工作。

在第一个论证中,并没有可靠的证据表明,偶尔对孩子的需求妥协会导致他们控制我们。

第二个关于克隆人影响的论证也是不可信的。许多关于克隆人技术会导致大批克隆人接管世界的担忧都是基于不准确的信息。实际上,克隆一个人的风险非常大,而且很昂贵。纵然我们想大批量生产克隆人,也需要为克隆儿童找到愿意代孕的母亲。而且,像任何儿童一样,每个克隆人在出生后也需要有一个家庭来养育。第二个例子所描述的场景是不太可能大规模出现的,因为大多数父母更愿意要与自己有血缘关系的孩子。如果克隆合法化,那么它也很可能是主要针对不孕的夫妻,而不是为了大批量地生产相同的人。当然,这并不是说没有很好的论据来反对克隆人,但这种众所周知的滑坡谬误显

协助自杀 漫画家斯蒂夫·班森反对医生协助自杀。在这幅漫画中,他想象如果协助自杀法律通过的话可能会是什么景象。

分析图片

讨论问题

1. 有没有证据支持班森假想的场景,还是他犯了滑坡谬误?向全班同学展示你的证据。
2. 一条反对医生协助自杀的理由是,医生协助自杀合法化会给那些年老体衰或身患残疾的人,尤其是女性,带来巨大压力。经过社会化,自我牺牲已经内化为他们的信念,他们宁愿选择结束自己的生命,也不愿继续成为他人的负担。将这一观点与你自身的经历结合起来进行讨论。

然不在其列。

有些人反对联邦政府在没有法院传令的情况下监听恐怖分子嫌疑人的电话。这些反对者绘制了一幅冷酷的图片，描述这个国家急剧滑坡到监听每个居民的私人电话，最终导致言论自由的完全丧失。但是，我们首先要呈现这一场景可能发生的证据，尤其是考虑到联邦政府只是监听那些打到国外的电话，并不包括国内电话，至少它是这么宣称的。事实上，关于这类秘密行动的担忧也许并没错。20世纪50年代到70年代，美国联邦调查局秘密监听可疑的危险分子、人权领袖和反战积极分子时，这类行动曾一度失控。

> **你知道吗？**
> 反对赋予女性投票权的理由之一是，担心投票权会扩大到所有动物。

对有些事情会失控表示担忧并不总是错误的。某一行动或政策会使我们开始迅速下滑，有时这种预测是有根据的。思考下面这段话：

> 在国际法律标准尚未占统治地位的地方，美国管理着一系列的拘留中心。如果他们为轻微的刑罚开方便之门，那么将会有大量的刑罚大行其道。

这里的假设是，如果我们允许这些情况下的刑罚发生，那么美国对拘留者使用刑罚将会成为其一贯的做法。为了避免滑坡谬误，我们应该认真地开展调查研究，了解不同的行动和政策可能会带来的结果。我们也应该密切注意任何夸大预测即将发生大灾难的倾向。

自然主义谬误

自然主义谬误（naturalistic fallacy）是基于这类无根据的假设：自然的就是好的，或在道德上是可以被接受的，而非自然的就是坏的，或在道德上是不能被接受的。* 我

们可以在类似的表述中找到这类谬误：人工智能不会带来什么好处，因为人工智能是人造的，是非自然的。

广告商们也会想尽办法让我们相信，只因为他们的产品是自然的，所以就是好的或健康的。比如，一则广告宣称，一款烟草产品是"100%纯天然的烟草"。但是，这并不能说明这款烟草产品是好的。因为所有的烟草都是自然的，但并不健康。砒霜、艾滋病病毒和海啸也都是"自然的"，但是我们不能认为它们是健康的，是人们想要的。

自然主义谬误既可以用来证明同性恋的正当性（在其他动物中也自然存在），也可以用来论证它是不道德的，看下面的例子：

> 同性恋行为不会有孩子（即繁殖），而这是发生性关系的自然结果。因此，同性恋是不道德的。

同样，一个人也可以用这样的方式为狩猎在道德上是可以接受的进行辩护，因为其他动物也捕食和杀害动物。

> 我不同意我们需要保护大型猫科动物不被捕猎，比如狮子和老虎，我也不同意限制牧场工人保护牧群不受这些掠食者的伤害。我们只是在做这些大型猫科动物正在做的事情。它们是掠食者，人类也是。

但是，其他动物是掠食者的事实并不能证明我们也可以这样做。有些动物会吃掉幼崽，甚至有一些雌性昆虫在交配后会吃掉雄性配偶！但这些自然界发生的事例并不能表明，人类做这些事情在道德上是可以被接受的。不应该以这些行为是否是自然的来作为评价，它们是否符合道德应该有其他标准。

避免谬误的策略

一旦你学会如何识别非形式谬误，下一步就是发展避免这些谬误的策略。下面是一些策略，它们能够帮助你成为一名更优秀的批判性思维者：

- **认识你自己**。对于良好的批判性思维技能而言，自我知识是最重要的原则。了解你最有可能被哪种谬误欺骗以及你最容易犯哪类谬误，能够减少你在批判性思维中的失误。
- **建立你的自信和自尊**。提高自信和自尊能够减少你

---

* 从狭义上讲，自然主义谬误这个术语有时也被用于指元伦理命题，即美德不能被简化为描述性词汇或自然词汇。要更多地了解自然主义谬误这个术语的用法，请参考G.E.摩尔的《伦理学原理》。

同性父母经常受到歧视,因为许多人只把"双亲"视为一个母亲和一个父亲。

屈服于同伴压力的可能性,尤其是诉诸众人的谬误。在别人使用谬误时,自信的人往往不太可能退却让步,也不太可能变得具有防御性而对别人使用谬误。

- 培养良好的倾听技能。在倾听别人发表观点时,要成为一个有礼貌的倾听者,即便你不同意他的观点。在你还没有听到另一个人的观点之前,不要想该如何做出回应。在别人介绍完自己的观点后,你应该复述一遍以确保理解无误。努力寻求共同之处。如果你注意到别人的观点中存在某种谬误,应该礼貌地指出来。如果别人的论证说服力不强,你应该请求对方提供更有力的证据来支持他的观点,而不是简单地忽视。

- 避免使用有歧义或含糊不清的词汇和错误的语法。培养良好的沟通技能和写作技能。在表达某个观点时,要对关键术语进行明确界定。同时期望别人也这么做。不要担心提出问题。如果你对某个术语的定义或别人表达的意思不确定,可以请对方界定这个词或重述这个句子。

- 不要将论点是否正确与提出该论点的人的品质或所处的状况混为一谈。把注意力集中在提出的论点上,而不是提出论点的这个人身上。如果别人仅仅因为你在某个特定问题上的立场而对你进行攻击或威胁,那么你要能抵挡住反击对方的诱惑。当两个人不把主要精力放在讨论的实际问题上,而是一味地以牙还牙,那么一场争论可能会升级到无法控制的地步,两个人最后都会感觉沮丧和受伤。认为别人使用了谬误或不合逻辑,而自己却可以这么做,这是思维不成熟的表现。如果别人攻击你的人品,你可以退后一步,在做回应之前先深呼吸。

- 了解你的论题。在研究之前不要贸然下结论。了解你的主题可以让你不那么容易因为不能辩护或解释自己的立场而犯错。这种策略包括熟悉证据,以及乐于向别人学习。在评价新证据时,要保证它的来源可靠。

- **采取怀疑的态度。** 我们应该保持怀疑精神，而不是对自己不同意的意见完全抗拒，除非有明确的证据表明它是错误的。不要随意相信别人的话，尤其是在所讨论问题的领域并非权威的那些人。除此之外，对自己的观点也要保持怀疑态度，相信自己也有可能犯错，起码自己并未掌握全部事实。
- **留心你的身体语言。** 谬误并不是必须通过书面语言或口头语言来表现。比如，人身攻击和诉诸强力的谬误可以通过身体语言来传递，比如翻白眼、怒视、眼望他处，甚至在别人说话时走开。
- **不要打定主意"赢"。** 如果你的目的是赢得一场辩论，而不是弄清问题的真相，那么当你不能理性地辩护自己的观点时，你更有可能使用谬误和修辞手法。

学会如何识别和避免谬误，可以减少你被错误论点欺骗的可能性，不管这些谬误是来自异教团体征募者、广告商、政客、权威人士、朋友还是家人。在自己的日常生活中识别和避免使用谬误尤其重要，这样可以提升你的批判性思维技能。

习惯性地使用谬误会破坏你的人际关系，让人感到难过和沮丧。通过避免使用谬误，你的人际关系会更加令人满意，你的论证会更加有说服力，更加可信。相应地，这会使你更容易地实现自己的人生目标。

再想一想 >>

1. 什么是谬误？为什么我们会被非形式谬误所欺骗？
   - 谬误是一种不正确的思维方式。我们被非形式谬误所蒙骗，是因为这些谬误在心理上是具有说服力的。使用批判性思维能够减少我们被谬误欺骗的可能性。
2. 非形式谬误的三种主要类型是什么？
   - 一种类型是歧义谬误，是指使用有歧义的词语、不明确的语法结构或混淆两个密切相关的概念。在不相关谬误中，其中的一个前提与结论不存在逻辑上的关系。第三类谬误是指包含无理假设的谬误，其中的一个前提没有充分的证据支持。
3. 我们怎样才能避免被谬误欺骗或使用谬误？
   - 有好几种策略可以使用，包括提高我们的分析和论证技能，认识到自己的优势和弱势，建立自信，培养良好的倾听技能，避免使用有歧义的词汇，采取一种怀疑的态度，仔细了解正在讨论的论题。

批判性思维之问

关于美国向伊拉克开战的观点

1990年,伊拉克入侵科威特。当时伊拉克拒绝从科威特撤兵,联合国的多国联合部队动用武力将伊拉克驱逐出科威特。按照1991年海湾战争的停战决议,伊拉克需要接受联合国对其大规模杀伤性武器的核查。伊拉克总统萨达姆·侯赛因拒绝联合国的无条件核查,他曾于1988年对伊拉克库尔德叛军使用过化学武器。

2001年9月11日,纽约世贸中心和五角大楼的恐怖袭击事件发生之后,美国和伊拉克之间的紧张状态进一步升级。美国总统乔治·W.布什明确表态,萨达姆·侯赛因与制造"9·11"恐怖袭击事件的基地组织相互勾结。布什在2002年1月发表国情咨文演讲时,把伊拉克称为"邪恶轴心"的一部分,而且郑重宣告美国"不允许世界上最危险的政权用世界上最危险的武器来威胁我们"。2002年9月,布什要求联合国强制执行制裁伊拉克的决议,并且发出警告,如果联合国不执行,美国将自己采取行动。一个月之后,美国国会通过了授权布什攻打伊拉克的决议。2003年3月20日,美国对伊拉克发起战争,被称为"伊拉克自由行动"。不到一个月,萨达姆·侯赛因政府被推翻。2003年5月1日,布什宣布结束主要的军事行动。但是,由于伊拉克叛军对美国和联合部队持续的反击,战争所造成的伤亡人员仍在增加。

2003年4月,美国要求联合国武器核查人员从伊拉克撤离,同时接管了搜寻萨达姆·侯赛因传说中藏有大规模杀伤性武器的任务。尽管经过了严密搜查,但是并没有发现大规模杀伤性武器。2004年6月,"9·11"委员会发布了一项报告,谴责战前情报机关提供的有关大规模杀伤性武器的信息是错误的,同时他们也得出结论,"没有可靠的证据表明伊拉克和基地组织联合袭击美国。"第二年9月份,联合国秘书长科菲·安南公开宣称,对伊拉克的战争是非法的,违反了联合国宪章。美、英两国政府对安南的这一结论都予以激烈的否认。

直到2008年10月,美国仍然有14.6万军队和18万雇佣兵(由美国支付费用)驻扎在伊拉克。

关于伊拉克威胁论的评述

美国前总统乔治·W.布什

这篇演讲旨在证明对伊拉克实施先发制人的军事打击属于正当行为，发表于2002年10月7日俄亥俄州辛辛那提市博物馆中心。

今晚，我想花点时间来讨论影响世界和平的一个重大威胁，以及美国准备率领全世界勇敢面对这一威胁的决心。

这一威胁来自伊拉克，是由伊拉克政权自身的行为直接引起的——伊拉克有侵略别国的历史，并且为恐怖行动准备了大量武器。11年前，作为海湾战争结束的一个条件，伊拉克被要求销毁所有的大规模杀伤性武器，停止这类武器的所有研发活动以及终止对恐怖组织的一切支持。而伊拉克政权违反了所有的约定，它仍然拥有并且在制造生化武器，而且试图研发出核武器。它为恐怖分子提供庇护和支持，却对自己国家的人民实行恐怖统治。全世界的人民都目睹了伊拉克11年来的蔑视、欺骗和背信。

我们永远也无法忘记最近发生的最令人痛心的事件。2001年9月11日，美国感受到了在面对威胁时自身的脆弱性，即使这些威胁是来自地球的另一端。不管是过去，还是今天，我们都有决心勇敢地面对来自各方的任何威胁，他们可能给美国带来突然的恐怖袭击和灾难。

美国两大政党的国会成员以及联合国安理会的成员都一致认为，萨达姆·侯赛因对和平构成了巨大威胁，必须解除他的武装。我们已达成一致意见，绝对不允许伊拉克独裁者使用可怕的毒物、疾病、毒气和核武器来威胁美国和整个世界。既然我们都同意这一目标，问题是：我们怎样才能最好地实现它？

……有些人会问，为什么伊拉克与其他同样拥有危险武器的国家或政权不同？从过去与现在的行动来看，从伊拉克的技术能力来看，从这一政权的残忍本性来看，伊拉克都是独一无二的。就像联合国的一位前最高武器核查员所说，"伊拉克最根本的问题在于其政权性质本身。萨达姆·侯赛因是一个嗜杀成性的暴君，他沉迷于制造大规模杀伤性武器。"

有些人会问，伊拉克对美国和世界造成的危险有多紧迫？危险已经相当严重，而且随着时间的推移只会越来越糟糕。如果我们知道萨达姆·侯赛因今天拥有危险武器——而我们也确实知道——那么如果世界还要等到他变得更加强大并且开发出更加危险的武器再采取行动，这样做还有什么意义呢？

……我们还知道，伊拉克政权已经生产出数百吨化学制剂，包括芥子气、沙林毒气和VX神经毒气。萨达姆·侯赛因已经拥有使用化学武器的经验，他曾经下令对伊朗以及自己国家的40多个村庄实施化学袭击。这些行动杀害或伤害了至少2万人，比"9·11"袭击事件中死亡人数的6倍还要多。

而且，卫星监测图片显示，伊拉克政权正在重建以前用于生产生化武器的基础设施。

我们知道，伊拉克和基地恐怖组织拥有共同的敌人，那就是美国。我们知道，在过去的十年里，伊拉克和基地组织联系密切……我们还知道，伊拉克在炸弹制造、毒物和毒气领域训练"基地"成员。而且我们知道，"9·11"事件发生后，萨达姆·侯赛因曾兴高采烈地庆祝对美国实施的这一恐怖袭击。

有些人提出，对抗来自伊拉克的威胁会转移对恐怖行动的战争。恰恰相反，对抗伊拉克造成的威胁，对取得反恐行动的胜利至关重要。一年多以前，我曾经对国会说，那些为恐怖分子提供庇护的人与恐怖分子一样有罪。而萨达姆·侯赛因就为恐怖分子提供避难所，并为他们实施恐怖袭击提供武器，而且是大规模杀伤性和破坏性的武器。他不能被信任，风险太大，他很有可能会使用这些武器或将它们提供给恐怖组织……

许多人问，萨达姆·侯赛因最快什么时候能研发出核武器？这个问题我们并不十分清楚，而这也正是问题所在……武器核查人员发现，伊拉克有非常先进的核武器研发计划和切实可行的核武器设计方案，而且正在为制造炸弹研究几种浓缩铀的方法。

如果伊拉克政权能够生产、购买或者窃取一定量的高浓缩铀，甚至只是比一个垒球大一点，他们也可能在一年之内制造出核武器。如果我们坐视这种情况发生，无异是跨越了危险的界线。如果任其发展，萨达姆可以对任何反对他的人进行还击，他将在中东地区处于主宰地位。他可以威胁美国。萨达姆还可以将核技术转让给恐怖分子。

有些国民想知道，11年来这个问题一直存在，为什么我们现在要面对它？这是有原因的。我们刚刚经受了"9·11"袭击事件的惨痛经历。我们已经看到，那些憎恨美国的人甚至愿意用飞机去撞击全是无辜民众的大楼。实际上，我们的敌人渴望使用生化武器或核武器袭击我们的决心绝不亚于使用飞机这种手段。

如果不采取行动，会让其他的暴君更加肆无忌惮，恐怖分子能够得到新式武器和新能源，这会让敲诈勒索成为世界永恒的主题。联合国会违背当初设立的宗旨，而且对我们这个时代所面临的问题无动于衷。如果对此无所作为，美国的未来将会陷入恐怖之中。

那不是我所了解的美国。那不是我所服务的美国。我们拒绝生活在恐惧中……

美国相信，所有人都有权利拥有希望和人权，都对人类的尊严有着不可或缺的需求。无论什么地方的人，都喜欢自由而不喜欢被奴役，喜欢繁荣而不喜欢贫穷，喜欢自治而不喜欢恐怖统治。美国是伊拉克人民的朋友。我们的行动只是针对奴役伊拉克人民并威胁我们的那个政权。如果这些需求得到满足，最先和最大的受益者是伊拉克的男人、女人和孩子……伊拉克的长期囚禁状态将结束，一个充满新希望的时代即将开始。

……"9·11"袭击事件表明，宽阔的海洋不再能保护我们远离危险。在9月11日这个灾难日之前，我们只是对基地恐怖组织的计划和企图有少许线索。但在今天的伊拉克，我们看到了威胁，目的是如此明确，结果也会更加致命。萨达姆·侯赛因已经把枪口对准了我们，面对威胁，我们责无旁贷。

我们不会自找麻烦，但是面对目前的挑战，我们勇于接受。就像其他几代美国人一样，我们有责任保卫整个人类的自由，反对暴力和侵略。通过我们的决心，我们会给别人带来力量。通过我们的勇气，我们会给别人带来希望。通过我们的行动，我们将保卫和平，引领世界走向更加美好的明天。愿上帝保佑美国。

问 题

1. 美国前总统小布什认为，伊拉克和萨达姆是"对和平的威胁"，他给出了什么理由和证据来证明自己的结论是合理的？
2. 小布什是如何将伊拉克政权与基地组织以及2001年发生的"9·11"恐怖袭击事件联系起来的？
3. 小布什呼吁美国对伊拉克开展军事行动，他是如何针对公众可能会有的反应发表讲话的？

谬误和战争：误导紧张的美国得出错误的结论

戴夫·科勒

戴夫·科勒是费城批判性思维协会的成员，也是PhillyBurbs.com网站的设计总监，他还负责为该网站撰写一周专栏。他毕业于宾夕法尼亚州立大学，是文科概论专业的文学学士。

我热爱美国。我出生在这个国家的一个中产阶级家庭，我为此感到非常幸运。当我的美国受到侮辱，或者我的生活方式面临当政者的挑衅时，我非常生气。在这一周的专栏中，我要非常严肃地讨论一些空洞而无意义的观点，它们被现任政府当做发起战争的借口。

当事实真相不容易获得或不方便获得时，人们可以使用很多技巧来表达某个观点。下面是现任政府在说服你和整个世界认同攻打伊拉克是必然选择时所使用的一些技巧。

现任政府最喜欢采用的方法之一是**虚假两难法**。这种方法是指说话的人只给出两个选择，而实际上却有多个选项。就在"9·11"事件之后，你会听到这样的话，在与恐怖主义的斗争中，"你要么与我们在一起，要么与我们作对"。而实际上，其他国家既可以反对恐怖主义，也可以不与美国结成同盟。最近，许多国家都表态，它们既反对发起先发制人的战争，也反对目前的伊拉克政权。

我们同时也听到，我们必须攻打伊拉克，如果我们无所作为，萨达姆会研制出大规模杀伤性武器，对世界构成极大的威胁。而派遣核查人员到伊拉克进行监督以及采取遏制政策等选择却被断然否决。如果全世界把萨达姆放在显微镜下监视，我们还会相信他能研发出核武器吗？

就在最近，总统建议联合国要么投票表决支持战争，要么袖手旁观。联合国不会只因为大多数成员国都不同意乔治·W.布什的观点就不存在了。如果辩论和分歧意味着审议机构的解体，那么美国国会早已不复存在了。

另一个论证策略是**诉诸无知**。这种策略是主张不能被证伪的事情一定是真的。我们听闻伊拉克没能证明自己没有大规模杀伤性武器，因此断定他们肯定有。举证的真正责任应该在于提出观点的一方。美国或联合国必须证明伊拉克拥有大规模杀伤性武器。伊拉克不可能证明自己没有这类武器。

描述一系列不断恶化的严重事件的论证被称为**滑坡谬误**。反对控制枪支的人提出，枪支登记制最终会导致政府没收所有枪支的局面，他们就有效使用了这一策略。关于伊拉克，我们只是听说萨达姆会如何研制大规模杀伤性武器以及把这些武器提供给袭击美国的恐怖分子。然而，这只是事件链的一种可能，仅此还很难证明对一个主权国家发动战争的正当性。

现任政府对这个问题的回应是：我们不能等到蘑菇云在美国的某个城市升起时，才说那是确凿的证据。这不仅运用了滑坡谬误，而且还包含了虚假两难法，在很大程度上是在制造恐慌。在得出这一结论之前，有许多有效的方法可以找到大规模杀伤性武器存在的证据，而且也有办法破坏掉这些武器。

针对某个人或群体而非问题本身提出批评被称为**人身攻击**。目前许多美国人对法国的讨论就是极好的例子，这些讨论不仅非常幼稚，而且偏离了真正的问题本身。法国不会因为我们60年前把他们从纳粹德国手中解救出来，从而在每件事情上都必须附和美国的意见。

布什总统经常称萨达姆·侯赛因是嗜杀成性的魔鬼，不能被信任。即便这是真的，这种谩骂和中伤也不能证明萨达姆有能力威胁世界……

以某个人是著名问题方面的专家为基础来论证某个主张是真的，这被称为**诉诸权威**。在我们正在讨论的这个问题上，所谓的专家是来自伊拉克的叛逃者。国务卿鲍威尔宣称，叛逃者报告有18个可移动的生化武器实验室在伊拉克到处流动。首先，这些叛逃者所说的话是可疑的，因为很明显他们讨厌伊拉克。我确信，叛逃者应该很乐意告诉美国想听到的内容，这样做可以加快伊拉克政权的灭亡，他们就可以回到自己的祖国。更重要的是，最高武器核查员汉斯·布利克斯曾表示，他们已经检查了据称部分卡车，发现这些卡车其实是食品检测实验室。

如此，既然没有任何确凿的证据，还剩下什么？萨达姆是坏人吗？

那就是全部了吗？我认为，对于美国来说，战争已经变得相当简单，尤其是我们面对的是如此弱小的敌人，而且几乎所有**美国人**的生活都没有面临什么危险。但是，既然有和平的方式来解除萨达姆·侯赛因的武装力量，我们为什么要在此时发动战争呢？

布什政府为什么要用这些欺骗性的手段让我们急于与伊拉克开战呢？

有没有确凿的证据表明，伊拉克仍然拥有大规模杀伤性武器，并且与恐怖分子有联系？一些录音磁带和模糊的卫星照片不足以成为有力的证据。我们所听到的一切都是千篇一律的道听途说的证据。

布什总统曾表示：如果萨达姆和他的将领"杀害无辜平民和摧毁基础设施，他们将被视为战争罪犯。"美国又何尝不是即将要杀害无辜平民和摧毁基础设施呢？

……有时，战争是非常可怕的必然事物。

但这次不是其中之一。

问 题

1. 根据科勒的观点，布什政府使用了哪些谬误来证明对伊拉克实行先发制人的战争是正当的？
2. 科勒列举了哪些例子来阐明这些谬误？
3. 关于布什政府所列出的攻打伊拉克的正当理由，科勒的结论是什么？他是如何支持自己结论的？

6

政治家如何在政治辩论中使用逻辑论证和修辞？发展逻辑论证技能如何使得我们更加有效地表明和辩护我们的观点？

论证的
识别、分析和构建

要 点

147 | 什么是议题

148 | 论证与修辞术

151 | 识别论证

153 | 拆分和图解论证

158 | 评价论证

161 | 构建论证

167 | 批判性思维之问：关于同性婚姻的观点

在1858年的参议员竞选中，亚伯拉罕·林肯与时任伊利诺伊州参议员的史蒂芬·A.道格拉斯进行了一系列（7场）政治辩论。辩论的主题都是当时最热门的政治问题：奴隶制度是否应该扩大至美国西部地区，州政府是否有权力在本州内实行或废除奴隶制，美国最高法院在1857年斯科特诉桑福德案中裁定奴隶是"最为严格意义上的财产"，并宣称国会在西部地区废除奴隶制的决议违反宪法，这项判决是否明智。道格拉斯主张"人民主权论"，声称美国各州和西部地区的人民有权力决定本州的法律和奴隶政策。而林肯同意奴隶制在已经承认其合法性的

想一想 >>

- 什么是论证?
- 拆分和图解论证的目的是什么?
- 在评价一项论证时应当考虑哪些因素?

各州不应该废除,同时反对将奴隶制扩大至西部地区实行。林肯认为奴隶制是"一种道德错误、社会错误和政治错误"。

虽然林肯在参议员选举中失败了,但在这场辩论中他作为一名出色的演讲家和批判性思维者享誉全国。一个人首先提出一个论点,然后另外一个人提出相反的论点进行回应,这种在林肯与道格拉斯的辩论中建立的模式已经被许多组织包括学术机构采纳,用来分析有争议的问题。

这种识别、构建和分析论证的能力是批判性思维中最基本的技巧之一。对很多人来说,辩论这个词在脑海中的第一反应是争吵和叫喊。然而在逻辑学与批判性思维中,辩论或论证指的是利用推理和证据去支持一种论断或结论。不像日常生活中由于观点不同发生的小口角,批判性思维中使用的论证超出了个人的解释,而是努力分析这些解释。换句话说,这是一种调查方式,通过这种方式人们可以找到接受或反对某一立场的原因,从而针对这一问题形成自己的想法。

在如今这个信息时代,我们每天不停地遭受着来自网络、电视、报纸、广告、政客以及其他来源的议题辩论的轮番轰炸。例如,在第1章结尾的"批判性思维之问"中,南希·康托尔赞成密歇根大学的行动方针,而前总统乔治·W. 布什则表示反对,康托尔和布什都提出了有说服力的论据。我们的任务便是决定这两人谁提出的论据更好,或者是否存在另外一种途径,能够吸收双方论证中的精华部分,并最终形成与两位辩论者最初考虑的论证都不相同的新论证。作为在民主政治下生活的公民，我们需要培养对辩论进行批判性分析的能力，以及在综合考虑各方观点后，以自己的评价为基础做出决定的能力。

当在自己的生活或职业中需要做出决定时，人们也可以在眼花缭乱的众多机会中自由选择。此时容易犯的错误是选择阻力最小的道路或者接受默认的选择，而不是进行彻底全面的考虑。辩论与论证的技巧不仅体现在公共生活中，而且也能够帮助我们在个人选择中做出更好的决策。在第6章，我们将学习如何识别、分析和构建论证。具体内容为：

- 学习如何确定议题
- 学习如何识别论证的各个部分，包括前提、结论以及前提和结论的标志
- 如何区别论证、解释和条件陈述
- 如何将论证分解为前提和结论
- 图解论证
- 构建自己的论证
- 探索评价论证的基础

本章结尾将讨论关于同性婚姻的问题，并从不同角度分析关于这一争议性问题的各种论证。

什么是议题

辩论帮助我们分析议题，并决定在该议题中的某一立场是否合理。**议题**（issue）是由存在争议或不确定性的问题所组成的不明确的复合体。

很多大学生在针对某一议题撰写短评或准备口头报告时经常会遇到的一个问题便是无法对该议题给出清晰的定义。例如，在关于吸烟问题的讨论中，如果没有找到问题的焦点，讨论很可能由吸烟的危害跳跃到二手烟问题，再到吸烟成瘾的问题，然后跳跃到烟草公司的责任感，再到烟草种植户的补贴。这种讨论的最终结果肯定是肤浅的，所有这些与吸烟有关的议题都没有得到更深层次的剖析。因此，在讨论中首要的事情便是确定议题的核心。

确定一个议题

识别一个议题需要清晰的思维能力和良好的沟通技能。大多数人可能都有过类似的经历，发现自己与爱人发生争论的目的完全不同。其中一方认为对方对自己没有表现出足够的爱而感到苦恼，而另一方则把这个议题看做对自己提供能力的攻击。由于不清楚真正的议题是什么，这样的争吵不会有任何结果，只能是双方都感到挫败和不被理解。

有时，我们没有机会通过与对方交谈来弄清楚议题。这种情况通常发生在文字材料所表述的问题中，比如杂志和报纸文章。此时，你可以仔细分析标题或阅读导言来找到作者的主要关注点。例如，苏海尔·H. 哈西米在《解释战争与和平的伊斯兰教伦理》一文的开篇中写道：

> 长期以来，很多理智的穆斯林作家一直试图证明西方社会对圣战持有不准确甚至是蓄意曲解的观点。然而，实际上圣战（以及战争与和平的一般伦理准则）的思想一直是穆斯林之间发生激烈的多方面辩论的主题。

读到这儿，你可以推测出哈西米提出的议题应该是"对于伊斯兰教义中的圣战观念以及一般意义上的战争与和平的观念，其最好和最准确的解释是什么？"

询问准确的问题

如何用语言阐述某项议题中的问题，将影响我们如何寻找解决问题的答案。林肯在与道格拉斯参议员（林肯称他为"法官"）进行辩论时，通过重新组织奴隶制这个议题，将这个全国性的公开论战由简单的州统治权问题上升为影响国家生死存亡的迫切问题。在最终辩论中，林肯用以下语言来概括这项议题：

> 这些话前面已经说过，但在此我要重新强调。无论从我讲过的哪一方面来说，如果我们中间仍然有人否认奴隶制是错误的，那么我只能说他站错了地方，不应该站在我们中间。除了眼前的奴隶制以外，还有其他任何事物能够威胁到我们国家的存在吗？这才是真正的议题。即使在道格拉斯法官和我闭上嘴巴保持沉默之后，这个议题仍将在这个国家持续进行下去。

美国最高法院在布朗诉教育部案中判决学校的种族隔离政策违反宪法，50年后的一篇文章在谈到非裔美国儿童缺少优秀的学校可以选择时，记者埃利斯·科斯这

在布朗诉美国教育部案*判决学校种族隔离政策违反宪法50多年之后，很多人仍然认为非裔美国人仍然无法在优质教育方面拥有与白人平等的机会。这个年轻的女孩是"小石城九学生"之一，在布朗诉美国教育部案判决之后，阿肯色州小石城的九名黑人学生由于即将进入白人学校而受到了威胁和恐吓，但他们最终在国民警卫队的护送下，成为首批进入中央高中的黑人学生。

样写道："当涉及儿童肤色问题时，人们常常提出错误的问题。人们总会问'为什么你会遇到这样的麻烦？'，而真正的问题应该是'哪些待遇是中上阶层的白人学生能够享受而你却无法获得的？'哪些他们拥有的是你所没有的？"

举一个更贴近个人的例子，假设你下课回到宿舍后发现自己的钱包不见了。本来你以为把它放到梳妆台上了，但梳妆台上却没有。这时候的议题应该是什么？当问到这个问题时，很多学生的回答是"谁偷了我的钱包？"

然而，这个问题的提出是有前提的，就是有人偷了你的钱包，显然这个假设尚未得到证实。也许你把钱包放错了地方，或者丢在上课的路上了，也可能掉到梳妆台后面了。迄今为止，你所获得的信息只是钱包丢了。因此，与做出一个毫无根据的假设相比，最好将议题表述为"我的钱包怎么找不到了？"，而不是"谁偷了我的钱包？"。切记，优秀的批判性思维者的重要特征之一便是思想开放，很多出色的侦探都拥有这一品质。

论证与修辞术

当我们从声明立场开始，而不是讨论一个能够引导人们探索和分析某一议题的开放性问题时，就会用到修辞术。很多人常常把修辞术误认为是逻辑论证。

---

* 1954年5月，居住在白人区的黑人布朗由于女儿无法去附近的白人学校上学而提起上诉，认为政府这种"隔离但平等"的做法违反了宪法的平等原则。最高法院最终判定当时的公立学校将黑人和白人隔离开来的做法属于非法行为，由此制定出在公立学校废除种族隔离的政策。——译者注

独立思考

亚伯拉罕·林肯，美国总统

亚伯拉罕·林肯（1809—1865）是美国的第16任总统。尽管是自学成才，但林肯拥有一项技能，那便是面对奴隶制和战争等重要议题时，能够提出正确的问题并仔细审视各方不同的论点，最后才做出结论。

林肯于1860年当选为美国总统，南方实行奴隶制的各州因此在1861年相继宣布退出联邦，美国内战由此爆发，这场战争耗时4年，南北双方共伤亡60多万人。虽然林肯长时间以来一直同意蓄奴合法的南方各州保持奴隶制不变，但随着内战的深入，他认为既然奴隶制是不道德的，那么全国的奴隶制都应该是非法的。同时，他也意识到在议题中选择立场不仅要深思熟虑，还应该体验现实生活的结果。作为一名坚持原则的实干家，他于1863年发表了《奴隶解放宣言》，宣布南方各反叛州的奴隶获得自由。

讨论问题

1. 林肯认为奴隶制应该予以废除，但这一举动会导致内战双方的矛盾进一步升级，你认为这一决定是否明智？从批判性思维的角度来看，有时候在辩论中为避免冲突发生而选择退让是否是最好的策略？
2. 你是否曾经冒着失去朋友甚至丢掉工作的风险在一个议题上坚持自己的立场？批判性思维能力是否对你坚持自己的立场发挥了作用？

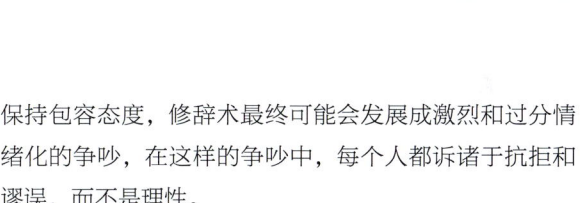

区分修辞术与论证

修辞术或**修辞学**（rhetoric）也被称为"说服的艺术"，用于宣传某种态度或世界观。在英语课程中，该术语的含义更加狭隘，它专指说服性的写作技巧。修辞术有自己独特的作用，它能够帮助我们更深入地了解议题中的某种立场以及如何阐释该立场。一旦你将某项议题的所有方面都研究透彻，并且已经做出合理的结论，那么在努力使他人相信自己的结论时，说服性写作和辩论技巧的作用便凸显出来了。林肯在与道格拉斯进行辩论时一直力图做到这一点。

当修辞术取代无偏见的研究和逻辑论证时，反倒成为一个问题。当修辞术以这种方式出现时，人们只会提出支持自己立场的观点。由于在面对某一论题时，不必先对该论题进行彻底而全面的审视，并对其他观点始终保持包容态度，修辞术最终可能会发展成激烈和过分情绪化的争吵，在这样的争吵中，每个人都诉诸于抗拒和谬误，而不是理性。

修辞术的最终目的是*说服*他人相信自己认定的事实，而论证的目的则是*发现真理*。修辞术的目标是"获胜"——使其他人相信自己立场的正确性，而不是批判性地分析某一立场。相反，一个论证的目标是为某一立场或行动方案提供充分的理由，为评估这些理由的正当性进行公开讨论。

避免修辞术

与辩论不同，论证对各种观点都保持开放的态度。要做到这一点，必须抵制住将议题两极化的诱惑，不要将事物简单地划分为"对和错"两个方面。议题的两极化通常出现在政治中,"我们"(自己的国家、宗教、政党或政治意识形态)是"正确的",而"他们"(其他国家、其他宗教的追随者、其他政党的成员或信仰其他意识形态的人)是"邪恶的"。两者之间没有中间地带。如果将议题的讨论习惯性地定义为意见对立的双方进行辩论,那么就很难得到有效的和创造性的解决。常常有一些情况,例如关于奴隶制或对平民使用无差别恐怖主义的论证,任何中间的团体似乎都是不正当的,但真相或者最佳的行动方案却往往出现在中间地带。即使一些案例看起来似乎只存在对与错两个方面,但也应当避免急于使用修辞术的辩论,而应当尝试批判性地分析和理解议题的两个方面。

论证的目的并不是简单地说服他人去相信某一立场并采取相应的行动,更重要的目的是向其他人提出依据。因此,识别受众非常重要,并且在与受众交流的过程中,无论是采用言语还是文字的形式,都应该使用适合受众的语言和概念。良好的论证也应该邀请受众进行反馈,

辩论僵局 2005年1月23日是罗伊诉韦德案宣判32周年,美国联邦最高法院在此案中判定堕胎合法。反对堕胎合法化与支持堕胎合法化的学生在圣·弗朗西斯科的集会中狭路相逢。*

讨论问题

1. 如果事先没有对某项议题进行全面的研究与分析,使用修辞术的辩论不但无助于问题的解决,反而可能会加深议题的两极化。你认为图片中的两个人可能在向对方说什么?你认为他们是在进行修辞术的辩论还是论证?假如你是该场景中的一名当地居民,作为批判性思维者的你会对她们说些什么,以小组为单位展开讨论并进行角色扮演。
2. 你是否参加过双方阵营分明的集会?如果参加过,请讨论一下,当你面对来自于议题"另外一方"成员的嘲笑和谬误时,你如何进行回应。

* 获取更多有关罗伊诉韦德案的信息,参见第9章"批判性思维之问:透视堕胎"。

分析图片

并在反馈的基础上进行进一步分析。当你仔细聆听了各方对该议题的观点，并适时修改自己的论证和观点之后，你离真相就更加接近了。

识别论证

论证（argument）由两个或更多的命题组成，其中一个命题是结论，其他的命题则是前提，支持作为结论的命题。在一项有效的**演绎论证**（deductive argument）中，结论必须是从前提中得出的，例如第 2 章中提到的四名学生与沃森卡片问题的例子。在**归纳论证**（inductive argument）中，前提可以为结论提供支持，但并非是结论所必需的证据。本书第 7 章和第 8 章将分别针对这两种类型的论证方法做更深入的介绍。

命 题

一个论证由一系列的陈述组成，这些陈述被称为命题。**命题**（proposition）是指一个能够表达完整观点的陈述。命题可能是正确的，也可能是错误的。如果无法确定某一陈述是否属于命题，可以试着将"这是正确的"和"这是错误的"放在该陈述的开头，观察句子是否通顺。以下是几个命题的例子：

地球围着太阳转。
世界上有神灵存在。
上帝没有给我足够的关爱。
考试作弊是错误的行为。
多伦多是加拿大的首都。

第一个命题是正确的。目前世界上普遍接受了地球围着太阳转这个事实。而第二个和第三个命题的正确与否就不是那么明显了。这时需要更多的信息，例如第二个命题中对"神灵"的定义以及第三个命题中对"关爱"的解释。第四个命题几乎没有什么争议：包括考试作弊的学生在内的大多数人都会同意"考试作弊是错误的行为"。最后一个命题则是错误的；多伦多并不是加拿大的首都，渥太华才是。

一个句子中可能不止包含一个命题，比如下面的例子：

马库斯这学期选修了四门课程，并且每周在父母的商店里工作 20 个小时。

这个句子中包含了两个命题：

1. 马库斯这学期选修了四门课程。
2. 马库斯每周在父母的商店里工作 20 个小时。

再举另一个例子，一个句子中包含多个命题：

卡伦非常聪明，但是学习的积极性不高，也没有努力去尝试找一份能充分发挥自己才能的工作。

这个句子包含了三个命题：

1. 卡伦非常聪明。
2. 卡伦学习的积极性不高。
3. 卡伦没有努力去尝试找一份能充分发挥自己才能的工作。

并非所有的句子都是命题。一个句子可以是指示性的（"期末考试终于结束了，一起出去庆祝一下"），表达性的（"哇！"），也可以是对信息的请求（"加拿大的首都是哪儿？"）。以上几个句子都没有做出某事物正确与否的论断。相反，命题做出不是正确就是错误的论断。关于语言的不同功能，本书第 3 章中已经对其进行了详细的介绍。

前提与结论

论证的**结论**（conclusion）是在其他命题或理由的基

础上受到肯定或否定的命题。结论是论证的最终目的，它也可以被称为论断、观点或立场。结论可能出现在论证过程的任意位置。

前提（premise）是支持结论或者为结论的成立提供理由的命题。从前提到结论便是推理的过程。

前提 ——————→ 结论

好的前提并非来自舆论和假设，而是以事实和经验为基础。前提的可信程度越高，论证过程就越完美。我们考虑一些评价第4章中证据的方式。结论应当得到前提的支持或者从前提中得出，例如下面这个论证过程：

前提：加拿大只有一个首都。
前提：渥太华是加拿大的首都。
结论：因此，多伦多不是加拿大的首都。

> 好的前提并非来自舆论和假设，而是以事实和经验为基础。前提的可信程度越高，论证过程就越完美。

前提可以分为几种类型。第一种是**描述性前提**（descriptive premise），以经验事实为基础。所谓**经验事实**（empirical fact）是指科学的观察以及（或者）我们五官感受到的证据。"渥太华是加拿大的首都"和"丽萨喜欢安东尼奥"都属于描述性前提。

第二种是**规范性前提**（prescriptive premise）。与描述性前提相反，规范性前提包含有价值观的陈述。例如"人们应当致力于实现大学校园里的多样化"或者"在考试中作弊是错误的行为"。

第三种是**类比性前提**（analogical premise）。类比性前提采用类比的形式，通过两个相似事件或事物之间的比较给出信息。例如在第2章中，古希腊哲学家柏拉图将理性与驾驭战车的车夫进行了类比。柏拉图说，正像车夫掌控奔驰的骏马一样，人类的理性也应该牢牢地控制住自己的情绪和激情。

最后一种是**定义性前提**（definitional premise）。定义性前提包含了对关键术语的定义。当关键术语有不同的定义或者容易引起歧义时，定义性前提显得尤为重要，例如"正确"和"多样性"，另一种情况是关键术语需要精确的定义。例如，"平权法案"在字典里被定义为"一种增加妇女和少数群体机会的政策，尤其是就业机会"。然而，由于没有清晰地给出政策的类型，这个定义对你的论证来说可能并不够精确。为了进一步阐明这一点，可以在前提中给出更加精确的定义。"平权法案这项政策是为了提高妇女和少数群体的社会地位，在就业和入学等方面，相比同等条件的白人男性，给予符合条件的妇女和少数群体优先权。"

非论证：解释和条件陈述

有时候，解释和条件陈述会与论证发生混淆。**解释**（explanation）是陈述事物为什么以及如何发展成为现在的状况。通过解释，人们能够了解事情的发生，比如下面这个例子：

这只猫嚎叫了一声是因为我踩到了它的尾巴。
我不高兴是因为你答应下课之后会与我在学生会见面，但你却没有出现。

在这两个例子中，我们并没有列举证据试图去证明或者说服某人这只猫刚才确实叫了一声或者我很不高兴；而是试图解释这只猫为什么会叫，以及为什么我感到不高兴。

人们也可以通过解释去描述一些事物的用途或目的，例如"MP3播放器具有存储大量音乐的功能。"此外，人们还可以将解释作为一种尝试了解某些事物内在意义的方法，例如"当珍对我微笑的时候，我认为她是想告诉我她喜欢我。"

与论述一样，并非所有的解释都是令人信服的。诸如"我今天没有把写好的作文带来是因为它被狗咬烂了"这样的解释至少会引来一大片质疑的目光。另外，随着新证据的出现，几个世纪甚至几十年前看起来非常合理的解释，在今天看来可能已经不再成立了。为什么历史上很少出现著名的女性艺术家，古人认为是由于妇女通过生育孩子来实现自己的创造性，现在看来这并不是一个合理的解释。

条件陈述（conditional statement）也可能被错认为是论证。它一般以"如果……那么……"的形式出现。

如果弗朗索瓦出生于蒙特利尔，那么她应该懂法语。
如果18岁的青少年已经心智成熟到可以参加战争，那么他们也应该被允许饮酒。

条件陈述本身并不是论证，因为它并没有引出其他论断或结论。在上面的例子中，并没有得出结论说弗朗索瓦懂法语或者18岁的青少年应该被允许饮酒。然而，条件陈述可以在论证中作为前提存在。

前提：如果弗朗索瓦出生于蒙特利尔，那么她应该懂法语。
前提：弗朗索瓦出生于蒙特利尔。
结论：弗朗索瓦懂法语。
前提：如果18岁的青少年已经心智成熟到可以参加战争，那么他们也应该被允许饮酒。
前提：18岁的青少年心智还没有成熟到可以参加战争。
结论：18岁的青少年不应该被允许饮酒。

总结：论证由两种命题组成：结论和前提。结论由前提支持。前提可分为描述性前提、规范性前提、类比性前提和定义性前提。与解释和条件陈述不同，论证致力于证明事物的正确性。

拆分和图解论证

学会如何识别论证的各个部分，并用图形来说明论证的结构，可以帮助我们更容易地找到理解某个论证的思路。首先，将论证进行拆分，然后使用不同的图表符号代表论证的不同组成部分，从而形象地展现完整的论证、各项命题以及前提与结论之间的关系。

将论证拆分为命题

在对论证进行图解之前，首先要将论证拆分为若干命题。下面详细地介绍图解论证的步骤：

1. **为命题添加括号**。在拆分一项论证的时候，首先为每个命题添加中括号，这样你能够清晰地看到每个命题的开始与结尾。记住，一项完整的论证可以被包含在某个句子中，如下面列举的第一个示例，或者也可以包含几个句子和命题，如第二个例子。

   [我思]故[我在]。
   [坐在教室前排的学生往往能取得更好的成绩]。因此[你应该尽量坐在前排]，因为[我知道你希望提高自己的平均学分绩点]。

2. **识别结论**。拆分论证的第二个步骤是识别哪个命题是该论证的结论。虽然并非所有的论证都如此，但有一些论证确实包含了一些术语，可以作为结论指示词，能够帮助你找出哪一个命题是结论。比如说，诸如"因此"、"故"和"于是"等类型的词语经常作为结论指示词。如果一项论证里存在结论指示词，将这个词语圈起来，并在圈出的词语上面标记字母"*CI*"（结论指示词的英文缩写）。在下面的两个例子里，"因此"这个词表明后面的是结论。

   如果没有结论指示词，可以试着提出问题："这个人想证明什么，或者想说服我相信什么？"如果仍然无法确定哪个命题是结论，试着将"因此"这个词放到你认为可能是结论的命题前面。如果这条论证的语义依然通顺，那么你已经找到了结论。找

到结论之后，请在其下方画双划线。

　　　　CI （结论）
　　[我思] 故 [我在]。

　　[坐在教室前排的学生往往能取得更好的成绩]。
　　　　CI　　　　　（结论）
　　因此，[你应该尽量坐到前排的座位上去]，因为 [我知道你希望提高自己的平均学分绩点]。

3. **识别前提**。拆分一项论证的最后一步是识别论证的前提，或者找出那些能够为结论提供支持的命题。第一个例子在本书的第一章中曾经作过介绍，这项著名论证是法国哲学家勒内·笛卡儿（1596—1650）提出的，笛卡儿支持自己的结论（"我在"）的前提是"我思"。换句话说，如果他在思考，那么就可以说他一定存在，因为人类时时刻刻都在思考。在找出的前提下面画单划线。

　　（前提）　CI（结论）
　　[我思] 故 [我在]。

　　一些论证包含有前提指示词——标示前提的词语或短语。"因为"和"由于"是最常见的前提指示词。如果论证中存在前提指示词，将这个词语画圈，并在圆圈上面标记上"PI"（前提指示词的英文缩写）。在关于坐在教室前排还是后排的论证中，"因为"这个词指明了句子的最后一部分是一个前提。论证中的第一句话也是一个前提，因为它为结论"你应该尽量坐到前排的座位上"提供了证据。在每个前提的下面画单划线进行标示。

　　　　　　（前提）
　　[坐在教室前排的学生往往能取得更好的成绩]。
　　　　CI　　　　（结论）
　　因此，[你应该尽量坐到前排的座位上]，
　　　PI　　　　　（前提）
　　因为 [我知道你希望提高自己的平均学分绩点]。

识别复杂论证中的前提与结论

并非所有的论证都像前面列举的示例一样简单易懂。一些论证段落也会包含有其他额外的材料，例如背景信息和介绍信息。在第3章结尾引用的格雷格·卢加诺夫给西弗吉尼亚大学校长大卫·哈德斯第的信中，第一段是介绍卢加诺夫的"公民自由组织"的背景材料。涉及设立言论自由区的论证直到第二段的第二句话才真正开始。

　　在下面这封给编辑的信中，第一句话便是论证的结论。然而，第二句话的前半部分——"虽然过度狂热的父母有时会占据新闻头条的位置"，并不是实际论证的一部分；相反，它只是介绍性材料。这句话中紧随之后的是一个短语"实际上"，它作为前提指示词为本论证标示出了第一个前提。第二个前提直到本段的第三句话才出现。

　　　　　　（结论）
　　[高中水平的体育项目成为本世纪依旧保持纯洁的最后几个堡垒之一。] 虽然过度狂热的父母有时会占据
　　　　　　　PI　　　　　　　　（前提）
　　新闻头条的位置，但实际上 [大多数年轻人从事体育项目仅仅是出于他们内心的热爱。] [在参加工作
　　　　　　　　　　　　　　　　　　　（前提）
　　以后的日子里，许多对我有帮助的价值观（团队协作、团结一心、努力工作和吃苦耐劳）都是我的足球和棒球教练教给我的。]

　　诸如"因为"（because）、"由于"（since）、"因此"（therefore）、"所以"（so）等词语有时会作为论证中的前提和结论指示词，但并非总是如此。"因为"和"因此"也会出现在解释句式中，例如下面的例子：

> 因为美国的人口状况和移民方式都在发生变化，今天的大学生毕业后将面临与他们的父辈完全不一样的就业形势。

　　此外，"since"这个词除了表示前提之外，有时也可以用于指示时间。

> 自从（since）2001年"9·11"事件中世贸大厦和五角大楼被袭击之后，对大多数美国人来说，不同文化种族之间的关系已经彻底改变了。

　　了解如何将一项论证拆分为结论和前提，能够帮助人们更容易地去分析一项论证。虽然诸如"因此"（therefore）和"因为"（because）等词语可以帮助我们进行分析，但是一定要记住，这些词语有时候并不一定是结论或前提的指示词。

分析图片

关于大麻的争论

讨论问题

1. 识别广告中论证的结论和前提，评价该论证。
2. 这条广告的目的是什么？它是否发挥了预期的效果？广告设计者为了说服读者接受自己的结论采用了哪些策略，是否使用了修辞手法，是否存在谬误，分别指出并进行讨论。

对论证进行图解

一旦掌握了拆分论证的基本原则，就可以进一步对论证进行图解。有时论证的失败仅仅是因为对方没有遵循我们推理的思路。对论证进行图解能够阐明前提与结论之间的关系，以及各项前提之间的关系，接下来将介绍如何为前提划分种类，进而区分不同的论证结构。

包含一个前提的论证。 首先将论证拆分为命题，

> 对论证进行图解能够阐明前提与结论之间的关系，以及各项前提之间的关系，接下来将介绍如何为前提划分种类。

并分别用双划线和单划线在结论和前提的下方进行标示。按照在论证中出现的顺序对所有的命题进行编号，用加圆圈的数字标示在每个命题前方。例如：

①［我思］故②［我在］。

现在图解的所有准备工作已经完成了。首先在页面的下方或空白处写下结论的标号，再把前提的标号写在结论的上方。如果只有一个前提，将前提编号写在结论编号的正上方，并画一个箭头由前提编号

第 6 章 | 论证的识别、分析和构建 • 155

指向结论编号。如下：

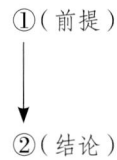

在本节中，图示括号内的各个部分（例如前提、结论、相关性前提）是对每个数字编号的解释，这里只是出于教学的目的。然而，在实际应用的论证图示中，只使用数字、直线和箭头。

包含独立性前提的论证。接下来要图解的这个论证包含不止一个前提。首先将论证拆分为结论和前提，按照在论证中出现的顺序对所有命题进行编号。

①[每个医生都应该将撒谎当成一门技艺加以培养]……②[很多经验表明病人并不想知道所患疾病的实情]，并且③[了解实情对他们的健康有害无益]。

在这项论证中，结论是第一个命题——"每个医生都应该将撒谎当成一门技艺加以培养。"在图表的最下面写上①。然后检查两个前提，即第二个和第三个命题。可以看出，在这项论证中，每个前提分别从不同的角度对结论进行了支持。一个前提能够独立地为结论提供支持，而不需要其他前提的存在，这样的前提就被称为独立性前提。为每个独立性前提分别画出指向结论的箭头。

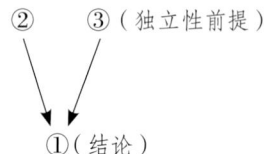

包含相关性前提的论证。当只有使用两个或更多的前提才能支持一项结论时，这样的前提就被称为相关性前提。如果无法确定两个前提是独立的还是相关的，可以试着去掉一个前提，然后查看余下的前提是否仍然能够独立地支持结论。如果不能，这项前提就是相关性前提。

在下面这个有关哈利·波特的论证中，前提①，③和④是相互关联的。单独拿出任何一个，都不能独立地支持结论。

①[圣经《利未纪 20:26》中写道："你不应该使用占卜和巫术。"]因此，②[《哈利·波特》系列小说不适合儿童阅读]，因为③[哈利·波特是个魔法师]，而④[魔法师使用巫术]。

在图示独立性前提时，首先在相关性前提之间画一条线，然后在连线的中间画一条箭头线指向结论。

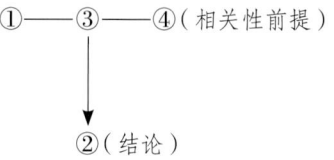

在上面这项论证中，前提④是定义性前提，可以根据读者的情况选择是否呈现。

包含中间结论的论证。有时一项支持最终结论的前提本身也是一个结论。这种前提被称为中间结论。

①[我的孙女萨拉是一名大学新生。]②[萨拉可能不会对美国退休人员协会主办的社会保障改革讲座感兴趣。]所以③[应该没有必要去问她愿不愿意陪我去。]

在上面这项论证中，前提①为命题②提供支持："我的孙女萨拉是一名大学新生。[因此]萨拉可能不会对美国退休人员协会主办的社会保障改革讲座感兴趣。"然而，命题②除了作为前提①的结论外，还成为支持命题③的前提。在图示包含中间结论（例如命题②就是一项中间结论）的论证时，应当将中间结论放到支持它的前提和它所支持的结论中间。如下图所示：

下面是一个关于死刑的论证示例，该论证包含一个中间结论，同时还包含两个独立性前提。

①[死刑并不能减少犯罪，]因为②[罪犯在作案的时候不会想到会被抓获。]同样，由于③[很多罪犯的情绪并不稳定，]④[他们不可能理性地去考虑自己非理性行为的后果。]

这些人正在焚烧《哈利·波特》系列小说。他们基于的结论是：哈利是个魔法师且巫术应该被禁止使用。

在这个例子中，命题②是独立支持最终结论（命题①）的独立性前提。如果这是本论证的所有前提，可以在图示中直接将②写在①的上面，并画一条箭头由②指向结论。

然而，论证中又给出了另外的证据（命题③和命题④），以独立的支持性论证的形式来支持结论（命题①）。因此，在图解的时候应当为其预留空间。在这个例子中，命题④是中间结论，而命题③是该支持性论证的前提。完整的论证图示如下：

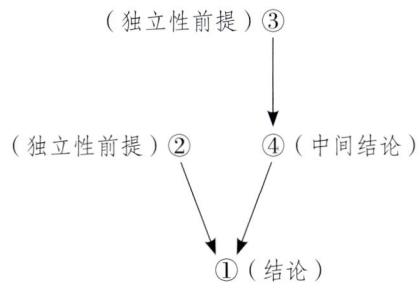

包含隐性结论的论证。在一些论证中没有对结论进行明确的说明，而是让读者得出自己的结论。例如下面这项论证有两个前提但是没有结论：

①<u>有些法律允许公立大学区别对待不同种族和性别的入学申请者，这是违反宪法的。</u>②<u>密歇根大学的平权法案政策依据种族和性别进行加分，实际上是对白人男性的歧视。</u>

在确定隐性结论是什么的时候，可以问问自己：说出这番话的人想证明什么，或者想让大家相信什么？在这个例子中，隐性结论应当是密歇根大学的平权法案政策是违反宪法的。当论证的结论是隐性的时候，将其写在论证的最后并对其标号；在这个例子中，由于这是第三个命题，所以在命题前面标注③。也可以根据需要为隐性结论添加结论指示词。

①<u>有些法律允许公立大学区别对待不同种族和性别的入学申请者，这是违反宪法的。</u>②<u>密歇根大学的平权法案政策依据种族和性别进行加分，实际上是对白人男性的歧视。</u>因此，③<u>密歇根大学的平权法案政策是违反宪法的。</u>

在图解该项论证时，可以明显地发现，这两个前提都无法在缺少另一个前提的情况下独立地支持结论。也就是说这两个前提是相关性前提。当对包含隐性结论的论证进行图解时，结论前的编号用虚线圆圈进行标注，以表明其没有出现在论证的原始文字中。需要再次强调的是，图中加括号的文字（相关性前提和隐性结论）只是为了起到说明的作用。在实际的图示中是不需要添加的。

第 6 章 I 论证的识别、分析和构建 • 157

针对大学入学中平权法案的道德性和合法性，大学生分成了截然对立的两派。

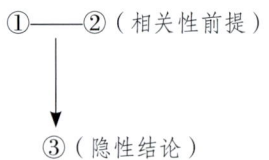

在论证或讨论一项议题时，常常没有时间总结和图解论证。然而，练习对论证进行拆分并图解论证能够使人们更容易地识别结论，并找出真实论证中结论与前提的关系，为下一节中的主题做好准备。

评价论证

了解如何拆分和图解论证能够帮助人们更容易地对论证做出评价。本节将简要介绍评价论证的一些主要标准：清晰性、可靠性、相关性、完整性和合理性。在第7章和第8章中将对本部分内容展开更深入的探讨。

清晰性：论证是清晰的还是模糊不清的？

要评价一项论证，首先要确保已经正确地理解这项论证。然后对论证进行拆分，仔细地检查每条前提和结论。所有前提和结论的措辞是否清晰易懂？如果论证的某一部分不清晰，或者某个关键术语的意思存在歧义，应当要求论证者进行澄清。

理解他人的论证需要良好的聆听技巧和对不同观点的开放心态。例如在一次聚会中，有人对我说，"外国移民正在毁灭这个国家！"我立即提出自己的疑问——"你是指所有的外国移民吗？"以及"你说的毁灭指的是什么？"他解释说他的意思是指来自中南美洲的移民给美国带来了沉重的财政负担。

可靠性：这些前提是否有证据支持？

正像本章前面讲到的，论证是由许多做出对错论断的命题组成。在一项好的论证中，前提是可靠的，并且有证据支持。换句话说，我们有理由相信这些前提是正确的。在评价论证的过程中，应当对每项前提分别进行检查。在检查的过程中需要对那些冒充事实的假设保持警惕，尤其是那些在某种文化里被广泛接受的假设以及由非专业人士提出的假设。

当我的女儿读幼儿园时，她的老师问小朋友们长大以后想成为什么样的人。我的女儿说她想做一名医生。老师听完之后摇摇头说道："男孩可以做医生，女孩只能去做护士。"将这位老师的论证进行拆分并图解如下：

① [你是一个女孩]。
② [男孩可以做医生，女孩只能去做护士。]

因此，③ [你不能去做一名医生]。

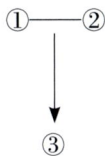

几个星期之后我问我的女儿为什么不再玩她的医生玩具了。她告诉我老师说她以后不能做一名医生。幸运的是，我们及时知道了这个老师做出的关于男性和女性应当从事不同医学职业的假设，并且揭示了这个假设的错误性，因为现在有很多医生是女性，而且有很多男性从事护士这个职业。由于该论证中的两个前提是相互依赖的，同时存在才能支持最后的结论。现在已经证明了其中一个前提是错误的，那么结论就失去了前提的支持。

一些假设往往没有直接表达出来，因此人们常常忽视这些假设。还有另外一种情况，虽然一些假设和前提明显是错误的，但人们在做出判断之前仍然需要做一些研究。例如刚才提到的对于移民态度的例子，当我问他为什么会对来自中南美洲国家的移民有这样的看法时，他回答："来自中南美洲的移民非常懒惰，习惯于不劳而获，这会给我们国家的社会福利系统带来沉重的负担，这种情况在加利福尼亚等州尤为严重。"他的前提是正确的吗？他的证据有资料来源吗？这些资料来源可靠吗？

我首先找到了一个学术研究项目，该研究引用了来自加利福尼亚州的统计数据。这些数据显示，生活在贫困线以下的拉美裔移民依靠救济金生活的比例不到美国本土公民的一半。此外，研究还发现，拉美裔移民的特征之一便是比美国本土公民工作更努力，与依靠救济金生活相比更愿意从事工作，且任何工作机会都不会放过。如果没有花费精力去研究这项前提，并发现它其实毫无

事实依据，我可能已经被这个人的"论证"说服了，甚至也会将他的假设作为"事实"传递给别人。

相关性：前提与结论是否存在相关？

除了正确性之外，前提还应该为支持结论提供相关证据。换句话说，前提应该为结论的成立提供充分的理由。上文引用的关于拉美裔移民的数据使其具有相关性，但它支持的并非"外国移民正在毁灭这个国家"这一结论，而是完全相反的结论："拉美裔移民往往工作更为努力"。

一项前提可能与结论存在相关，但是却没有为结论的成立提供足够的基础。当我女儿年幼时，大多数医生是男性而大多数护士是女性，这个事实并不能为我女儿的老师提供足够的支持，使她得出结论认为我女儿应该放弃成为医生的梦想。现在，医学院的学生中有一半是女性。

完整性：是否存在未阐明的前提与结论？

在评价一项论证时，务必提醒自己："是否存在未阐明的前提？"前提可能由于各种原因而被省略。做出论证的人可能只是没有意识到某些与议题相关的关键信息。片面的研究和证实偏差也可能会使人们忽视某些不符合自己的世界观但又非常重要的信息或前提。在刚才讨论的关于拉美裔移民的论证中，论证者没有提供能支持自己论断的实际数据作为前提。而在一项好的论证中，相关性前提必须是完整的，并且有可靠的来源进行支持。

话虽如此，有时一些前提是显而易见的，这时就不需要进行阐明。例如下面这项论证：

> 联邦教育基金应当按各州面积的大小进行分配。因此，得克萨斯州应该分到比罗德岛州更多的联邦教育经费。

在这项论证中，未阐明的前提是："得克萨斯州比罗德岛州要大"。这是一个大多数美国人都知道的不可辩驳的事实。然而，如果是将这项论证讲述给其他国家的人听，这项前提可能就需要添加上了。

省略一项相关性前提也可能会带来问题，尤其是前提本身具有争议性或者基于未确定的假设，关于拉美裔

西班牙移民吃苦耐劳,与接受政府救济相比,他们更愿意从事低薪的工作。在美国,他们构成了农业、建筑业及家政领域劳动力的重要组成部分。

"退学?退学?你想像你父亲那样吗——一只职业的实验室老鼠?"

加里·拉森的漫画 FAR SIDE

讨论问题

1. 找出这幅漫画中的前提。注意结论是隐性的:"你不应该退学。"此外漫画中还有一项隐性前提,找到并写下来。
2. 这项隐性前提可信吗?仔细分析该项前提然后给出答案。

移民的论证便存在此类问题。当现有前提的成立需要依赖于未阐明的前提时,问题可能会更为严重。相关性前提的缺失可能导致我们得出基于不完整信息的错误结论。

在一些情况下,一些前提被刻意删去是因为前提本身的争议性,如果陈述该前提反而会使论证者的说服力减弱。考虑:

> 应该继续保持堕胎的合法性。强迫女性去抚养意外怀孕而生下的孩子是不应该的。

拆分并图解上述论证,可得到:

①[应该继续保持堕胎的合法性。]②[强迫女性去抚养意外怀孕而生下的孩子是不应该的。]

乍看起来,结论好像是由前提推断出的,因为大多数人都会将约定俗成的前提看做是合理的。然而,论证中存在一个未阐明的相关性前提,这项前提就是"谁生下这个孩子,谁就应该抚养这个孩子"。与我们看到的第一项前提不同,

分析图片

> **联 系**
>
> 如何辨别广告中的错误论证？参见第 10 章。

这项前提肯定是存在问题的，因为收养也是一种选择。

一旦找到了缺失的相关性前提，就应该将其添加到论证中。然后重新审视并评价这项论证。

①［应该继续保持堕胎的合法性。］②［强迫女性去抚养意外怀孕而生下的孩子是不应该的。］③［谁生下这个孩子，谁就应该抚养这个孩子。］

在这项论证中，隐性前提③削弱了论证本身的说服力，因为很多人并不接受这项前提。

合理性：前提是正确的吗？能支持结论吗？

最后，论证的推理过程应当是合理的。合理是指论证中的前提本身是正确的，并且能够为结论提供支持。前提与结论之间的关系应当建立在推理之上，而不是诉诸于谬误。

从另一方面来说，当结论没有得到前提支持时不能简单地判定其一定是错误的。这时你能说的仅仅是该结论是否正确暂时无法判断。一些议题很可能无法通过逻辑论证证明其正确与否，例如上帝的存在性和他人意识的存在。

在我 10 岁或 11 岁的时候发生了最严重的一次哲学上的创伤经历，当时我意识到自己无法证明世界上除了自己以外其他任何人或事物的存在性。大约有一周的时间，我一直徘徊在痛苦的唯我主义（认为我是世界上唯一存在的事物）迷雾中，刻意疏远要好的伙伴。然而最终我还是做出了决定，为了自己的快乐和幸福，接受世界上其他事物的存在性。这段经历也教育了我不要因为事物无法通过论证进行证明便否定其正确性。如果草率地做出这一论断，那就犯了无知的谬误。

我们将在第 7 章和第 8 章中介绍评价特定类型的论证所使用的其他准则。

构建论证

迄今为止，我们已经学习了如何识别、拆分和评价论证，现在你可以开始构建自己的论证了。下面介绍构建论证的一系列步骤，帮助你完成这个过程。

构建论证的步骤

构建一项论证可分为八个步骤，分别是：（1）陈述论题；（2）建立前提列表；（3）删去缺乏说服力或不相关的前提；（4）确立结论；（5）组织你的论证；（6）尝试向他人进行论证；（7）修正论证；（8）将结论或解决方案付诸于行动。

1. 陈述议题。你想要处理什么问题或议题？首先应当对议题有清晰的认识，这样可以使你的论证过程不脱离正确的轨道。尽量使用中性的词语表达议题。例如，"美国是否应当执行更为严格的枪支管制条例？"不能表述成"政府是否应该做出更多的实际行动以阻止枪支落入屡教不改的罪犯手中？"

2. 建立前提列表。在寻找潜在的前提时，避免将个人观点掺杂其中。同时应该清醒地认识到，议题并非只有两面性，观点不一定非对即错。从"两面"看待问题已经渐渐成为美国文化的准则，这时辩论成为解决问题的方式，直到一方胜利而另一方失败。

在建立前提列表时，应当尽可能地保持客观性和开放性。要尽量挖掘议题的各个方面，而不是只选择那些支持自己世界观的前提。与他人进行头脑风暴是开拓思路的好方法，这时应当让思想自由地流动，不断地创新，而前提的好坏、表达的准确与否则暂时不用考虑。在进行的过程中将每个前提都记录下来。如果可能的话为其添加参考文献以方便以后的查找和核对。

你的前提应该相对没有争议。同时当心不具支持性的解释或假设。始终保持怀疑的态度。如果你根本不确定一项前提是否正确，一定要仔细核对。随着研究的进行，必须确保自己使用的资料来源全部可靠，同时继续对问题进行全方位的考虑。

有时会遇到一些与文化有关的世界观，这些世界观在人们心中根深蒂固，人们都认为它们是正确的并很少产生质疑。约瑟夫·科林斯医生做出结论认为"每个医生都应该将撒谎当成一门技艺加以培养"，多年来一直是医学界的广泛共识。了解病情会伤害病人这项假设从未受到过质疑，因为一直以来大家都是这么认为的。直到

1961年才有人开始检验这项前提，结果发现事实并非如此，大多数癌症患者知悉自己的病情会更有助于治疗的效果。

一旦建立了初步的前提列表，立即从头开始逐项进行核对。每项前提都应当表述清晰、令人信服和内容完整。还要确保自己对该议题有彻底的认识。你肯定不希望在论证过程中面对一些人突然提出的质疑和反驳时，自己由于猝不及防而乱了阵脚。你是否遗漏了一些重要前提？例如，你的议题如果是学生宿舍内是否允许吸烟，一定要去查阅美国该州的法律。该州是否已经立法规定不允许在公共场所吸烟，如果是，该校的学生宿舍楼（尤其是在一所州立大学时）是否被认定为公共场所？

如果你发现收集的前提已经足够支持自己开始这个练习前所持有的观点，这时应当重新回到议题，并花费更多的时间去审视支持议题其他观点的前提。

3. 删去缺乏说服力或不相关的前提。
在完成前提列表之后，再次回顾检查一次，删去任何缺乏说服力或与论题不相关的前提。就像格言中所说的锁链一样，最薄弱的一环（前提）会摧毁你的整项论证。与此同时，你可能会想删去与自己支持的观点不契合的前提，请务必抵挡住这种诱惑。

列表中最终保留的前提一定是与论题相关的。如果论题是"大麻是否应该合法化？"，那么可能出现的干扰性前提包括如何证明一些反对大麻合法化的议员其实是伪君子，他们自己在大学时期也曾使用过大麻，此时应当避免受这些前提影响而偏离了论证的方向。坚守在大麻和合法化这个主题上。此外还应删去一些多余的前提，这些前提的核心与其他前提一样，只是换了一种表达方式。

然后，将紧密相关的前提编排成组。例如，前提"事实证明服用大麻会降低反应时间"应当与前提"研究表明长期服用大麻不会对大脑功能产生任何副作用"编到

分析图片

"我认为你在第二步应当更加清楚一些。"

Reprinted with the permission of Sidney Harris, www.sciencecartoonsplus.com.

"然后，奇迹发生了！"

讨论问题

1. 这个科学家的论证中最薄弱的前提是什么？为什么这项前提最薄弱？
2. 想一想你最近使用过的论证或与他人讨论时听到的论证，其中包含薄弱的前提。这项前提是什么？讨论前提的薄弱性给结论的可靠性带来了什么样的影响？

同一组中；而前提"服用大麻已经被路德教认定为邪恶的行为"显然属于另外一组。虽然前两项前提在论题中所代表的立场不同，但是它们都以科学研究为基础，而与道德和宗教评判无关，所以归属同一类。此外，还应在所有前提中寻找是否存在相关性前提。一项前提初看起来没有说服力，可能只是因为它需要与另外一项（相关性）前提配对。

如果前提列表仍然太长，在决定哪项前提应当删去或保留时应当考虑受众的身份。如果是撰写课程论文，那么受众是你的老师。如果是在课堂上做口头报告，那么受众是课堂上的学生。你的受众还可能是你的朋友、伙伴、亲戚或者报纸和网站的读者。

除非某一前提对于你的受众来说过于明显而无需陈述，否则不要删去相关性前提。如果对这一点尚存疑虑，那么最好将其保留，因为贸然假设受众知晓这一前提是

与他人合作共同找出论证中薄弱或片面的前提能够使你的论证更具说服力。

不明智的。从另一方面来说,如果给你做论证陈述的时间不多,那么就应留下最具说服力的前提。然而,其他前提也应预先准备,在你被要求对论证进行扩展或进一步阐明时可以随时使用。

接下来检查所有保留下来的前提的措辞。每个前提都应当措辞清晰,不应存在模糊不清或容易混淆的词语,语言中也不应带有任何情绪。为前提中所有可能引起歧义的关键术语添加定义。确保在整个论证过程中你对这些词语的使用前后一致。

4. 确立结论。 只有在对前提列表满意的情况下才能够开始确立结论。确立结论之前应当检查所有保留下来的前提。记住在推导结论的过程中务必保持思想的开放性。在问自己"由这些前提能够得出什么样的结论?"的时候,一定要避免将议题视为对立的两面。仔细审视最终列表中的所有前提,考虑如何做出结论才能顾及尽可能多的前提。

例如,关于医生协助自杀的议题常常成为两极化严重、非此即彼或者非黑即白的争论。然而,即使在那些强烈反对医生协助自杀合法化的人中间,有人仍然会认为应当在考虑具体情形的前提下对医生协助自杀进行评判。与其将论题分为对立的两面,不如考虑如何制订能够顾及所有派别共有前提的政策或法律。

> 在问自己"由这些前提能够得出什么样的结论?"的时候,一定要避免将论题视为对立的两面。

还需小心的是,在确立结论时切勿操之过急。如果你将先入为主的观点带到论证中去,并在分析支持自己结论的证据时心存偏见,则很容易出现这种情况。因此,在没有仔细分析所有的前提并且确保你已经审视过与议题相关的不同观点之前,不要轻易做出结论。此外还应确保结论与前提之间的联系是合理的,不是基于自己的情感诉求或非正式谬误。

最后,做出的结论必须得到前提的支持,绝对不能超出前提的支持范围。例如下面这个例子便超出了前提所能支持的范围:

本校的大多数新生都拥有自己的私家车。校园里的停车场无法提供足够的停车位来容纳所有的汽车。因此学校应该再建一座停车场。

上述例子的结论是学校应该再建一座停车场,这条结论并不能由这些前提推出。一方面,我们并不了解有多少新生开车往返于学校,有多少学生将车停在校园里。而另一方面我们还有其他可供选择的方案来解决停车位短缺的问题,例如公共交通、拼车出行或者在校园与校外停车点之间加开班车。

5. 组织论证。 组织论证可采用多种方式。例如,你可以首先列出所有的前提和结论或用图表进行表示,也可以采用书面或口头的方式进行论证。如果是以书面或口头的形式进行论证,应当在论文的第一段或演讲的开始对论题进行清晰的陈述。这样才能够让你的听众清晰地意识到你的议题是什么。

论证的结论也常常出现在论文的第一段或者口头报告的开始。在论文中,这样的结论常常被称为"主题陈述"。如果可能,尽量将主题陈述精简为一句话。在开篇段落中也可以向读者介绍这篇文章将如何组织论证并为结论辩护。当然,也可以用一两句话简要介绍议题的重要性以引起读者的兴趣。

以下摘自詹姆斯·雷切尔的《主动与被动安乐死》

行动中的批判性思维

匆忙得出结论的危险

过于匆忙地得出结论可能会带来影响深远的不良后果。在我读高一期间,我们全家搬到了一个新的学区。来到新学校后,第一堂英语课的作业是按照经典史诗的格式写一首叙事诗。为了给老师留下好的第一印象,况且我从9岁便开始在写第一本"书",我全身心地投入到了这项工作。我的母亲一直鼓励我的写作热情,写完后我还特意读给她听。

我满怀热情地交上了作业。第二天,我的老师,一位刚从大学毕业的年轻女性,当着全班同学的面朗读了我的诗。读完之后,她带着责难的目光不断逼问我是如何写出这首诗的,根本没有给我留下辩解的机会。然后,她宣称这首诗写得太好,不可能出自一名学生之手,指责我不应该抄袭,并把我的诗撕成了碎片。然后整整一年她都将我安排在教室的最后一排,并且在期末成绩中给我打了最低的"F"。我就这样进了英语补习班。直到高三时,我才获得了申请大学英语预备课程的机会。这次经历给我的心灵造成了创伤,我甚至不敢向母亲或任何人提起这件事。之后很多年,我都没有再从事任何形式的写作,读大学时也没有选修英语或写作课程。

我的老师既没有分析她对我的作业(那确实是一首非常好的诗)的解释,也没有考虑任何其他的可能,就这样匆忙地做出结论,认定我肯定是从其他某个地方抄来了这首诗。这样草率的结论既违背了论证的原则,也缺乏良好的批判性思维技巧。

讨论问题

1. 假设你是这所学校的一名老师,你从其他学生那儿听说了这件事情。讨论一下你会怎么做。
2. 回忆自己是否有过类似的经历,你的老师或者其他权威人士对你或你完成的工作匆忙地做出结论。这样的事件给你的人生目标和决策带来了哪些影响?讨论良好的批判性思维技巧能够在哪些方面帮助你正确地看待这样的事件。

一书中的论证,这是一个开篇段落的好例子:

> 主动还是被动安乐死在医学伦理上至关重要。具体来说,在一些特殊情况下,放弃治疗让病人自然死去是允许的,但是采取任何杀死病人的直接行动则被绝对禁止。这项原则似乎得到了大多数医生的认可……然而有充分的案例可以证明这项原则是错误的。接下来我将进行一系列相关的论证,强烈要求医生重新考虑他们在这件事情上的看法。

如果有多项前提需要介绍,可以在文章开头为每个独立性前提分配一个单独的段落。相关性前提可以放在一个段落中进行讨论。然而,如果你写的是短文,例如写给编辑的一封信,也可以将几组独立性前提放到一个段落里。不管何种情况,在你介绍一项新的前提之前,都应让读者清楚地知道。这时,可以使用一些前提指示词,例如"因为"和"第二个原因是"。雷切尔在论证的第二段以一个病人的例子开头,这名病人"身患已经无法治愈的喉癌,忍受着巨大的痛苦,各种治疗手段已经无法缓解他的痛苦。"他通过这个例子来阐述自己的第一个前提:

> 我的论点之一是"自然死去"的过程可能会非常缓慢,这无疑给病人带来了巨大的痛苦,而采用注射致死的方法相对更快,病人承受的痛苦也更少。

在论文或口头报告中,我们也应当陈述与结论相反的论证,针对每个反面论证展开讨论,并解释为何自己的前提更具说服力。你可以在提出支持自己结论的前提后,再介绍反面论证,也可以将其与支持性前提放到同一段落中进行讨论。例如,在提出自己的前提之后,雷切尔对自己的论证进行了概括,然后提出了反面论证:

> 我已经证明了被杀死本身不比等死更恶劣;如果我的论点是正确的,那么就可以推论,主动安乐死不比被动安乐死更恶劣。什么论证可能会对此提出反对?我认为其中最常见的是下面这一个:主动与被动安乐死之间最重要的区别在于,在被动安乐死的过程中,医生并没有采取任何行动造成病人死亡……然而在主动安乐死中,病人是由于医生的行为才死亡的:医生杀死了病人。

论文的结尾应当介绍在贯彻你的结论或实施议题的解决方案时人们应该采取哪些行动。雷切尔以下列建议对自己的论证进行了总结:

> 所以,鉴于医生受到法律的约束不得不区别对待主动安乐死和被动安乐死,除此以外他们不能再做更多。尤为重要的是,他们不应该将这种差别写入医学伦理的正式文件中去,从而为这种区别赋予更多的权威性和重要性。

6. 尝试向他人进行论证。 一旦确信自己的论证已经足够有说服力,便可以开始向他人尝试进行论证。在进行试论证时,应当时刻提醒自己进行批判性思维,保持思想的开放性,并虚心聆听他人的意见。如果在这个过程中发现自己的论证不够有说服力,或者结论与前提的关联不强,应当立即对论证进行修正。

7. 修正论证。 根据你收到的反馈,必要时修正你的论证。如果有的反面论证非常令人信服,那么理智的做法便是虚心地接受这一论证,并在其基础上修改自己的观点。例如,我的伦理学课上有一名学生参与了关于死刑的小组讨论,在讨论结束后,要求一位学生阐述立场。这名学生回答道:"参与讨论之后,我意识到死刑达不到预期的目的,支持死刑的论证全都苍白无力。"但他接着说道:"但是,我仍然支持死刑。"对于这名学生来说,这是非常糟糕的批判性思维过程。当面对完全相反的证据时,依然固执地支持某一立场绝非可取的品质。

8. 将结论或解决方案付诸于行动。 如果有可能的话,将自己的结论或解决方案付诸于行动。行动是良好的批判性思维中不可分割的一部分,其中包括了采取关键性的行动。例如,如果你向州参议员写了一封信,阐述了在你家附近的社区强化毒品意识的必要性,那么就应当提出切实可行的解决方案,并为方案的实施提供帮助。

对于批判性思维者来说,了解如何构建并介绍论证是非常重要的技巧。它不仅能够使你更有效地介绍论证,还有助于你解决生活中的议题。

撰写基于逻辑论辩的大学论文 大学中的很多课程都会要求学生使用逻辑论证来撰写短文或论文。本节将介绍撰写此类文章的详细步骤。

在撰写基于逻辑论证的文章之前,首先应确定议题。议题确定之后应将其放到文章的第一段,然后对论题进行简短的解释或说明。这一段落有时会被称为中心段落。将议题放在文章的前面可以避免在论证的过程中偏离主题。文章中出现的关键术语也应当放置在第一段并给出清晰和简洁的定义。文章所得出的结论也常常出现在第一段中。然而,在撰写文章之前所做的研究议题和构建论证中,结论常常最后才能得出,在得出结论之前应当对论题进行彻底的研究,并列出和分析所有的前提。我们将在后面的内容中针对如何构建论证进行介绍。

第二步是列出论证中的所有前提并展开讨论。记住,前提是支持结论或者为结论的成立提供理由的命题。关于论证的格式以及前提的不同类型可参见本章上一节。支持结论或论点的论证过程将成为文章的主要内容。而其中使用的前提必须完整,表述清晰,并有可靠证据的支持,没有谬误,逻辑说服力强。

论证完成之后,再举出反面论证。对那些可能持有不同意见的人进行换位思考。避免使用一些易于驳倒的反面论证(稻草人谬误)以彰显自己论证的说服力。针对每项反面论证应当逐一回应。

在最后一段中,重新表述议题并对议题和结论做简短的总结。最后,在文章的结尾添加参考文献或者脚注列表。完成这项任务所需要的技巧也可以帮助你在工作中更好地撰写需要提出逻辑论证的报告或文章。

在现实生活中做决定时使用论证 在现实生活中做决定时,论证是一项非常有用的工具,尤其是当你面临的形势中冲突双方立场不相上下,很难判断谁的观点更具说服力之时。批判性思维能力较差的人常常直到形势失去控制时才意识到冲突的存在,并且无法对冲突双方进行评估以得到解决问题的有效方案。

第 6 章 | 论证的识别、分析和构建 • 165

联系

科学方法与论文中逻辑论证的使用之间有什么相似性？参见第 12 章。

相反，熟练的批判性思维者能够更敏锐地察觉到冲突的存在。当冲突出现时，优秀的批判性思维者并不急于下结论，而是从各种角度全面地审视议题，在出现相反的论据时进行必要的评估，最终得出自己的结论。

考虑下面这个例子：

艾米正在纠结于这个暑假是和家人一起赴中国旅游，还是参加暑期学校以便如期修完大学课程。她已经与一家电脑软件公司达成了工作意向，6月份毕业后就入职。不幸的是，暑期课程的时间与旅行计划发生了冲突。她应该怎么做？

如果遇到这种情况，你应该做的第一件事情便是列出所有可能影响最终决定的前提或原因。在做决定之前，艾米首先列出下列前提：

- 爷爷奶奶在中国生活多年，日益老迈。这可能是我最后一次机会去探望他们了。
- 父母将承担这次旅行的费用，所以我在经济上不存在负担。
- 我需要参加一次暑期课程才能在明年顺利毕业。
- 我已经与一家电脑软件公司达成了工作意向，将在6月份毕业后入职。
- 我们学校的暑期课程安排与我的旅行计划有冲突。

在制订前提列表时，应积极向其他人寻求良好的建议。或许存在其他你没有想到的，但是非常合理的行动方案。另外，认真地研究每项前提，确保它们都是正确的。在艾米的例子中，她的一个朋友建议她去教务处进行咨询，看看是否有其他可供选择的课程能够避开去中国的这段时间。结果发现，她可以选修《当代中国商业文化》的实习课程以拿到毕业所需的学分。艾米将这项前提（或者称为选项）添加到了前提列表中：

- 我在中国期间可以完成大学的实习课程。

在完成了前提列表之后，重新回顾每项前提。标出相关度最高的前提，删去不相关的前提。然后在做结论之前再次回顾前提列表。你是否有所遗漏？通常在做完研究工作和列出各种选项之后，你就能够发现冲突已经完全不是问题了，就像艾米遇到的情况一样。

最后，将做出的决定或结论付诸于行动。最终结果是，艾米既可以和家人一起赴中国旅游，也能够如期完成大学学业。

论证为我们在生活中分析问题和做出决定提供了强有力的工具。作为批判性思维者，在任何时候都不应该草率地得出结论，相反，在确定立场和做出重要的决定之前，必须仔细地从不同的角度审视所有的选项。此外，必须保持开放的心态以听取新的证据，并根据新证据及时修正自己的立场。尝试去了解为什么有人持有与自己不同的立场，能够帮助我们更好地理解冲突的根源，甚至解决冲突。

再想一想

1. 什么是论证？
   - 一项论证由两个或多个命题组成，其中一个作为结论由其他命题提供支持，提供支持的命题被称为前提。论证试图证明某一结论的正确性，或者使他人接受该结论，而解释是说明某一事物为何如此的陈述。
2. 拆分和图解论证的目的是什么？
   - 拆分论证能够帮助我们识别论证中的不同前提和结论，以便更好地了解和分析讨论的问题，并帮助我们逐一审视每项前提，检查其是否支持结论。
3. 在评价一项论证时应当考虑哪些因素？
   - 在评价一项论证时，应当考虑的因素包括论证的清晰性、可靠性、相关性、完整性和合理性。

批判性思维之问

关于同性婚姻的观点

  在美国，同性婚姻是否能够得到法律承认是近些年来热议的话题，美国人也就此分为了阵营分明的两派。虽然自20世纪90年代以来，同性婚姻的支持率持续上升，但2008年的一项民意调查显示，大多数美国人（58%）仍然持反对意见。大多数美国人认为，同性恋关系违反了道德准则，并有悖于宗教和文化规范。美国联邦最高法院在2003年劳伦斯诉得克萨斯州案中宣判，禁止同性之间发生性行为的法律违反了美国宪法，而在此之前，一些州立法明令禁止同性之间发生性行为，最严重的甚至可判处25年有期徒刑。

  同性婚姻的支持者们认为，婚姻是人类最基本的权利，并不能仅仅因为个人的性取向而被剥夺。同性婚姻在世界上的很多国家都已经合法化，例如加拿大、比利时、荷兰、西班牙和南非。在美国，实行同性婚姻合法化的只有马萨诸塞州和康涅狄格州，而联邦政府和除罗德岛与纽约之外的其他各州都拒绝承认同性婚姻。然而，包括佛蒙特州、新泽西州和新罕布什尔州在内的几个州都已经为同性婚姻立法，还有其他一些州则承认同性之间的同居伴侣关系。

  1996年，在比尔·克林顿执掌美国政府期间，国会通过了《婚姻保护法》。法案中规定"'婚姻'这个词只意味着一名男性和一名女性分别作为丈夫和妻子的合法结合"，从而禁止联邦政府承认同性婚姻。2004年，国会收到了一项提案，该提案要求在美国宪法内增加《婚姻保护修正案》，内容包括将婚姻定义为仅限于一名男性与一名女性之间的关系，并禁止各州的法律和法院承认同性婚姻。这项提案最终未能获得通过。（2015年6月26日，美国最高法院裁定同性婚姻在全美合法，美国成为全球第21个全境承认同性婚姻合法的国家。——译者注）

  在下面这篇文章中，迈克尔·内瓦和罗伯特·大卫杜夫针对支持与反对同性婚姻的论证展开了讨论，并得出结论，认为婚姻作为社会制度，无论是同性恋伴侣还是异性恋伴侣，对于其实现人生目标都是重要的。在第二篇文章中，罗伯特·索科沃夫斯基表达了相反的观点，他认为，允许同性之间结婚将会破坏婚姻现有的理想形象，以及婚姻与繁衍的联系。

同性婚姻案例

迈克尔·内瓦和罗伯特·大卫杜夫

> 迈克尔·内瓦是圣弗朗西斯科的律师，同时也是一名小说家。罗伯特·大卫杜夫是加利福尼亚州克莱蒙市克莱蒙研究生大学的历史学教授。在这篇文章里，两人详细分析了支持与反对同性婚姻的论证，并得出同性恋者应当拥有合法的婚姻权利的结论。

……婚姻是社会对两个人亲密而持久的结合关系的认可，同时婚姻也成为了美国家庭的基石。奇怪的是，美国家庭在我们自己看来并不是"传统的"，而是富有革新精神的。美国家庭在早期形成的婚姻观中既不包括财富的继承，也不在乎血脉的延续，更不存在家长的绝对权威，全凭男女双方自愿结合，不需考虑父母之命，门当户对……

在美国，婚姻被理解为两人共同做出在一起生活的决定，成为伙伴，组成整体，建立家庭。双方家庭或宗教势力都与婚姻的法律仪式无关，宗教婚礼需要获得的法律效力来自于民间社会授予牧师的权力，宗教仪式只是对民事婚姻的确认。能够或希望生育下一代并不是婚姻的必要条件。对于婚姻，除了传统习俗，其他任何方面都没有要求结合双方必须是不同性别的……而在当今社会，婚姻机构似乎更倾向于将一夫一妻制作为个人生活方式的基本形式，并作为家庭的基本特征。但是，如果我们能够仔细考虑婚姻的目的，便会清晰地发现，婚姻是为了帮助人们过上更加有序的生活，彼此分享生活；婚姻是为了建立更稳固的家庭生活单元以及稳定的亲密关系结构。

婚姻是大家庭、亲属、朋友所组成的正式与非正式网络的一部分，它是社会上法律所承认的准成年人将生活结合在一起的首选方式。社会承认，人们拥有获得这种联系的权利和需求，并可以按照自己的信仰为这种联系举行隆重的婚礼仪式。因此，各种形式的宗教结婚仪式，无论是人们广泛接受的还是家庭内部举行的，都成为民事结合的附加物。但是，正是因为民事结合不但获得法律上的承认，而且得到了社会各个方面的鼓励，也就不用奇怪很多同性恋者将婚姻视为他们应该享有的平等权利了。对于想建立永久的亲密关系、分享生活中的快乐与财富、组建家庭的人们来说，婚姻是他们追求轻松和美好生活的一种重要方式。

婚姻并不仅仅是一种形式。社会对婚姻的承认也并非只停留在空洞华丽的表面，而是能够给人带来实质的好处，比如享有优惠的纳税政策、婚姻社会保障和福利、宽松的移民政策、离婚时的财产和抚养权以及无遗嘱继承权等。此外，阿丽莎·弗里德曼指出，"无论是州政府还是联邦政府都赋予了已婚人士相当多的权利，有力地刺激了个体的结婚动机。此外，诸如保险公司等私人实体也常常为已婚人士（包括法律承认的同性恋伴侣）提供特别的优惠和更低的保费。因此，对结婚权利的限制影响到了许多相关权利以及多种社会福利。"……

同性恋者渴望拥有婚姻权利的原因同其他美国人一样：获得已婚夫妇尤其是其家庭单元被赋予的道德、法律、社会和精神上的益处。婚姻所带来的物质利益是不言而喻的，但是其精神利益对于很多伴侣尤其是同性恋伴侣来说更具吸引力。婚姻是（或者可以是）夫妻双方互相做出的精神承诺。结婚誓词让伴侣铭记互敬互爱，互相支持，并给予人们资源和社会承认，这些都有助于强化两人的结合。同性恋者的成长环境以及所受到的社会影响与大多数美国人并无二致，所以他们对婚姻的态度与异性恋者一样虔诚而恭敬。因此，抵制同性恋者结婚，甚至加以嘲笑，其实是对婚姻制度的抵制和嘲讽。同性恋者渴望结婚的需求与异性恋者一样强烈，他们也同样有能力将婚姻经营好，惟一本质的区别只在于结婚者的身份。

当然，同性恋与异性恋婚姻的显著不同在于他们得不到社会给予异性恋者那样的支持、鼓励和福利。相反，同性恋者却因为他们"没有能力"建立永久的依恋关系而时时遭受斥责和辱骂。当然，对于不得不保持秘密关系，或者无法获得法律和社会习俗承认的同性恋者来说，要维持两人之间的关系显然要困难得多。但是现实却是，同性恋者之间的关系总是在非常不利的条件下得以延续，尽管这种不利条件不是同性恋者本身制造的；而异性恋者的婚姻却常常以失败而告终，即使他们得到了来自社会、家庭、法律和道德各方面的支持和鼓励。

《人口统计学》杂志最近发表了一项研究结果，这项研究以未婚同居与婚姻之间的关系为研究对象，历时23年；研究表明"未婚同居可能削弱了婚姻作为一种制度的承诺"。该项研究的作者认为，结婚前共同生活可能无益于建立稳固的婚姻关系；相反，婚前同居通常会滋生"促使离婚率升高的态度和价值观。"……如果正像《人口统计学》中的研究所显示的，婚姻是保持亲密关系长久和稳固的关键因素，那么由于性取向不同而剥夺一部分公民如此重要的利益则是极不公平的……

摆在同性婚姻面前的有两个主要障碍：法律对于婚姻的定义，以及主张婚姻的主要职能是繁衍或养育后代。在法律方面，可以归结为这样的论证：婚姻只能是男女之间的结合，因为人类历来如此。民法中有关婚姻的条款根源于教会法，而教会法则反映了圣经中禁止同性恋关系的教义。既然法律和教条中规定婚姻只能是男女之间的结合，那么婚姻就只能如此……

即使人们认为养育后代是传统婚姻的重要目的之一，而如果非传统的养育方式可行的话，婚姻模式中也理应为其留出一席之地。无论过去如何，如今同性恋者为人父母已经非常普遍，这里并非仅仅指同性恋者与异性结合生育下一代，而是指公开的同性恋者一起养育孩子……人们一直宣称婚姻可以为孩子的成长提供最好的环境，如果社会要认真地对待这一主张，就应该将不断增长的、即将为人父母的同性恋者纳入婚姻中。

此外，针对同性恋者养育子女情况的研究表明，他们也可以成为非常称职的父母；同性恋家庭培养出的孩子与普通家庭的孩子同样优秀。如果说这些孩子面临着其他孩子所没有的烦恼的话，那就是像有些人所指出的，对于同性恋的负面态度，而此时明智的解决办法应该是通过教育来纠正这种态度。允许同性恋者结婚将是纠正这种态度的重要一部分，也会促进家庭的稳定。实际上，如果家庭稳定是婚姻存在的原因之一，那么只鼓励部分家庭的婚姻而限制同性恋者结婚就变得毫无意义了。

反对同性婚姻的人还有最后一条论证的防线，那便是声称如果允许同性恋结婚，将会置《反鸡奸法》于不顾，助长非法性活动……这种说法暗示了同性之间的性行为是不符合道德评判的（即使在没有实施反鸡奸法的地区），那么允许同性婚姻便是对现有道德观念的践踏。当然，同性恋行动主义的全部目的就是在同性恋道德评判方面推翻这种根深蒂固的错误前提。判定一种行为非法并不意味着这项行为天生就是犯罪……

同性恋者的政治活动和公开化已经20多年，但这并没有导致同性恋者数量的大幅增长（虽然这使很多同性恋者意识到了自己的性取向，也增加了公开同居的同性恋者数量）。这表明，同性恋者的数量是稳定的，并且始终是少数。因此，限制同性恋的法律没有任何积极的作用，只能对这一部分美国公民造成恐吓和威胁，并剥夺宪法赋予他们的合法权利。否认同性婚姻并不能消除同性恋者之间的亲密关系，而只能使他们忍受更大的痛苦……

人们不应当再继续伤害同性恋者，同性婚姻能够给予渴望家庭的同性恋者在不违反自己本性的前提下实现愿望的机会。同性婚姻合法化能够使同性恋者在面对各种抨击和非难的困难情况下得到一丝尊重，并帮助他们过上正常的生活……

我们想要什么 同性恋者想要什么？一个正常人想要什么？生活上的温饱；基本的安全感；爱，家庭，自由。除了这些基本条件以外，同性恋者还渴望得到平等的法律保护、政治权利以及纳税方式。更进一步来说，同性恋者需要的是作为个体的平等地位。我们认为，同性恋者目前的行动议程还没有超越平等和自由。但可以想象的是，还存在和人类受到的法律保护一样重要的东西。

如果家人能够以正常的眼光看待自己孩子身上呈现的实际情感，那将是多么美好的一件事情。有时一个男孩如果有些女孩子气，或者女孩有些男孩子气，即使他们不能代表所有的同性恋者，也常常会成为被攻击的目标，如果这时他们能够得到鼓励和赞扬以及应得的爱，而不是嘲弄、恐吓和失望，那么他们的生活将会大大改善。如果这些孩子在关爱和尊重下健康成长，他们将不必耗尽精力去克服曾经遭受的创伤，而是为文化的发展做出更大的贡献。

如果同性恋者的朋友和同事少一些异样的目光和劝告，更多地关注他们的生活，如果人们心灵上的隔阂能够消除，彼此展现人性的本质，那将是多么美好……在这样一个乌托邦的世界里，一切似乎没有发生什么变化，但是人类却因此减少了痛苦和压抑，获得了更多的自由和安康。

问 题

1. 美国人对于婚姻的传统观念是什么？
2. 婚姻为什么对社会如此重要，婚姻能带来哪些道德、法律、社会和精神上的利益？
3. 同性恋者为什么渴望得到婚姻的权利？剥夺他们在婚姻方面的权利会导致哪些后果？
4. 同性婚姻合法化所面临的主要障碍或批评有哪两个，内瓦和大卫杜夫是如何回应的？
5. 根据内瓦和大卫杜夫的说法，同性恋者的最终目标是什么，为什么婚姻是实现这些目标的必要条件？

同性婚姻之祸

罗伯特·索科沃夫斯基

> 罗伯特·索科沃夫斯基是华盛顿特区美国天主教大学的一位哲学教授。他在文章中提出，同性婚姻这一概念本身存在矛盾，因为它违背了"婚姻的自然结果"。

反对同性婚姻合法化的人坚持认为，婚姻秩序应当服从于人类繁衍的目的，婚姻获得的法律支持与这一目的不可分割。婚姻需要得到法律的保护，是因为社会必须考虑本身的维系和下一代的延续。

支持同性婚姻合法化的人声称，两个人之间持久的亲密关系应该得到法律的承认，同性恋者也可以获得婚姻的合法权益……支持同性婚姻合法化的本质观点就是，婚姻是社会对亲密关系的认可，而这种亲密关系并不局限于生育关系。

同性婚姻的辩护者常常质问，反对者究竟在害怕什么。同性恋关系获得法律的承认会给社会带来哪些伤害？这种承认会对正常的婚姻关系带来哪些威胁？本人将围绕如果给予同性婚姻完全的合法地位会导致哪些后果这一话题进行讨论。

一、假设法律承认同性婚姻，那么，如果我提出这样的要求："我的叔叔和我（或者我的婶婶和我，或者我的姐姐和我，或者我的母亲和我，或者我的父亲和我，或者我的朋友和我）住在一起，我俩相依为命，但是我们之间没有性行为。我俩希望能够结婚，这样可以获得婚姻的合法权益，例如财产权、低税率和保险等等。"

答复一般是否定的，至少起初是否定的。法律会做出判决，"你俩不能结婚。"为什么不能？"因为你们之间没有性行为。"……

但是假设法律对我和叔叔或婶婶结婚的要求给予了肯定答复："好的，我们将为你们办理结婚登记，那么法律已经将婚姻与生育分离开来，从现在开始婚姻与性没有任何关系了。任何住在一起的两个人都可以结婚。"毕竟，如果同性伴侣由于不能结婚而受到歧视，那么任何住在一起的两个人都不应该因此受到歧视，即使这两个人已经拥有了"家族"关系，例如叔叔和侄子、舅舅和外甥。任何组成家庭的两个人都应该获得结婚的权利。

这将给婚姻的意义带来什么样的影响？……

另外，一旦形势发展到这个地步，为什么不能允许一夫多妻制或一妻多夫制？如果说一起生活是婚姻的惟一条件，为什么多人组成的团体就应该受到差别对待？……

人们甚至还能够更进一步，为什么住在一起的人就应该结婚？如果结合能够带来法律利益和经济利益，为什么不能够提供给任何想要获得这些利益的人？在一起居住有太大的偶然性，是否有权获得利益不应当以此作为判断标准，否则只要是人们之间存在哪怕一丁点儿的承诺和友谊，他们就可以结婚并因此而获益。

如果"婚姻是个人关于爱和承诺的决定"，那么为什么婚姻不能向任何一个或多或少地爱上其他人，并做出无足轻重的承诺的人开放，无论是以个人还是集体？为什么那种爱必须是引起性欲的？同性婚姻给传统婚姻带来的最大威胁在于它们完全颠覆了婚姻的本来意义。

二、传统观点一直认为婚姻关系的根本目的是繁衍。婚姻的"结果"是生育后代。为了理解这一论断，了解结果与目的之间的区别非常重要。

目的是什么呢？我认为，目的是指人类从事某一行为时心中的目标；目的是渴望得到的满足感，是预期的意图，是人们渴望通过自己的努力获得的事物。目的只能出现在有能力思考和行动的人类身上。而结果与人类的意图和思想无关。结果属于事物；当事物按照本身的自然规律运行，在恰当的条件下趋于完善时所起到的作用便是结果。药物的结果是维持或恢复健康，斧子的结果是切断。结果是脱离人类意志而存在的。即使是斧子等手工制品，人们也无法用意志力驱使它变成其他什么东西……

现代文化中一个非常重要的元素是，事物没有结果，只有目的。这一信念的名称之一是"对自然的支配"。我们认为我们能够重新定义所有制度、关系和事物，因为任何看似自然的事物都是先前选择的结果，这些选择是由其他行动者做出的。表面上的"自然"只是我们投射的意义。我们可以提出新的目的，重新定义政府、性、生与死、教育、婚姻以及家庭。我们可以重新发明任何事物，因为任何已经存在的事物都是由其他人发明的，而非发现的。自然没有结果，因此我们可以根据自身的目的使用任何事物，以满足我们的需求，而自然界中没有任何事物可以规定我们应该需要什么……

认为人类可以重新定义包括自身在内的一切事物是一件振奋人心的事情，如果那样的话……人类就可以自由选择价值观，重新界定幸福的含义。此外，由于人们已经逐渐习惯于认为事物一般没有本质或结果，所以也很难想到性行为和婚姻有结果。由此，重新定义婚姻的建议令许多人蠢蠢欲动，尤其是文化精英。

三、性行为的结果是生育子女，但是现代社会中避孕方法的广泛使用和性行为的呈现方式已经将大众观念中的性与生育完全分离开来。在大家的理解中，性行为本身就是结果……

目前存在一种极为流行的说法，即认为我们对性和婚姻有了全新的认识或不同的领悟，实际上这种说法是错误的。性和婚姻的本质并未发生变化，有些人认为，对于婚姻而言，双方之间的爱情与繁衍后代作为结果同等重要，这种观点是一种危险的误导。爱情显然非常重要，但是不能简单地将其与繁衍后代相提并论。在某种程度上，生育后代是婚姻关系中明确规定的，是婚姻的自然结果，是婚姻最本质的特征，而性则被认为是生育的动力。那么，在如此界定之后，这一关系被赋予了友谊和爱情，更确切的说是双方的互相扶持，但是爱情的形式必须要受到婚姻关系的限定……

四、人类之间的友谊关系多种多样，但是政府并没有在法律上对这些不同关系一一界定。为什么唯独对婚姻关系特殊对待？这是因为婚姻与社会的下一代息息相关。人口的延续是任何一个国家和民族生存的条件。正是这种对人口和繁衍的重视迫使法律关注婚姻。即使有些人之间的婚姻无法生育后代，例如老年人，但是这些婚姻的意义和法律地位与能够生育的婚姻没有区别。社会希望看到下一代的出现，盼望下一代能够成长为正直善良、遵纪守法、勤劳能干的中坚力量。因此，政府已经以实际行动表明对传统观点的支持，也就是承认生育后代是婚姻的结果。

同性婚姻的支持者希望将婚姻与生育分离开来，并要求法律承认同性恋之间的友谊关系，并不是因为这种关系是能够生育的。但是，一旦国家在法律上认可这种友谊关系，形势便会变得一发而不可收，人们可以进一步要求法律认可所有能够获得承认的友谊关系。

同性婚姻的观念本身存在着不可调和的矛盾，最终只能引向死路。同性婚姻的支持者没有意识到矛盾的存在，因为他们认为事物没有自然的结果，尤其认为婚姻和性没有自然结果。他们认为，惟一重要的只有选择和目的，他们自己做出的选择，他们"个人做出的关于爱和承诺的决定"必须得到公共法律的认可和支持。

问 题

1. 根据索科沃夫斯基的说法，为什么婚姻需要得到社会的保护？
2. 为什么索科沃夫斯基担心如果将同性婚姻合法化，就无法阻挡其他形式的婚姻合法化？
3. 根据索科沃夫斯基的说法，婚姻的"结果"或目的是什么？
4. 在反驳将婚姻与生育分离开来的观点时，索科沃夫斯基的理由是什么？

7

这位母亲可能使用了哪种论证来让她的女儿帮忙洗碗？知道怎样向某个听众提出一个逻辑论证，为什么能够提升我们的关系和生活？

归纳论证

要 点

175 | 什么是归纳论证
175 | 概括
182 | 类比
186 | 因果论证
192 | 批判性思维之问：透视大麻合法化

如今的大学生与他们的父辈相比发生了哪些变化？其中最大的一个不同应该来自于妇女运动的影响。包括科学、中学教育和商业在内的几个专业中，原本存在的性别差异已经消失。除此之外，在1967年的调查中，54%的男大学生和42%的女大学生同意"足不出户、照顾家人是已婚妇女最好的生活方式"，而35年之后，只有28%的男大学生和16%的女大学生同意这种观点。

两代人之间另一个显著差异表现在，现在的学生在制定人生目标时所遵循的基本价值观发生了变化。在20世纪60年代和70年代早期，超过80%的学生认为"建立有意义的人

想一想 >>

- 归纳论证与演绎论证存在哪些不同？
- 基于概括的论证如何帮助人们了解更多关于总体的特征？
- 类比论证有哪些用处？
- 因果论证在人们的生活中发挥了什么作用？

生哲学"是"必不可少"或"非常重要"的目标。而到了 20 世纪 90 年代，"变得非常富有"已经成为学生最重要的人生目标，在 2007 年的大学新生调查中，74% 的大一学生认为富有是自己第一位的人生目标。

此外，与他们父母年轻时相比，当今大学生的政治定位显得更加中庸。1970 年时，大约有 40% 的大学新生把自己视为自由主义者或极左派，而在 2007 年这一比例已经下降到了 32%，学生更倾向于中庸和保守，所占比例分别占 43% 和 25%。这一趋势也表现在学生对于死刑的态度上；今天只有 35% 的学生认为应该废除死刑，而在 1970 年时这一比例高达 59%。

尽管与上一代相比，大学教育更加多样化，但是学生跨越种族界限的交流却出现了下降。尽管存在着这种趋势，仍然有 20% 的学生认为"在美国，种族歧视已经不是一个问题"。非黑人学生更愿意相信这一观点，而只有 12% 的非裔新生表示认同。

我们是如何了解这些关于大学生的信息的？这正是对几千名美国大学新生的信息进行归纳推理的结果。这项年度调查是由高等教育研究机构于 1966 年发起的，调查结果被广泛应用于高校招生、入学、项目开发和大学生活中其他各方面的决策。

新生调查仅仅是归纳推理使用的一个例子。本章将介绍不同类型的归纳论证及其在人们日常生活中的使用。此外，还将介绍如何评价归纳论证。概括来讲，第 7 章将主要介绍：

- 辨别演绎论证和归纳论证
- 识别归纳论证的特征
- 学习如何识别和评价基于概括的论证
- 审视民意调查和抽样调查方法
- 学习类比的各种应用
- 学习如何识别和评价类比论证
- 学习如何识别和评价因果论证
- 辨别相关与因果关系

本章最后将介绍关于美国大麻合法化的不同论证。

你知道吗？

自我服务偏见可能会发生在工作场所。当办公室雇员在调查中被问到"你是否曾在工作场所遭受过他人的背后中伤、粗鲁或无礼对待？"89% 的受访者回答"是"。

什么是归纳论证

论证有两种基本类型：演绎论证和归纳论证。在**演绎论证**（deductive arguments）中，结论必然是从前提中推理出来的。如果前提为真，推理过程有效，那么结论一定为真。例如下面这个例子：

> 狗不可能成为猫。明迪是一只狗。因此，明迪不是猫。

本书将在第8章深入介绍演绎论证。

归纳论证（inductive arguments）与演绎论证相反，其结论可能是从前提推理出来的。因此，归纳论证只能表示强与弱，不能代表真或假。

> 大多数柯基犬都很会看家护院。明迪是一只柯基犬。因此，明迪很可能成为一只优秀的看家狗。

在判断某项论证是否属于归纳论证时，可以寻找一些指示性词语，这些词语提示结论与前提之间是存在必然性还是可能性的联系。这些词汇或短语包括：可能（probably）、非常可能（most likely）、有可能是（chances are that）、有理由假设（it is reasonable to suppose that）、可以预期的是（we can expect that）、看起来可能是（it seems probable that）。但是，并非所有的归纳论证都包含指示词。如果没有指示词，可以尝试提出问题：前提是否一定能够推出此结论。如果结论仅仅是可能成立，那么该论证很可能是归纳论证。

日常生活中对归纳论证的运用

人们几乎每天都在使用归纳推理，因为在生活中我们总是不断地遇到不熟悉的情境，这时就需要根据已有的知识和经验去推断。比如，你想为孩子选择一家托儿所，三个朋友分别向你推荐了同一家，他们的孩子都在这家托儿所上学，感觉很不错，那么就可以推断自己的孩子可能也会喜欢这家托儿所。美国参议院的一名候选人根据对大学新生的调查结果得出结论，现在大学校园里的年轻人参与2008年大选投票的可能性不大，因此她调整了自己的竞选计划，将主要精力投入到吸引年龄较大的选民上。

因为归纳逻辑的基础是可能性，而不是必然性，所以总有出现错误的可能。你的孩子可能不喜欢朋友推荐的那家托儿所，参与投票的大学生数量也许会大大超出预期。此外，由于人类的思维很容易出现天生的认知错误，谁也不能保证人们的思维或行动能够始终保持前后一致或逻辑连贯。而掌握归纳逻辑的原则能够帮助你少犯思维错误。

在后面的章节中，我们将会介绍三种最常见的归纳论证：概括、类比和因果论证。

概 括

概括（generalization）是以总体的一个样本为基础，将从样本中抽取出来的属性推广到该总体的过程。例如，每次和室友的猫、女友的猫和艾伯特叔叔的那两只猫（你的样本）待在一起时，你都会打喷嚏。在这些经历的基础上，你能够合理地推出结论，那就是所有的猫（总体）都有可能让你打喷嚏。

概括 ⟶
样本的特征　　　　总体事物的特征

科学家经常使用概括的论证方法。例如，斯坦利·米尔格拉姆在有关服从的实验中发现，65%的被试服从了权威者的命令。即使他们认为这会严重伤害甚至杀死学习者，依然会继续服从命令。从实验结果中，米尔格拉姆得出结论，人们一般很容易在权威者的引导下卷入破坏性活动。在得出该结论的过程中，米尔格拉姆使用了概括的方法，即从实验被试者（样本）的行为中概括出人类总体的特征。

> **联 系**
>
> 在科学方法中，人们是如何使用归纳推理的？参见第10章与第12章。

使用民意调查、普通调查和抽样调查的方法进行概括

诸如大学新生调查等民意测验和调查采用的也是归纳性的概括方法。**民意测验**

> **联系**
>
> 市场研究员在为某种产品或某项服务定位目标市场时如何使用民意测验和调查？参见第10章。

您对民意调查的积极参与，有助于更加准确地反映特定群体或大众的意见。

（polls）这种调查方法是采集样本人群针对某项主题的观点或信息并用于分析。

民意测验为人们了解大众的想法和感受打开了一扇窗户。很少有市场公司或公共政策制定者会在不参考民意调查结果的情况下做出重大的行动决策。民意调查在美国这样的民主制国家中发挥着尤为重要的作用，美国宪法明确规定，政府必须在"获取被统治者的同意"的基础上运行。政治家在做出承诺之前都会查看公众的民意调查结果，以查明公众的想法，尤其是在选举之年。在某个州或城市进行竞选活动时，政治家们甚至要根据民意调查的结果来决定应该穿什么样式的衬衫（例如短夹克衫、Polo衫还是白色衬衫）。

抽样方法 为了确保关于某一总体的概括是可靠的，民意调查者在面对数量庞大且类型多样的总体时，会采用抽样的方法。这样，可以避免花费大量的时间和金钱等成本。**抽样**（sampling）需要从某一类别或群体中选择少量的成员，然后在这些成员特征的基础上概括出总体特征。例如，在2007年进行的大学新生调查中，研究者没有对总数达140万人的美国大学一年级全日制学生进行全体调查，而是只邀请美国实行四年制的学院或大学的学生来参与，共有来自356所院校的272 036名新生参与了此项调查，大约占全部美国大学新生人数的20%。当然，如果选取的样本对总体有足够的代表性，这一样本量已经远远超过了正常需要的数量。

代表性样本（representative sample）是指在相关方面与总体相似的样本。为了获得有代表性的样本，大多数专业的民意调查者会采用**随机抽样**（random sampling）的方法。如果总体中的每个成员都有均等的机会被抽中成为样本，那么这个样本就是随机的。比如，彩票的中奖号码是从所有可能中奖的号码组合中随机抽取产生的，其原理是相同的。盖洛普民意调查的样本数量保持在1500至2000个，但却非常具有代表性，这是它能够一直准确预测美国人态度的基础。

如果很难获取随机样本，另外一种保证样本代表性的方法是对调查结果进行加权。大学新生调查便采用了这种方法。如果某年某一类学校样本数量不足（比如历史上的黑人学校或天主教学校），可以对来自这一类学校的调查结果进行加权，以增加其在最终结果中的重要性，从而保证最终结果能够有效地代表美国大学新生这个总体。比如，在所有的大学新生中有20%的学生就读于天主教学校，而在调查中却只有10%的被访者来自于天主教学校，那么这些被访者的结果应该进行双倍加权。运用这种抽样方法，研究者能够对美国所有大学新生这一总体的特征做出相对准确的概括。

> 公众民意调查在美国这样的民主制国家中发挥着尤为重要的作用，美国宪法明确规定，政府必须在"获取被统治者的同意"的基础上运行。

对某一总体做出可靠概括所需的样本量大小在一定程度上依赖于总体的大小。一般原则是，样本量越大，我们越能够确信做出的概括是准确的。样本大小也取决于总体内变异量的多少。总体的变异量越多，得到准确结果所需要的样本量也越大。

如果总体特征相对稳定，那么样本数量可以相应地减少。例如，你最近感到身体虚弱，比较容易疲惫，所以去看内科医生。医生从你身上抽取了少量的血进行化验，化验结果显示，血样中的血红蛋白数量较少，你患了贫血。医生抽取的血样与你身体里全部的血液相比只是非常少的一部分。你是否应该要求医生从你身上的其他部位再抽一些血样，以保证血样具有代表性？在这个例子中，答案当然是否定的。因为我们身体里的血液是完全一样的，至少血红蛋白含量不会改变，医生非常确信抽取的血样能够代表你身体里的所有血液。

并不是所有的民意调查和普通调查都使用随机抽样和其他校正偏差的方法。网络调查和电视调查就可能出现偏差或缺乏代表性，因为这些调查仅仅依赖于自己的观众或用户提供的数据，例如《美国偶像》和CNN（美国有线电视新闻网）等电视节目和电视台发起的调查。街头调查和电话调查也可能出现偏差，因为并不是每个人都愿意停下来接受民意调查员的访问或者接电话。在这样的情况下，样本被称为**自我选择的样本**（self-selected sample）。换句话说，只有那些对调查感兴趣的人才会花费时间参与调查。

即使是专业化的调查，也会因为不正确的方法而导致偏差。1936年，《文学摘要》杂志为了预测富兰克林·德拉诺·罗斯福与阿尔夫·兰登两人谁会在总统大选中胜出而进行了一项大规模的调查，调查的组织人员从杂志的订阅名单、电话簿和汽车登记名单中抽取被访者并寄发问卷，最后收回了大约230万份问卷。问卷结果预测，兰登会赢得总统大选。而结果却是，罗斯福赢得了60%的选票，他也成为了美国历史上得票率最高的总统。错误出在哪儿呢？首先，《文学摘要》杂志的读者群主要是受过良好教育的人，因此调查便出现了偏差。其次，在1936年，许多人还没有安装电话或拥有汽车，所以抽取的样本进一步偏向了富裕人群。而乔治·盖洛普则使用数量较少但代表性强的样本成功预测了此次选举结果（参见"独立思考：乔治·盖勒普"）。同样，在2008年的总统选举中，有些电话民意调查显示约翰·麦凯恩的支持率更高，而最终却是奥巴马当选，原因便是许多年轻人只使用手机而没有固定电话，他们的电话号码不在登记之列，所以没有被纳入调查对象，而在这些年轻人中间奥巴马具有压倒性的优势。

> **联系**
>
> 如何识别广告中的抽样错误？参见第10章。

《美国偶像》决赛选手黎·德维兹（左）与克里斯托·鲍尔索克斯同唱最后一首歌，之后根据打进电话者的投票（自我选择的样本），德维兹被宣布为冠军。

独立思考

乔治·盖勒普，意见寻求者

乔治·盖勒普于 1901 年出生于爱荷华州杰斐逊，1984 年逝世，求学于爱荷华大学，期间曾担任校报的编辑。他还获得了爱荷华大学的新闻学博士学位。

毕业后，盖勒普首先找到了一份在广告公司担任访问员的工作。他对其他人的想法以及为什么这么想产生了极大的兴趣，于是他发展了一项令人震惊的技术，不是简单的猜测，也不是仅仅问认识的人，而是真正地面对阅读整份报纸的读者样本，询问他们读了哪部分内容，喜欢或不喜欢故事的哪些方面。

1934 年，盖勒普在普林斯顿大学创办了盖勒普民意调查，在那儿他成为第一个利用科学方法获取大众观点的人。他的民意调查方法起初被应用于倾听国家的政治脉搏。盖勒普还发明了市场研究，被描述为"顾客最后的救世主"。他的工作在今天仍被认为是认知科学最伟大的实际应用范例之一。盖勒普曾经说过："教会人们为自己思考是这个世界上需要做的最重要的事情。"* 在盖勒普看来，消息灵通的大众对民主国家而言是必不可少的。他彻底改变了美国，使普通民众有权力表达自己的观点，而让权威人物告诫人们应该相信什么和做什么变得更加困难。

讨论问题

1. 大多数大学的图书馆都收录了盖勒普民意调查。请查阅最新的盖勒普民意调查。讨论民意调查中的提问和回答，在哪些方面能够帮助你成为更优秀的批判性思维者，并在面对重大抉择时做出更加有效的决定。
2. 使用盖勒普民意调查检索目录，选择你认为重要的议题。仔细分析这些问题，有多少美国人与你的看法相同？查看民调结果是否有利于开拓你对该问题的思路？给出答案并说明理由。

* 引自 http://www.schoolofthinking.org/who/george-gallup/。查询更多关于盖勒普民意调查的资料，请登录 http://www.gallup.com。

调查问题的措词对被访者反应的影响。调查问题的措词和表达方式也可能导致结果的偏差。1980 年，有一项针对美国堕胎权行动联盟（自 2003 年以后更名为美国自由选择堕胎权保护组织）的民意调查，试图通过下面两种不同的提问方式来研究不同的措辞是否会影响被访者的回答：

- 你认为是否应该在宪法中加入修正条款以禁止女性堕胎？
- 你认为是否应该在宪法中加入修正条款以保护胎儿生命？

当调查中使用"禁止女性堕胎"来提问时，29% 的被访者对修正宪法表示支持；然而，当调查中使用"保护胎儿生命"这样的措辞进行询问时，50% 的被访者对修正宪法表示支持。在这个例子中，第二种提问被称为**倾向性问题**（slanted question），这是一种诱导特定答案的问题。

人们也应该小心提防**导向性民意调查**（push polls），这种调查在提出问题之前，民意调查者首先提出自己的观点。由于事先表明了自己的观点，所以无论提出的问题采用多么恰当的措辞，调查结果都会出现明显的倾向性，因为人们总是习惯于不加批判地接受来自于所谓专家的观点。

除此之外，民意调查中使用的问题应该尽量简单易懂，并且只涉及一个主题。**暗设圈套的问题**（loaded questions）与暗设圈套的问题谬误一样，包含了不止一个问题，但却只允许一个答案。例如下面的例子：

> 社区学院是否应当致力于增加入学申请人的多样性，而不应该过度追求学生的生源质量。

这句话其实包含了两个问题。你可能会赞同学校应该努力扩大招生范围，使各类学生都有机会入校学习（第一个问题），但同时你也认为这种做法与学生的生源质量无关，或者不会影响学生的生源质量（第二个问题）。与此类似，民意调查中的问题也应该避免出现这种假两难谬误，即将一个复杂问题的答案简化为两个简单的选项。

> 州立大学目前正面临着财政危机。你觉得我们学校应该提高学生的学费，还是扩大班级规模？

这个问题就犯了假两难谬误，因为除了提高学生学费和扩大班级规模之外，还有其他解决资金困难的方法。例如，学校发展办公室可以发动有钱的校友为学校募捐资金。

在民意调查中，男性倾向于夸大自己发生性行为的次数，而女性则恰恰相反，倾向于隐瞒自己邂逅情人的次数。

自我服务偏见也会导致调查结果失真。民意调查的真实性依赖于被访者是否真实作答。正像本书在第4章中提到的，大多数人认为自己是公平和善良的（无论是否属实）。如果在调查中向被访者提问"你是一个种族主义者吗？"，几乎所有人，甚至包括3K党成员在内都会做出否定回答。为了避免出现这类错误，所提问题的措辞不应该让被访者感到自我形象受到威胁。

人们也倾向于给出符合社会主流观点的回答，或者根据主观猜测给出民意测验者希望得到的答案。比如，许多男性认为，性生活频繁和多性伴侣是男子气概的象征，而对于女性来说，如果她们有相同的行为就会被贴上"荡妇"的标签。因此，在民意调查中，男性倾向于夸大自己发生性行为的次数，而女性则恰恰相反，倾向于隐瞒自己邂逅情人的次数。调查结果显示，男性和女性的答案之间存在非常显著的差异，双方不可能都如实回答该问题。

将概括运用到具体个案中

当对某一类群体中的成员进行论证时，对该总体的概括可以用作论证的前提。

关于总体的概括 ——→ 关于群体成员的表述
（前提）　　　　　　　（结论）

将关于总体的概括正确运用到具体个案中是一种能力，它有助于人们在生活和个人关系中做出更好的决定。比如下面的例子：

> 我本来打算送给妻子一个新的浴室秤作为情人节礼物，但后来我读到一篇文章，说大多数女人更喜欢出去吃一顿浪漫的晚餐。所以，我决定改请她去里兹饭店吃晚餐。与浴室秤相比，她应该更喜欢这个礼物。

将这一论证分解并用图形表示如下：

①[我本来打算送给妻子一个浴室秤作为情人节礼物]，但后来我读到一篇文章，②[说大多数女人更喜欢出去吃一顿浪漫的晚餐]。③[与浴室秤相比，她应该更喜欢这个礼物]。

前提2是基于对总体（全部女性）的概括。在这个例子中，丈夫在这项前提的基础上得出结论，妻子（作为总体的成员之一）也应该更喜欢以出去吃晚餐的方式度过情人节。

将对总体的概括运用到个体成员身上时，常常利用统计学知识考察总体中某一特征的普遍程度。总体所具备的某项特征的普遍程度越高，个体与该项特征符合的可能性就越大。

研究表明，公司高级行政人员的身高总是明显高于

年份	当选者	身高(cm)	竞争者(根据公众选票数量)	身高(cm)	差距(cm)
2008	巴拉克·奥巴马	184	约翰·麦凯恩	170	14
2004	乔治·沃克·布什	180	约翰·克里	193	13
2000	乔治·沃克·布什	180	艾尔·戈尔	184	4
1996	比尔·克林顿	189	鲍勃·科尔	183	6
1992	比尔·克林顿	189	乔治·赫伯特·沃克·布什	188	1
1988	乔治·赫伯特·沃克·布什	188	迈克尔·杜卡基斯	168	20
1984	罗纳德·里根	185	沃尔特·蒙代尔	180	5
1980	罗纳德·里根	185	吉米·卡特	175	10
1976	吉米·卡特	175	杰拉尔德·福特	185	10
1972	理查德·尼克松	181	乔治·麦戈文	185	4
1968	理查德·尼克松	181	休伯特·汉弗莱	180	1
1964	林登·约翰逊	192	贝利·高华德	183	9
1960	约翰·菲茨杰拉德·肯尼迪	183	理查德·尼克松	182	1
1956	德怀特·戴维·艾森豪威尔	179	阿德莱·史蒂文森	178	1
1952	德怀特·戴维·艾森豪威尔	179	阿德莱·史蒂文森	178	1
1948	哈里·杜鲁门	175	托马斯·杜威	173	2
1944	富兰克林·德拉诺·罗斯福	188	托马斯·杜威	173	15
1940	富兰克林·德拉诺·罗斯福	188	温德尔·威尔基	185	3
1936	富兰克林·德拉诺·罗斯福	188	阿尔弗雷德·兰登	173	15
1932	富兰克林·德拉诺·罗斯福	188	赫伯特·胡佛	180	8
1928	赫伯特·胡佛	182	艾尔·史密斯	168	14
1924	卡尔文·库利奇	178	约翰·W.戴维斯	183	5

美国总统候选人身高比较

普通职员。因此，安娜·盖伯尔，时尚电子公司的首席执行官，很可能高于美国女性的平均身高——162厘米。

在运用概括前，首先应该确定自己是否清楚最初做出的概括适用于哪些人群。在下面这个例子中，说话者错误地运用了对多发性硬化症（MS）患者总体的概括，得出了关于普通人群的结论。

被诊断患有多发性硬化症的人，大多数是20岁至30岁之间的女性。你是一名女性，刚刚年满20岁。因此，在你30岁之前，你很可能患上多发性硬化症。

在这个例子中，第一次表现出多发性硬化症状的病人，大都是20岁至30岁的女性，这个事实并不一定意味着大多数女性在20岁至30岁之间会患上多发性硬化症。实际上，从世界范围来看，女性患上多发性硬化症的比例只有0.3%（平均每1000名女性中有3名患者）。因此，无论女性处在哪个年龄段，患上多发性硬化症的可能性都是非常低的。

你知道吗？

一项在马萨诸塞州开展的研究发现，在犯有猥亵儿童罪的成年男性中，同性恋者所占比例不足1%。而根据美国卫生与公共服务部的调查，普通人群中的这一比例约为2.3%，明显高于同性恋者。

运用概括来评价归纳论证

正如所有的归纳论证，概括没有正确与错误之分；只有强弱之别。下面这一节将重点介绍使用概括评价论证的五个不同标准。

1. 前提是正确的。 可靠的证据是保证前提正确的基础。如果研究设计存在缺陷，前提就可能出现错误，比如1936年《文学文摘》进行的总统大选调查。如果前提是基于公众的误解与偏见，而不是事实的证据，前提也有可能出现错误。例如下面这个例子：

> 大多数恋童癖是同性恋。因此，在狱中被杀死的猥亵儿童罪犯——波士顿前天主教牧师约翰·吉欧根很可能是同性恋，就像所有其他被判猥亵儿童罪的牧师很可能是同性恋一样。

在这个例子中，"大多数恋童癖是同性恋"这个前提是错误的。正像本书在第1章中提到的那样，良好的批判性思维者在做出最终结论之前，务必确保得到的信息是准确的，资料的来源是可靠的。研究表明，男同性恋者并不比男异性恋者更可能猥亵儿童，甚至相反，他们猥亵儿童的可能性更低。例如，一项在马萨诸塞州开展的研究发现，在犯有猥亵儿童罪的成年男性中，同性恋者所占比例不足 1%。而根据美国卫生与公共服务部的调查，普通人群中的这一比例约为 2.3%，明显高于同性恋者。

2. 样本量足够大。样本的容量越大，结论的可靠性越高，这是一条一般性的规律。当样本容量非常小时，就容易出现**以偏概全谬误**（fallacy of hasty generalization）。例如，美国一名高中学生获悉，自己的三名同学刚刚被美国一流的四年制大学录取。而巧合的是，这三位同学的父母都是拥有研究生学位的专业人员。从这三个小样本中，这名学生匆忙得出结论，她没有必要再花费精力去申请这所大学了，因为自己的父母只是从来没有上过大学的个体工商户。而实际上，在大学新生的父母中，拥有研究生学位的比例大约只有 20%，而学历水平属于高中及以下的比例则是 28%，要高于拥有研究生学位的比例。

3. 样本具有代表性。样本应当对研究的对象具有代表性。如果样本的代表性不强，论证的说服力就会下降（参见"分析图片：盲人摸象"）。样本容量大并不意味着一定具有代表性。例如，在 20 世纪 80 年代以前，几乎所有的药物临床实验只针对男性，女性则被完全排除在外。究其原因，不仅是因为担心女性可能在实验期间怀孕，而且还因为男性是人类标准的文化假设。由于这种错误的假设，临床药物有时并不适用于女性，导致女性患者有时难以得到良好的治疗。

其他原因也可能导致样本缺乏代表性。例如，在做民意调查时，人们倾向于将易于受访的人群作为调查对象。在实施电话调查时，访问员应该保证大多数人都处于工作时间，所以往往选择在每周的某天或者每天的某个时间段进行访问。此外，年轻人由于更习惯使用手机也被排除在受访对象之外，因为手机号码不在电话簿列表之内。

4. 样本及时更新。样本可能会由于过时而失去代表性。长期以来，人们一直认为由于海洋足够广阔，潮汐能够清理掉所有进入河流和海湾的污染，这个结论的依据是几十年前从美国沿海湾取得的海水样本。

多年来，由于检测海水纯净度的样本数据一直未进行更新，海湾中日益严重的污染问题未得到美国人的重视。当以往的样本有助于分析事物的变化趋势时，可以使用这些数据帮助人们对现在的总体进行概括，但务必保持小心和谨慎。

5. 前提支持结论。结论应该与前提保持逻辑上的一致性，不应当超出前提所涉及的范围。例如下面这个例子：

> 由于男性一般比女性更强壮，所以女性不应该在军队中执行战斗任务。

在这个例子中，结论与前提并不一致，因为在战斗中身体是否强壮并非是必要因素或者非常重要的影响因素。此外，即使是，有些女性也比某些男性更强壮。

如果得到正确使用，概括是一种非常有用的归纳逻辑方法。在做出概括时，保证前提的正确性是非常重要的。此外，样本容量应该足够大，有充分的代表性并且是最新的。

在美国，女性是否能够参与战斗任务长期以来一直饱受争议，但是人们表示支持或反对的理由是否正确呢？

分析图片

盲人摸象 佛经里有一则寓言，几个盲人来到一头大象前。其中一个盲人摸了摸鼻子说道："大象像蛇。""不对，"第二个盲人回答道，他用手臂抱住了大象的腿，"大象的形状应该像树干。""胡说八道，"第三个盲人打断了两人的谈话，他正在用手上下抚摸大象的尾巴。"它们更像一条绳子。"

讨论问题

1. 在讨论大象的形状时，为什么每个盲人都给出了截然不同的答案？他们该如何使用批判性思维技巧以得出更合理的结论？
2. 你是否曾基于有限的经验而做出概括，并因此与人发生争论？描述你的经历。

类 比

类比（analogy）是以两种或更多事物之间的比较为基础的论证方法。类比中经常包含好像（like）、如同（as）、相似（similarly）、相比（compared to）等词语。在第9章结尾引用的朱迪思·贾维斯·汤姆森的文章中，她将橡树果与胎儿进行了类比，以说明母亲和胎儿的关系正像橡树与橡树果之间的关系，并就此得出结论，如同橡树果不是橡树一样，胎儿也不能被称为人类。

类比的运用

注意到事物之间的相似性是人类从经验中学习的主要方式之一。孩子在被蜡烛烧到手后会永远记得与篝火保持距离，因为两者之间具有相似性。再来看一个例子，许多早期的建筑很容易被暴风雨摧毁，因为这些建筑刚性太强。后来建筑师们注意到，大树由于本身的弹性能够在强风过后恢复原状，便将这种方法应用于防风结构的设计上。将心脏与机械水泵进行比较也帮助人们更好地了解了心脏的工作原理。

在描述性手法中类比也可以单独存在，例如"她就像一头冲进瓷器商店的牛"以及"在通勤停车场里寻找自己的车就像寻找落在干草垛里的一根针"。类比还常常被用作一种阐述论点的方法，例如下面的句子：

> 吸烟导致人类死亡的人数要比一年中每天都有三架大型飞机失事而死亡的人数还要多。

> 正如一个人在扔掉旧衣服后会换上新衣服一样，生命的本原（灵魂）在抛弃旧的躯体之后会获得一个新的躯体。

第一项类比被用于向人们阐明论点：吸烟远比乘坐飞机更加致命。第二项类比引自于印度圣书中的《薄伽梵歌》(2:22)，用于阐明死亡的概念和灵魂的轮回。

隐喻（metaphors）是一种描述性的类比，常见于文学作品。莎士比亚在《麦克白》（第5幕）里的一段话中将生命比作了舞台剧。

> 人生不过是一个行走的影子，一个在舞台上高谈阔论的可怜演员，无声无息地悄然退下。

有时无法明显地看出文章是使用了隐喻的手法，还是使用字面本身的意思。在解释古老的经文时，这种问题尤为突出，语言使用中的文化差异以及翻译过程都使人们无法准确地把握作者的意图。

> **联系**
>
> 消费者应该如何使用类比论证来决定是否购买某一款产品？参见第10章。

基于类比的论证

除了可以独立使用之外，类比还可以用作论证中的前提。基于类比的论证认为，如果两个事物在某一个或者几个方面具有相似性，那么它们在其他方面也很可能相同。

前提：甲（熟悉的事物）拥有特征一、特征二和特征三。
前提：乙（不熟悉的事物）拥有特征一和特征二。
结论：因此，乙也很可能拥有特征三。

为了进一步说明上述模型，假设你（甲）在塞拉俱乐部（美国的一个环保组织）举行的校园活动中认识了一个人（乙）。这个人非常讨人喜欢，并且似乎对你也很感兴趣。你想确定是否应该和此人开始一段恋爱关系。然而，在你决定开始正式的恋爱关系之前，首先收集更多关于此人的信息，包括两个人有哪些共同特点。你已经知道两人都热衷于环保议题（特征一）。在简短的交谈中，你了解到他与自己一样也喜欢徒步旅行（特征二）。在简短的接触之后，你得出结论，既然两人在环保与徒步旅行方面都有着共同的爱好，那么乙也很可能拥有另外一项和自己一样的爱好，那便是健康饮食（特征三）。回到家后，你拨通了乙的电话，邀请乙去当地一家健康食品餐馆共进晚餐。

除了在个人生活中的应用，基于类比的论证在很多领域中得到了广泛的应用，例如法律、宗教、政治和军事等。例如，肖尼人的领袖特库姆塞（1738—1813）在说服自己与周边部落的居民联合起来组成美国土著联盟来抵抗不断侵占自己土地的白人时，就使用了类比方法。他说到，部落之间组成联盟就像结成辫子的头发。一缕头发很容易被扯断，但是几缕头发编结在一起就很难被扯断。

设计论证（argument from design）是基于类比的最著名的论证之一。这项论证已经有好几百年的历史，是证明上帝存在的最流行的"证据"之一。最近在神创论与进化论的论战中，这项论证又重新浮出水面。本书将在第12章结尾深入介绍神创论与进化论之间的论战。

设计论证的出现是由于人们注意到宇宙和其他自然物体（例如人的眼睛）与人工制造的物体（例如手表）之间拥有相似性。组织性和目的性是自然物体与人工物体共有的高度相似的特征。手表的组织性和目的性是钟表工匠制作的直接结果，而钟表工匠是一位拥有智慧和理性的创造者。

接下来的论证与此相似，组织性与目的性更强的自然也一定是由一位拥有智慧和理性的创造者制作出来的。这项类比可以概括如下：

前提：手表拥有以下特征：(1)组织性；(2)目的性；(3)由拥有智慧和理性的创造者制作。
前提：宇宙（或人的眼睛）也表现出以下特征：(1)组织性；(2)目的性。
结论：因此，根据类比的原则，宇宙（或人的眼睛）也应该(3)由拥有智慧和理性的创造者制作，这位创造者就是上帝。

使用类比的论证也常常应用在科学研究当中。科学家们以人类和其他动物之间的相似性为基础，通过在大鼠等其他动物身上做实验，

勒及其军队的危险性。在演讲中,丘吉尔将希特勒比做"一头邪恶的怪物,嗜血如命且贪得无厌",将纳粹军队比做"不停绞碎人类生命的战争机器",而将德国士兵比做"一大群爬行的蝗虫"。

将类比用作驳斥论证的工具

类比本身也用于驳斥那些包含不准确和不恰当类比的论证。在对这样的论证进行驳斥时,第一种方式是针对其中的错误类比提出一项全新的类比进行回应。在使用新的类比时,可以使用"你也可以说"或"那就像是说"等语句作为开始。新的类比往往与旧的类比拥有相同的句法和结构,就像下面摘选自路易斯·卡罗尔的《爱丽丝梦游仙境》中的段落,当爱丽丝论证她所说的就是自己心里所想的时,三月兔和睡鼠利用类比进行了驳斥:

"我说的就是我心里所想的,"爱丽丝匆匆回答道;"至少——至少我心里想的是我说的——这是同样的事情,你懂的。"

"一点儿也不一样!"帽商说道。"你还不如说'我看到我吃的食物'与'我吃我看到的食物'是同样的事情!"

"你还不如说,"三月兔也说道,"'我喜欢我得到的东西'与'我得到我喜欢的东西'是同样的事情!"

"你还不如说,"睡鼠也说道,似乎是在梦里才会说的话,"'我睡觉时我还在呼吸'与'我呼吸时我还在睡觉'是同样的事情!"

对人类在药物或特殊刺激的作用下表现出的效果提出假设。天文学家则以星系中的其他星球和地球之间的相似性为基础,对这些星球的特征做出预测。

在法律领域,法庭在做出判决之前常常会参考以前相似案件的审判过程。本书将在第 13 章对法律判例原则进行研究。

> **联系**
> 类比如何应用在法庭审判当中?参见第 13 章。

一些类比方法会使用能够给人带来强烈情绪刺激的图片或影像,以达到让听众接受某一结论的目的(参见下方"你知道吗?")。这种修辞手法常常在形势非常紧张、人与人之间正处于剑拔弩张的局面下出现。1941 年 6 月 22 日,德国入侵苏联的第二天,英国首相温斯顿·丘吉尔在向英国人民发表的演讲中使用了类比的手法,使人们意识到希特

你知道吗?

自从 1987 年第一次播放以来,已经有几百万的民众观看过这则电视公益广告,即将"毒品作用下的大脑"比作煎锅中的鸡蛋。这则广告制作于美国反毒合作协会(PDFA)发起的反毒运动,对人们产生了极其深远的影响。根据广告播出前后对青少年服用毒品情况进行的调查,在这则广告播出后,服用毒品的青少年人数出现了明显的下降。

对包含不准确和不恰当类比的论证进行驳斥的第二种方法，便是将论证中使用的类比进行延伸。例如哲学家大卫·休谟（1711—1776）在驳斥神创论时，将钟表工匠与上帝之间的类比进行了延伸。他注意到，制作手表的工匠可以是几个人。另外，手表的质量也有好有坏。在制作手表时，工匠可能已经老眼昏花或者敷衍了事。休谟进一步对类比进行延伸，他认为，当人们得到一块手表时，甚至不能假定制作手表的工匠还活着。因此，即使上帝和钟表工匠之间的类比能够为人们所接受，也无法通过类比来证明善良的或完美的上帝存在，或者曾经存在过。

对基于类比的归纳论证进行评价

有些类比具有更强的说服力。使用类比方法的论证是否具有说服力，取决于对比的两个事物之间相似点与相异点的类型与程度。下列是评价类比论证的详细步骤。

1. 识别比较的对象。简短地概括出比较的内容。例如，在184页底部的图片中，大脑被比作生鸡蛋，毒品被比作热煎锅。

使用类比方法的论证是否具有说服力，取决于对比的两个事物之间相似点与相异点的类型与程度。

---

2. 列出相似点。列出比较的两个事物之间在哪些特定方面具有相似性。这些相似性是否足以支持结论？一般来说，相似程度越高，类比就越具说服力。例如，在"毒品作用下的大脑"的类比中，热煎锅与毒品的相似之处在于都会极大改变和破坏有机物质；另一个相似点在于大脑和生鸡蛋都是圆的和湿软的。

在列出所有的相似点之后，划掉其中与论证没有关系的相似点。在这个例子中，大脑和鸡蛋在形状和质地方面的相似性与毒品会伤害大脑的论证无关。在一项好的类比中，具有相关性的其余相似点应该在支持结论时具有足够的说服力。

3. 列出相异点。在列出相似点之后，列出所有的相异点。这些相异点或差异是否会在某些方面对论证造成影响？相异点越多，论证的说服力往往会越差。毒品真的像热煎锅吗？服用毒品，尤其是剂量较小时，并不会像往热煎锅打入生鸡蛋那样产生如此迅速且惨重的后果。实际上，诸如大麻等毒品在某些情况下甚至对身体有益（参见本章末尾"批判性思维之问：透视大麻合法化"）。

一些相异点可能与论证没有相关性。正像本书前面指出的那样，人们正是通过类比推理得出结论，其他人拥有与我们同样的感受和意识。因为与其他人类相比，电脑或机器人和我们有着太多的不同之处，所以很难将这种推理应用于人工智能（AI）形式的存在。人工智能是基于硅的，而人类是碳基生命，人工智能是被人类创造和编程出来的，而人类是自然出生的，如果说以此得出结论，认为人工智能永远无法获得意识或者拥有与人类相同的情感，那么这种结论就是基于无关的相异点。而实际上据人们现在所能够了解的，制作材料与能否获得意识和情感无关。这种存在是否是由人类创造的也与此无关，因为人类也是被其他人类通过两个细胞创造的，并且由DNA和环境进行编程。当然，这并非意味着人类和人工智能之间不存在其他相关的相异点。

4. **比较相似点与相异点列表**。相似点是否足以支持推理的结果？相异点是否对结论产生了重要的影响？休谟通过指出类比之间的相异点驳斥了设计论证。虽然诸如眼睛等自然物体与手表之间在组织性和目的性等方面存在相似性，但这些相似性并不足以支持上帝创造世界的结论，因为上帝与钟表工匠之间的差异实在是太大了。

5. **检查是否存在极具说服力的反面类比**。反面类比是否更具说服力？约翰·诺南在驳斥橡树果与胎儿之间的类比时使用了反面类比：猎人在看到灌木丛出现动静时，并不能判断后面是人还是鹿，即使灌木丛后面只有百万分之一的概率出现人类，猎人仍然不会选择开枪，否则就会伤及人命。诺南进一步提出，与此类似，即使无法确定胎儿是否属于人类，我们都应当一切以生命为重，不去触及任何可能杀死一条生命的危险。

> 切记，基于类比的论证并不提供确凿的证据，而仅仅提供具有不同说服力的论证。

6. **判断类比是否支持结论**。在比较相关的相似点与相异点并寻找可能的反面论证之后，就该决定论证的好坏了。切记，基于类比的论证并不提供确凿的证据，而仅仅提供具有不同说服力的论证。

在论证时，类比能够清晰地阐明关键论点，是一项非常有效的工具。但从另一方面来说，类比的说服力也可能是欺骗性的，因为这种方法主要依赖于人们的想象力。由于类比拥有塑造人们世界观的能力，学习如何识别并评价包含类比的论证尤为重要。

因为人工智能并非有机体而认为它们缺乏意识和情感的主张是基于不相关的差异性。

因果论证

原因（cause）是带来变化或产生效果的事件。**因果论证**（causal arguments）是指提出一些事物是（或不是）其他一些事物的原因的论证。下面是一个因果论证的例子：

前提 1（原因）
[你吃了太多法式炸薯条]，并且
前提 2（原因）
[你还不去锻炼]。
结论（效果）
[如果再不改变自己的生活方式你会变胖的。]

在这个例子中，这个人提出一项论证：吃太多的法式炸薯条和缺乏锻炼会导致体重增加。与其他归纳论证一样，因果论证的结论也不是百分之百确定的。即使你吃了太多的法式炸薯条，也没有进行锻炼，但是如果你患有新陈代谢障碍或者肠内有寄生虫，你的体重可能也不会增加。

因果关系

在英语中，"because"是常用的前提指示词，其中的"cause"是论证中重要因果关系的标志。人们日常生活中的很多决策都依赖于这种归纳推理过程。如果我们希望掌控自己的生活，那就需要更深刻地理解因果关系。

一些因果关系是众所周知的，例如结冰与温度之间的关系，以及疟疾与蚊子传播寄生性疟原虫之间的关系。然而，在很多情况下，确定因果关系并不像最初看起来的那样简单。当事件持续进行或循环进行时，人们很难弄清楚哪个事件最先发生，从而可能混淆原因与结果。比如说，我们是由于压力太大而头痛，还是由于头痛而感到压力太大？是观看暴力影片诱导人们出现暴力倾向，还是本身具有暴力倾向的人更喜欢观看此类影片？

当原因与结果或假设混淆在一起，没有充分的证据能够证明某个事物是另一个事物的原因时，就容易出现错误归因谬误。本书第5章曾提到，人们非常容易出现此类谬误，在因果关系实际上根本不存在的情况下，人们倾向于在随机事件之间找到因果关系和固定模式。此外，人们还倾向于相信自己能够控制事件的原因，而其实却在自己的控制之外。由于这些天生的认知错误，我们在做出两个事件之间存在因果关系的结论时，务必保持谨慎。

大多数因果关系并不像结冰与温度之间的关系那样直接。相反，可能存在若干个导致事件发生的因素。一些事件或条件只有在其他条件满足的情况下才能构成原因。其他条件也会导致特定结果的产生，例如，读高中时取得优异的成绩可以有助于你获得常春藤联盟大学的青睐，但是并不能保证你一定能被录取。

相 关

当两个事件同时发生的几率高于可能发生的概率时，这种关系称为**相关**（correlation）。如果当某一事件发生的概率增加，另一事件发生的概率也会相应增加，那么两者之间存在**正相关**（positive correlation）。例如，每天吸烟的数量与肺癌的风险之间存在正相关。当某一事件发生的概率增加，而另一事件发生的概率随之下降时，两者之间存在**负相关**（negative correlation）。超过18岁以后，人们的年龄与是否吸烟存在负相关关系。年龄越大，吸烟的可能性就越低。

连环杀人犯泰德·邦迪为自己所做的谋杀辩护是一个典型的错误归因范例。与其他很多性侵犯者一样，泰德·邦迪被逮捕后将自己所犯之罪归咎于色情作品。然而，科学家们也仍然无法确定到底是色情作品诱导人们发生性暴力行为，还是本身具有性暴力倾向的人对色情作品更感兴趣。

独立思考

安东尼娅·诺维罗，医疗问题专家

　　安东尼娅·诺维罗于1944年出生于波多黎各的法哈多市，她自幼家境贫寒，体弱多病，父亲在她8岁时就离开了人世。但是她既没有抱怨也没有屈服，为了脱离贫困与疾病，诺维罗积极地寻找出路。小时候，她的梦想是成为一名医生。她在波多黎各大学里奥彼德拉斯校区获得了科学学士学位，于1970年在波多黎各大学圣胡安校区医学院获得了医学博士学位，于1982年在位于巴尔的摩市的约翰·霍普金斯大学公共卫生学院获得了公共卫生硕士学位。1979年，她进入了位于马里兰州贝塞斯达市的美国国家卫生研究院工作。她在医疗保健议题上的批判性思维能力和非凡成就使她很快声名鹊起。

　　1989年，美国总统乔治·H.W.布什提名诺维罗博士担任美国卫生局局长。在任职期间，诺维罗博士一直致力于寻找并减少引起四个重大公共健康问题——艾滋病、暴力、酒精和烟草的原因。她注意到，青少年和儿童中的吸烟人数自1988年骆驼烟草公司发布骆驼乔广告以来出现了明显的增长。为了消除此类影响，她一方面致力于加强学校对学生的教育，另一方面禁止面向青少年的烟酒广告。她还做了大量的工作向公众宣传如何预防家庭暴力和艾滋病。她的这些努力没有白费，在20世纪90年代中期，家庭暴力事件和艾滋病新增病例都分别出现了减少和下降，这应部分归功于她所做的工作。

　　在卫生局局长的4年任期结束后，诺维罗博士又加入联合国儿童基金会（UNICEF）继续工作。

讨论问题

1. 讨论在寻找儿童和青少年吸烟问题的解决方案时，诺维罗博士使用了哪些因果归纳推理方法。
2. 诺维罗博士不幸的童年激励她成为一名医生。讨论你的童年经历对你的长远目标产生了哪些影响。

　　尽管相关性有时暗示因果关系，例如在吸烟与肺癌关系的例子中，吸烟是导致肺癌的原因，但并非总是如此。比如，在下面这个例子中，两者之间存在相关性，但是否存在因果关系是无法确定的：

　　你坐在教室中的位置离讲台越远，你的期末考试成绩就可能越差。

　　在这项论证中，学生的期末成绩和学生所坐位置与讲台之间的距离存在负相关的关系。然而，从这个相关性我们不能推断出，坐在教室的后排会导致学生取得较差的成绩。原因和结果可能是相反的，可能是学习差的学生喜欢坐在教室的后面，又或者是老师更容易注意到坐在前排的学生的表现，给他们打更高的分数。

构建因果关系

相关常常可以作为判断是否存在因果关系的起点。

吸烟与肺癌的相关性

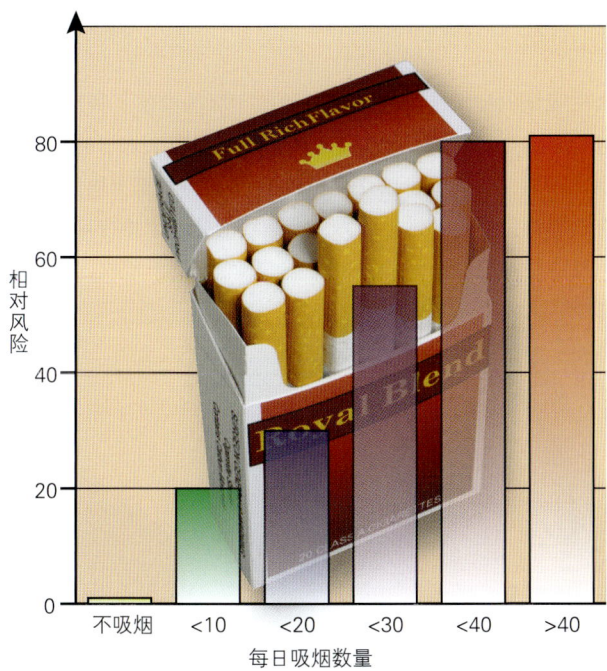

但是，也可能存在其他因素或干扰变量造成相关或因果的出现，这些因素或变量也可能是结果产生的原因，科学家们一般采用**控制实验**（controlled experiments）以检验其是否存在。

控制实验是指将研究样本随机分成两个小组：实验组和控制组。对实验组采取正常的实验手段，其实验结果可以用于科学研究；而控制组又称为对照组，它们并不接受实验处理。例如，在一项药物实验中，实验组可能被要求服用某种胶囊，胶囊内包含需要研究的药物，而控制组服用的则是无毒的安慰剂，例如糖丸，其中不包含有效的药物成分。两个小组都不知道自己服用的药丸是否含有药物。

公众政策和日常生活决策中的因果论证

制订有效的公共政策和良好的人生规划都依赖于对因果关系的正确推断。批判性思维也要求人们能够识别出可以引起特定结果发生的因果关系类型。例如，为什么非裔美国人比欧裔美国人更容易在大学期间退学？为什么在现在的调查中，反映经常对学习感到厌倦的大学新生的比例，远远高于1990年时的学生？为什么我最近两次恋爱都以失败告终？只有人们理解了这些事件发生的原因，才能够提出有效的解决方案。

当以因果论证作为基础进行决策时，必须确保所获得的信息是最新的，这一点非常重要。在某个时期成立的事实，随时间变化可能已经发生了改变。例如下面这项论证：

> 人们应当确保自己的孩子在看电视时坐在至少离电视6英尺远的地方。坐得太近会伤害孩子的眼睛。

电视是20世纪30年代开始在美国出现的。如果收看的电视机是20世纪50年代之前生产的，且总是坐在离屏幕太近的地方长时间观看，那么其释放的辐射水平确实可能会导致一些人的眼睛出现问题。然而，现在这种因果关系已经不存在了。如今的电视机都配有防护装置，能够有效地控制辐射量。

大多数的决策过程都不是那么清晰和明确。当某一项行动或政策利弊并存时，就需要决策者反复权衡两者之间孰轻孰重。在公共政策中，这一过程被称为**成本效益分析**（cost-benefit analysis）。例如，本章结尾处引用了关于大麻合法化的论证，围绕大麻合法化可能带来的

新一代电视机不再给坐得很近的人带来眼睛伤害。

行动中的批判性思维

是时候戒烟了：尼古丁简介——大学生与吸烟现象

大学生中吸烟的人数比例占到了26%。其中一年级学生吸烟的比例要高于三年级和四年级的学生。实际上，90%的烟民都是在青少年时期开始吸烟的。虽然大学生中吸烟的人数比例比社会总体水平高，但没有上大学的年轻人中吸烟的人数比例更高，几乎是大学生的两倍。*吸烟比例之所以会出现年龄和教育水平方面的差异，部分原因是，学生们的批判性思维能力不同，在评估吸烟带来的影响时存在差异。在批判性推理方面缺乏经验的人，更有可能将因果关系的复杂性过度简单化，甚至忽略。例如，吸烟的大学生往往只顾眼前的因果关系：吸烟有助于放松，看起来更老成或者更合群，却忽视了吸烟有可能带来的长期影响，例如癌症、心脏病和寿命缩短等。除了目光短浅，只顾暂时满足眼前的需要之外，不善于批判性思维的人更倾向于夸大自己对某些事物的控制力，他们认为自己能够避免患上癌症或者其他与吸烟有关的疾病。

讨论问题

1. 当看到图片中吸烟的女学生时，你有何感想？讨论她们吸烟的行为在多大程度上影响了你对她们的看法。
2. 虽然烟草公司承诺不会投放面向青少年的广告，大多数的烟草广告还是以吸引24岁以下的年轻人为目的，因为他们缺乏足够的批判性思维技巧去抗拒吸烟的诱惑。请对现在的烟草广告进行批判性地分析。这些广告希望在观众心目中建立什么样的因果关系？效果如何？

* 参见 American Legacy Foundation, "College Students and Smoking," http://www.safeguards.org/content/tobacco/FSCSpdf.

效益以及成本和危害进行了反复的论证和权衡。在你的日常生活中，这种分析也非常有用。例如，当你需要选择职业道路时，是去读8年大学，带来一身债务，并且推迟结婚成家的时间，还是去从事要求较低的专业和职业，以便为个人和家庭生活留出更多的精力？

对原因的错误认识常常导致误会，造成归咎的对象是错误的，或者伤害性行为和态度的持续存在。21%至40%的年轻成人声称，在与恋爱对象约会的过程中经历过至少一次的人身侵犯事件。大多数情况下，受害者是女性。约会暴力产生的原因是什么？大多数的大学生认为在于施暴者本身的性格，例如难以控制的坏脾气，或者小时候的受虐史。甚至更常见的是，他们将受害人的行为视为攻击产生的主要原因——"她惹我生气""是她要求的""她穿的太撩人了"以及"我这么做是因为她和其他男生打情骂俏"。制作关于约会强奸的宣传品，以教育女性更加坚定地说"不"，制订一系列的计划以帮助有

> **联 系**
>
> 如何运用控制实验来检验科学假设？参见第 10 章和第 12 章。

暴力倾向的男性控制愤怒，这些解决方案对女性遭受暴力原因的评估都过于简单化。

那些认为女性本身的行为是导致肇事者做出攻击行为最主要原因的人，忽略了一个重要的潜在原因——男性和女性在文化上的权力不平衡。然而，不幸的是，很多用于防止校园约会暴力的方案完全没有考虑到这种权力不公平，相反却使用中性的材料。这些方案在减少约会暴力方面收效甚微。除非人们能够认识到这种不平衡是恋爱关系中出现暴力的原因之一，否则这些预防方案仍然很难取得效果。

评价因果论证

了解如何评价因果论证能够帮助你在个人生活和公民生活中做出更好的决策。下面给出了评价因果论证的四条准则：

1. 因果关系的证据应当具有说服力。在没有进行仔细研究之前，不要匆忙下结论认为事物之间存在确定的因果关系。证明因果关系存在的证据越多，论证的说服力越强。对轶事证据持怀疑态度。控制实验是确定事物之间存在因果关系还是相关关系的最佳方法之一。

2. 论证不应当包含谬误。一些非形式谬误常常不经意地出现在因果论证中，其中最常见的当属错置归因谬误，这种谬误是指人们观察到某一事件在另一事件之前发生，就将该事件确定为另一事件的原因。

另外一个常见的谬误是*无知谬误*，它是指人们仅仅因为无法证明某一事物不是原因，就认定该事物是原因，或者因为无法证明某一事物是原因，就认定该事物不是原因。第三种可能出现在因果论证中的谬误是*滑坡谬误*，当论证者过高估计了某一原因的影响，认为其产生了特定的结果时，就会出现这种谬误。回顾这些谬误可参见本书第 5 章。

3. 数据是当前最新的。在基于因果关系接受某项论证或做出决策时，应当首先保证所获信息是当前最新的。因为某个因果关系可能曾经正确，但现在已不再有效，这时结论就可能出现错误。

4. 结论不应超出前提支持的范围。当人们把相关关系错认为是因果关系，或者过高估计了因果关系中原因事件的影响，就可能出现结论超出前提支持范围的错误。除非在前提中陈述的是足够充分的原因，否则都应当在结论中使用"可能"（probably）或相似的修饰词。

在批判性思维中，识别和分析因果关系是一项重要的能力。与其他归纳论证一样，因果论证的结论也不是百分之百确定的。然而，确定某一事件可以产生多大程度的影响，能够帮助人们更好地评价因果论证并在生活中做出更明智的决定。

再想一想 »

1. 归纳论证与演绎论证存在哪些不同？
   - 演绎论证中的结论与前提之间存在必然的联系，而归纳论证的结论与前提之间只存在可能的联系。演绎论证有对错之分，而归纳论证只有强弱之别。
2. 基于概括的论证如何帮助人们了解更多关于总体的特征？
   - 基于概括的论证通过研究从总体中选取的代表性样本来了解总体的特征。这一方法可以通过使用民意调查、实地调查和科学实验来实现。
3. 类比论证有哪些用处？
   - 通过将两个或更多的事物进行比较，类比论证能够帮助人们在熟悉事物的基础上更好地了解世界。类比推理也常被用于在法庭审判时参考之前相似案例的判决。
4. 因果论证在人们的生活中发挥了什么作用？
   - 掌握因果关系是人们正常工作和学习的必要条件。因果论证能够帮助人们决定原因和结果之间是否存在逻辑上的关系，而不是去无端臆测或盲目迷信。因果推理对大多数科学观测和实验来说至关重要。

批判性思维之问

透视大麻合法化

大麻是美国使用最广泛的违法药物。根据司法统计局的统计数据，2006 年美国有 30.2% 的大学生使用过大麻。

大麻是由印度大麻 Cannabis sativa 的叶子和花经干燥后制成的，吸食之后能改变意识，包括轻微的兴奋、放松和敏锐的感官意识。但是，吸食大麻也可能导致记忆中断、偏执和焦虑、幻觉、运动能力和认知表现下降、易怒，并且会上瘾。在医学上，大麻常被用于辅助艾滋病和一些癌症的治疗，可以增进食欲，减轻疼痛。

大学生对大麻合法化的支持率在 20 世纪 70 年代达到了顶点，几乎接近了 50%。但是随后出现了急剧的下降，到 1989 年的时候只剩下了 17%，之后又开始逐渐回升。今天有 43% 的大学生同意"大麻应当合法化"的观点。和烟草一样，大麻等非法药物的使用通常开始于 14 至 17 岁之间，而 18 至 25 岁的年轻人中吸食大麻的比例最高。

美国针对大麻的政策开始于 1937 年的《大麻税法》，随着时间的推移，美国对大麻的限制也越来越严格。到了 20 世纪 50 年代，美国通过了新的立法，为持有和买卖大麻规定了统一的处罚标准和刚性最低刑。在 60 年代后期和 70 年代期间，几乎所有的州都降低了对持有大麻的处罚力度。1996 年，加利福尼亚州投票通过了第 215 号修正案，《特许使用治疗法案》，该法案规定医用大麻合法，病人可以持医生开具的处方购买大麻以治疗青光眼或者癌症、多发性硬化症等严重病症引起的疼痛。之后陆续有其他州将医用大麻合法化或非罪化，这些州包括阿拉斯加州、亚利桑那州、科罗拉多州、夏威夷州、缅因州、蒙大拿州、内华达州、新墨西哥州、俄勒冈州、佛蒙特州和华盛顿州。然而，2005 年 6 月美国联邦最高法院在赖奇诉阿什克罗夫特案中做出裁决，允许大麻作为医用的各州地方性法律违反了联邦的《管制药品管理条例》，如果医生为病人开具或者分发大麻将受到指控。

加拿大于2001年将医用大麻合法化，并于两年后将持有大麻无罪化，这样小剂量使用大麻的人将不必再受到监禁或留下犯罪记录。这一举动使加拿大与美国之间的关系变得紧张，因为在美国即使持有很少数量的大麻也可能被判处最高1年的监禁。在过去几年中，加拿大的大麻产量突飞猛进，其中很多被卖往了美国。

在下面的文章中，美国缉毒署署长凯伦·唐迪支持现有的限制大麻使用的法律。来自美国大麻种植法改革组织的保罗·阿门塔诺则主张大麻的去罪化，为合理使用大麻建立特别的法律管控系统。最后一篇关于大麻政策争论的文章摘自《加拿大医学协会杂志》，作者是韦恩·霍尔博士。

维持大麻的非法性*

凯伦·唐迪

> 凯伦·唐迪是美国国会于2003年任命的缉毒署署长，毕业于得克萨斯大学法学院。唐迪在文章中强调应当维持大麻的非法性。

最近进行的一次民意调查表明，45岁以上的美国人中支持医用大麻合法化的人数占到了将近四分之三。

大麻不仅是个人的自由选择，还是一种颇具疗效的药品，能包治百病。这种观念已经散播到了美国青少年中间。我在访问美国各地的中学，与学生们交谈时，随处都可以听到这种声音。我非常惊奇这些青少年怎么会对大麻合法化的问题如此通晓。大麻合法化的支持者似乎一直站在校园门口散发传单，可是上面却是谎言。看看我从学生口中都听到了什么："大麻是从地里生长出来的，所以是纯天然的，对你一定有好处""大麻肯定是药品，因为它让我感觉更好""每个人都说大麻是药品，那它肯定是"……

这种谎言如果任其发展，人们就会认为既然大麻是药品，那么偶尔尝试一下作为消遣也未尝不可……

谎言：大麻是一种药品
现实：吸食大麻不是治疗手段

科学和医学界已经得出了明确的结论，吸食大麻对人体健康有害，不能作为治疗手段。至今没有医学证据表明，吸食大麻能改善病人的病情。实际上，美国食品及药品管理局（FDA）已经做出明确规定，没有药品是吸食的，主要原因在于，吸食是一种非常差的药物吸收方式。例如，吗啡已经被证明是一种非常有医学价值的药物，但是美国食品及药品管理局却没有批准吸食性的鸦片和海洛因，虽然它们的主要成分就是吗啡。

美国国会在20世纪70年代就已经通过法案反对大麻的使用，原因就在于尚无科学证明大麻的医用价值。30多年后，美国最高法院在美国诉奥克兰大麻购买者合作组织案中再次支持了这一法案。大麻依旧位列美国《管制药物管理条例》第Ⅰ类管制药品之列，原因就在于大麻有很高的成瘾风险，在医务监督下使用缺乏必要的安全性，尚未被接受有医学价值……

1999年美国科学院医学研究所（IOM）进行了一项具有里程碑意义的研究，考察了大麻的医学特性。所谓医用大麻的拥护者不断地翻出该研究来支持自己的观点，但是研究结果对大麻合法化来说却是釜底抽薪。实际上，IOM的研究明确表明，大麻不是药品，并对病人吸食大麻表示担忧，因为吸食是一种有害的药物吸收手段。该研究还进一步指出，没有科学证据表明吸食大麻具有医学价值，即使对慢性病来说也是如此。研究结论认为，"未来几乎不可能在医学上批准吸食大麻为药物"。实际上，执行研究的科学家针对艾滋病虚损综合征、帕金森症和癫痫等运动障碍、青光眼等多种疾病进行了实验，结果表明，大麻对任何疾病而言都不具有医学价值……

谎言：大麻合法化在其他国家已取得成功
现实：其他放宽大麻管制的国家往往导致危险药物使用率的上升

在过去十年中，世界上的一些其他国家，尤其是欧洲国家的大麻政策已经发生重大改变，朝着逐渐放宽的方向发展但却带来了失败的结果。例如，荷兰政府已经根据本国的经验重新考虑本国的合法化进程。例如，在大麻使用合法化之后，18至20岁的年轻人中大麻的消费量激增了三倍。随着荷兰民众对大麻危害的认识逐渐增强，荷兰大麻咖啡馆的数量在过去6年中下降了36%，几乎所有的荷兰城镇都制订了大麻限制政策，其中73%对大麻咖啡馆采取了零容忍政策。

* 摘自 "Marijuana: The Myths Are Killing Us," *Police Chief Magazine*, March 2005.

1987年，瑞士政府尝试在苏黎世的一家公园里允许使用毒品，这座公园迅速获得了一个绰号：毒品公园。瑞士成为了全世界吸毒者向往的乐土。仅仅5年时间，公园内的固定吸毒者数量就已经由最初的几百人迅速扩大到2万人，公园及其周边区域犯罪频发，以至于最终公园被迫关闭，实验宣告失败。

随着大麻合法化运动浪潮的迭起，加拿大青少年吸食大麻的比例迅速增长到了25年来的最高值。正当加拿大下议院对一项大麻非罪化法案展开讨论时，加拿大政府发布的一项报告显示，吸食大麻的人数在青少年中已经"上升到了自70年代后期以来从未达到过的水平"……

谎言：大麻没有危害
现实：大麻对使用者而言非常危险

使用大麻对人体健康、社区治安、社会稳定、科学进步、经济发展和个体行为都会产生有害的影响。其中，儿童最易受到大麻的伤害。因为大麻是美国使用最广泛的非法药物，即使儿童也有机会获得。与此同时，更严重的问题是，今天的大麻已经不是人们在30年前婴儿出生潮时期吸食的大麻了。如今，大麻中的四氢大麻酚平均含量已经从20世纪70年代中期的不到1%上升到了2004年的8%以上。在加拿大的不列颠哥伦比亚省广泛种植的一种大麻品种"B.C. Bud"，其药效更是可以达到全国平均水平的两倍，也就是四氢大麻酚含量达到15%至20%，甚至更高。

吸食大麻可能会产生依赖性和药物滥用。在2002年美国收容的所有戒毒人员中，大麻是第二常见的毒品，远远高于处在第三位的高纯度可卡因。而令许多人感到震惊的是，在青少年中每年因为大麻依赖而接受治疗的人数，比酒精或其他非法药物加起来的总和还要多。这个趋势十多年来一直在增加：2002年，入院治疗的青少年吸毒者中有64%的人将大麻作为吸食的主要毒品，而在1992年的时候这个比例只有23%。

大麻是一种入门级的毒品。在禁毒执法过程中，大多数海洛因或可卡因的成瘾者，都是从使用大麻开始的……第一次使用大麻的年龄越小，这个人继续使用可卡因和海洛因的可能性就越大，成人后对毒品产生依赖的可能性也更大。一项研究发现，在15岁之前第一次吸食过大麻的成年人之中，有62%的人会继续吸食可卡因。相反，在没有尝试过大麻的人中，只有1%或者更少的人去吸食海洛因或可卡因。

吸食大麻会导致严重的健康问题。大麻包含超过400种化学物质，其中60种是大麻素。每吸一只大麻烟，沉积到肺中的焦油量是一支过滤嘴香烟的3至5倍。所以，经常吸食大麻的人，会遭受与普通吸烟者一样的健康问题，例如慢性咳嗽、哮喘、支气管炎和慢性支气管炎。实际上，研究表明，每天吸食3至4支大麻烟卷对呼吸系统造成的伤害，至少相当于每天吸食一整包香烟所造成的伤害。大麻烟中含有的致癌性烃比普通香烟高50%至70%，这种致癌性烃能刺激人体产生更高水平的一种酶，而这种酶能将某些烃转化成癌细胞。

此外，吸食大麻还会导致焦虑、惊恐发作、抑郁、社交退缩以及其他精神健康疾病，这种情况在青少年身上尤为突出。研究表明，如果年龄在12岁至17岁的儿童中，每周吸食大麻的儿童出现自杀想法的概率比从未吸食大麻的儿童高出三倍。吸食大麻还会导致认知障碍，包括一些诸如感知扭曲、记忆丧失、思考困难和无力解决问题等短期影响。平均成绩在D及以下的学生，曾经吸食大麻的概率要比平均成绩是A的学生高出四倍。对于青少年来说，他们的大脑仍处在发育阶段，所以大麻对青少年的影响最为严重，将危害他们充分发挥自身潜能的能力。

谎言：大麻只危害吸食者
现实：大麻对非使用者而言也有危害

人们需要打消这样的想法，即认为不存在所谓"孤立的吸毒者"，一个人的习惯只会影响他自己。使用毒品，包括使用大麻并非是对他人无害的犯罪行为。社会上的一些人可能会抵制参与到大麻问题中，因为他们认为其他人使用毒品并不会伤害到自己。但是这种"事不关己"的思维方式是极其不明智的。但如果询问这些人对于二手烟的态度，他们会迅速地承认二手烟对不吸烟的人所带来的危害。二手烟是一个广为人知的问题，美国人对此已经越来越重视。人们需要使用相同的常识思维来面对危害更大的毒品使用带来的间接影响。

例如，吸食大麻会对交通安全带来灾难性的后果。根据美国国家公路交通安全管理局（NHTSA）的记录："来自交通拘捕和死亡的流行病学数据表明，在最常检出的精神活性物质中，大麻位列第二，仅次于酒精。"大麻能够导致驾驶者的操控能力下降，反应时间变长，对时间和距离的估计发生扭曲，昏昏欲睡，运动技能受损，难以集中注意力。

而在大麻的影响下驾驶这一问题的严重程度是令人震惊的。根据美国国家药物控制政策办公室（ONDCP）

2003年9月份发布的评估，六分之一（约60万）的高中生会在大麻的作用下驾驶汽车，这几乎与酒后驾驶的学生人数一样多。有一项研究专门统计了因鲁莽驾驶而被要求靠边停车的驾驶者，结果显示，除去受酒精影响的驾驶者之外，45%的人其大麻检测呈阳性……

在大麻的影响下驾驶可能会导致十分悲惨的后果。例如，在2002年4月，一辆校车从快车道中驶出，撞上了一座混凝土大桥的桥墩，车上的四名孩子和客车司机全部身亡，这名司机因为经常吸食大麻而被孩子笑称为"烟枪"。在车祸现场，从他的兜里发现了大麻……

让公众认清大麻的真面目

拆穿这些谎言并向青少年和家长们提供事实的真相能够产生积极的效果，这一点已经得到证明。美国"监测未来"的调查为我们带来了好消息，自1996年以来，八年级学生中吸食大麻的比例已经下降了36%，十一年级和十二年级的学生也出现了一定程度的下降。意识到吸食大麻有害的学生人数上升，吸食大麻的学生比例下降，这显然并非巧合。

问 题

1. 为什么如此多的学生认为，以吸食大麻作为消遣方式是安全的？
2. 唐迪在支持自己"吸食大麻并非医学治疗手段"的结论时使用了哪些证据？
3. 根据唐迪的说法，实行大麻合法化的国家产生了哪些相应的后果？
4. 大麻不但对吸食者有害，对周围的人也有危害，这具体表现在哪些方面？

大麻合法化及管制*

保罗·阿门塔诺

保罗·阿门塔诺是美国大麻种植法改革组织（NORML）的高级政策分析师，该组织于1970年成立，致力于大麻合法化运动。阿门塔诺认为，应当为大麻种植建立特殊的法律监管体系，而不是将大麻种植列为非法。

在1936年发行的宣传电影《大麻烟疯潮》原声摘要的支持下，美国政府最近开始针对假想中的大麻危险发起又一轮的抹黑运动。联邦政府人员的指控是：吸食大麻导致精神疾病。

"现在已经有越来越多的证据表明，吸食大麻能够增加人们患上严重精神疾病的风险，"美国药物大总管约翰·沃尔特斯在一次新闻发布会上宣称，借此为白宫最近发起的反大麻运动大肆鼓吹和宣传。他说道："国内外的最新研究表明，大麻能够导致吸食者，尤其是青少年患上抑郁症和精神分裂症，并且产生自杀的念头。"

可以预见的是，在白宫发布的最新警告背后，是对科学证据的寻求，但最终却将一无所获。发表在2005年4月份《精神病学研究》杂志上的一项涉及该问题的临床研究，驳斥了吸食大麻和精神分裂行为之间的因果联系，但他们却对这项最新的临床研究只字未提。"现在的研究……提出的只是在大多数情况下，精神分裂症状与吸食大麻之间存在暂时性的先后关系，"这篇文章的作者指出，"这些发现并不支持吸食大麻与精神分裂症状之间存在因果关系。"

即将发表在《成瘾行为》杂志上的调查数据，同样给予了白宫所谓"大麻导致抑郁"的说法沉重的一击。通过对4400名成年人完成的"流行病学研究中心抑郁量表"（用于评估一般人群中抑郁症状的数值自评量表）进行分析，来自南加州大学的研究者发现："尽管在所有抑郁分量表中存在相当大的分差幅度，但仍然可以看出，每周吸食一支或一支以下大麻的人比从不吸食大麻的人表现出更少的抑郁情绪、更积极的心态以及更少的躯体主诉（无躯体性解释的疾病症状）……每天吸食大麻的人（也）比从不吸食大麻的人表现出更少的抑郁情绪和更积极的心态。"

最后要提出的是发表在《药理学近期述评》上的元分析结果。这项研究的结论是：适度吸食大麻的人，即使在长期吸食之后，也"不会因此遭受任何长期的身体或精神伤害……总的来说，与其他主要以'娱乐消遣'为目的的药物相比，大麻应当被定级为相对安全的药物。"

社会背景中的大麻

"相对安全"这一措辞在任何涉及大麻与精神健康的

* 摘自"Cannabis, Mental Health and Context: The Case for Regulation," NORML Report (www.norml.org) May 2007.

讨论中都是恰当的。没有物质是完全无害的，在很多情况下，药物的危险程度是高还是低取决于使用的方法和环境。大麻也不例外。

到目前为止，由于研究早期吸食大麻与抑郁症或精神分裂症发病率增加的纵向研究较少，所以基于此类研究的数据资料非常有限，并且解释这些数据是非常棘手的一件事情，大多数此类数据都没有得到很好的理解。因为存在大量已知和未知的混淆因素（例如贫穷、家庭史、吸食各种毒品等等），使得研究者很难清楚地分析出吸食大麻和精神疾病之间是否存在因果关系。此外，很多专家指出，之所以出现这种联系，大部分原因在于精神病人主动吸食大麻以进行自我治疗。由于很多调查数据和个人发现的轶事报告指出，吸食大麻能够在临床上缓解和治疗抑郁症以及精神分裂行为，并且已经有专家和机构在临床试验中推荐使用大麻素治疗精神疾病的某些症状，这使得吸食大麻可以缓解症状成为许多精神病人的医学常识。

然而，在人们更好地理解大麻与精神疾病之间的联系之前，政府的这种谨慎尚存在可取之处。那就是已经出现精神病症状的成人和青少年（尤其是未满或刚满十岁的青少年）应当避免吸食大麻，特别是大剂量地吸食大麻。然而，这种说法并不能成为对大麻相对安全性的质疑，或者对联邦政府在法律上禁止成人吸食大麻的支持。事实恰恰相反。

健康风险需要管制，而非禁止

当有科学证据表明，某种药物存在健康风险时，这种风险不应该成为禁止该药物的合法理由，而应该成为对其进行合法管制的理由。以大麻为例，如果真的如"美国药物大总管"所说的那样，有研究证明"在12岁之前吸食过大麻的成人被诊断有严重精神疾病的概率是18岁或以后开始吸食大麻的成人的2倍"，那么，这一论证也只能支持另一种结论，那便是在法律上以管制酒精的方式对大麻进行类似的管制，颁布安全条例限制青少年通过合法途径得到大麻。无论如何，沃尔特斯的担忧都不能支持法律禁止成年人合理地使用大麻，就像不能因为害怕少数青少年酗酒，就要全面禁止成年人饮用啤酒一样。

此外，"美国药物大总管"还可疑地提出："某种基因特征使大麻引发精神疾病的概率提高5倍，而多达四分之一的人可能拥有该基因特征。"即使这一论断属实，那也应该成为对大麻进行合法管制的另一个理由。如果在人群中确实存在少部分人，他们的基因使其更容易受到大麻的危害（例如，可能是易于患精神分裂症的人群），那么就应当建立一个完善的管制体系，向这些亚群体宣传吸食大麻的潜在风险，这样他们就能够做出自己的选择，限制大麻的使用。

拿一个现实的例子进行类比，有数百万的美国人将布洛芬作为一种安全有效的止痛药服用。然而，对于肝脏和肾脏功能有问题的少部分病人来说，服用布洛芬就可能存在严重的健康风险。然而，这一事实并未要求将服用布洛芬的成年人认定为罪犯，所以，即使大麻确实存在健康风险，"美国药物大总管"要求禁止大麻的主张也未免太过肤浅。

最后需要指出的是一项不可忽略的事实，大麻禁令使联邦政府永远丧失了教育本国公民的机会，尤其是让年轻人认识大麻的潜在危险，使他们无论何时何地面对出现的大麻时都能够从容应对。而废除对大麻的禁令，建立合法的、受到管制的大麻市场则能够挽回这一失去的信誉，这是有事实依据的：在吸烟和饮酒的健康风险上，联邦政府发起了基于科学的教育运动，极大地减少了烟酒对青少年的影响。而为减少青少年吸食大麻发起的煽风点火式的运动则大多受到了目标群体的嘘声和嘲笑。

正如荷兰药物政策基金会多年前得出的结论，大麻的"健康风险非常有限，但并非完全无害"。基于该结论，基金会做出决定：

"使用大麻确实存在健康风险，所以应当对其建立专门的法律管制体系。如果大麻完全无害，那么就会为其制订与茶叶一样的规则。大麻不可能获得无条件的自由流通，但是对大麻制订的规则也应该是常规的和宽松的。"放到这样的背景之下，行政部门最近发起的反大麻运动并没有推动政府在加紧禁止大麻的方向上前进哪怕一小步，反而为废除大麻的禁令提供了大量的弹药。

问题

1. 面对大麻可能导致精神疾病的言论，阿门塔诺做出了怎样的回应？
2. 健康风险并不能成为在法律上禁止大麻的充足理由，对此阿门塔诺提出了哪些根据？
3. 禁止大麻带来了哪些影响？
4. 阿门塔诺提出在大麻使用上应该采取哪些管制措施，为什么？

寻找前进之路

韦恩·霍尔，医学博士

> 霍尔博士是澳大利亚新南威尔士大学国家药物和酒精研究中心的教授和执行理事。他提出，针对大麻使用制订社会政策时，既需要考虑关于大麻使用的流行病学证据，又要评估不同社会政策产生的成本与效益。

在一个理想的社会里，关于大麻的社会政策应当基于使用大麻的流行程度及其危害的流行病学证据，以及对致力于尽可能减少大麻危害的各种社会政策所产生成本和效益的评价。政策不应当全部由这些证据决定，而应当根据相互抵触的社会价值来评价，例如个人自由、公众健康和社会秩序，这是一个民主社会中政治过程所必须履行的任务。然而，关于大麻的政策论战则应当基于对社会政策所做的评估，以及有关大麻危害的最佳流行病学证据。这两种证据缺一不可，否则都将成为制订基于证据的大麻政策的障碍；而公众意见的两极分化和关于大麻导致危害的专家观点则是另一个障碍。

大麻的流行

调查表明，大麻在很多发达国家都是使用最广泛的非法药品。在这些国家中，在生活的某些时间吸食过大麻的年轻人占非常高的比例。在大麻被法律禁止的地区，人们一般会在 25 岁至 30 岁之间中断对大麻的使用。而持续使用大麻则最常出现在过早吸食大麻、吸烟、大量饮酒或同时使用其他毒品的人之中。

大麻的危害与益处

有关大麻对人体健康影响的流行病学研究数量较少，而且质量也不高……虽然有一些尚存争议，但人们还是能够描述出吸食大麻可能给人体健康带来的不利影响。

大麻中毒能够对吸食者，尤其是初次尝试大麻的人产生严重的心理危害，主要症状表现为焦虑、烦躁和恐慌。当吸食者大麻中毒时，也可能发生认知和精神运动损伤。如果在大麻中毒之后驾驶机动车或者操作机械装置，还有可能增加吸食者意外受伤的风险。如果吸入大麻剂量非常大，可能会导致吸食者出现精神病症状的风险增加；而对于拥有个人或家庭精神病史的人来说，即使吸入剂量较小也存在这种风险。如果孕妇在怀孕期间吸食大麻，则可能会导致生育低体重婴儿的风险增加。

由于缺乏前瞻性研究和病例对照研究，多年长期吸食大麻会给身体和心理造成何种影响还无法确定。经常吸食大麻对身体健康最常见的危害应该是呼吸系统疾病，包括慢性支气管炎以及头部、颈部和肺部的鳞状上皮癌。一些吸食量较大的人会对大麻产生依赖性，无法控制对大麻的使用。一些长期大量吸食大麻的人会产生轻微的认知损伤，这些损伤是永久性的，即使在戒除大麻后也无法完全恢复。而本身患有精神分裂症的病人如果吸食大麻则会出现症状加重的情况。

长期大量吸食大麻还可能带来许多其他的危害，这尚需人们进行更深入的对照研究加以确定。这些可能的危害包括怀孕期间吸食大麻的妇女其后代癌症发病率更高，免疫系统受损的人则有可能出现病情进一步恶化的情况。

某些特殊人群更容易受到吸食大麻的有害影响。学习成绩不好的青少年可能会由于慢性大麻中毒而导致学业进一步受到影响。十几岁就开始吸食大麻的青少年则有可能继而染上其他毒品并逐渐对大麻产生依赖。吸食大麻的怀孕女性则有可能出现生育低体重婴儿的风险，并且可能会导致婴儿早产……

大麻给人们带来的并非全部都是坏处。虽然有些人提出，大麻对人体有害，所以不能成为治疗药物。但一些专家坚持认为，大麻在治疗一些致命性疾病和慢性疾病时能够获得显著的治疗效果。临床对比实验显示，大麻的主要有效成分四氢大麻酚（THC）能够抑制病人的恶心呕吐感，刺激艾滋病患者的食欲。有关四氢大麻酚和其他大麻素的药用价值还需要类似的实验做出评估，例如对患有多发性硬化症的患者起到抗痉挛效果，对现有止痛药物无法缓解的急性和慢性疼痛起到镇痛作用。

关于大麻政策的争论

大麻在年轻人中非常流行，而其对公众健康带来的危害又相对较小，所以许多大麻拥护者要求改革禁止吸食大麻的现有法律。其中最普遍的观点便是废除对个人拥有和吸食大麻的刑事处罚，有时称为"去罪化"。还有一种观点是将大麻的种植、买卖和使用合法化，使其拥有与烟草和酒精相同的地位。

但有些人对此观点进行了批评，他们认为，放松对

---

* 摘自 "The Cannabis Policy Debate: Finding a Way Forward," *Canadian Medical Association Journal*, Vol. 162, Issue 12, June 13, 2000, pp. 1690–1692.

大麻的法律处罚将使社会对大麻的威慑力下降,并使吸食大麻的行为越来越多。这一观点的支持者要求投入更多的社会资源支持司法系统加大对吸食和贩卖大麻的处罚力度,从而提高吸食大麻的风险,使禁止大麻的法律起到应有的效果。同时,媒体和学校也应当开展教育项目,使社会尤其是青少年增加对大麻危害性的认识,从而使社会更加不赞同使用大麻。

在美国已经出现了这种趋势,以消遣为目的吸食大麻的人将受到起诉,虽然这些人没有令其他人或自己受到大麻的毒害,但是他们的行为却是对其他人吸食大麻的一种鼓励。吸食大麻的人同时也将被处以严厉的经济处罚和监禁,药物测试装置已经逐渐进入工作场所,用以检测员工或应聘者有没有吸食大麻,学校就大麻对健康的危害加强了对青少年的教育,而大众媒体也强调吸食大麻及其他非法毒品对健康的危害。

如果要加强对大麻的禁令首先要在社会上达成共识——加大法律的执行力度是达到这一目标的最好方法。美国社会可能已经达成了这一共识,但是在其他地区却尚未达成共识,例如在澳大利亚,公众的态度几乎一分为二,一方认为应当维持现有的大麻禁令,而另一方则要求在法律上解除对大麻的限制。此外,在要求维持现有禁令的阵营中,大多数人更倾向于以征收罚金或非监禁刑惩罚初犯者,而不是将其投入监狱。

对大麻政策的评估

对于不同大麻政策的成本和收益的评估还非常少。国际社会在禁止吸食大麻上所达成的共识造成了在不同政策方法中只有很少一部分得到了评估。适当降低对大麻持有者的处罚力度是得到评估的政策之一,例如采取民事处罚方式,美国和澳大利亚曾分别在20世纪70年代和80年代末90年代初执行过这一政策,荷兰也曾经在20世纪70年代中期短暂执行过,然后在80年代重新启用。

根据可靠的评估结果,对吸食大麻处罚力度的降低并没有使大麻使用率出现可监测到的变化。这类评估一般依赖于对吸食大麻群体的调查数据进行二次分析,而这些数据往往是为其他目的收集的,所以统计准确性有限。

最近有两项在荷兰进行的大麻政策评估,评估内容主要是该政策对大麻和其他毒品使用人数的影响,结果这两项评估得到了截然相反的结论。吸食大麻在荷兰仍然是违法的,但是作为"权宜之计",警察会允许在大城市的咖啡馆里进行少量大麻的交易……这两种截然相反的结论反映出对大麻政策评估工作中的不足,而要做好这项工作需要进行充分的准备和周密的计划。

在澳大利亚,加强大麻禁令的支持者将美国在1980至1992年间出现的大麻使用比例下降归功于此类政策。然而,美国出台这一政策的效果也逐渐受到质疑,因为经过十年的下降之后,美国的大麻使用在20世纪90年代初又重拾升势。即使可以将美国连续多年的下降趋势归功于禁止大麻的政策,但这种政策的代价也是相当高昂的,因为政策的执行需要为执法系统、刑事审判系统和教改系统提供大量的社会资源。

由于针对酒精和香烟的教育政策的影响力有限,人们很难相信针对大麻的预防政策能够对已经形成趋势的大众观点产生有效的推动作用。最近美国兰德公司针对以降低可卡因需求为目的的预防措施进行了一项研究,结果表明,即使是最好的预防教育计划也不会起到比街头执法政策更好的效果。

考虑到手头的证据非常有限,而对这些证据的解释却存在各种争议,在很多英语系国家,公众对于大麻政策的争论已经演变成在下列两种选项之间的错误强迫选择:吸食大麻是无害的,因此(即使不将其合法化)应当对其去罪化;或者吸食大麻对人体健康有害,因此应当被禁止。理智地讨论大麻的健康风险已经成为了这类争论的第一个牺牲品;而考虑对个人吸食大麻的处罚力度做出适度改变则是争论的第二个牺牲品。最终的结果就是政策停滞不前。

前进之路

关于大麻政策的争论应当以更好地服务公众为目的,而评价大麻危害证据的标准应当始终如一。要想提出更好的公共政策,就应当投入更多的精力,包括从流行病学的角度研究吸食大麻对健康的长期影响,从社会和经济的角度评价当前不同大麻政策的危害和成效。关于大麻的流行病学信息可以从其他研究过程中收集,例如有关青少年发展和成年人健康的前瞻性调查。如果社会想要了解大麻对健康的危害程度以及独立于法律争论之外的不同大麻政策的影响,广大的公共健康和社会政策团体也需要参与大麻政策的制定。媒体将大麻政策归结为两种错误强迫选项,这经常被误认为代表了公众对于大麻政策的争论。大麻政策的制订非常重要,不应当局限在这两种选项之内。

问 题

1. 在制定针对大麻使用的社会政策时应当考虑哪两种类型的证据?
2. 吸食大麻会对健康造成哪些影响?
3. 为了应对大麻的泛滥之势,各国分别采用了哪些政策,这些政策的效果如何?
4. 霍尔提出"在很多英语系国家公众对于大麻政策的争论已经演变为错误强迫选择",他的意思是什么?
5. 根据霍尔的说法,社会要想针对大麻使用制定出有效的政策需要做哪些工作?

这位教授在数学证明中如何使用逻辑论证？学习演绎推理，比如数学法论证，如何帮助我们做出更加明智的决定？

演绎论证

要 点

203 | 什么是演绎论证
204 | 演绎论证的类型
207 | 假言三段论
211 | 直言三段论
216 | 将普通论证转换为标准形式
219 | 批判性思维之问：透视死刑

在阿瑟·柯南·道尔爵士的侦探故事《银色马》中，大侦探夏洛克·福尔摩斯运用他异于常人的逻辑推理能力破获了一起关于一匹银色赛马失踪，赛马驯养师约翰·斯特拉克被杀的悬疑案件。赛马"银色火焰"被圈养在金斯皮兰马厩，在它失踪后，人们在离马厩400米远的地方找到了负责它的驯养师斯特拉克的尸体，斯特拉克的头骨被巨力砸碎。案件发生后，当地警局为了找到失踪的赛马，在周围的荒野和附近的梅普尔顿马厩进行了大范围搜索，结果一无所获。

在与此案有关的所有人员进行谈话并收集所有证据后，福尔摩斯断言"银色火焰"还活着，而且就藏在梅普尔顿马厩，尽管之前的搜查并没有发现什么线索。

想一想 »

- 什么是演绎论证?
- 演绎论证的类型有哪些?
- 什么是三段论,如何判断三段论的有效性?

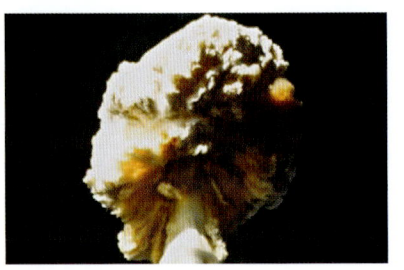

"是这样的,华生,"福尔摩斯最后说道……"现在,假设在悲剧发生的当时或者在悲剧发生后,这匹马脱缰逃跑,它能跑到什么地方去呢?马是群居性动物。依照其天性,它要么回到金斯皮兰马厩,要么跑到梅普尔顿马厩去了。它怎么会在荒原上乱跑呢?即便真的如此,它一定会被人看到的……它不是在金斯皮兰就是在梅普尔顿。现在不在金斯皮兰,那一定在梅普尔顿。"

结果证明,福尔摩斯的推断是正确的。失踪的赛马果然在梅普尔顿,它的鼻子被掩盖住了,从而躲过了上一次的搜查。

夏洛克·福尔摩斯还通过演绎推理破获了驯马师的"谋杀"案。他从马厩的工人那儿得知,在银色马被"偷走"的时候,负责看门的狗并没有叫。福尔摩斯由此推断,带走银色马的一定是看门狗非常熟悉的人。这就排除了陌生人作案的可能。福尔摩斯又对剩下的人进行了调查,并逐一排除每个人的嫌疑,最后只剩下了那匹马。正像福尔摩斯在另一个故事里提到的那样:"当你排除了所有的不可能,不论剩下的是什么,即使看起来有多么的不可能,也一定是真相。"他推断银色马的驯马师斯特拉克其实是个坏蛋,在他手中发现的那把精密的手术刀其实是他用来伤害赛马的工具,他在马的后踝骨肌腱上轻轻地划一道,使马出现轻微跛足,从而输掉接下来的比赛。结果在他行使卑鄙勾当时发生了意外,被马踢死了。"斯特拉克将马牵到一个坑穴里,在那里点起蜡烛不会被人发现,"福尔摩斯向他的朋友华生解释道,"到了坑穴,他走到马的后面,点起了蜡烛;可是突然一亮,马受到了惊吓,出于动物的特异本能预感到有人要加害于它,于是便猛烈地尥起蹶子来,铁蹄子正踢在了斯特拉克的额头上。"

对于历代的侦探小说爱好者来说,福尔摩斯已经成为擅于推理者的代名词。本章将介绍如何评价演绎论证,如何将福尔摩斯和其他擅长演绎推理的人所使用的一些策略运用到实际中去。第8章的主要内容包括:

- 识别演绎论证的本质特征
- 区分演绎论证中的有效性、无效性和合理性
- 学习如何识别和评价排除法论证、数学法论证和定义法论证

- 研究不同类型的假言三段论，包括肯定前件式、否定后件式和连锁论证
- 学习如何识别直言三段论的标准形式
- 使用维恩图重新评价直言三段论
- 练习将普通论证转换为标准形式

最后，我们将分析有关死刑这种刑罚是否公正的不同论证。

什么是演绎论证

在归纳论证中，前提仅能支持结论，却无法为结论提供证据。与此不同的是，在一个有效的演绎论证中，结论必然源于前提。演绎论证有时会包含此类词或短语：千真万确（certainly）、无可否认（definitely）、不容置疑（absolutely）、理所当然（conclusively）、必然如此（must be）、自然而然（it necessarily follows that）。例如：

玛丽莲不是游泳队的一员，这一点无可否认，因为游泳队不招收一年级的学生，而玛丽莲今年刚上大一。

演绎推理和三段论

演绎论证常常以**三段论**（syllogisms）的形式出现，当然并非都是如此。三段论包含有两个支持性前提和一个结论。为了便于对论证进行更好的分析，本章将三段论中的前提与结论逐行分别列出，其中最后一行是结论。

前提一：人终有一死。
前提二：父亲也是人。
结论：因此，父亲也终有一死。

根据第6章介绍的准则，也可以将演绎论证进行图解。在三段论里面，两项前提一般存在相互依赖的关系：

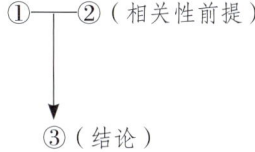

某些演绎论证比较复杂，可能拥有多个相关性前提和分结论。

有效论证和无效论证

在演绎论证中，如果前提正确，那么结论一定正确，则说明该论证是**有效的**（valid）。论证的**形式**（form）由前提和结论的布局或推理方式决定。在上面的例子中，论证形式可以表示为：

X（人）都是Y（终有一死）。
Z（父亲）都是X（人）。
因此，Z（父亲）都是Y（终有一死）。

不管X、Y和Z代表什么，这项论证都是有效的形式。即使其中出现了错误的前提，论证的形式仍然是有效的。如果将其他内容代替论证中的"人""终有一死"和"父亲"，由于形式本身是有效的，只要前提仍然正确，结论就一定是正确的，比如下面这个例子：

猫科动物（X）都是哺乳动物（Y）。
老虎（Z）也是猫科动物（X）。
因此，老虎（X）都是哺乳动物（Y）。

错误的结论并非意味着论证的过程是无效的。在上面给出的两个例子中，因为前提是正确的，形式是有效的，所以结论都是正确的。然而在论证形式有效时，当且仅当前提正确时，结论才必定是正确的。当且仅当存在错误的前提时，有效论证中的结论才可能是错误的。在下面这个例子中，论证的形式与前两项论证相同，但是却得出了错误的结论：

所有的男人都很高。
汤姆·克鲁斯是一个男人。
因此，汤姆·克鲁斯很高。

该论证得出的结论是错误的，其原因不在于论证形式无效，而仅仅是因为其中存在错误的前提。第一个前提"所有的男人都很高"显然是错误的。

但是如果论证中的两项前提都是正确的，但却得出了错误的结论，那么就可以肯定地说，论证是无效的。例如：

狗都是哺乳动物。
一些哺乳动物不是宠物狗。
因此，一些宠物狗不是狗。

当前提正确，而结论只是有可能正确的时候，论证

也可能是无效的。例如：

大二学生不是新生。
所有的新生都是大学生。
因此，一些大学生是大二学生。

在这项论证中，前提和结论都是正确的。然而，这些前提并不能为结论提供逻辑支持。将大二学生、新生和大学生替换为不同的内容，可以验证该论证形式的无效性。如果在相同形式的新论证中，前提都是正确的，但结论是错误的，那么该论证形式便是无效的。例如将论证中的内容做如下替换：

鱼类不是狗。
狗都是哺乳动物。
因此，一些哺乳动物是鱼。

合理论证和不合理论证

如果能够满足下列两项条件:(1) 论证形式有效;(2) 前提是正确的，那么论证就是**合理的**（sound）。上文关于父亲终有一死的论证就是合理的，因为其形式是有效的，前提是正确的。从另一方面来说，尽管上文关于汤姆·克鲁斯论证的形式是有效的，但是由于第一项前提是错误的，所以该论证仍然不能算是合理的论证。而无效的论证，由于无法满足第一项条件，所以都是不合理的。

逻辑性是决定论证是否有效的首要因素。作为批判性思维者，我们也关注论证的合理性以及前提是否得到了可靠论证和良好推理的支持。在前面的章节中，我们已经讨论了如何保证前提准确可靠的准则。而本章则主要介绍如何识别演绎论证的不同类型，以及如何利用维恩图评估这些论证的有效性。

演绎论证的类型

演绎论证的类型有许多种。本节将主要介绍日常推理中常用的三种演绎论证类型：

- 排除法论证
- 数学法论证
- 定义法论证

排除法论证

排除法论证（argument by elimination）是指排除不同方面的可能性，直至剩下最后一个。在本章的引言部分，夏洛克·福尔摩斯利用排除法解开了发生在"银色火焰"身上的谜团。他推理出，马一定就在这两个马厩里。既然它不在金斯皮兰，那就一定在梅普尔顿。下页的专栏"独立思考：波·迪特尔，警察之王"对纽约市一名著名侦探的生平进行了简要介绍，他非常擅于运用此类演绎推理。

与侦探一样，医生在进行演绎逻辑推理时也非常擅长使用排除法。在对疾病做出诊断时，医生往往从一系列的身体检查和有序的化验开始。如果检查和化验结果排除了病人症状的最常见原因，那么医生便会进一步检查病人是否患有比较罕见的疾病，直到找出病因为止。实际上，亚瑟·柯南·道尔爵士创作夏洛克·福尔摩斯这个角色的灵感正是源于他就读爱丁堡大学医学院时的教授之一，约瑟夫·贝尔医生。

排除法论证在日常生活中也经常被频繁使用。例如，假设在学校开学的第一天，你在距离上课还有10分钟的时候到达学校。你拿出课表，看到自己的第一堂课——

"一些哺乳动物是鱼"是错误结论的一个例子。

"心理学导论"的上课地点在温思罗普大厅。然而，由于课表被弄脏了，上面的房间号变得模糊不清。你该怎么做？去寻找一份新的课表显然已经来不及了。你只好直奔温思罗普大厅，查询该楼的楼层索引。你发现该楼一共有12个房间，其中9个是行政办公室，所以这9个房间被排除掉了。剩余的三个房间分别是教室A、B和C。你赶到A教室询问教室内的学生他们在等待上哪门课，得到的答案是"英国文学"。然后你继续到教室B去询问，得到的答案是"商务统计学"。等到达C教室的时候，你没有继续询问，而是直接走进去找了一个座位坐

独立思考

波·迪特尔，警察之王

波·迪特尔于1950年出生在纽约市的皇后区，被人们称为现代的福尔摩斯。迪特尔一直希望找一份能够真正改善人们生活的工作，当听说警察学院的招生考试正在进行时，他决定去尝试一下。

迪特尔是纽约市警察局历史上最负盛名的侦探之一。在其职业生涯中，他参与了无数备受关注的谋杀案和重大刑事案件的侦破工作，通过调查、走访和其他侦查技巧来获取证据。他将自己成功破获1500多起重大案件的秘诀归于自己的"第六感——优秀的侦探在侦破案件时拥有的一种无形的感觉"。*

迪特尔侦破的最著名的案件之一是1981年发生在东哈莱姆区修道院的一桩修女被强奸和虐待致死案。迪特尔从手头的证据推断出，这应该是一起犯案过程中出现意外的盗窃案，而不是强奸案，从而将目标锁定在有偷窃前科的罪犯之中。他还通过目击者的证词了解到，其中一名犯罪嫌疑人个子比较高，而另一名嫌疑人则有些跛脚。几天后他得到线报，两名犯罪嫌疑人居住在哈莱姆区第125街的某处。然而，这片街区有几百座建筑和几千人口。在排查工作的初期，迪特尔首先将重心放在了当地的流氓窝点以及人口众多的公寓楼内，他挨家挨户地敲门，向居民简短地描述嫌疑人的特征并询问一些相关问题。整个排查过程中他分发出去了几百张名片。迪特尔的努力没有白费，两个嫌疑人最终落网并受到了法律的制裁。1998年上映的电影《勇探本色》正是根据迪特尔的同名自传改编的。

讨论问题

1. 讨论迪特尔在侦破东哈莱姆区的修女谋杀案中使用的方法如何体现排除法演绎推理的过程。
2. 本书在第2章中曾介绍过，大多数推理过程是在无意识情况下自动做出的，科学家、数学家以及杰出的侦探常常不用刻意思考就能解决复杂的问题。然而，他们也是经过多年有意识的解决问题和推敲解决方案后才培养出的这种能力。回忆自己在生活中解决哪种类型的问题时能够不假思索地信手拈来。哪些因素帮助你能够如此轻松地解决此类问题，是对问题的熟悉程度，还是丰富的处理经验？

* Conversation with Bo Dietl on August 8, 2005.

下来。你是如何确定这就是要找的教室呢？显然是使用了排除法论证。假设你的前提是正确的（你上心理学课的教室是温思罗普大厅的某个房间），第三个教室必然是你寻找的教室。

> 我上课的教室是房间 A、B 和 C 中的一个。
> 我上课的教室不是房间 A。
> 我上课的教室不是房间 B。
> 因此，我上课的教室肯定是房间 C。

在前一个例子中，有三个可供选择的选项。如果仅有两个选项，论证就被称为**选言三段论**（alternative syllogism）。选言三段论有如下两种形式：

> 非 A 即 B。　　　非 A 即 B。
> 不是 A。　　　　不是 B。
> 因此，是 B。　　因此，是 A。

在确定"银色火焰"的行踪时，夏洛克·福尔摩斯便采用了选言三段论：

> "银色火焰"不是在金斯皮兰马厩，就是在梅普尔顿马厩。
> "银色火焰"不在金斯皮兰马厩。
> 因此，"银色火焰"在梅普尔顿马厩。

再来看另外一个选言三段论的例子：

> 把自己的房间打扫干净，否则今晚留在家中不准出门。
> 你今晚没有留在家中。
> 因此，你将自己的房间打扫干净了。

在选言三段论中，在第一项前提中给出的两个可供选择的选项，即打扫房间或留在家中，必须是仅有的两种可能性。如果还存在其他未列出的第三种可能，论证中就会出现假两难推理谬误。例如：

> 除非在伊拉克发动对恐怖主义的战争，否则我们将不得不在美国本土与恐怖主义作战。
> 我们正在伊拉克与恐怖主义开战。
> 因此，我们不需要在美国本土与恐怖主义作战了。

在这项论证中，第一项前提的两个选项并没有列出所有的可能性。美国人可以追捕恐怖分子，而不是对一

一只老鼠通过排除法的演绎过程找到了迷宫边缘的奖品。

个国家开战；也可以与涉嫌恐怖活动的组织或政府签订停战协议。由于该论证中存在假两难推理谬误，所以是一项不合理的论证。

数学法论证

在**数学法论证**（argument based on mathematics）中，结论取决于数学或几何计算。例如：

> 我的宿舍是长方形的。
> 其中一条边的长度是 11 英尺，另外一条边的长度是 14 英尺。
> 因此，我的房间面积为 154 平方英尺。

通过这种类型的演绎推理，你也可以在与新室友克里斯见面之前对他做出推论。你在与克里斯的电子邮件交流中了解到，他正在准备篮球队的选拔赛，身高 6 英尺 2 英寸。因为你的身高是 5 英尺 6 英寸，所以你可以得到结论（假设克里斯提供的信息是正确的），克里斯比自己高 8 英寸。

这是一些相对简单的例子。基于数学的论证可能会

非常复杂并需要专业的数学技能。例如，美国航空航天局（NASA）的科学家需要计算出两艘火星探测漫游者（地质考察机器人）的最佳发射时间，这样它们就能在火星与地球距离最近时到达这颗红色星球。地球围绕太阳公转一周需要 365 天，而火星需要 687 天。此外，由于运行轨道不同以及火星的轨道存在轻微的偏心，地球与火星之间的距离变化非常大，从 5500 万公里到 4 亿公里不等。2003 年的夏天，这两艘探测器于佛罗里达州的卡纳维拉尔角发射，并于 2004 年的 1 月到达火星表面。正是归功于美国航空航天局科学家们精确的演绎推理工作，此次降落过程才非常平稳。这两艘探测器目前仍在向地球传输有价值的数据。

了解数学法论证能够帮助人们做出更明智的决定。例如，计算去墨西哥坎昆旅游需要多少费用，决定采用哪种支付手段来支付自己的大学学费更为划算。比方说，与使用信用卡支付学费相比，申请学生助学贷款可以省下几千美元（参见"行动中的批判性思维：记在我的账上：使用信用卡支付大学学费是否是更明智的选择？"）。

并非所有利用数学方法进行的论证都是演绎论证。就像在第 7 章中介绍的那样，诸如概括等依赖于概率大小的统计学论证属于归纳论证，因为从这些论证中人们只能推断出某些事物可能正确，而不是一定正确（参见第 7 章）。

> **联 系**
>
> 数学法论证如何帮助你更好地评价科学新闻？参见第 11 章。

定义法论证

在**定义法论证**（augument from definition）中，结论是正确的，因为它的基础是定义中给出的关键术语或者基本特征。例如：

> 保罗是一位父亲。
> 父亲都是男性。
> 因此，保罗是一名男性。

根据定义，父亲是"男性家长"，所以结论必然是正确的。"男性"是父亲这个定义的一项基本特征。

正像本书在第 3 章中讨论的那样，语言是动态的，定义可能会随着时间而改变。例如下面这个例子：

> 玛丽莲和杰西卡不可能结婚，因为婚姻是一名男性和一名女性之间的结合。

该项论证的结论一度肯定是正确的，但自从马萨诸塞州、康涅狄格州和加利福尼亚州宣布同性婚姻合法化后，这一结论就未必正确了。现在，由于婚姻在法律上的定义正在发生变化，所以上述论证可能不再合理。

排除法论证、数学法论证以及定义法论证仅仅是演绎论证的三种类型。在逻辑学中，演绎论证常常被写成三段论的形式，例如本节介绍的选言三段论。在下一节中，我们将主要介绍其他两种三段论——假言三段论和直言三段论，并学习如何评价采用这些形式的论证。

假言三段论

假设性思维涉及"如果……那么……"的推理形式。根据一些心理学家的说法，大脑内部构建了假设性思维的心理模型，能够帮助人们理解规则并预测自己行为的结果。本书将在第 9 章进一步介绍假设推理在伦理方面的应用。假言论证同时还是计算机程序的基本组成模块。

> **根据一些心理学家的说法，大脑内部构建了假设性思维的心理模型，能够帮助人们理解规则并预测自己行为的结果。**

假言三段论（hypothetical syllogism）是演绎论证的一种形式，包含两个前提，至少有一个前提含有"如果……那么……"句型的假设或条件陈述。

假言三段论可分为三种基本形式：肯定前件式、否定后件式和连锁论证。

行动中的批判性思维

记在我的账上：使用信用卡支付大学学费是否是更明智的选择？

你是否想过为什么信用卡公司如此热心地为大学生办理信用卡？实际上，信用卡公司的大部分盈利来自那些不能每月还清债务的人，而这其中80%的人是大学生。很多学生和家长认为，信用卡是支付学费的一种便捷方式。然而，如果你认为信用卡欠款或者用信用卡支付大学的花费是一项明智之举的话，请仔细阅读下面这项基于数学的论证：

你的信用卡账单总额是1 900美元。其中1 300美元用于支付你读大学的学杂费，550美元用于支付这两个学期的书费。为了节省开支，你决定不再透支信用卡以免背负更多债务。信用卡的每月最小还款额度是4%，也就是说第一个月你将支付75美元。之后你将如实地按照每月最小还款额度偿还欠款。

按照这个比率，偿清大学第一学年的花费需要多长时间？如果信用卡的年利率是17.999%，那么你将用7年的时间来还清所有款项！除了本金（从信用卡中透支的数目）之外，你总共需要支付924.29美元的利息。这意味着，你实际支付的第一年的大学费用总共是2 824美元！

而如果是使用助学贷款来支付呢？美国国家助学贷款的年利率是8%。如果每月拿出75美元用于偿还贷款，那么仅需要2年零4个月就可以全部还清。此外，在上学期间你可以不必还款，等到大学毕业之后再开始偿还。所以，如果使用助学贷款而不是信用卡来支付学费，在读大学的两年时间里，你可以不用考虑任何债务问题。即使从毕业后开始还款，与偿还信用卡相比，你也能提前3年还清所有贷款，并且需要支付的利息总额只有188美元。换句话说，在大学第一年缴纳学杂费和书费时，你为了"便利"而额外支付了736美元。将这一数额乘以2甚至4（年），可以得出仅支付利息的总额就达到了几千美元，而这仅仅是因为在决定如何支付大学费用时，你没有利用自己的批判性思维和逻辑思维能力。

讨论问题

1. 一些学校，比如塔夫斯大学和肯塔基大学已经停止了信用卡支付学费的业务。部分原因是由于信用卡公司在每笔支付中向大学收取1%至2%的费用，而这最终将转嫁到学生的学费里面。你所在的大学采取什么样的收费政策？你是否赞成这一政策？给出答案并说明理由。
2. 根据《今日美国》（2005年7月26日），年龄介于18至29岁之间的年轻人在所有人群中拥有最差的信用等级。你认为出现这种现象的原因是什么？
3. 检查自己的信用卡记录。作为一名大学生，你在申请信用卡时是否遇到过阻力？讨论在日常生活中应该养成哪些更经济的消费习惯。

肯定前件式

肯定前件式（modus ponens）论证中第一个前提是条件从句，第二个前提指出第一个前提中的前件，也就是"如果"部分是正确的，而结论则由此断言第一个前提中的后件，也就是"那么"部分的正确性。例如：

前提1：如果我在工作中能获得加薪的话，那么我就能够还清信用卡的账单。

前提 2：我在工作中获得了加薪。

结论：因此，我能够还清信用卡的账单。

这个例子是一个有效的肯定前件式论证，而有效的肯定前件式论证一般有如下两种形式：

如果 A（前件），那么 B（后件）。
A。
因此，B。

有时条件性前提的第二部分，也就是后件中的术语"那么"可以省略不用：

如果飓风袭击了佛罗里达群岛，人们就应当撤离。
飓风袭击了佛罗里达群岛。
所以，人们应当撤离。

无论以什么内容代替模型中的 A 和 B，肯定前件式论证都是一种有效的演绎推理形式。换句话说，如果前提是正确的，那么结论就一定是正确的。例如：

如果巴拉克·奥巴马是美国总统，那么他必须是在美国本土出生的。
巴拉克·奥巴马是美国总统。
所以，他是在美国本土出生的。

在这个例子中，第一个前提是正确的。因为美国宪法规定总统必须是"美国本土出生的公民"。因此，上述论证是一项合理的论证。

在肯定前件式论证中，不偏离这种形式是非常重要的。如果第二个前提对后件（B）而不是前件（A）进行了肯定，那么论证就是无效的，即使前提是正确的，结论也可能是错误的。

如果奥普拉·温弗瑞（美国著名脱口秀主持人）是美国总统，那么她必须是在美国本土出生的。
奥普拉·温弗瑞是在美国本土出生的。
所以，奥普拉·温弗瑞是美国总统。

但是众所周知，奥普拉·温弗瑞不是美国总统。

演绎推理与计算机编程

在计算机编程中，特定的计算机语言被用于创建编码的字符串，这些字符串几乎全部是由演绎逻辑组成的。常用的编程语言有 C++、Java、JavaScript、Visual Basic 和 HTML。还有许多在特殊领域内使用的专门语言。在下面这个用 C++ 编写的程序中，作者用条件语句创建了一个游戏：

```
int main()
{int number = 5}
    int guess;
    cout <<  I an thinking of a number between 1 and 10  << endl;
    cout <<  Enter your guess, please  ;
    cin >> guess;
    if (guess == number)
            {cout <<  Incredible, you are correct  << endl;}
    else if (guess < number)
            {cout <<  Higher, try again  << endl;}
    else // guess must be too high
            {cout <<  Lower, try again  << endl;}
    Return 0;}
```

在这个游戏中，电脑让用户猜一个1至10之间的数字。如果用户猜"5"（正确的答案），电脑就会向用户发送一条信息表示祝贺，"太棒了，你猜对了"。否则电脑就会提示用户猜测的数字是太大还是太小。

否定后件式

在**否定后件式**（modus tollens）论证中，第二个前提否定后件，结论则否定前件的正确性：

如果 A（前件），那么 B（后件）。
没有 B。
因此，没有 A。

下面给出一个否定后件式的例子：

如果摩根是一名医生，那么她一定读过大学。
摩根没有读过大学。
所以，摩根不是一名医生。

与肯定前件式一样，否定后件式也是一种有效的演绎论证形式。无论将什么内容代入前件（A）和后件（B）中，只要前提是正确的，结论就一定是正确的。

连锁论证

连锁论证（chain arguments）由三项连接在一起的条件陈述组成，其中两项条件陈述是前提，最后一项是结论。

如果 A，那么 B。
如果 B，那么 C。
所以，如果 A，那么 C。

下面给出一个连锁论证的例子：

如果明天下雨，那么沙滩派对就会取消。
如果沙滩派对被取消，我们就在瑞切尔的家里开派对。
所以，如果明天下雨，我们就在瑞切尔的家里开派对。

正如有些排除法论证是三段论而有些不是一样，如果构建的连锁论证中条件陈述的数目多于三个，那么它仍然属于演绎论证，但不再是三段论，因为它的前提超过了两个。例如：

如果 A，那么 B。
如果 B，那么 C。
如果 C，那么 D。
如果 A，那么 D。

下面是具有三项前提的连锁论证的例子：

如果你不去上课，那么你就无法通过期末考试。
如果你无法通过期末考试，那么你就无法完成本学期的课程。
如果你无法完成本学期的课程，那么你今年就不能顺利毕业。
所以，如果你不去上课，你今年就不能顺利毕业。

如果一项连锁论证符合以下形式，那么它就是有效的：使用上一项前提中的后件作为下一项前提中的前件，依次往下进行，而结论则使用第一项前提（A）的前件和最后一项前提（D）的后件。

评价假言三段论的有效性

并非所有的假言三段论是按照标准的三段论形式来表述的，尤其是日常对话中的假言三段论。如果一项论证没有采用标准形式，首先应先将其转化为标准形式，将假设性前提放到前面，结论放到最后。而在连锁论证中，则需要将包含结论中前件的前提作为各项前提的第一项。1758 年，本·富兰克林在他著名的箴言集《穷人理查德年鉴》中向人们展现了这种智慧：

因为少了一个马掌钉而掉落了马掌；因为缺少了马掌所以马无法前行；因为胯下少了马，这名骑士牺牲了，他被敌人追上并杀害了；因为缺乏对小小马掌钉的重视，而损失了一名骑士。

现在将富兰克林的论证写成假言三段论的形式以检验其有效性，我们得到的是连锁论证：

如果缺少马掌钉（A），那么马掌就会脱落（B）。
如果马掌脱落（B），那么就会损失一名骑士（C）。
如果缺少马掌钉（A），那么就会损失一名骑士（C）。

将这一段文字改写为假言三段论之后，我们可以明显地看出该论证是有效的。在一些情况下，我们很难像重新表述富兰克林的论证那样，将每项前件和后件逐字逐

句地照搬过来。此时，只要保证原意不改变，就可以使用日常生活中的语言。否则论证就可能出现歧义谬误，即在论证过程中关键术语的意义发生变化。

如果假言三段论符合本章介绍的三种形式——肯定前件式、否定后件式或连锁论证——中的一种，它便是一项有效的论证。当你无法确定一项假言三段论是否有效时，也可以尝试将论证中的词语进行替换。

评价假言三段论的有效性和合理性

并非所有的有效论证都是合理的。正像本书前面所提到的，一项演绎论证由于本身的形式所以是有效的，但是由于其中某项前提的错误仍然是不合理的。按照假言三段论的形式改写日常语言中的论证能够帮助人们找到错误的前提。假设你想购买一台新手机，发现有两款比较适合自己，一款是索尼，一款是摩托罗拉。两款手机拥有相似的外形，但是索尼的价格要更高一些。你可能会这样想：索尼手机价格更高，所以这款产品应该更好。我想还是买索尼吧。将你的这项论证转换为假言三段论的形式，可以得到：

> 如果一款产品价格高，那么这款产品肯定好。
> 这一品牌的手机价格高。
> 所以，这款手机的质量肯定好。

按照假言三段论的形式改写日常语言中的论证能够帮助人们找到错误的前提。

然而，第一项前提就是错误的。并非所有价格高的产品都好，也并非所有便宜的产品就一定差。所以，这是一项不合理的论证。然而不幸的是，很多顾客都喜欢按这种逻辑进行推理。实际上，一些狡猾的商家已经发现，如果将某些商品的价格提高，例如珠宝或衣服，反而能卖得更好。

将争议性的问题转换成假言三段论的形式也能够帮助人们更快地找到问题的关键所在。例如下面这项关于堕胎的论证：

> 如果这一生物是人（A），那么除非出于正当防卫，否则将其杀死就将受到道德上的谴责（B）。
> 胎儿是人（A）。
> 所以，除非出于正当防卫，否则杀死胎儿就将受到道德上的谴责。

朱迪思·贾维斯·汤姆森在她的文章《关于堕胎的辩护》（参见本书第9章末尾部分）中，认识到了这类演绎论证的力量，承认自己如果肯定了前提的正确性，就必须接受结论。她同时还意识到，由于这是一项有效论证，所以驳斥该论证的惟一办法就是，指出其中一项前提是错误的，进而证明该论证是不合理的。否则，她就只能接受"堕胎是错误的"这一结论。因为她无法证明胎儿不是人，所以暂时先认为第二项前提是正确的。她转而质疑第一项前提，提出除了正当防卫之外，还有可能出现其他条件导致人们去杀死另外一个人。

假言论证在日常推理中非常普遍。除了在许诺和最后通牒中（参见"行动中的批判性思维：空头支票：如果这样，那么那样——许诺和恐吓"），假言论证还可以阐明你在生活中做出抉择后的结果，例如从大学毕业或者继续攻读研究生所需的必要条件。

直言三段论

直言三段论（categorical syllogisms）是另外一种演绎论证类型。直言三段论将事物按照不同的特征进行分类，例如哺乳动物、学生或国家。一项直言三段论由一项结论和两项前提组成，其中包括三条词项，每条词项在三项命题的两项中出现两次。在下面这项直言三段论中包含的类别或词项是"哺乳动物""猫科动物"和"老虎"，每条词项出现在两项命题中。

> 所有的老虎都是猫科动物。
> 一些哺乳动物不是猫科动物。
> 所以，一些哺乳动物不是老虎。

你知道吗？

直言三段论可以写成256种标准形式中的任何一种或组合。虽然"256"这个数字看起来可能显得过于庞大，但是将直言三段论写成标准形式能够极大地简化评价过程。

行动中的批判性思维

空头支票：如果这样，那么那样——许诺和恐吓

许诺常常以假言陈述的形式来表达："如果你做……，那么我就会……"。由于假言三段论是一种演绎推理，结论必须源于前提。所以，人们应当在做出这类许诺之前再三考虑许诺的后果（结论）。例如，当前总统乔治·W.布什听说，有人泄露了中央情报局的地下特工瓦莱丽·普莱姆的身份后，他扬言如果是白宫中的工作人员泄露地下特工的名字，就将其解雇。但是，后来布什发现是自己的副参谋长卡尔·罗夫泄漏了普莱姆的身份，他将自己先前的许诺修改为"如果有人犯罪了，他们就不会在我的政府中继续工作。"这种出尔反尔的做法显然有损一位总统的声誉。

当人们希望自己的孩子，或者恋人和夫妻之间希望对方按照自己的想法行事的时候，也会利用假言陈述作为威胁。例如，恼羞成怒的家长可能会对喧闹不止的孩子说："如果你还是不听话，继续这么闹腾，妈妈的病情就不会好转了。"孩子毕竟是孩子，他还是禁不住吵闹起来。几周以后，这位母亲因癌症去世。在这种情况下，孩子很可能会得出结论，是自己造成了母亲的死亡（病情不会好转）。

讨论问题

1. 布什最初的陈述和修改之后的陈述存在哪些根本性的差异？讨论这两种陈述的结论存在哪些不同之处，这些差异会给结果带来哪些不同？
2. 回忆自己在恋爱关系中是否以假言陈述的形式给对方下达过最后通牒。最后通牒中的逻辑结论是什么？最后通牒使你的感情受到了伤害还是得到了加强？解释为什么会这样。

直言三段论的标准形式

直言三段论可以写成256种标准形式中的任何一种或组合。虽然"256"这个数字看起来可能显得过于庞大，但是将直言三段论写成标准形式能够极大地简化评价过程，这部分内容将稍后介绍。

当直言三段论转换为标准形式后，用符号表示结论中的两条词项，其中 S 表示结论的**主项**（subject），P 表示结论的**谓项**（predicate）。只在两项前提中出现而在结论中不出现的词项用 M 表示，代表**中间项**（middle term）。包含结论谓项的前提写在第一列，包含主项的前提写在第二列。由于出现在第一个前提中，谓项也被称为**大项**（major term），而包含大项的前提被称为**大前提**（major premise）。而主项也被称为**小项**（minor term），包含小项的前提被称为**小前提**（minor premise）。此外，标准直言三段论使用的动词一般是"是"或者"不是"。根据这些准则，前面的论证可以转换为以下标准形式：

所有的老虎（P）都是猫科动物（M）。
一些哺乳动物（S）不是猫科动物（M）。

所以，一些哺乳动物（S）不是老虎（P）。

换句话说：

所有的 P 都是 M。
一些 S 不是 M。
一些 S 不是 P。

如同假言三段论一样，如果直言三段论的形式是有效的，无论用什么内容代替 S、P 和 M，论证都将是有效的。上述论证便是一项有效的直言三段论。如果形式有效并且前提为真，结论就必然是正确的。

数量和性质

在一项标准形式的直言三段论中，所有命题都可以被写成四种形式中的一种，具体哪一种形式取决于命题的**数量**（quantity）（全称的或特称的）和**限定词**（qualifier）（肯定或否定）。如果一项命题适用于这一类别的每个成员，那么在数量上就是全称的。"所有 S 是 P"和"所

有 S 不是 P"都是全称命题。如果一项命题只适用于这一类别的部分成员，那么数量上就是特称的。"有些 S 是 P"和"有些 S 不是 P"都是特称命题。一项命题的**性质**（quality）是指肯定还是否定。"所有 S 不是 P"和"有些 S 不是 P"都是否定命题。

命题的数量和性质是由本身的形式决定的，而与哪条词项（S、P 和 M）作主词和谓词无关。例如，"所有 P 是 M"和"所有 M 不是 S"都是全称命题。

标准形式命题的数量和性质

全称肯定： 所有 S 是 P（例如：所有的橡树都是植物）。

全称否定： 所有 S 不是 P（例如：所有松鼠都不是鱼类）。

特称肯定： 有些 S 是 P（例如：有些美国人是穆斯林）。

特称否定： 有些 S 不是 P（例如：有些护士不是女性）。

利用维恩图图解命题

这四种命题都可以使用**维恩图**（venn diagram）来表示。在维恩图中，每条词项用一个圆圈表示。例如类别 S 可以用下图表示：

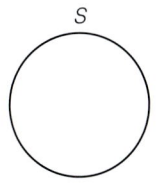

如果类别 S 中没有成员（S = 0），则在圆圈内加上阴影。下图中用词项 S 表示"独角兽"，该类别中不存在任何成员。

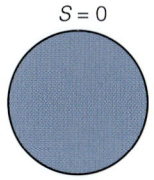

如果类别 S 中至少存在一个成员（S ≠ 0），则在圆圈内添加字母 X。例如在图解"狗"这个类别时，应当在其中添加 X，因为世界上至少存在一只狗。

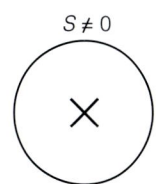

可以按照相同的步骤对三段论中出现的其他类别进行图解。通过这种方法，可以使用重叠的两个圆圈将直言三段论中四种不同类型的命题分别表示出来，两个圆圈分别代表命题中的两个词项。S 和 P 两个类别相交的部分是类别 SP，包含所有既属于类别 S 又属于类别 P 的成员。

全称命题使用阴影来表示。例如，可以将"所有 S 是 P"的基本含义表达为"不存在属于类别 S 而不属于类别 P 的成员"。为了表达这一含义，可以将圆圈 S 内与圆圈 P 不相交的部分加上阴影。

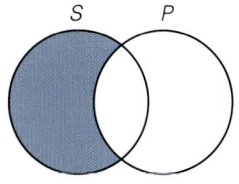

命题"所有 S 不是 P"说明类别 SP 为空，或者 SP = 0。为了表示这个命题，可以将两个圆圈相交的部分加上阴影。

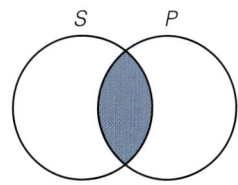

特称命题通过符号"X"来表示。命题"有些 S 是 P"表示在类别 S 中至少存在一个同时也是类别 P 的成员。为了表示这一命题，可以在两个圆圈相交的部分添加"X"。命题"有些 S 不是 P"表示类别 S 中至少存在一个成员不属于类别 P。为了表示这一命题，可以在圆圈 S 中不与圆圈 P 相交的部分添加"X"。

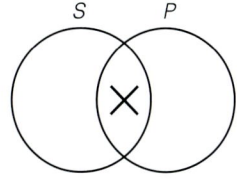

如果命题陈述为"有些 P 不是 S"，就应当将"X"

放在圆圈 P 内不与圆圈 S 相关的部分。

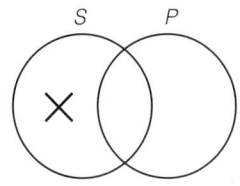

只有特称命题的维恩图表示某一类别中存在成员。而全称命题的维恩图则恰恰相反，只表示某一类别中不存在成员。例如，当人们说"所有暴龙都是恐龙"时，并非意味着暴龙实际上依然存在，只是指现在或以前不存在不是恐龙的暴龙。

维恩图充分利用了人们的空间推理能力，使人们能够更清楚地认清不同事物类别之间的关系。

利用维恩图评价直言三段论

维恩图可以被用来评价一项直言三段论的有效性。正如前面所介绍的，维恩图使用相交的圆圈表示命题中的词项。由于三段论中存在三个词项（S、P 和 M），所以在评价三段论时需要使用三个相交的圆圈，每个圆圈代表一个词项。绘制维恩图时，首先画出两个相交的圆圈，分别代表词项 S 和 P，然后再在下方画出一个代表词项 M 的圆圈，与圆圈 S 和圆圈 P 分别相交。圆圈 S 和 P 相交的部分组成了类别 SP，圆圈 S 和圆圈 M 相交的部分组成了类别 SM，圆圈 P 和圆圈 M 相交的部分组成了类别 PM。三个圆圈共同相交的部分则是类别 SPM。

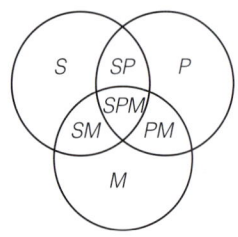

在对一项三段论进行图解之前，首先需要找出每项命题中的词项。切记，应首先寻找结论中的词项。结论中出现的第一个词项记为 S，第二个记为 P。

  P M
所有（狗）不是（猫）。
  S M
有些（哺乳动物）是（猫）。

  S P
所以，有些（哺乳动物）不是（狗）。

接下来使用第 7 章介绍的技巧，图解论证中的两项前提。如果其中一项前提是全称命题，则首先从这项前提开始图解。在这个例子中，第一个前提"所有 P 不是 M"是一项全称命题。在图解这项命题时，只需要用到维恩图中的圆圈 P 和 M。命题"所有 P 不是 M"是指，类别 PM——类别 P（狗）和类别 M（猫）相交的区域——是空项。也就是说，类别 PM 中没有任何成员，具体到这个例子中是指不存在既是狗又是猫的事物。为了图解这一命题，将圆圈 P 和 M 相交的部分加上阴影。

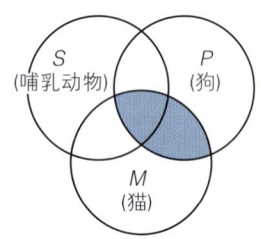

然后，图解第二项前提"有些 S 是 M"。这项命题说明类别 SM 中至少存在一个成员。也就是说，至少存在一个 S（哺乳动物）同时也是 M（猫）。由于特称陈述具有存在内涵，所以使用"X"表示类别中至少存在一个成员。为了图解这一前提，在圆圈 S 和 M 相交的区域 SM 内加上"X"。

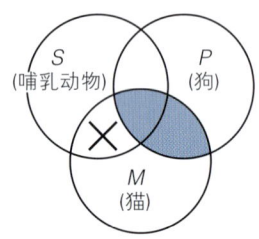

最后检查图中是否包含能代表结论的部分。在这个例子中，结论是"有些 S 不是 P"。这表明至少存在一个 S（猫）不是类别 P（狗）中的成员。图解后就意味着，在圆圈 S 中存在一个"X"但是不包含在圆圈 P 中。通过核对前提图，我们可以发现，在这个区域内确实存在着一个"X"。因此，这项论证和其他相同形式的三段论都是有效的。也就是说，只要三段论中的第一项前提是全称否定，第二项前提是特称肯定，结论是特称否定，中项词在两项前提中都是作为谓词出现，三段论就是有效的。

下面这个三段论已经分解为三个词项：

```
        M            P
有些（大学生）是（大麻吸食者）。
        S            M
全部（大一新生）是（大学生）。
        S            P
所以，有些（大一新生）是（大麻吸食者）。
```

在这一项三段论中，第一项前提是特称命题，第二项前提是全称命题。因此，首先应从第二项前提开始图解。前提"所有的 S 是 M"说明类别 S 中不存在不属于类别 M 的成员。在维恩图中绘制圆圈 S 和 M，将圆圈 S 中没有与 M 相交的区域内加上阴影，表明不存在不是大学生的大一新生。

然后，图解另外一项论证"有些 M 是 P"，此时仅需处理圆圈 M 和 P 之间的关系。在圆圈 M 与 P 相交的区域 MP 内添加 "X"。由于圆圈 S 的边界将 MP 分成了两部分，所以应将 "X" 标在 S 的边界线上以表明属于类别 P（大麻吸食者）的 M 项（大学生）在边界线的两边都有可能出现。

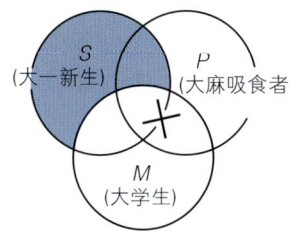

这项论证的结论是"有些大一新生是大麻吸食者"。也就是说，在圆圈 S 和 P 相交的区域 SP 中存在 "X"。检查前提图可以发现结论并没有包含在前提之中。因为前提能够告诉我们的仅仅是类别 MP 中存在成员项，但是这些成员项可能属于，也可能不属于类别 SP。由于前提中的 "X" 位于 S 的边界线上，它可能出现在 SP 区域，也可能只出现在 P 区域。所以存在吸食大麻的大一新生是可能的，但是并不确定。所以，这项论证以及采用此形式的所有三段论都是无效的。

当使用维恩图去判断具有两个全称或两个特称前提的三段论的有效性时，可以任意选择其中一项前提开始图解。下面这项论证具有两个全称前提。首先为论证中的词项添加标号：

```
        P            M
所有（美国人）都是（人类）。
        S            M
没有（外星人）是（人类）。
        S            P
所以，没有（外星人）是（美国人）。
```

第一项前提指出类别 P（美国人）中不存在不属于类别 M（人类）的成员。图解这项前提应将圆圈 P 与圆圈 M 不相交的区域加上阴影。第二项前提指出类别 S（外星人）中不存在类别 M（人类）的成员。所以，SM 区域（人类外星人）是一个空类。图解这项前提应将圆圈 S 与 M 相交的部分加上阴影，如下图所示：

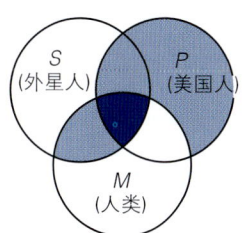

该论证的结论是类别 SP（美国外星人）中不存在成员项。如果这项三段论是有效的，那么前提图中的类别 SP 必须为空。实际上，SP 区域是阴影部分。所以这项论证以及采用此形式的所有三段论都是有效的。

最后再来看一项两项前提全部是特称句型的三段论。

```
        M            P
有些（农场主）不是（马匹爱好者）。
        S            M
有些（得克萨斯人）是（农场主）。
        S            P
所以，有些（得克萨斯人）不是（马匹爱好者）。
```

第一项前提指出至少存在一位农场主不是马匹爱好者。图解这项前提应当在圆圈 M 与 P 不相交的区域添加 "X"。由于从前提中无法推断农场主是否是得克萨斯人，所以一定要注意圆圈 S 中与 M 相交的部分处于 "X" 的范围内。第二项前提指出至少存在一个得克萨斯人（S）是农场主。但是由于前提中没有说明这位得克萨斯人是否是马匹爱好者，我们无法得知得克萨斯人属于圆圈 P 的哪一侧，所以应当将 "X" 添加至圆圈 S 内圆圈 P 与 M 的相交线上。

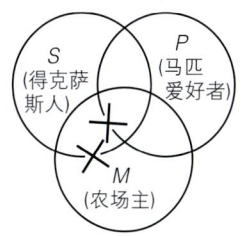

这两项前提能否支持结论？对结论进行图解，应当在类别 S 与 P 不相交的区域添加"X"，由于"X"是否属于 M 未知，所以应当标注在类别 M 的边界线上。由于两项前提中提供的"X"有可能只出现在圆圈 P 和 M 内，所以这项论证是无效的，其他使用此种形式的所有论证也一样是无效的。

将论证转换为直言三段论的形式能够让人们更方便地检查论证中是否存在形式谬误和绘制该论证的维恩图，从而更容易地评价其有效性。很多日常论证可以转换为标准形式的直言三段论，相关内容将在下节中进行介绍。

将普通论证转换为标准形式

人们在日常生活中听到或读到的演绎论证，大多数都不是以标准三段论的形式来表述的。例如，你和室友正在讨论计划中的野餐，应该购买牛肉汉堡还是素食汉堡。室友想买素食汉堡，她提出"吃牛、羊等具有理智的动物的肉是错误的"。这是否是一个有效论证？为了回答这一问题，你首先要将她的论证转变为拥有三项命题的标准形式的直言三段论。

将日常命题改写为标准形式

在通常情况下，最容易着手的部分是，找出论证中的结论并将其改写为标准形式。在你室友的论证中，她试图使你相信吃具有理智的动物的肉是错误的。为了将其转变为标准形式的命题，首先提出问题："这条陈述的数量（全称还是特称）和性质（肯定还是否定）是什么？"由于她的结论只涉及某些肉类，所以数量上应该是特称。而其结论的性质应该是肯定的，因为她说吃肉是错误的，与"不是"相反。所以她的结论可以表述为："有些食肉行为是错误的。"

然而，这仍然不是标准形式的命题。标准形式的命题应当拥有一项主词和一项谓词，并且主词和谓词都应当是名词或名词从句，两者之间以动词"是"连接。在这个例子中，谓词"错误的"是一个形容词。此时，可以将形容词改写为名词短语，重述为"一种错误的做法"。于是，结论就被改写为标准形式的命题：

    S   P
有些（食肉行为）是（错误的做法）。

判断一项命题的数量和性质并非总是像上个例子中那样简单。在有些情况下，你需要仔细检查命题的语境才能判断出其性质。考虑下面两项陈述：

- 青少年会发生更多的撞车事故。
- 袋鼠是有袋类哺乳动物。

在第一个例子中，说话者指的是所有青少年还是有些青少年？在大多数情况下，说话者指的应该是有些青少年。将陈述转变为标准形式的命题，可以得到：

有些（青少年）是（撞车事故发生率高于平均水平的人）。

如果有人试图将这类命题看做全称命题，或将其解释为全部青少年，那他们就犯了以偏概全谬误。我们不能将对有些青少年鲁莽驾驶习惯的陈述概括到所有青少年的身上，因为有些青少年是非常优秀的司机，而有些年长的驾驶员却往往是马路杀手。

在第二个例子中，说话者的陈述是针对所有袋鼠做出的，因为顾名思义，袋鼠都是有袋类哺乳动物。所以，这项命题可以转变为全称肯定（A）命题：

所有袋鼠都是有袋类哺乳动物。

在日常语言中，提示命题是全称命题的表达方式有以下几种：

每个 S 都是 P。 各个 S 都是 P。
只有 P 是 S。   S 全都是 P。
全部 P 都不是 S。只要是 S 的都是 P。
任何 S 都是 P。 如果任何事物是 S，那么它就是 P。

提示命题是特称命题的表达方式如下：

有些 S 是 P。   少量 S 是 P。
很多 S 是 P。   大多数 S 不是 P。
并非所有的 S 都是 P。 除了少数例外，S 是 P。

相比于数量而言，命题的性质（肯定或否定）往往更容易进行判断。在英语中，当命题的性质是否定时，下列词语总是出现在原始命题中：no（没有）、nothing（没有任何东西）、not（不是）、none（没有一个）等。但是这并非一成不变的规则。"No"也可能出现在全称肯定命题中，如下所示：

No valid syllogisms are syllogisms with two negative premises.

（没有有效的三段论是包含两个否定前提的三段论。）

将其写成标准形式，该命题可以转变为一项全称肯定命题：

All syllogisms with negative premises are invalid syllogisms.

（所有包含两个否定前提的三段论都是无效的三段论。）

所以将一项陈述转变为标准形式命题的时候，应当仔细、反复地进行检查，以确保两者之间表达的意思相同。

找出论证中的三个词项

将日常语言中的论证转变为标准形式直言三段论的第二个步骤，是找出论证中的三个词项。如果结论已经转变为标准形式的命题，那么就已经找到了其中的两个词项。

在本节开头关于购买素食汉堡还是牛肉汉堡的论证中，结论已经改写为标准形式："有些（食肉行为）是（错误的做法）。"这时，你可以发现在原始论证中还有一个未出现在结论中的词项："诸如牛、羊等具有理智的动物。"这个词项就是论证的中项（M）。有些日常论证并没有明确地表述所有的命题。在本例中，缺省的前提可以写成："食用具有理智的动物是错误的。"可以看出，这是一项全称肯定命题，将其改写为标准形式：

所有（对牛、羊等具有理智的动物的宰杀）都是（错误的做法）。

第二项前提可以写成特称肯定命题的形式，因为室友只是说特定类型的食肉行为，而不是所有的食肉行为是错误的。

有些（食肉行为）是（对牛、羊等具有理智的动物的宰杀）。

虽然在英语中，使用动词"involve"更符合英语的表达习惯，但是不要忘记三段论中的动词必须使用"是"或"不是"。虽然这项前提的措辞不够得体，但不会影响对整个论证的评价。

在一项日常论证中有时会出现三个以上的词项，这就需要对多余的词项进行删减。你可以采用多种策略来完成这一步。如果有两个词项是同义词，则可合并为一项。如果有两个词项是反义词，或者意思相互对立，则可以通过在反义词前添加"不是"的方法将其删减为一项。如果存在与论证本身关系不大的词项，可以直接将其删去。例如，下面这项论证：

并非所有的鸟类都要迁徙。例如，斑胸金莺就常年居住在佛罗里达的东海岸。

本项论证中一共出现了四个词项：鸟类、迁徙物种、斑胸金莺和常年居住在佛罗里达东海岸的物种。你可以将第二个词项和第四个词项进行合并。比如，将常年居住在佛罗里达东海岸的物种改写为不迁徙的物种。常年居住在佛罗里达这一事实与论证本身的关系不大，所以可以将其删去。此时论证只剩下了三个词项：

没有（金胸斑莺）是（迁徙物种）。
所有（金胸斑莺）都是（鸟类）。
所以，有些（鸟类）不是（迁徙物种）。

将论证改写成标准形式

在找出三个词项，并将所有命题转变成标准形式后，便可以将论证改写为标准形式的直言三段论。大前提放在第一列，小前提放在第二列，结论放在最后。回到本节开始的论证，将其改写为：

所有（对牛、羊等具有理智的动物的宰杀）都是（错误的做法）。
有些（食肉行为）是（对牛、羊等具有理智的动物的宰杀）。
所以，有些（食肉行为）是（错误的做法）。

一旦你将论证转变为标准的三段论，便可以使用维恩图判断论证的有效性。在这个例子中，这是一种有效的三段论形式。也就是说，如果你同意论证的前提，就必须接受论证的结论。然而，即使论证是有效的，你也可以选择不同意该结论，但是你必须证明其中至少一项前提是错误的，从而说明论证是不合理的。例如，你可以质疑第二项前提，指出只有人类具有理智，所以，供人类食用的肉食动物都不具有理智。但是，同时也需要为自己提出的命题提供证据。

识别和评价演绎论证是日常决策过程中非常重要的一项能力。使用数学法论证、排除法论证、定义法论证、假言三段论和连锁论证，人们可以通过已知的信息发现确切的未知信息。此外，人们还可以将他人提出的日常论证转变为标准形式，进而分析其有效性和合理性。第9章将主要介绍如何在道德决策和伦理议题中使用批判性思维。

再想一想 »

1. 什么是演绎论证？
   - 演绎论证是指如果论证合理，论证的结论必然能够由前提推断出来。论证的合理性是指论证中的前提都是正确的，并且论证形式是有效的。
2. 演绎论证的类型有哪些？
   - 演绎论证的类型有很多，包括排除法论证、数学法论证、定义法论证、假言三段论和直言三段论。
3. 什么是三段论，如何判断三段论的有效性？
   - 三段论是指具有两项前提和一项结论的演绎论证。各种类型的三段论必须符合一定的形式才是有效的。维恩图可用于判断假言三段论的形式是否有效。

批判性思维之问

透视死刑

  2007年，世界范围内所有记录在案的死刑执行案例中有88%发生在下列5个国家：美国、伊朗、沙特阿拉伯、巴基斯坦和中国。美国是西方民主社会中惟一保留死刑的国家。加拿大、澳大利亚、西欧以及大多数拉美和非洲国家都已经废除了死刑。欧盟和联合国也都表示希望在世界范围内废除死刑。

  美国最高法院于1972年宣布废除死刑，认为它是"残忍和异常的"处罚，因为判决程序过于武断，并且判决时常常受到种族歧视的影响。但在1976年美国最高法院判决格雷格诉佐治亚州案时又重新恢复了死刑。从那时起，已经有超过一千名罪犯被执行了死刑。虽然美国有38个州在法律上允许死刑，但只有11个州和联邦政府真正执行过死刑，其中得克萨斯州的死刑执行数量最多。截至2008年1月，美国共有3263名死刑犯等待处决。

  虽然其他西方国家反对死刑的声音依然强烈，但近来美国人却广泛支持死刑。2008年的哈里斯民调结果显示，63%的美国人表示支持死刑，远远高于1965年的47%。在大学生中，支持死刑的人数也有所上升，几乎达到了所有在校生的三分之二。反对死刑的声音主要来自于女性和传统黑人大学的学生。

  在美国，大多数死刑现在已经采用注射的方法执行。由于上诉过程和罪犯等待执行的时间过于漫长，每一起死刑案件的花费高达几百万美元。在死刑执行前保留一名罪犯的死刑所花去的费用是判处一名罪犯无期徒刑的三倍。

  在下列文章中，我们将首先看到格雷格诉佐治亚州案（1976）的判决摘录，在本案的判决中，美国重新恢复了死刑的合法性。第二篇文章的作者是欧内斯特·凡登哈格，他就死刑提出了自己的论证。最后一篇是由欧盟代表团递交给美国政府的欧盟（EU）反死刑备忘录。

格雷格诉佐治亚州案：多数意见摘录

波特·斯图尔特大法官

> 美国联邦法院于1976年推翻了1972年弗曼诉佐治亚州案中的判决，在该案中法院宣布死刑违反美国宪法。而在格雷格诉佐治亚州案中，法院则判决死刑并不违反美国宪法，对某些重大犯罪来说，死刑是"惟一合适的方式"。

[波特·斯图尔特大法官递交给法院的意见]

本案中的重要问题是佐治亚州法律对谋杀罪的死刑判决是否违反了第八条和第十四条修正案……

法院在很多场合中已经多次重申和维护了死刑的合宪性。在数起案例中，法院需要确定某些死刑的执行方式是否在宪法第八修正案的允许范围内，而合宪性的提出为这些案例的判决提供了必要的基础。但是，直到弗曼诉佐治亚州案（1972）宣判之前，没有人向法院直接提出过如此重大的论断：无论罪犯是多么的罪孽深重，判罚程序是多么的周密严谨，死刑永远是有违美国宪法的残忍和异常的处罚。虽然这一问题是在弗曼案中提出和处理的，但它并不是由法院解决的……现在我们坚持认为，死刑始终没有违背美国宪法。

"残忍和异常的处罚"这一说法最早出现在1689年的英国《权利法案》……美国的法律起草人在起草宪法第八修正案时引用了英国的这一说法，但主要是考虑到当时"严刑拷打"的做法和其他"残暴野蛮"的惩罚方式……

在最早涉及第八修正案的案例中，法院将主要精力放在了死刑的某些执行方式上，担心这些执行方式是否过分残忍而超出了宪法的规定范围。但死刑本身的合宪性不是问题，评价死刑执行方式的准则本身也没有问题……很多"残暴野蛮"的方式在18世纪已经被取缔，但是法院一直没有将第八修正案提出的禁令限定在这些方式之内。相反，对修正案的解释一直是灵活和多变的。法院早就认识到"一项原则若要保持活力，必须能够得到更广泛的应用，而不应当局限于最初的考虑"（威姆斯诉美国案，1910）。因此禁止"残忍和异常的处罚"这一条款的意义"并非一成不变，而是随着社会观点受到人道公正的启迪，不断获得新的含义"……

但是我们的案例也说明，公众对于制裁是否得当，准则是否合理的看法并不是绝对的。即使惩罚也绝不能侵犯"人的尊严"，这才是"第八修正案蕴含的真正意义"。这至少意味着惩罚不能是"过度的"……惩罚首先必须摒弃不必要和无节制的肉体折磨（弗曼诉佐治亚案，1972）……

在就此进行的讨论中，我们一直试图确定当法院面对第八修正案提出的要求时，应该遵循什么原则，考虑哪些问题。但现在必须考虑的是，对谋杀犯判处死刑本身是否违反了宪法的第八和第十四修正案。我们首先注意到，在历史和以往的判例中，都对这个问题表达了明确的否定态度。

在历史上，对谋杀犯处以死刑是美国和英国长期以来一直采用的方式。

宪法本身的语义也非常清楚，宪法的制订者是允许死刑存在的。在签署第八修正案的时候，死刑在美国各州都是一种普遍的刑罚。实际上，第一届美国国会在制订法律时明确规定了一些应当处以死刑的犯罪行为……

死刑的存在主要有两种社会目的：对死罪的报应和震慑犯罪分子。

在某种程度上，死刑是社会对重大犯罪行为的道德义愤的一种表达。对许多人来说，这一功能可能并不适用，但是在一个有秩序的社会中这一功能是绝对必要的，它要求公众在遇到非法行为时不是依靠自己解决而是选择法律途径……

作为公众信念的表达，死刑这种处罚方式在一些重大案件中可能是合适的。某些罪犯凶狠残暴，人性泯灭，惟一合适的方式就是处以死刑。

问题

1. 弗曼诉佐治亚州案（1972）判决死刑违反美国宪法的依据是什么？
2. "残忍和异常的处罚"是什么意思？格雷格诉佐治亚州案驳回死刑是"残忍和异常的处罚"这一说法的依据有哪些？
3. 根据这一判决，死刑的两个"主要社会目的"是什么？
4. 法院提出死刑对有些罪犯来说可能是"惟一合适的方式"，这句话的意思是什么？

终极惩罚：为死刑的辩护

欧内斯特·凡登哈格

> 欧内斯特·凡登哈格是福特汉姆大学法学与公共政策专业的一位退休教授。作为最知名的死刑拥护者，凡登哈格提出，死刑的首要目的是满足对报应性正义的要求。在文章中，作者还驳斥了废除死刑支持者提出的死刑歧视少数种族的说法。

美国平均每年发生2万起谋杀案，只有300名定罪的谋杀犯被判处死刑。但是近年来每年处决的谋杀犯人数不超过30人，大多数死刑犯都得以自然老死。然而关于死刑的争论却日益凸显：提出了与处决人数无关的重要道德问题。

死刑是最严厉的处罚方式，是不可挽回的：它不是将接受惩罚的人暂时监禁起来，而是永远终结他们的生命。此外，虽然力图避免肉体上的痛苦，死刑仍然是针对成年人的惟一体罚方式。这些显著的特征使死刑一直处于争论的风口浪尖。

1. 分布不均 在考虑死刑的公正性、道德性和有效性时，常常伴随着对死刑分布不均的反对声，认为对相同罪行的判罚存在着种族歧视或变化无常。这是错误的看法。如果死刑本身是不道德的，在罪犯中间如何分布都不会为其披上道德的外衣。但如果死刑是道德的，分布不均不会剥夺它的道德属性。无论是惩罚还是奖赏，不合理的分布都不能影响其本身的性质。因此，存在种族歧视或变化无常不能成为废除死刑的理由。此外，分布不均的现象不仅出现在死刑中，在其他刑罚上更为突出。

死刑在罪犯和无辜者之间的分布不均显然是不公正的。但是，这种不公正并不是由惩罚的性质决定的。由于死刑的不可挽回性，最严重的分布不均是指无辜者被执行死刑。然而，大多数对死刑分布不均的指责指向了种族歧视和变化无常，并未涉及对无辜者的判罚。

对于罪有应得的人，惩罚在这些人中的分布不均与正义或道德无关。即使触犯死罪的穷人或黑人被执行死刑，而其他犯下同样罪行的犯人未被执行死刑。一个更加平等的分布，无论多么合理，也仅仅是更加平等而已。对于已被宣判死罪的犯人来说，这不会更加公正。

惩罚是针对个人的，与种族或经济群体无关。罪行是个人化的。惟一相关的问题是：被处决的人是否罪有应得？其他应该受到相同惩罚的罪犯，他们属于哪个种族和经济群体，都与其逃脱处决无关。如果他们确实逃脱了制裁，那么已被处决的罪犯不会因此罪行减少，受到的惩罚也不会因此变得不那么罪有应得。为了将问题暴露得更加充分，我们假设，如果对有罪的黑人执行了死刑，但是同样罪行的白人却未被执行死刑，或者如果以抽签的方式决定谁接受死刑，这种不合理的歧视或者不均衡的分布不会使死刑变得不公正，或者导致任何人受到不公正的惩罚，尽管有些人通过不正当途径得以免罪。

简而言之，平等在道德上的重要性无法与公正相比，而是否公正与分布不平等无关。理想的公平要求公正平等分布，而不是被平等所代替。公正要求尽可能多的罪恶得到惩处，而不是去考虑是否有罪恶逃脱了惩罚。允许罪犯逃脱应得的惩罚对他们和社会来说都不是公正的。但是，对没有逃脱惩罚的人来说，这也并非不公正……

最近的数据显示，在最近逮捕和宣判的谋杀案中，很少出现直接的种族歧视。废除对强奸犯的死刑判罚已经消除了大多数的种族歧视来源。不容置疑的是，确实可能存在一些基于受害者种族的歧视；然而，这种歧视影响杀人犯的方式却出乎意料。谋杀白人的人比谋杀黑人的人被认为更应当判处死刑。那么，与白人受害者相比，黑人受害者的权益就无法得到充分的维护。然而，由于杀害黑人的罪犯大多数是黑人，黑人杀人犯从死罪中得到赦免的概率要高于白人杀人犯。所以，他们的遭遇要比大多数白人杀人犯好得多。死刑分布不均背后的动机很可能源自对黑人的歧视，但是结果却使黑人受益。因此，对于经验推理和逻辑推理而言，分布不均只是一个稻草人。

2. 案件误判 在最近一项调查中，雨果·亚当·贝道教授和迈克尔·拉德莱特教授发现，在1900至1985年间，美国共有1000人被执行死刑，其中25人属于误判。在无辜者中，他们列出了萨科和万泽蒂以及罗森伯格夫妇。虽然他们的数据存在疑问，但我不怀疑，在足够长的时间里，死刑案例中的确会发生案件误判。

即使采取预防措施，几乎所有的人类活动包括货运、照明或建筑都有可能带走无辜旁观者的生命。但我们并没有放弃这些活动，因为无论是在道德上还是物质上，这些活动带来的利益都远远大于其潜在的损失。与此相似，对那些认为死刑合理的人来说，案件的误判可以被死刑在公正和道德中发挥的作用所抵消。而对于那些认为即使不存在误判，死刑也不合理的人来说，误判已经不是决定性的因素。

3. 威慑作用　尽管人们近期做了大量的工作，但是仍然没有确凿的数据表明，死刑的威慑作用比其他惩罚方式更大。然而，对争论双方而言，威慑作用都不是决定性因素。大多数支持废除死刑的人承认，即使有证据表明，与其他刑罚相比，死刑能够威慑更多的杀人犯，但他们仍然不会改变自己的观点。废除主义者似乎更重视被判谋杀的罪犯们的生命，或至少希望他们未被处决，其对罪犯生命的重视程度远远高于无辜牺牲者。如果死刑继续保持威慑力，有些谋杀案可能就不会发生，许多无辜者的生命就能够得到挽救。

对我来说，威慑力也并非全部的决定因素。即使有证据表明，对于那些监禁的惩罚方式起不到威慑作用的谋杀犯来说，死刑同样也无法起到威慑的效果，我还是会继续支持保留死刑来惩罚谋杀犯。由于死刑的终结性，我仍然相信它比监禁更令人恐惧，能够阻止一些潜在的、监禁无法震慑的谋杀案。有可能甚至非常有可能的是，处决被判定有罪的谋杀犯无法威慑到潜在的谋杀行为，但即使挽救很少的受害者，也比保护谋杀犯的生命更重要。被挽救的受害者的生命是宝贵的，而谋杀犯的生命由于所犯的罪行而失去了价值。无疑，刑法保护潜在受害者的生命要优先于保护真凶的生命。

谋杀案的发生率由多种因素决定；后果的严重性以及遭到严厉惩罚的可能性都不是决定性的。然而，从长期来看，我同意维多利亚时期的大法官詹姆斯·弗吉姆斯·斯蒂芬的观点："有些人，之所以放弃了杀人的念头，是由于害怕可能导致的后果，如果真的杀了人，就会被绞死。出于这种恐惧，成千上百的杀人案得以避免。而他们之所以会恐惧，一个重要的原因就是杀人必须偿命。"内在约束对于控制罪犯是非常必要的，而从长远来看，刑事制裁有助于内在约束的形成。就谋杀的严重性和不可挽回性来说，死刑的严厉性和终结性是适当的。

4. 附属问题：成本、相对痛苦、残忍　还有很多与死刑联系在一起的非决定性问题。比如，有些人认为，在死刑的上诉程序中花费太高。然而，大多数关于终身监禁和死刑处决之间的成本比较是有漏洞的，至少除了两者之间不确定的关系之外，人们在对比时都使用了一个潜在的假设，那就是在关押期间终身监禁不会产生任何司法成本。无论如何，考虑到保持公正的重要性，实际花费的金钱都是值得的。

还有人坚持认为，一个被判处死刑的人承受的痛苦超出了受害人，根据同态复仇法（一种"以命抵命、以牙还牙"的报复准则），这些超出的痛苦是不合理的。我们无法得知死刑犯是否比受害人承受了更大的痛苦；不管怎样，与谋杀犯不同的是，受害人本不应该承受这些强加于自己身上的痛苦。此外，限制同态复仇法的目的是遏制私人的复仇，而不是遏制已经取代私人复仇的社会惩罚。无论动机如何，惩罚的目的都不是为了报复、抵消或补偿受害人承受的痛苦，或者以痛苦大小作为惩罚的衡量方式。惩罚的目的是为了维护罪犯所破坏的法律权威和社会秩序。这就是为什么绑架犯的刑期不是按照人质被劫持的日期来计算；盗窃犯的刑期也不仅仅局限于受害人遭到的损失和伤害，当然也不会仅仅按照罪犯获得的赃物金额来计算。

自贝卡利亚以来出现过的另一种观点是：每处决一个谋杀犯，社会就鼓励、支持或者合法化了一次非法的杀戮。然而，虽然所有的惩罚都注定不是令人愉快的，却很少有人提出惩罚是对同等犯罪的合法化。监禁并不是对绑架的合法化；罚款也不是对抢劫的合法化。谋杀与处决，或者绑架与监禁之间的区别在于前者是不合法的，也是不应承受的；而后者是合法的，是非法行为的应得惩罚。对于犯罪的惩罚在身体上的相似性是无关的。相关的差异是社会性的，而非身体性的。

5. 公正、惩罚过重、屈辱　人们使用惩罚作为威胁，是为了制止犯罪。而执行惩罚，则不仅仅是为了维护惩罚的公信度，还是为了给予藐视惩罚的罪犯应得的报应。威慑和惩罚是阻止犯罪的必要手段，对罪犯来说，这些威慑是足以令其放弃犯罪的理由。罪有应得是独立的道德标准。虽然惩罚可能不明智、使人反感或者不合适，被惩罚的人也可能令人怜悯，但是在某种意义上，法律对罪犯施加合法的惩罚是公正的。在从事犯罪行为时，罪犯已经自愿承担受到法律惩罚的风险，而如果不犯罪，这些惩罚就可以避免。罪犯所接受的惩罚是自愿接受的，因此，对他来说，这不是不公正的事情，只不过是一个明明知道后果的人甘愿承担风险。所以，死刑对有罪的罪犯来说不存在不公正。

然而，还有人提出了两点道德异议。作为应得的惩罚，死刑可能常常被认为处罚过重，或者是道德上的屈辱。而如果一个人总是认为死刑过重，那么他必须相信无论罪犯的罪行多么令人发指，都无法证明死刑的正当性。但这种信念既无法被证实，也无法被驳斥；它只是一种信仰的表达。

同时还有人可能认为，任何人，无论是谋杀者还是受害者，都拥有不可侵犯的（天赋的？）生存权。因此法律不应该剥夺任何人的生命。我同意杰里米·本瑟姆的观点，任何诸如"天赋的和不可侵犯的权利"的说法都是"夸夸其谈的废话"。

布伦南法官一贯坚持死刑是"不文明的"、"不人道的"，有悖于"人的尊严"和"生命的不可侵犯性"，它"没有把人类同胞当成人，而是当做可以任意玩弄和丢弃的东西"，它"极大地侮辱了人类的人格尊严"，"就其本质而言，它否定了被处决的罪犯的人性"。布伦南法官没有说明自己认为死刑"不文明"的原因。虽然西欧各国现在不再使用死刑，但到目前为止，大多数人类文明都使用过死刑。而死刑之所以在西欧变得过时，很可能是由于历史上独裁政府对死刑的滥用。

布伦南法官口中的"侮辱"，似乎是指处决使罪犯的人格受到侮辱。然而，有些哲学家，例如伊曼努尔·康德和黑格尔却一贯坚持，如果罪犯应当被处决，处决不但没有使罪犯的人格受到侮辱，反而通过肯定罪犯的理性和对自己行为的道德义务而肯定了他的人性。（终身监禁使一个被剥夺了全部自由的人苟活于世，是否比死刑更有悖于人的尊严？）

常识指出，死亡是人类的共同命运，所以其本身不可能有违人道。因此，布伦南大法官一定是想说，当死亡不是自然或意外发生的，而是被社会故意强加于人的时候，它才侮辱了人类的人格。从所受的惩罚中，谋杀犯了解了自己同类的想法：他的同类认为他不值得继续活下去；由于杀了人，他已经被从活着的人群中驱除了出去。对其人格的侮辱完全是咎由自取。由于杀人，谋杀犯亲手剥夺了自己的人性，使自己无法在活着的人群中立足。死刑作为惩罚的本质是社会对罪犯自我侮辱的承认。像布伦南大法官那样认为死刑导致罪犯的人格受到侮辱，完全颠倒了因果关系的方向。

处决十恶不赦的罪犯可能每年只能阻止一起谋杀。但只要阻止了，死刑就是合理的。针对谋杀犯，这也是我能想出的惟一合适的惩罚。

问 题

1. 有人提出死刑判决中存在种族歧视，所以是错误的。凡登哈格是如何进行回应的？
2. 有人提出无辜的人可能被处死，所以死刑是错误的。凡登哈格是如何进行回应的？
3. 有人提出死刑对犯罪的威慑并没有达到预期的效果。凡登哈格又是如何进行回应的？
4. 根据凡登哈格的说法，为什么公正和报应原则要求对某些犯罪实行死刑？

欧盟死刑备忘录

所有希望加入欧盟的国家都必须废除死刑。本篇备忘录由欧盟委员会派往美国的代表团撰写，意在请求美国废除死刑。

欧盟反对在任何案件中使用死刑，支持在世界范围内废除死刑。欧盟一直为实现该目标而努力。对于保留死刑的国家，欧盟希望它们能够逐渐限制死刑的适用范围，参考涉及使用死刑的国际人权公约，严格遵循其中提出的判决程序，并希望这些国家能够逐渐建立起死刑延缓执行制度，直至完全废弃死刑。

欧盟对美国近年来上不断攀升的死刑犯处决数量感到深深的担忧。自从1976年恢复死刑以来，绝大多数死刑犯都是在20世纪90年代被处决的，这使得欧盟的担忧进一步加剧。此外，美国允许对犯罪年龄低于18岁的少年犯执行死刑，显然违反了国际公认的人权准则。

在新千年到来之际，所有的欧盟成员国都已经废除了死刑。欧盟希望与美国分享这些国家在死刑废除进程中获得的原则、经验、政策和解决方案。通过这样的合作，欧盟期待美国这个引领自由、民主、法治和人权的国家，能够加入到废除死刑的先驱队伍中来，而要达到这一目标，第一步就是要建立起死刑延缓执行制度，为所有保留死刑的国家树立典范。

1. 欧洲：通往废除之路 在西欧国家，死刑问题在早期首先引起了社会某些阶层的关注。各个时期的刑事法律和刑事政策中都包含有死刑的条款，这些条款迅速引起了人们对于死刑的人道主义价值观的辩论。对死刑态度的转变开始于18世纪民主国家纷纷建立的背景下，从那时起，欧盟现在各成员国的人民开始逐渐支持废除死刑。

实际上，死刑是否合理这一问题是在18世纪末期启蒙运动的背景下提出来的。在那个时期，剥夺自由成为惩罚罪犯的首选方式，经典刑法同时也开始渐露雏形。虽然早期呼吁废除死刑的尝试不甚成功，但仍有数个欧洲国家从此开始限制对死罪判罚死刑，并相应地改革了法律。在接下来的两百多年里，这种逐渐限制死刑范围的趋势一直延续了下来。虽然由于某些政治环境的改变，曾经出现过暂时的倒退，但是大趋势并未受到影响。

其中有些国家甚至走得更远，它们完全在普通刑法中废除了死刑。葡萄牙于1867年率先开启了废除死刑的运动，荷兰紧随其后。瑞士和丹麦在第一次世界大战后加入了这一行列。在第二次世界大战之后，意大利、芬兰和奥地利也采取了相同的做法。在20世纪中期，德国也宣布死刑不合法，对于所有的犯罪行为都废除了死刑。在20世纪60年代和70年代，英国和西班牙也相继在法律上废除了对公民犯罪执行死刑。

与此同时，对各类犯罪停止使用死刑的趋势也得到了社会的认可，甚至包括在军法下的犯罪，以及在战争期间等一些特殊社会环境中的犯罪。到20世纪60年代末期，所有的欧盟成员国已经完全在法律上废除了死刑。

从中可以明显地看出，对大多数欧盟成员国来说，从开始到完全废除死刑经历了两个阶段，一般来说，第二个阶段是一个相对漫长的过程。此外，必须强调的是，虽然英国、西班牙、卢森堡、法国、爱尔兰、希腊和比利时在20世纪下半叶仍然在法律中保留了死刑，但处决数量却非常少，甚至这种惩罚方式从未使用。实际上，从执行最后一次死刑到完全在法律上废除死刑一般会经历一个相当长的时期，这说明欧洲国家正式在法律上禁止死刑之前，它们早已经成为了实际上的废除主义者，或者从传统上来看，死刑在司法程序中已完全被废弃。

另一方面，废除死刑的措施在一些欧盟成员国得到了全体民众的广泛支持，甚至相当于一项国家传统的建立；但在有些国家，废除死刑的政治决策却没有得到大多数公众的认可。然而在这些遇到类似情况的国家，废除死刑的决策并没有带来任何负面的结果，通常只是导致在这一问题上有少量争论出现。因此，有必要强调的事实是，废除死刑本身有助于社会成员表达不同的感受，从而促成更明智的公众意见。

2. 废除死刑的共同基础：价值观念、道德原则和刑事政策

死刑明确地提出了一系列涉及哲学、宗教学、政治学和犯罪学本质的问题。虽然欧盟各成员国废除死刑的经验有所不同，但依据却是相同的：无论罪犯的罪行多么残忍，死刑本身不人道、不必要和不可挽回的特征不会改变。此外，这一理由现在已经被整个国际社会所接受，在《国际刑事法院罗马规约》和联合国安理会对前南斯拉夫和卢旺达在国际刑事法庭审判时通过的相关决议中，即使审判中包括种族灭绝罪、反人类罪和战争罪等最严重的罪行，也没有将死刑列入刑罚体系中。

在死刑的废除运动中，人文价值、伦理观点和人权理论占据了相当重要的分量。事实上，对欧洲各国政府来说，死刑作为国家惩罚的手段，其有辱人格尊严的一面很快暴露了出来，而对于欧盟这个共享价值和原则的联盟来说，这恰恰是各成员国共同遗产的根本基础。

与此同时，无论是从罪犯本人还是从犯罪学的角度来看，都不存在足够和正当的理由保留这一刑罚。首先，在科学研究中并没有证实死刑与处决确实比其他形式的惩罚能够更有效地威慑犯罪行为。实际上，犯罪率和死刑是两种不相关的实体，死刑及其执行并没有起到预期的威慑效果，因此也没有让社会的暴力减少。此外，保留死刑也不符合所有欧盟成员国刑事司法体系中追求罪犯改过自新的哲学，而根据这一哲学，惩罚的刑罚学目的之一便是对罪犯的改造并使其重新融入社会。而且刑罚学目的中还有重要的一点，那就是对犯罪行为的预防，预防是一个既包括犯罪前也包括犯罪后的整体过程，意味着反对任何形式的身体上或心理上的野蛮行为，在预防社会上的犯罪行为更加猖獗的同时，提高对人权的尊重。最后一点也是非常重要的一点，死刑不应该被看做是一种弥补受害者家庭痛苦的方式，这种观点将司法系统当做了私人复仇的非法工具。但这并不意味着欧洲的刑事审判系统丝毫不考虑受害者的权利和利益。事实正好相反。法律充分保护了受害者的权利，并为他们建立了援助机构和相关方案。此外，对受害者来说，并非没有其他合适的方案可供选择，这些替代方案既可以满足他们的要求，还能保证提供足够的援助。罪犯和受害者的家庭都为了犯人的改过自新而努力。对于受害者的家庭来说，最重要的是他们所承受的损失和痛苦得到了弥补，而这需要经济和心理上的有效支持。

在司法实践领域，死刑的不可挽回性也是必须要考虑的因素。建立在法律具体条文规则之上的法律体系，包括法定诉讼程序，即使再完善也无法避免误判的出现。

而死刑的不可挽回性消除了改正这些误判的可能性，从而导致无辜的人被处决。司法中出现的错误，对法律的不同解释，基于不清晰和不确定证据的判罚，以及在诉讼过程的各个阶段，尤其是在嫌疑人家庭困难的情况下，缺乏足够的法律援助，都可能只是导致无辜者被处决的所有原因中的冰山一角。

因此，刑事政策方案被有意地人性化，欧盟各成员国不再将人类作为行动的受害者，而是将促进人类发展作为犯罪学的主要目的之一。相反，保留死刑将暴露刑法中不必要的以暴制暴的特征。于是，改革的主体部分得到了执行，其中刑事制裁体系被重组，以使其在多数情况下更加有利于社会改造罪犯并使其重新融入社会，同时考虑对社会稳定和预防犯罪的需求，而不是简单的惩罚犯罪。

3. 寻找死刑的替代处罚方式 选择一个更人道且更有效的刑事司法系统，为采用能代替死刑的恰当的刑事处罚方式铺平了道路。实际上，欧洲的立法者一直认为可以通过非致命性的惩罚方式处罚犯罪，例如长期或终身监禁。在实际操作时，即使在法律中仍然保留死刑，甚至强制性的保留，法官也可以根据减刑的原则视具体情节选择其他的惩罚方式，或者建立系统性的赦免体系对相关判决进行减刑。

对于重大犯罪来说，终身监禁仍然是常用的替代惩罚方式。在任何情况下，几乎所有的欧盟成员国都在各自的刑事法典中以可能性或强制性的方式对这种惩罚方式进行了规定，但是这种惩罚方式仍然被理解为一种原则而不是惯例。

在一些国家，一旦出现减罪的情节，终身监禁确实能够减轻为有期徒刑。此外，几乎所有的欧盟成员国都为终身监禁的囚犯提供假释的机会，但要求囚犯在监狱中服刑一定的时间并满足其他条件，例如良好的表现、悔过的迹象或者疾病。通过赦免的方式获得减刑也几乎存在于各国的刑法体系中。而且有些国家明文规定不允许对未成年人或者精神病患者处以终身监禁。

至于长期监禁，欧盟各成员国已经清醒地认识到这一刑罚使罪犯很难重新融入社会，所以在判决时尽可能地将刑期减到最少。

可以确定的是，长期监禁，尤其是终身监禁并没有达到刑事政策的最初目的，除非采取相关的措施使罪犯能够拥有合适的机会重新融入社会。就此而论，拥有假释的机会就显得尤为重要。实际上，犯罪预防政策认为，如果一名罪犯已经服满与所犯罪行相符合的刑期，并且对社会而言已不具有危险性，那么继续对其执行终身监禁，既不符合社会认可的罪犯处理的最低标准，也不能达到使罪犯重新融入社会的目标，因为要达到这一目标，需要罪犯有意愿和有能力过上遵纪守法和自食其力的生活。另外必须强调的是，在《联合国儿童权利公约》中明确论述了判处未成年人终身监禁的问题，指出没有提供被释放机会的终身监禁，不应该强加在犯罪时未满18岁的少年犯身上。

4. 国际环境 在20世纪下半叶，欧洲议会议员们在法律上掀起了废除死刑的浪潮，并获得了国际社会的广泛支持。而废除死刑也迅速成为全世界关注的议题，有效地促进了人类尊严的提升和人权的逐步发展。

1971年，联合国大会通过的2857号（XXVI）决议提出了在世界范围内废除死刑的愿望。在制订废除死刑的国际条约时，欧洲委员会迈出了第一步，于1983年通过了《欧洲人权和基本自由保护公约》（ECHR）第6条款中废除死刑的内容。而在联合国框架中，旨在废除死刑的《〈公民权利与政治权利国际公约〉（ICCPR）第二议定书》也于1989年获得通过。而最近，旨在保护人权的美洲国家组织也紧随废除死刑先驱者的脚步，于1990年通过了《美洲人权公约》中废除死刑的条款，美国则是其成员国之一。

此外，执行死刑的严格条件也被列入了国际人权文件中，例如《公民权利和政治权利国际公约》和联合国经济社会理事会（ECOSOC）《关于保护死刑犯权利的保障措施》。欧盟试图确保，在未废除死刑的国家执行死刑时能够遵循这些被普遍接受的防护标准。尤其需要注意的是：对罪行不是最严重的罪犯判处死刑；死刑的追溯执行；对孕妇或新生儿母亲以及任何精神疾病患者判处死刑；不遵循安全保护措施，包括公正审判的权利和要求判刑的权利；执行死刑的方式不人道。在这些情况下执行死刑违反了国际公认的人权标准，践踏了人类的尊严和价值。

5. 青少年司法 欧盟同样对未满18岁的青少年被判处死刑深表担忧。所有的欧盟成员国都反对青少年不可改造的观念。这些国家持有的观点是，在解决青少年犯罪问题时应当记住，少年犯正在全面发展的过程中，面临着很多适应困难。此外，正是贫困的家庭条件、较差的学习成绩和对毒品的依赖等这样一些社会问题影响了他们并促使其出现犯罪行为。因此,青少年是不成熟的,所以不应当被当做成人看待,而应当接受更少的处罚,他们需要一个更加宽大的刑事制裁体系。所有这些,和其他原因一起,都表明不应当对少年犯执行死刑。

因此,欧洲的青少年司法程序与国际公认的青少年司法标准保持了高度的一致,具体体现在下列国际人权文件中:《联合国公民权利和政治权利国际公约》《联合国儿童权利公约》和《美洲人权公约》。实际上,上述国际准则中明确禁止对18岁以下的少年犯判处死刑。而类似的禁令则开始于1949年的《关于战时保护平民的日内瓦第四公约》和1977年的《日内瓦公约附加协议》。

欧盟及其成员国的所有行为都是以全人类与生俱来的尊严和不可侵犯性为基础。

罪犯是犯下罪行的人类,但他们也享有与生俱来的、不可剥夺的尊严,这正是理性主义哲学和所有相关宗教主张的尊严。而在法律上,死刑否定了人类的尊严。

国家的刑事司法体系,尤其是制裁体系能够反映出一个社会的传统和具体历史特征。然而,死刑问题是关于人性的问题,超出了政治、法律和刑事的范围。死刑问题的人性化应当是裁决人们生命的决定因素。

欧洲国家在很久以前已经在实践中和法律上选择了人性,废除了死刑,并因此实现了对人类尊严的真正尊重。而且这是欧盟希望与所有国家分享的一项基本原则,正像分享自由、民主、法治以及对人权的保护等其他共同价值观和原则那样。如果能够成功完成这一目标,欧盟和这些国家就能够像贝卡里亚预言的那样,促进人道主义事业的进一步发展。因此欧盟邀请美国共同践行这一事业。

问 题

1. 欧盟代表团撰写这一备忘录的目的是什么?
2. 为什么欧盟对美国的死刑执行数量表示了担忧?
3. 在对废除死刑起到推动作用的价值观、行为原则和政策中,欧洲国家共享的共同价值观和行为原则有哪些?
4. 欧盟代表团建议可以为死刑提供哪些替代方案?
5. 备忘录中指出欧洲国家"选择了人性"的意思是什么?

9

伦理与道德决策

你认为是什么驱使这个人志愿帮助别人？提高我们的道德推理技能如何帮助我们做出更加有效的道德决策，以驱使我们采取行动改善我们自己的生活以及他人的生活？

要 点

231 ｜ 什么是道德推理
236 ｜ 道德推理的发展
239 ｜ 道德理论：道德是相对的
242 ｜ 道德理论：道德是普遍的
246 ｜ 道德论证
252 ｜ 批判性思维之问：透视堕胎

在一项针对奥林匹克运动员的调查中，98%的运动员声称，在"绝对不会被发现"和"肯定能够赢得比赛"这两项条件得到保证的情况下，自己会使用能提高比赛成绩的违禁药物，例如促蛋白合成类固醇等。促蛋白合成类固醇是一种基于雄性激素的药物，能够刺激肌肉生长，还可加快受伤后的恢复。然而，这些类固醇药物的使用也会导致患心脏病和中风的风险增大，并且可能对肝脏造成不良影响。此外，有些科学家认为，使用类固醇药物还可能引起抑郁症、妄想症和攻击性行为等。2007年，摔跤选手克里斯·班诺特掐死了妻子，闷死了7岁的儿子，然后将自己吊死在地下室健身房的滑轮上。法医对其尸体进行解剖时发现，他体内的类固醇浓度非常高。

想一想 >>

- 良知如何帮助人们做出道德决策?
- 什么是道德推理发展的阶段理论?
- 在构建道德论证时,不同的道德理论分别在哪些方面为我们提供了帮助?

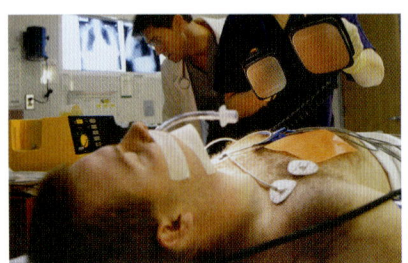
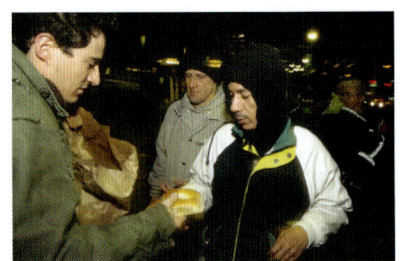

奥运会选手和职业选手并非是惟一使用兴奋剂的运动员群体。虽然在大学生篮球联赛中只有2.7%的男性运动员和1.5%的女性运动员承认使用过促蛋白合成类固醇,但专家估计,实际服用违禁药物的运动员数量要远远高于这一比例。虽然长期服用这类药物会带来副作用,但近年来大学和高中运动员服用类固醇药物的比例却一直呈上升趋势。

假设你是本校篮球队队长或明星球员,自己的球队打入了最终的决赛。一位非常有钱的企业家,他是你的校友兼狂热的篮球迷,承诺如果你的球队赢得了决赛将会为学校捐献6 000万美元。学校正面临严重的财政危机,甚至不得不暂时解雇教职员工并减少学术研究项目,因而非常需要这笔钱。

在临近比赛的前几周,这位企业家向你提供了能提高比赛成绩的违禁药物四氢孕三烯酮(又称THG,一种新研发出的类固醇药物)。由于学校有时会对运动员的状态进行抽检,所以你对服用药物有些担忧,但是他向你保证这种药物不可能被发现,因为已经对THG进行了掩盖,常规药物检测根本无法检查出来。他还承诺,如果你在接下来的两周时间里服用这一药物并且在比赛时竭尽全力,即使输掉比赛,他也会为学校捐献承诺数额的十分之一,也就是600万美元。你所在的球队已经连续三年赢得了决赛。此外,与自己学校不同的是,对手所在学校不会随机对篮球运动员进行药检。

你应该怎么做?你的学校非常需要这笔钱,如果服用这种药物,你可以为学校带来一笔颇丰的收益。从另一方面来说,这种类固醇会给自己带来哪些身体上的伤害?此外,如果你由于服用违禁药物而获益,对其他球队和球迷来说是否公平?

这种情况便是一个道德冲突的例子,需要你运用道德推理来解决。人们每天都会在生活中遇到道德决策的情境。所幸的是,这些决策过程大多数情况下比较简单。大部分人都会信守承诺,即使身边有无人看护的笔记本电脑或钱包也不会动觊觎之心,会按秩序排队,能够克制情绪不去伤害激怒自己的人,对遇到困难的人伸出援助之手,对朋友和家人亲切友善。虽然人们可能没有觉察到,自己曾有意识地去做出这些决策,但我们确实进行了道德推理。

除了对于存在争议的道德问题,例如死刑、干细

胞研究、堕胎、战争或安乐死等的辩论之外，人们可能很少在其他问题上如此地热衷争辩和抗拒。批判性思维技巧能够帮助人们全面评价道德问题，打破其抗拒模式。在本章中，我们将学习如何在日常生活中做出道德决策，以及如何思考和讨论存在争议的道德问题。

在第9章我们将：

- 审视道德与幸福之间的关系
- 辨别道德价值与非道德价值
- 学习良知和道德情操在道德决策中的作用
- 学习道德推理发展的各阶段
- 考察大学生的道德推理水平
- 评价不同的道德理论
- 学习如何识别和构建道德论证
- 掌握解决道德困境问题的策略

最后，我们将阅读和评价关于堕胎道德性的论证以及可能的解决方案。

什么是道德推理

当人们决定应该做什么或不应该做什么，什么是解决某一问题的最合理或最公正的立场和政策时，就用到了**道德推理**（moral reasoning）。能否做出有效的道德决策取决于良好的批判性思维能力、对基本道德价值观的熟悉程度以及道德情操的驱动力。

道德价值观与幸福

古希腊哲学家亚里士多德认为，道德是我们的理性的人类本性最基本的表达。他提出，讲求道德使人类获得最大的快乐。道德与快乐和幸福感之间的联系在世界各地的道德哲学中普遍存在。

研究也表明，如果人们将道德价值观置于非道德关怀之上，就会拥有更加强烈的幸福感和自我实现感。**道德价值观**（moral values）是指能使自己和他人获益且其本身就是值得的一组信念和看法。道德价值观包括无私、同情、宽容、宽恕和公正。**非道德价值观（工具价值观）**[nonmoral (instrumental) values] 是目标导向的。它们是人们想要达成某种结果的方法（或工具）。非道德价值观包括独立、威望、名声、人气和财富。我们之所以渴望

亚里士多德（左）告诉人们，道德是人类理性最基本的表达，只有将道德价值观置于非道德价值观之上，人们才能得到最大的幸福。

这些东西，绝大部分原因是我们认为它们能给自己带来更大的快乐。

当购买汽车的时候，一个将非道德价值观置于道德价值观之上的人，可能会在做决策的时候更加注重款式、价格、舒适度以及能否给别人留下深刻的印象。相反，一个将道德价值观置于非道德价值观之上的人，可能会将注意力放在燃油效率和环境友好性方面，而不会太在乎价格等因素。虽然很多美国人将诸如事业成功、经济富足和纸醉金迷等非道德价值看做是获取幸福的手段，但实际上财富或薪资水平与幸福之间几乎没有相关，除非是对于那些生活在社会最底层的人。换句话说，除非刚开始你一贫如洗，否则从长期来看，买彩票中大奖可能不会提升你的幸福感。

此外，道德推理水平与批判性思维技能之间存在正相关。这并不令人惊讶，因为有效的批判性思维能力不仅需要人们了解自己的价值观，还要求时刻保持开放的心态，愿意对他人的关注表示尊重。

当人们未能采取适当的道德行动，或者做出有效的道德决策，以至于后来悔之不及时，就犯下了所谓的**道德悲剧**（moral tragedy）。在米尔格拉姆的服从实验中（参

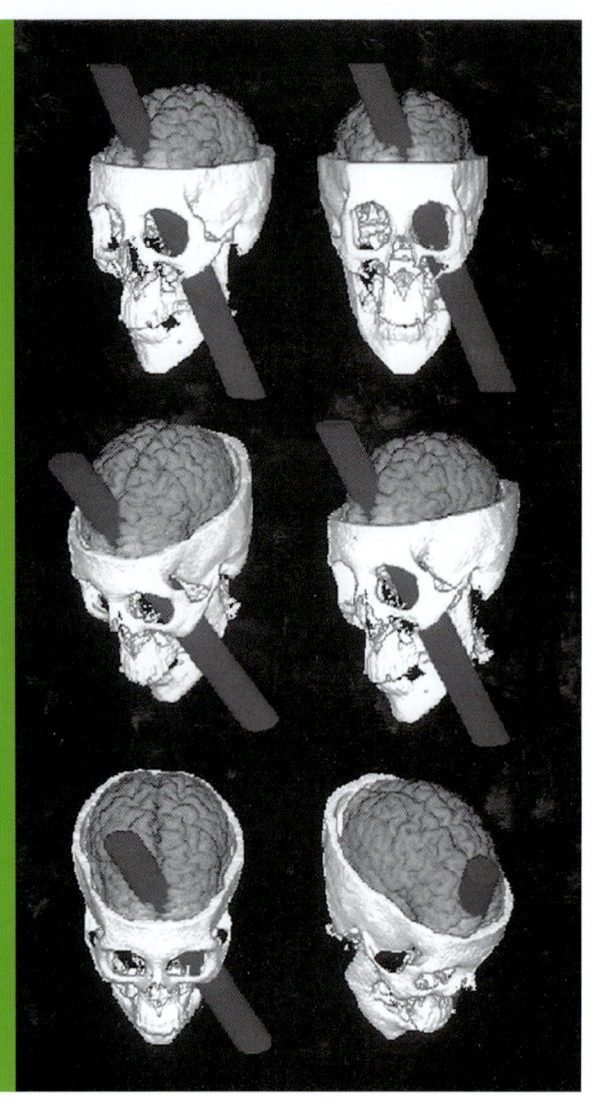

大脑与道德推理：菲尼亚斯·盖奇案例 大脑中的额叶皮质在道德决策过程中起着关键的作用。关于大脑与道德之间的关系，最经典的一个研究是由一个科学家团队对19世纪铁路工人菲尼亚斯·盖奇的颅骨进行的研究。1848年，当爆炸发生时，盖奇正在佛蒙特州的铁路工地上工作。巨大的气浪使一根长金属棒从他的左眼正后方刺穿了颅骨。金属棒穿透了他大脑的额叶部分，落在了身后20多米远的地方。这张由电脑模拟制作的图片，显示了金属棒穿透盖奇颅骨时最可能的路径。

盖奇奇迹般地从这场意外中生还以后，人们发现他的智力和体力都没有受到影响。然而，他却从此丧失了道德推理的能力。在这场事故发生之前，盖奇是一位对人和气、彬彬有礼、讨人喜欢的工人，但之后他却变得反复无常、粗俗无礼，甚至连最简单的道德决策都无法做出。

讨论问题

1. 《基础本能：什么导致杀人者杀人》（2001）一书的作者精神病学家乔纳森·平卡斯进行了一项研究，研究对象为14名等待死刑的囚犯（这些囚犯第一次杀人时都不满18岁），以及119名来自少年管教所的青少年。他发现，暴力犯罪与大脑中的精神病学异常有很强的相关。如果人们从事道德推理的能力取决于大脑的结构，那么盖奇和有些额叶受损或异常的罪犯是否应该为他们的伤害性行为担负道德上的责任或者接受相应的惩罚。如果不应该，对于那些缺少道德观念，伤害他人却毫不感到内疚的人，我们应该做出怎样的反应。

2. 我们期待人们的行为是道德的。当有人不这样做时，我们通常会非常吃惊。回忆一下，你是否曾经因缺乏道德观念的人做出的事而震惊。你是如何作出回应的？

见本书第1章），大多数实验参与者即使已经认识到自己的所作所为是不道德的，仍然继续"电击"实验中的"学习者"。然而，他们只是缺乏必要的批判性思维技能来帮助他们提出一个有效的反面论证，以此对抗研究者提出的："实验要求你必须继续进行下去。"

良知和道德情操

对大多数人来说，良心或良知是道德生活中的本质。在英语中，"良知"（conscience）这个词来源于拉丁语"com"和"scire"。一个拥有良知的人能够知道什么是对，什么是错。就像拥有内在结构的语言一样，良知是由家庭、宗教和文化共同培育（或忽略）和塑造的。但是，正如本章中将要介绍的那样，大多数基本的道德准则是超越文化界限的。

良知具有一种**情感**（affective）（情绪的）元素，它能够促使人们基于"对与错"的理解去行动。在第2章中，我们了解到，健康的情感发展能够使人们更容易做出更好的决策。除了认知或推理，有效的道德推理需要人们

大学生们正在为致力于解决低收入家庭住房问题的组织——国际仁人家园做志愿服务。

听从良知中让人感动的一面。实际上，研究表明，在面对道德困境问题时，具有变态人格的人能够在理智上识别对与错。然而，他们之所以还是选择采取暴力行为，是因为缺乏同情与内疚的情感。

道德情操（moral sentiments）是一些促使人们在道德情境中保持警觉，并激发人们做正确事情的情感。除此之外，道德情操还包括"帮助人的愉悦感"、同情和同理心、怜悯、道德愤怒、忿恨和内疚感。

当你帮助其他人的时候，自己也获得了快乐和好心情。这种情况被人们称为**"助人者的快感"**（helper's high）。这种快感往往伴随着内啡肽的分泌或者其浓度水平的升高。内啡肽是人体内自然分泌的一种类似吗啡的化学物质，它的分泌会在一定时期内带给人持续的放松和自尊的提高，正如我们在第一章所介绍的，这能够提高人的批判性思维。

同理心或同情心，是一种想象他人感受的能力与倾向。这种道德情操的表现是：为他人的幸福感到高兴，为他人的绝望感到忧伤。**慈悲**（compassion）是行动中的同情心，涉及采取措施缓解他人的不幸。虽然大多数人会对与自己相似的人产生同情和同理心，但人们往往拥有一种将世界分为"我们"和"他们"的倾向（正如第4章中介绍的）。为了对抗人类思维中的这种错误，人们需要有意识地培养慈悲之心，并以此对待尽可能多的人。

并非所有道德情操都是热情和温馨的。当人们目睹不公正的事情或有人违反道德礼仪时，**道德义愤**（moral outrage），又称为道德愤慨便会出现。道德义愤要求伸张正义，改变不公平的环境。**忿恨**（resentment）是一种道德愤慨，当我们自己受到不公正的待遇时忿恨便会发生。例如，罗莎·帕克的忿恨，以及她非凡的勇气，激励她拒绝在公交车上为白人让座。而她的行动又引发了1955—1956年美国亚拉巴马州蒙哥马利市的公交车抵制运动，这一运动最终成为当代美国人为公民权利而斗争的关键转折点之一。

> **联 系**
>
> 决定是否参与非暴力不合作运动时，有可能涉及哪些道德问题？参见第13章。

当道德义愤唤起公众对不公正事件的注意并激励人们采取行动时，如果缺乏有效的道德推理和批判性思维技巧，人们可能无法行动或者做出有效的反应。缺乏道德推理指导的道德义愤或忿恨可能退化为悲痛、责备或无助等情绪。

内疚（guilt）可以提醒并鼓励人们去改正已经犯下的错误。从一定程度上来说，内疚感与疼痛非常相似。当人们不小心弄伤自己时，会感觉到受伤的部位非常疼痛。这种疼痛促使人们在伤口感染和化脓之前采取行动对其进行治疗。内疚也会促使人们避免伤害他人和自己。人们会努力忍住不在考试中作弊，即使周围没有人也不会偷取别人钱包或手提电脑，正是因为考虑到如果这么做会使自己感到内疚。

在我们这个让人感觉幸福美满的社会中，内疚常常被认为是通向个人自由和幸福道路上的障碍。因此，很多人对内疚抱有抵制的态度，或者试图完全忽略掉这种感觉，或者对"使"自己感到内疚的人心生气愤。但是与此同时，人们通常又会认为缺乏内疚感的人，例如反社会的人，是没有人性的怪物。这种对内疚本质的不确定性部分来源于对内疚与羞愧的混淆。

在广义的定义中，内疚包含了羞愧的意思。然而，这两个概念是有差别的。当人们做出的事情有违道德或者触犯了道德准则时，内疚便会产生。另一方面，**羞愧**（shame）则是违反社会规范或者辜负他人期望的结果。例如，身为同性恋或双性恋的青少年可能会感觉到羞愧，因为自己辜负了家人、宗教和社会的期望——但是他们一般不会在道德上感到内疚。羞愧不会激励我们更加努力，它带给我们的只有自卑、尴尬和羞辱。作为优秀的批判性思维者，学习如何辨别内疚与羞愧是非常重要的。

做出良好的道德决策需要人们培养批判性思维技巧，例如良好的倾听技巧和问题解决能力。良知既拥有认知

蒙哥马利市公交车抵制运动是为了抗议不公正的公交车种族隔离政策，最终迫使美国最高法院宣布公交车种族隔离政策非法。

的属性，也拥有情感的特征，能够在人们做道德决策时提供帮助。道德情操属于良知的情感方面，它能够激励人们采取行动。在下一节中，我们将介绍良知的认知和推理的一面。

自我评价问卷：道德推理*

案例 1：手持突击步枪的男人

一天下午，卡洛斯正走在去上课的路上，他突然注意到一个挥舞着突击步枪的男人朝大讲堂奔去，嘴里还在低声的咒骂。卡洛斯一直希望毕业后能够从事执法工作，此时他刚刚练习完射击从射击场回来。但是，他忘记了将放有手枪的包放回家。虽然拥有持枪许可证，但他所在的大学不允许将任何枪支带入校园。除他以外，没有其他人注意到这个手持步枪的男人。卡洛斯是否应该使用自己携带的枪射击这位袭击者？

下文列出了人们在做决定时可能会考虑的事，请确定哪一项对你来说是最重要的。另外，要确定各项考虑是否（1）涉及个人利益，（2）维护了行为规范，或者（3）涉及道德理想或原则。最后讨论，在你做决定时，还有哪些因素和论证是值得考虑的。

a. 挺身阻止潜在的袭击者和遵守学校的禁枪令，哪一个对卡洛斯以后成为执法者的职业规划更有利
b. 学校的禁枪令是否公正，是否对保护手无寸铁的学生的生命权造成了障碍
c. 卡洛斯在学校使用自带枪支是否会激怒社会公众，并且给自己的学校带来坏名声
d. 卡洛斯更应该对谁负责，是制定学校禁枪令的领导，还是生命受到威胁的学生
e. 卡洛斯是否愿意承担被学校开除或被逮捕入狱的风险
f. 指导人们如何对待彼此的最基本的价值标准是什么
g. 由于给学生带来的威胁，挥舞突击步枪的男人是否应该被射杀

案例 2：从网上购买代写论文

詹妮弗是一名大三学生，为了达到平均 4.0 的学分绩点，以便能够进入一所较好的法律学院并成为一名民权律师，她本学期选修了 5 门课程，同时还在一所公司做实习生。在通宵达旦完成了一份长达 15 页的学期论文后，詹妮弗突然想起自己忘了完成选修课《英国文学》布置的作业，一份 4 页纸的心得报告。时间已经来不及了，但是又不想影响该课程的成绩，她想起班上一位同学曾经告诉自己一个出售论文的网站。她登录这个网站并找到了一篇符合作业要求的论文。詹妮弗是否应该买下这篇论文并将其据为己有呢？

下文列出了人们在决定时可能会考虑的事，确定哪一项对你来说是最重要的。另外确定各项考虑是否（1）涉及个人利益，（2）维护了行为规范，或者（3）涉及道德理想或原则。最后讨论在你做决定时，还有哪些因素和论证是值得考虑的。

a. 学校是否应当考虑制定处罚抄袭行为的条例
b. 如果詹妮弗被抓到，她面临的风险有多大
c. 如果詹妮弗上交了抄袭来的论文但没有被抓到，并因此挤掉了其他的竞争者获得了进入法律学院的机会，对于其他申请者来说是否公平
d. 其他选修这门课程的学生也在抄袭
e. 对她的未来职业规划而言，上交网上抄袭来的论文是否是最好的选择
f. 上交抄袭来的论文是否侵犯了本课程教师和其他同学的权利
g. 该问题的出现是否是因为教师给学生施加了太多的学业压力

---

* 指导者的注释：人们在不同阶段都在使用推理。这种自我评估的目的在于帮助人们意识到，在做出决策的过程中，某些类型的推理（例如后习俗）比其他类型的推理更适当。这两个案例本身并不足以决定人们的道德推理水平。如果你有兴趣对自己的道德推理水平进行更精确的评估，可以登录明尼苏达大学和亚拉巴马大学的道德发展研究中心网站（网址为：http://www.centerforthestudyofethicaldevelopment.net）进行 DIT 测验（即确定问题测验）。

道德推理的发展

许多心理学家认为，人类在一生中将经历不同的道德发展阶段。本节将介绍道德发展理论和针对大学生的道德发展研究。

劳伦斯·柯尔伯格的道德发展阶段理论

根据哈佛大学心理学家劳伦斯·柯尔伯格（1927—1987）的理论，人类道德推理能力的发展要经历几个不同的阶段。这些阶段具有跨文化性，即在世界任何文化的人类发展过程中，这些阶段是普遍存在的。每个新阶段都标志着批判性思维能力的进一步提高和对个人道德决策的更大满足。

柯尔伯格将道德发展分为三个水平，每个水平包含两个不同的阶段。柯尔伯格将前两个阶段称为**前习俗阶段**（preconventional stages），道德具有以自我为中心的特点。处于这个水平的个体希望别人对待自己时遵守道德，但他们对待别人时却一般不会考虑道德的约束，除非能给自己带来好处。大多数人会在高中时超越前习俗道德推理阶段。

处于**习俗阶段**（conventional stages）的人会向他人寻求道德指导，并需要他人肯定自己所做的事情是正确的。第三阶段是习俗推理的第一个阶段，对处于该阶段的人来说，得到他人的赞同和遵守同伴群体的准则尤为重要。例如，琳迪·英格兰守卫是伊拉克阿布·哈里卜监狱丑闻中的一名当事人，她在军事法庭上为自己辩护时声称自己"选择去做朋友们希望自己去做的事情"。法官驳回了她的这一借口。

大多数高三学生和大一新生处于道德发展第三阶段。该阶段与大学生认知发展的第一阶段有着紧密的联系。在认知发展的第一阶段，人们往往认为答案存在正确和错误之分，权威人士知道正确的答案是什么。

习俗道德推理的下一个阶段包括用更广泛的文化标准和法律取代同伴群体规范。这种类型的道德推理便是大家熟悉的文化相对论。大多数美国成年人处于这一阶段。他们宁愿采取盛行的观点，而不是对道德事件的决策作透彻的思考。对处于该阶段的人来说，只要"每个人"与自己观点一致，就足以使他们认为自己一定是正确的。

在道德推理的**后习俗阶段**（postconventional stages），人们能够意识到社会习俗应该是合理的。某件事情符合法律规定但并不一定意味着合乎道德或公平公正。相反，道德决策应该建立在普遍道德原则之上，而且要考虑公平、同情和互相尊重。

一个人的道德发展阶段与其行为相互关联。有一项研究选取了86个研究对象，结果发现：只有9%处于第二阶段（自我中心主义）的人和38%处于第四阶段（维持社会秩序）的人会向受到药物副作用的人提供帮助；而处于第六阶段的人则全部伸出了援助之手。遗憾的是，只有不到10%的美国成年人达到道德推理的后习俗水平。

道德推理水平较低的人往往倾向于采用过分简单化的解决方案。当这些方案毫无作用或事与愿违时，他们便会感到困惑不已。

联系

民主政治是如何促成"多数暴政"的，它对"大多数人一定知道什么是正确的"这种信念的形成起到了什么样的推动作用？参见第13章。

当人们在生活中遇到更加复杂的问题和事件，而旧的思维方式无力解决这些问题时，便会放弃旧的思维方式。向更高阶段的提升常常源于一次不同寻常的经历，或由与自己世界观相冲突的新观点所触发。

卡罗尔·吉利根关于女性道德推理的观点

柯尔伯格的研究仅仅以男性为实验对象。心理学家卡罗尔·吉利根提出，女性道德发展往往遵循另外一条不同的路线。她认为，男性思维往往以责任和原则为导向，称之为**公正取向**（justice perspective）。相反，女性则更多地以事件情景为导向，并从人们之间的相互关系和关怀的角度观察世界。她称之为**关怀取向**（care perspective）。

吉利根将女性的道德推理发展概括为三个阶段或水平。与男孩一样，处于前习俗阶段的女孩也是以自我为中心，将自己的需求放在首位。相反，达到道德推理习俗阶段的女性往往愿意做出自我牺牲，将他人的需求和利益放在自己的需求和利益之上。发展到最终，达到后习俗阶段的女性已经能够平衡自身和他人的需求，吉利根称之为**成熟的关怀伦理**（mature care ethics）。

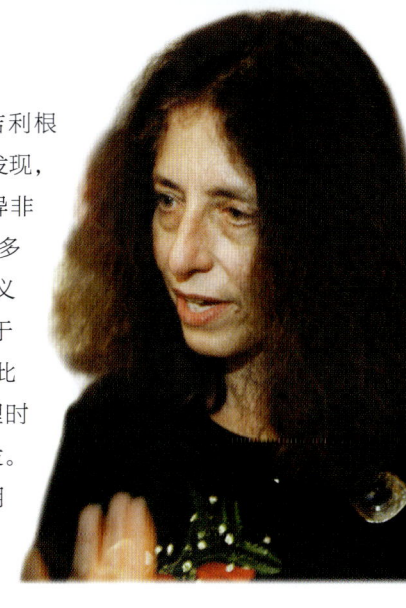

虽然有些研究支持吉利根的结论，但是其他研究则发现，道德发展之间的性别差异非常小，甚至可以忽略。很多女性也有非常强烈的正义感，而有些男性也更倾向于从关怀的视角思考问题。此外，大多数人在道德推理时往往同时从两种视角出发。正像认知与情感共同作用一样，道德推理的两种类型也常常互为补充，帮助人们做出更好的决策。

大学生的道德推理发展

虽然在校园以外，大学生也有很多机会获得道德方面的发展，但是研究表明，大学教育与道德发展有着明显的正相关。这种情况很可能是因为，许多年轻人在离开家庭，进入大学后会经历一个危机期，有时被称为"认知不平衡期"。面对原来世界观的改变，他们最初的反应可能是顺从，并且很容易受到同伴文化的影响。一些大

处于道德推理后习俗水平的人更愿意向生活贫困和无家可归的人伸出援助之手。

第 9 章 | 伦理与道德决策 · 237

独立思考

莫罕达斯·甘地，非暴力活动家

莫罕达斯·甘地（1869—1948）出生于印度，在世界上享有很高的声誉，人们称其为"圣雄甘地"或"伟大的灵魂"。作为一名年轻的律师，甘地处处受到英国种族隔离传统的限制，乘火车时他不能坐在自己想坐的座位上，走路时他不能走在"非有色人种"的朋友旁边。更糟糕的是，他目睹了处于社会底层的人民受欧洲人和印度上流社会人士的蔑视和侮辱。他没有在这种文化规范前保持沉默，也没有将怨恨和不满藏在心底，而是理智地表达了自己的道德义愤。

他的回应唤醒了民众，导致了世界历史上最有效的非暴力道德改革运动。在1919年的阿姆利则大屠杀中，几百名手无寸铁的印度平民被英国军队开枪射杀，甘地随之提出了"非暴力不合作"政策以反抗英国对印度的统治。在他的不断努力下，印度最终在1947年获得独立。

甘地还为废除印度残暴的等级制度做出了不懈的努力。他尊重所有人的平等和尊严，使用非暴力抵抗作为政治和社会改革手段，这些做法给以后的人权运动带来了深远的影响，其中就包括20世纪60年代发生在美国的人权运动。

讨论问题

1. 讨论甘地面对生活中的道德问题提出的解决方案如何反映出柯尔伯格和吉利根后习俗阶段的思维过程？
2. 回忆自己的经历，在面对暴力（言语上或身体上的）时是否曾经想要或者使用过暴力进行对抗。讨论一个处在后习俗道德推理水平的人最可能做出怎样的回应？

联系

对大学生来说，为什么道德推理对决定如何在网上使用社交网络如此重要？参见第11章。

学新生很容易在同伴的怂恿下参与自我破坏的行为——例如吸烟、酗酒狂欢、街头吸毒、行为放纵和鲁莽驾驶等，这种倾向只不过是顺从的一种反映。

正如本书前面所介绍的那样，大学新生的思维模式往往是"非黑即白"的。在一项研究中，研究者向大学生讲述关于"乔"的虚构案例，进而了解他们的道德推理水平。多年来，乔一直是个模范市民，直到有一天，一个邻居发现他其实是一名通缉犯。然后，研究者问学生："这位邻居是否应当向当局举报乔？"大学新生的答案更倾向于"是"，原因是这符合法律规定；他们认为如果让罪犯逍遥法外，可能会带来新的犯罪。大学生到了四年级的时候，仍然关注法律条文；然而，他们也会质疑在这个案例中遵循法律是否公平。达到后习俗水平的人则希望能够进一步了解乔，确定他是否真的已经改过自新。他们也会考虑哪种选择——向当局告发还是不告发——对社会更有利。

在大学里，同伴关系对道德推理发展起着非常重要的作用。与形形色色的人保持各种各样友谊的学生往往有更大的收获。在课堂中讨论道德问题时，学生的思想会受到挑战并需要自己去论证结论。这个过程也有可能提升道德推理水平。

虽然受到这些积极影响的推动，但大多数大学生还是无法从习俗道德阶段提升至自主的后习俗道德推理阶段。大学通常能够将学生从遵循同伴文化,转变到遵循更广泛的社会规范这一较高的习俗推理阶段。

道德推理在人们的日常决策中发挥着至关重要的作用。一个人的道德推理水平影响其人生的各个方面,既包括个人生活,也包括工作和事业。道德推理水平与自尊、心理健康、职业目标满意度、诚实和利他主义行为表现出正相关。下一节将主要介绍指导个人思维的道德理论。

道德理论:道德是相对的

道德理论为理解和解释为什么某一行为正确或错误提供了框架。此外,道德理论还能够帮助人们澄清日常生活中的道德事件所涉及的道德关怀,并对其进行批判性地分析和分类。道德理论是道德推理的基础。人们日常的道德决策和道德推理水平取决于自己所认可的道德理论,即使我们自己可能从未意识并清楚地表达过这一理论。

道德理论可分为两个基本类别:道德相对主义和道德普遍主义。

道德理论可分为两个基本类别:道德相对主义和道德普遍主义。道德相对主义者认为,人创造了道德,并不存在适用于所有人的普遍或共有的道德原则。相反,道德普遍主义者则认为存在对所有人都适用的普遍道德原则。

很多美国人无法在一些诸如堕胎和死刑的事件上做出普遍的道德判断,这为美国广泛存在的一种观点起到了推波助澜的作用,即人们在道德事件中的立场仅仅是个人观点,当个人观点存在差异时,就没有多少余地可供讨论了。然而,对不同的道德理论进行批判性地评估,可以很快弄清楚哪些理论在解释道德和提供解决方案方面更好。

伦理主观主义

根据**伦理主观主义者**(ethical subjectivist)的理论,道德不过是个人的观点或感受。如果一个人感到某件事是正确的,那么对这个人来说这件事在任何时候都是正确的。例如,已经92岁高龄的J.L.亨特·朗特里(又称"红色"朗特里),最近死于密苏里州监狱。他是一位退休的商业大亨,曾建立起自己的机械公司。第一次实施银行抢劫时他已经86岁了。他说道,"抢劫使我感觉良好,极其好。"抢劫银行使朗特里"感觉良好",这一事实是否能够在道德上证明他的所作所为是正确和合理的?伦理主观主义者认为确实如此。如果朗特里对抢劫银行感到"极其好",那么他的行为在道德上就是正确的,正像电影《沉默的羔羊》中的连环杀手"食人魔汉尼拔",他将折磨和杀死受害者当成了一种享受。

不要将伦理主观主义与人们信仰不同的道德价值观混淆在一起。伦理主观主义已经超出了不同道德价值的范围,他们认为,只要一个人真心实意地认为或感到某件事情是对的,那么这件事对其个人来说就是对的。对你来说,抢劫银行、折磨并杀死他人可能是不正确的,但在伦理主观主义者看来,这些行为对朗特里和"食人魔汉尼拔"来说在道德上却是正确的。由于个人的感觉是评价其行为对错的惟一标准,所以一个人永远不可能是错误的。

此外,不要将伦理主观主义与宽容混淆在一起。例如"自己活,也让别人活"这一劝诫意味着只要他人没有伤害到你和其他人,就应该去尊重他人并宽容其生活选择这一普遍的道德义务。而伦理主观主义则不鼓励宽容,它允许一个人剥削和胁迫弱者,只要行为实施者相信这么做是正确的。

伦理主观主义是最不具说服力的道德理论之一。拥有按照自己意愿行事的权利并非意味着所有的主张都是同样合理的。实际上,在其他人的伤害行为给自己带来直接且不利的影响时,支持伦理主观主义的大多数人往往就会有了不一样的感受。

> **联系**
>
> 作为社会中的一员,我们是否有限制那些可能误导儿童的广告和电视节目的道德义务?参见第10章。

前面介绍演绎推理的章节中曾提到,假设推理能够提供审视某一理论后果的方法,从而对该道德理论进行分析。考虑下面这项论证:

前提一:如果伦理主观主义是正确的,那么我按照个人意愿和观点行事时在道德上就一定是正确的,包括折磨和强奸未成年人。

前提二:伦理主观主义是正确的。

结论：因此，我按照个人意愿和观点行事，包括折磨和强奸未成年人在道德上总是正确的。

在上面这项有效的假言三段论中，如果不愿意接受结论是正确的，那么我们必须舍弃错误的前提："伦理主观主义是正确的。"如果细细考察就会发现，伦理主观主义是一种非常危险的理论。它不仅使每个人陷于孤立，还允许人们无需证明其行为的正当性和做出判断，就可肆意剥削和伤害他人。

文化相对主义

文化相对主义（cultural relativism）是道德相对主义的第二种形式。文化相对主义认为道德标准依赖的不是个人意见，而是社会舆论和习俗。创造道德价值观的不是个人，而是文化。根据文化相对主义的观点，适用于不同文化和不同人群的普遍道德原则或标准是不存在的。相反，道德只不过是获得社会认可的习俗。在某种文化中被认为有悖于道德的事情，例如一夫多妻制、奴隶制、家庭暴力或同性恋，在另外一种文化中却可能是道德中立的，甚至值得称赞。

文化下的道德标准可能会随时间发生改变。如果你是一名文化相对主义者，那么你只需要问一问，自己所在的文化或社会当下的习俗或规定是什么，就可以知道在这个问题上什么是对的，什么是错的。150年前，美国南部各州的奴隶制在道德上是可以接受的；而在今天，各个地区的美国人都认为奴隶制是非常不道德的。文化相对主义者并不只是说美国人曾经认为奴隶制在道德上是可以接受的，他们还声称，奴隶制在1863年《解放奴隶宣言》宣布其不合法之前确实是符合道德的。实际上，根据文化相对主义者的观点，不道德的非但不是那些奴隶主，反而是废奴主义者，因为他们违反了那个时代的道德标准。

文化相对主义可以使对某些群体的压迫合法化，并使种族优越感这种错误观念得以延续（参见"图片分析：

> **联系**
>
> 在某种文化中，"社会契约"是否能成为道德的来源？参见第13章。
>
> 当道德标准与社会法律相冲突时，我们应该做何反应？参见第13章。

奴隶正在被拍卖。奴隶制曾经被文化相对主义者证明是道德的，即便它明显违反了人权。

1930年发生在印第安那州的三K党私刑 三K党成员基于其亚文化中"白人至上"的价值观来做出道德判断。这些价值观的表现方式是出于仇恨的犯罪,三K党仇视非裔和拉美裔美国人、犹太人、伊斯兰教徒、非法移民和同性恋者等所有在三K党看来对美国生活方式构成威胁的人。

　　三K党于1866年成立于美国南部,1869年被正式取缔。但在1915年得到了重建。到了20世纪20年代中期,三K党已经拥有了500多万名会员,并将恐怖活动的实施范围延伸到了北方各州。在20世纪20年代,包括政府工作人员、参议员和国会议员在内的不少杰出政治家都是三K党的成员。在20世纪50年代至70年代对美国民权运动的对抗过程中,三K党迎来了又一次的巅峰期。但是自80年代以来,其成员数量出现了持续下滑。目前全美大约只有3000名三K党成员。但是,其他奉行白人至上主义的暴力团体依然存在。

分析图片

讨论问题

1. 文化相对主义者把道德等同于自己文化或亚文化中的价值观。然而,当主流文化的价值观与其亚文化的价值观发生冲突时,又该如何判断?三K党奉行的白人至上主义在美国政府和大多数美国人看来是不符合道德的,这一事实是否对道德判定至关重要?如果大多数美国人支持三K党,那么他们的价值观和行为是否在道德上值得赞赏?给出你的答案并说明理由。
2. 讨论当你第一眼看到这张图片时,你做何反应。你体验到怎样的道德情操?文化价值观在多大程度上影响了你的反应?

1930年发生在印第安那州的三K党私刑")。固执地认为来自于其他文化的人群与自己不可能拥有相同的基本道德标准，这会导致相互之间的不信任。根据文化相对主义的理论，如果两种文化对于某件事是否符合道德产生了分歧，那么双方便无法基于理性进行讨论或达成一致，因为根本不存在共同的道德价值观。如果一种文化感受到另一种文化的冒犯或威胁，惟一的解决方法就是孤立或者战争。

文化相对主义对应的是道德推理中的习俗阶段。与伦理主观主义一样，文化相对主义也不是帮助人们做出道德决策的正确理论。但实际上，人们却常常基于自己的文化去进行道德判断，无论判断的对象是某场战争、堕胎、同性婚姻，还是死刑。

道德理论：道德是普遍的

大多数道德哲学家认为道德是普遍的或普适的，道德原则适用于所有人，无论他们的个人意愿、文化或宗教是什么。存在多种普遍道德理论，每种理论都以道德的某一方面作为关注点。在本节中，我们将介绍四种类型的普遍道德理论：功利主义（以结果为基础的道德规范）、义务论（以责任为基础的道德规范）、自然权利伦理（以权利为基础的道德规范）和美德伦理（以品格为基础的道德规范）。与相对主义理论不同，普遍道德理论之间并不互相排斥，而是相互借鉴，互为补充。

功利主义
（以结果为基础的道德规范）

功利主义理论（utilitarianism）根据行为产生的结果来评价行为。在功利主义者看来，个人对幸福的追求是普遍的。最道义的行为是那些给大多数人带来最大幸福或快乐和最少痛苦的行为。这就是人们了解的**功利原则**（principle of utility），又被称为**最大幸福原则**（greatest happiness principle）：

> 愈是有助于提升幸福的行为就愈加正确，而倾向于带来与幸福相反结果的行为则是错误的。

在做出道德决策时，人们需要衡量某一行为的利弊（成本）。英国哲学家和社会改革家杰里米·边沁（1748—

功利主义者杰里米·边沁将自己的财产捐赠给了伦敦大学，条件是他的遗体（放置在玻璃橱窗中，其中头部由蜡制作）出席所有的学校董事会会议。

1832）提出了"功利计算"作为一种决定某种行为或政策在道德上是否可取的方法。在使用**功利计算**（utilitarian calculus）时，每种潜在的行为都可以从强度性、延续性、确定性、远近性、繁衍性、纯粹性和广度性等方面分别被赋予一定的数量值，例如从1到10或者任何你选择的数值范围。当计算某种行为导致的快乐或痛苦总量时，分别考虑这些因素。快乐程度越强，被分配的正值就越高；痛苦程度越强，数值就越低。

在使用功利计算方法时，如果提出的政策或行为与其他选项相比拥有更高的总正值，那就说明它是一项更好的政策。在本章开始提到的是否服用类固醇的例子中，快乐的纯粹性可能会受到其他因素的影响而降低，例如，其他球队输掉比赛而感到的痛苦和药物可能让你体验到短期的身体疼痛。这些痛苦在强度性、延续性和广度性等方面超越了这种行为为你所在大学带来的愉悦和快乐。

在制定有限资源的分配政策时，功利成本与效益分析尤其有用。1962年，肾脏透析机的供给紧张，无法满足病人的需求。西雅图人工肾脏中心（现已更名为美国西北地区肾脏中心）便任命了一个七人委员会（即所谓的伦理顾问团），该委员会负责决定哪个病人可以接受肾脏透析治疗，判定的标准是每个病人给社会带来的效益。选择程序考虑到了多个方面，例如年龄、工作经历、教育水平、个人成就、家属人数以及社会参与程度。

在确定最好的政策时，功利主义者并不会简单地附和大多数人的想法，因为人们并非总是能够对所有情况都了如指掌，或者考虑到所有人的福祉。幸福也不是简单地服从个人的喜好和感觉。例如，虽然花一个晚上的时间参加聚会，可能会带给你和你的朋友短暂的快乐，但是如果你花一个晚上的时间学习，准备第二天的考试，从而取得更好的成绩，顺利毕业，找到一份薪水更高的工作，那么你可能获得更持久的快乐。

功利主义理论的优势之一便是要求人们充分了解自己的行为（或反应）可能导致的结果。诸如"我没有打算伤害任何人"和"别怪我，这件事不是我做的，我只是个旁观者"等借口不会被功利主义者所接受。

但从另一方面来说，功利主义对个体的完整性和个人权利没有给予足够的重视。为了息事宁人，逮捕并处决一名无辜者可能会给大多数人带来最大的幸福。

你知道吗？

1962年，医疗机构没有足够的肾脏透析机。年龄、工作经历、教育水平、个人成就、家属人数以及社会参与程度等因素便成为决定谁能够接受仪器治疗的标准。

然而，这种解决方案虽然符合社会的总体利益，但却是极其错误的，因为将人当做一种手段是无法被人们接受的。例如，对一些学生来说，获得一个好成绩能够顺利毕业并获得一份高薪的工作，并不是他们放弃聚会、努力学习所能获得的惟一好处，还有成为一个受过良好教育、全面发展的人所带来的难以形容的满足感。

功利主义理论或许不够全面，但却没有原则性的错误。它主要的不足并不在于它认为结果是重要的，而是宣称"只有"结果在道德决策中才是重要的。

联系

赞成或反对限制广告的功利主义论证有哪些？参见第10章。

义务论（以责任为基础的道德规范）

义务论（deontology）主张责任是一切道德的基础。一些行为虽然不会产生好的结果，但却是在道德上应尽的义务。每个人都应当发自善意地尽自己的义务，而不是因为奖励或惩罚，或者任何其他可能的结果。"我的道德义务是什么？"是惟一需要考虑的问题。

根据德国哲学家伊曼努尔·康德（1724—1804）的理论，最基本的道德原则是**绝对命令**（categorical imperative，也译作定言命令）。康德在其名言中是这样描述绝对命令的：

> 要只按照你同时认为也能成为普遍规律的准则去行动。

康德提出，人们的道德决策过程必须由绝对命令来指导。例如，主张其他人撒谎是错误的，但自己撒谎就无关紧要，这就犯了前后不一的错误。如果撒谎是错误的，那么它对每个人来说都是错误的。道德原则或义务无关乎个人态度或文化差异，适用于每一个人。

康德认为，所有理性的生物都能够将绝对命令看做普遍的约束。赋予我们道德价值的是人类的推理能力。由于人类和其他理性的生物都拥有内在的道德价值或尊严，他们永远不应该被当做可以被牺牲的物品来对待，而在功利主义理论下他们却有可能被当做牺牲品。根据康德的说法，正是因为每个人都拥有内在的道德价值，所以人们最重要的义务是自重或者适当的自尊：如果我们不尊重自己、善待自己，就不会去善待别人。这种尊重人类尊严，包括我们自己尊严的理念，被概括在康德的第二个绝对命令的公式化表述中：

> 你的行动，要把你自己人身中的人性，和其他人身中的人性，在任何时候都同样当做目的，永远不能只当做手段。

在全世界各种道德哲学和宗教伦理中，我们都可以发现这种道德义务，例如犹太教与基督教伦理中的黄金定律，以及儒家伦理中的互惠原则（参见"行动中的批判性思维：黄金定律：互惠互利是世界上各宗教的道德基础"）。在世人看来，宗教伦理与哲学伦理是不尽相同的，但两者认可的一般道德原则却是一样的。虽然有人认为，上帝是这些原则的创造者，但世界主要宗教一致认可的却是哲学家所提出的普遍道德原则。

康德认为，道德义务的普遍化需要这些义务在所有的情况下都拥有绝对的约束力，例如不说谎的义务。大多数义务论者虽然赞同道德义务是普遍的，但却不同意康德的这种说法，因为他们注意到在有些情形下，道德义务也可能产生冲突。

苏格兰哲学家 W.D. 罗斯（1877—1971）根据绝对命令提出了七项义务。这些义务包括功利主义的展望未来（考虑结果）的义务（仁慈，不行恶）；基于过去承诺的义务（忠诚，守信，感恩）；以及正在进行的义务（自我改进，正义）。罗斯主张，这些义务是显而易见的，也就是说，除非被其他道德义务推翻，否则这些**初定义务**（prima facie）就必须履行。

下面来看一个例子。你向一位朋友借了一些钱，并答应在某一天归还。通常情况下，你应当履行忠诚的义务，将钱还给朋友。在约定的那天，你的朋友来到你家，由于化学老师没有让他通过考试，他看上去怒不可遏，声称要炸掉学校的科技楼。他随身带着一些制作炸弹的零件，但是还缺少一些炸药，他要求你将钱还给他以便买炸药。你是否应该还给他钱？

> **联 系**
>
> 司法程序中采取了哪些步骤以保证每个人都被公正地对待？参见第 12 章。
>
> 作为国家公民，你是否有参加投票选举的道德义务？参见第 13 章。

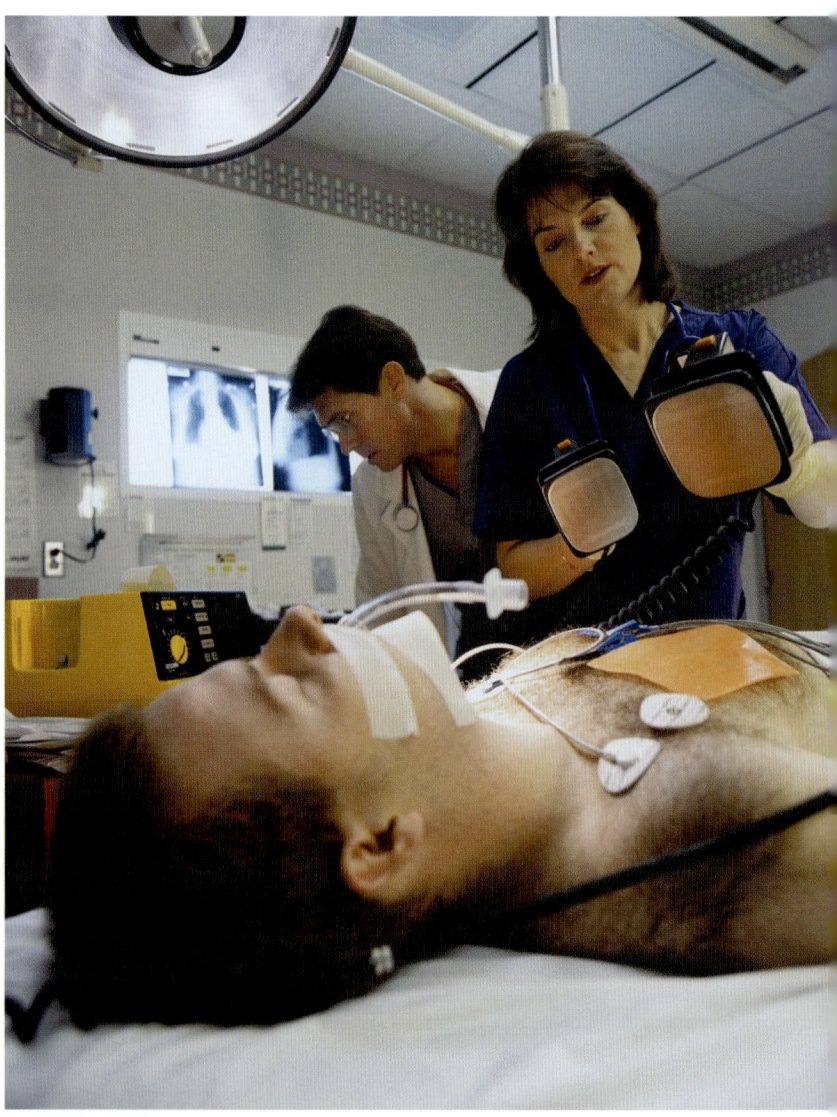

福利权利包括接受紧急医疗救助的权利，不管病人是否具备支付能力。

行动中的批判性思维

黄金定律：互惠是世界上各宗教的道德基础

佛教："以己喻彼命，是故不害人。"《法集要颂经》5：18

基督教："你们愿意人怎样待你们，你们也要怎样待人。"《马太福音》7：12

儒教："己所不欲，勿施于人。"《论语》15：23

印度教："这是达摩律法（义务）的总和：令你感到痛苦的事情，你也不要对别人做。"《摩呵婆罗多》5：1517

伊斯兰教："爱人如爱己，信仰才完美。"《脑威圣训四十段》之第十三段

犹太教："……你应像爱自己那样爱邻居。"《利未记》19：18

美国原住民神话："尊重所有生命是一切的基础。"《和平的伟大法则》

讨论问题

1. 义务论者认为绝对命令（互惠法则）是道德规范的普遍和基本原则，讨论这种观点是否正确。如果你信仰某种宗教，讨论这一基本的道德原则在你所信仰的宗教里面有何体现。
2. 大多数人在小时候都接受过各种形式的有关互惠义务的教育。讨论这种义务在你日常的道德推理和行为中起到了多大的影响作用，用具体事例加以说明。

恐怕不应该。在这种情形下，你需要决定哪种道德义务是最具说服力的。这个例子中，不伤害他人即阻止对他人的严重伤害优先于你还钱的义务。

义务论是一种强有力的道德理论，尤其是在它吸收了功利主义的精华之后。由于义务论专注于道德原则和义务，它的局限之一便是没有充分考虑情绪和关怀伦理学在道德决策过程中的作用。从另一方面来说，义务论为以权利为基础的伦理学提供了一个牢固的基础和论证，有关基于权利的伦理学知识将在下一节进行具体介绍。

自然权利理论

在文化相对主义理论中，道德权利与法定权利是有区别的，同样在以权利为基础的伦理中，两者也不完全相同。由于人们拥有道德权利，所以其他人有义务去尊重这些权利。但拥有道德权利并不意味着可以做任何自己想做的事情。在不受到他人干预的情况下追求自己利益的权利，被限制在我们的**法定权益**（legitimate

联系

媒体言论在多大程度上应当得到言论自由的保护？参见第11章。

因特网的不正当使用引起了哪些道德冲突？参见第11章。

interests）之内，也就是说，人们在追求自己利益的同时不应侵犯他人相同或类似的利益。

道德权利通常可分为福利权利和自由权利。**福利权利**（welfare rights）是指接受特定的社会服务的权利，例如教育、紧急救助、医疗保健、警察治安和消防安全，这些服务对人们的幸福和健康来说必不可少。如果没有福利权利，人们不可能有效实现自身的法定权利，所以福利权利至关重要。

自由权利（liberty rights）是指个人不受任何干预地追求自己的法定权益。例如，一名仇视女性的男人可能认为应该禁止女性进入工作场所，但是这并不意味着他有权利这么做，因为这侵犯了女性享有平等机会的权利，而平等机会是一项自由权利，所以这名仇视女性的男人的想法并非一项正当权益。言论自由、宗教自由、选择专业和职业规划的自由、隐私权和财产权都是自由权利的组成部分。

权利伦理是综合道德理论的一项重要组成部分，因为权利保护着人类的平等和尊严。与义务相同，权利之间也可能产生冲突，或者与其他义务产生冲突。当这种情况发生时，人们需要决定哪种道德权利或义务更具说服力。

美德伦理

美德伦理（virtue ethics）强调个人的品质比正确的行为更重要。人们的品质构成了其道德生活的核心。美德伦理与强调正确行为的功利主义和义务论并不相互排斥。相反，美德伦理与正确行为理论互为补充。

美德是指令人赞赏的品格或特质，拥有美德的人通常以有益于他人和自己的方式行事。他们的行为是出于对他人和自己幸福的一种尊重和关怀。同情、勇气、慷慨、忠诚和正直都是美德的具体体现。由于品德高尚的人更容易做出道德行为，所以美德伦理与其他的普遍道德理论有着密切的关系。

成为一个品德高尚的人需要培养道德敏感性。**道德敏感性**（moral sensitivity）是指一个人能够觉察到自己的行为给其他人造成的影响，包括良好的沟通技巧和同理心，其中同理心是指想象自己处于他人境况的能力。道德敏感的人更容易受到良知的影响，当伤害他人时更容易感到内疚，当目睹不公正的事情发生时更容易激起道德义愤。

道德理论并不存在于抽象的概念之中。它们指导和激励着我们的现实生活决策和行动，帮助人们定义自己以及自己与大众和社会的关系。全面掌握这些普遍道德理论，吸取各理论的精华，人们就可以在分析和构建道德论证以及解决道德冲突时更加得心应手。

道德论证

道德理论为道德论证及其在现实生活中的应用提供了基础。

识别道德论证

道德论证与其他论证一样，由前提和结论组成。然而，与其他论证不同的是，道德论证中至少有一个前提是规范性前提，也就是说，必须有一个前提，陈述什么在道德上是正确的，什么是错误的，在这种情况下应该做什么。道德论证还应包含关于世界和人性的描述性前提。在下面这项论证中，第一个前提是规范性前提，第二个前提是描述性前提（又称为事实前提）。

规范性前提：将不必要的痛苦强加于人是错误的。

描述性前提：监禁限制了囚犯的人身自由，给他们带来了不必要的痛苦。

结论：因此，对人进行监禁是错误的。

道德论证还可能包含对关键术语或者容易引起歧义的词语进行定义的前提。在上面这个例子中，如果论证对容易引起歧义的术语不必要的痛苦提供一个定义，论证将会更有说服力。不必要的痛苦可以被定义为"为了达到某一特定目的而遭受的并非绝对必要的痛苦"。在这个例子中，如果人们的目的是防止罪犯给社会带来更多伤害，监禁是否是惟一保证这些人不再进一步伤害社会的方法，或者说，监禁是否构成了"不必要的痛苦"。

在构建一项道德论证时，人们应当首先直接获取事

CALVIN AND HOBBES © Watterson. Distributed by Universal Press Syndicate, Inc. Reprinted with permission. All rights reserved.

分析图片

凯文和霍布斯

讨论问题

1. 根据《道德感》(*The Moral Sense*, 1993) 一书的作者美国社会学家詹姆斯·威尔逊的说法，一些人天生就具有更强的同理心和正义感，亚里士多德称之为"自然的美德"。凯文看起来明显缺乏同理心和道德感，这是否意味着他的道德标准低？给出答案并说明理由。
2. 将上一问题的答案与个人的自我改进义务联系起来进行思考。

实。不正确的事实或者假设可能导致错误的结论。例如，直到最近，大多数医生仍然会对濒临死亡的病人撒谎，因为他们认为说出真相会令病人感到沮丧，并会加速病人的死亡。直到20世纪60年代，一项关于告知真相所产生影响的研究表明，对于癌症晚期的患者来说，如果得知自己身体状况的真实情况，反而会表现得更好，活的时间更长。所以说，良好的意愿并不足以做出正确的道德决策。如果人们做出了没有事实根据的假设，或者没有事先检查事实，最终很可能好心办坏事。

构建道德论证

构建道德论证与构建其他论证几乎一样，但有一点不同，即至少应当拥有一项规范性前提。在开始构建道德论证时，首先应像其他论证那样清晰地识别问题。下面通过一个简单的例子来阐述道德论证的构建。假设你和一个朋友开车去上课。在停车场倒车入库的时候，朋友的车刚蹭了另外一辆车的挡泥板。假设她赶紧把车开出来，离开事故现场。你可以什么都不说，但是如果那

在关塔那摩监狱中,很多囚犯没能按照联合国《日内瓦公约》的要求,获得法律援助或其他保护措施。

样的话,你在朋友逃避事故责任的决策中就扮演了同谋的角色。你应该怎么做?

在决定自己应该说什么之后,你就应该构思一系列的规范性和描述性前提。在这种情况下,其中一项描述性前提就是真实地描述发生了什么事情:你的朋友在将车倒入停车位时损坏了旁边一辆车的挡泥板。有些时候,现实情况可能会更加复杂,你可能需要更多的前提。但是在这个例子中,我们先假设旁边那辆车的停靠是合法的,当时没有移动,并且旁边除了你和朋友之外没有他人目睹事故的发生。

为了提出一系列的道德前提,你应当首先问自己,"在这种情况下,与这个问题相关的道德义务、权利和价值分别是什么?"在这种情况下,最应当考虑的是补偿原则;如果我们造成了伤害,不论是故意而为,还是不小心为之,在道德上都有义务去弥补受害者。在这个例子中,由于伤害而应当得到补偿的那个人则获得了相应的权利。实际上,这也是人们需要购买汽车保险的原因之一,如果我们造成了一起自己应当负责任的事故,就必须尊重其他人获得赔偿的权利。

如果你正在与处于道德推理后习俗水平的人交谈,那么这些前提可能已经足够了,你的朋友应该能够得出结论,自己应该采取措施赔偿另外一辆车的损失。然而,

如果她说"我不在乎",或者"如果我这么做了,父母就会知道,他们会很生我的气",这时又该怎么办?如果出现这种情况,你在构建道德论证的过程中需要坚持以一种尊重你朋友的方式进行。你有两项义务,一项是关心他人,还有一项是对朋友忠诚。这可能需要你收集更多的信息。比如说,为什么她会如此担心父母的反应?

你可能会增加一个包含互惠原则应用的道德前提,这时你可以问她:"如果有人撞了你已经停放好的车,并且从现场逃逸,你会怎么想?我打赌你会感到非常沮丧,肯定会的。"此时,你应切记在陈述前提的时候不要使用一种指责的语气,那意味着你会犯下秽言谬误或者人身攻击谬误。这种谬误往往会让别人感到疏远,导致你们无法达成令人满意的道德结论或解决方案。

该问题和前提可以概括如下:

问题:你的朋友在停车场刮蹭了一辆停放好的车。她应该怎么办,你应该怎么办?

描述性前提:

- 你朋友在停车场泊车时撞坏了旁边一辆车的挡泥板。
- 你朋友开的是她父母的车。
- 你朋友非常担心父母知道这起事故后会责骂她。

规范性前提:

- 对曾经给别人造成的伤害,人们有道德义务去弥补(守信义务)。
- 被你朋友撞坏车的车主有权利为遭受的损失获得赔偿(福利权利)。
- 我有义务善待并关心我的朋友(仁慈义务)。
- 我有义务对我的朋友忠诚(忠诚义务)。
- 希望别人怎么对待自己,我们就应该怎么对待别人(互惠法则)。

在构建道德论证时,重点并不是要证明你比别人更高尚,而是得到一个能够指导具体行为或政策的结论,

并且结论应该合情合理，符合道德价值观。在制定出一系列你俩都同意的相关前提之前，不要急于得出结论。不要先入为主，要懂得变通。在确保尽量减少受到父母责骂的同时，帮助她寻找能够鼓励自己做出正确决定的策略。将这些前提考虑在内，你能够得到下面的结论或解决方案：

结论：你的朋友应当在被损坏的车上留下一张写有自己名字和手机号码的便条，解释发生的事情；你应当陪着朋友一起向她的父母解释这起事故。

这是一项相对简单的道德论证，将所有相关的道德原则考虑在内之后得到了一个解决方案。在下一节中，我们将学习面临道德困境问题时，以及道德原则和道德关注之间出现冲突时如何解决问题的策略。

评价道德论证

在评价道德论证时，首先要确保论证的完整性，没有遗漏重要的前提。在有些道德论证中，道德前提并没有明确列出。被省略的原因可能是太过明显或者没有争议。例如下面这个例子：

我太生气了！我的平均绩点很高，但是却没有拿到学校的奖学金，原因仅仅是我是一个年幼孩子的妈妈。另外他们还说，我的位置应该是在家里。那绝对是不正确的！

在这项论证中，未明确说明的前提便是公正义务：学校有义务给予每一个学生平等的待遇。在这个例子中，

惟一需要考虑的相关标准应该基于学生的平均学分绩点，而不是学生为人父母的身份。

在一些道德论证中，尚存争议或有疑问的规范性前提有可能被删去。考虑下面这项论证：

描述性前提：美国宪法第二修正案保护公民"拥有并携带武器"的权利。

结论：我有道德权利去拥有一把手枪。

在这项论证中，未明确说明的规范性前提是"如果一种行为或政策符合宪法，那么它在道德上就是正确的。"换句话说，这项论证假设文化相对主义是正确的。然而，像本书前面提到的那样，这是一个有疑问的前提，因为至少在1865年美国第十三修正案正式获得批准，宣布奴隶制不合法之前，拥有奴隶是一项合法的权利，甚至是一项被美国宪法默许的权利。但是无论是现在还是在1865年之前，大多数人并不认可这项道德权利。同样，在这项关于手枪的论证里，虽然最终结论可能是正确的，但是论证的前提并不支持该结论。

其次，应当保证前提的正确性。如果只有一项前提是错误的，论证也是无效的。例如，有些人支持同居，其根据是结婚前住在一起的人拥有成功婚姻的概率更高。然而，实际研究结果并不支持这一论断：在结婚或订婚前就同居的夫妻中，离婚率明显高于平均值。

此外，道德论证应当尽量避免非形式谬误。例如：

克隆人类是错误的，因为它不符合自然规律。因此，应当立法禁止人类克隆。

在这项论证中，论证者提出了一个没有根据的假设，认为凡是不符合自然规律的事物在道德上就是错误的，因此犯下了自然主义谬误。如果"不道德"与"非自然"是同义词，那么使用抗生素、佩戴眼镜，甚至穿衣服（至少在温暖气候下）都是不道德的。

另外一种经常在道德论证中出现的谬误是诉诸大众的谬误。在文化相对主义者和处于习俗道德推理水平的人中最容易出现这种谬误。还有一种是以偏概全谬误，文化相对主义者在为文化成见做辩护和拒绝给予某一群

> **联系**
>
> 在设计科学实验时会涉及哪些伦理因素？参见第12章。

体平等待遇的时候,也会使用这种谬误。

最后一种谬误是滑坡谬误,当人们在道德论证中反对某种实践,但却没有足够的证据支持自己的立场时,常常会辩解说,如果我们允许人们这么做,就不得不允许其他类似的行为,这时就容易出现滑坡谬误。这种谬误在关于新技术或新应用的论证中最经常出现,例如对基因工程、同性婚姻和安乐死的论证,因为这时候人们并不十分确定这些技术或应用在未来会给社会带来什么样的后果。

只有少数谬误可能出现在道德论证中。想要更全面地了解各种非形式谬误,可参见第5章的内容。

解决道德困境问题

在一些情况下,道德价值之间会出现冲突,这就是所谓的**道德困境**(moral dilemma)问题。在道德困境问题中,无论你选择何种解决方案,都会做错一些事情。如果冲突是发生在道德价值和非道德价值之间,例如流行性或者经济上的成功,我们便不会面临道德困境问题。解决道德困境问题没有对与错之分,只有更好或者是更糟。

在解决道德困境问题时,非常重要的一点是要学会抵制从一开始就提出一种"解决方案"的诱惑,然后通过只选择支持这种方案的事实或原则作为依据,进而将这种解决方案合理化。相反,应当以一种系统的方法来解决一个道德困境问题。

下面是一个经典的道德困境问题:

1894年5月9日,"木樨草号"游艇从英格兰出发驶向澳大利亚的悉尼,在那儿它将迎接自己的新主人。船上共有四名船员:船长达德利、大副斯蒂芬、船员布鲁克斯和17岁的服务生兼实习船员帕克。游艇驶到南大西洋时因为遇到了风暴而不幸沉没,但是四人侥幸通过一艘13英尺长的救生艇逃生。他们在小敞篷船上漂流了20多天,在这段日子里,由于没有淡水,他们只能靠雨水为生。在最后12天,他们没有吃一点食物,身体极度虚弱,濒临死亡的边缘。船长把四人叫到一起,要为他们的命运做出一个决定。他们应该怎么办?

解决道德困境问题的第一步是清晰地描述事实,包括为所有缺失信息寻找结果。在"木樨草号"全体船员面临的这个问题中,你可能想知道他们能不能捕鱼吃(答案是不可能);他们还能坚持多长时间(已经有一个人即将死亡);他们是否靠近船运航线(没有)。你可能还想知道这四个人的不同状况:家中是否有人等他们,年龄多大等等。

接下来,要列出所有相关的道德原则和道德关注。人们拥有尊重生命和不伤害他人的义务,不伤害他人包括不造成伤害和将伤害最小化。在这个例子中,相关的义务还包括平等对待所有的船员和公正义务。挑出某个船员,将其杀死供其他人食用是不公平的。每个船员都拥有不被干预和杀害的自由权利,除非他妨碍了其他人平等的生命权。从另一方面来说,船长对自己的船员应当履行忠诚义务,在一定程度上,他有责任牺牲生命来拯救自己的船员。

一旦你已经收集了所有的事实并列出了相关的道德原则,便可以列出可能的行动方案。现在是需要集思广益并及时给出反馈的时候。将所有能够想到并且具有可行性的方案列出来。在这个道德困境问题中,可能的方案包括以下几种:

- 船员们可以等待,寄希望于获得救援。
- 大家一起饿死。
- 大家一起自杀。
- 船员们可以吃掉第一个饿死的人。
- 船员们可以杀死最虚弱的人并吃掉他。
- 船员们可以杀死对社会贡献最小的人并吃掉他。
- 有人自愿牺牲,为大家提供食物。

- 大家抽签决定谁将成为食物。

下一步是制定行动计划。船员们已经尝试了第一条行动路线，但是似乎没有获救的希望了，每个人都濒临死亡。他们现在只能从剩下的选项中选择。为了评估其余的行动计划，你应当根据道德原则列表依次进行检查。在理想的情况下，道德困境问题的最佳解决方案是尽可能多地贯彻道德原则的方案。

> **在理想的情况下，道德困境问题的最好解决方案是尽可能多地贯彻道德原则的方案。**

不伤害他人的原则要求将伤害降到最小，具体到这个例子中则是将船员的死亡数量控制在最少。由于在第二项和第三项行动计划中没有人能够存活下来，所以它们不是最佳选择。从另一方面说，在没有得到允许的情况下，杀死一个人侵犯了其自由的权利，对于被杀的人来说也是不公平的。吃掉第一个死去的人虽然很野蛮，但却没有违反道德原则，当然由于同类相食是人类社会的禁忌，文化相对主义者可能不会赞同这么做。但在这种情况下，这可能是最好的解决方案，因为它符合最多数的道德原则。可是如果没有人先死亡，而每个人都走到了死亡边缘，又该怎么办呢？最后两种解决方案都避免了不公正的问题，可能成为最后的办法。

最后一步是将行动计划付诸实施。为了防止第一个行动方案失败，事先选取一个备选方案也是很好的策略。在一些道德困境问题中，人们可能对论证的前提没有异议，但是仍然得到了不同的结论，因为他们考虑相关道德义务和道德关注的优先次序不同。例如，船长可能会优先考虑功利主义理论，更重视强壮的船员所能发挥的作用。按照这种推理方式，他会希望留下强壮的船员，杀死最虚弱的船员，增加至少一个人能够活下去的机会。而船上的服务员缺乏经验并且身体已经极度虚弱，但他可能会更看重船长的忠诚义务，认为船长牺牲自己来保护船员是其义不容辞的责任，因为船长对大家陷入险境负有主要负责。从另一方面来说，处于后习俗道德推理水平的人倾向于从公正的角度来看待问题，他们可能会更愿意选择最后一种行动方案：抽签决定谁成为食物，因为这是最公平公正的解决方法。

而在现实中，最终的结果是船长和其他两位船员杀死了帕克并吃掉了他。三位幸存者最后被一艘瑞士船救起并返回了英格兰。在英格兰，三人遭到了谋杀罪的指控。法院认为，当时的情况不属于正当防卫，杀死帕克是不合法的，所以判定三人犯了谋杀罪。这起判决成为航海法中的法律判例并沿用至今。

根据本节的内容，我们可以看出，除了必须包含一项规范性前提之外，道德论证与其他论证基本相同。在试图找到最好的道德立场和行动方案之前，应当首先列出所有的前提。就像在其他论证中应当做的那样，你必须仔细检查描述性前提的准确性。如果使用正确，道德推理将成为你在日常生活中阐明并解决问题的一项强有力的工具。

再想一想 >>

1. 良知如何帮助人们做出道德决策？
   - 良知包括认知和情绪两方面。认知方面为人们提供了对与错的知识和判断标准，而同理心、道德义愤和内疚等道德情感则激励人们采取行动。
2. 什么是道德推理发展的阶段理论？
   - 科尔伯格和吉利根提出了道德推理发展可分为三个水平或阶段：（1）前习俗水平，处于前习俗水平的人将自己的需要和考虑置于其他人之上；（2）习俗水平，处于这个水平的人遵照同伴或社会准则行事；（3）后习俗水平，处于这个水平的人能够使用普遍的道德原则，并在自己和他人的需求之间找到平衡。大多数成年人和大学生处于道德发展的习俗水平。
3. 在构建道德论证时，不同的道德理论分别在哪些方面为我们提供了帮助？
   - 在现实生活中，道德论证的构建和应用是以道德理论为基础的，道德理论让人们认识到了不同的道德原则、权利和关注，并且了解如何在做道德决策时区分它们的优先次序。

批判性思维之问

透视堕胎

当今美国社会没有哪个问题能够像堕胎一样引起如此多的争论,并对如此多人的生活造成影响。近一半(43%)的美国女性在其一生中经历过堕胎。在20世纪60年代之前,很少有人支持改革自19世纪初便存在的关于限制堕胎的法律,甚至连当代计划生育的奠基人玛格丽特·桑格也对堕胎持反对态度,她认为,只有在极个别的情况下才能"夺走一个已经开始的婴儿生命"(1963年计划生育宣传手册)。相反,她一直提倡将生育控制(避孕)作为堕胎的替代选择。

1962年,一位非常受欢迎的儿童节目明星谢莉·芬克宾发现自己在怀孕第一个月内服用过沙利度胺(一种镇静药物)。医学上刚刚证实,如果在怀孕早期服用沙利度胺,会导致婴儿出现严重缺陷。经过认真考虑之后,芬克宾夫妇认为最好的办法是堕胎,但是这在当时是非法的。即便向公众解释了自己的困境,但亚利桑那州仍然禁止芬克宾进行堕胎手术。最后,她只好选择在瑞士进行手术。事实证明,婴儿确实出现了非常严重的畸形。芬克宾的案例激励一些人发起了改革美国反堕胎法律的运动。

1973年1月,美国联邦最高法院在罗伊诉韦德案中宣判,至少在胎儿具有独立存活能力之前,堕胎在美国全境都是合法的。但这次判决并没有使堕胎问题得到彻底解决,各执己见的美国人在此问题上陷入了更深的分裂之中。

在2007年进行的盖洛普民意调查中,25%的美国人认为,不管出于什么原因,在妊娠期内堕胎都应当是合法的。55%的美国人认为,只有在特定的条件下堕胎才是合法的,而18%的人则认为,无论在什么情况下,堕胎都是非法的。虽然在大多数人的印象中,女权主义一直是和"支持妇女自己选择是否堕胎"联系在一起的,但是女权主义者在这一问题上也出现了截然对立的两派。事实上,调查结果表明,妇女在历史上更倾向于反对堕胎,并且向来比男性持有更强烈的反对态度。

自 1973 年以来，已经有多起案例向罗伊诉韦德案发起挑战。超过 30 个州出台了限制堕胎的法律，包括实行未成年人父母告知法，在堕胎者首次去诊所与最终堕胎之间设置等候期限等。20 世纪 80 年代，美国最高法院确认了除非为了挽救母亲的生命，否则禁止使用联邦基金进行堕胎的法律，并且在 2003 年国会通过了一项法律，禁止进行妊娠后期完整胚胎扩张与取出术，也被称为部分分娩流产术。这项 2003 年通过的法律被美国最高法院确认符合美国宪法。

下面我们从法律和道德两方面来审视堕胎问题。下列材料节选了罗伊诉韦德案的主要意见书，以及两位女权主义者——朱迪思·贾维思·汤姆森和塞林·福斯特有关堕胎是否合乎道德的文章。

罗伊诉韦德案：主要意见书节选[*]

哈里·布莱克门大法官

哈里·布莱克门大法官（1908—1999）在美国最高法院任职 24 年，于 1994 年退休。1973 年 1 月，他为罗伊诉韦德案的最终判决撰写了主要意见书，指出得克萨斯州的反堕胎法律侵犯了女性受宪法保护的基本权利，即隐含在第十四修正案中平等保护条款中的隐私权，本文即摘自该主要意见书。[**]要阅读完整的罗伊诉韦德案判决书，可登陆 http://laws.findlaw.com/us/410/113.html。

（这份法院意见书由大法官布莱克门呈递）

非常明确的是，与美国现行的大多数法律相比，在制定宪法的时代，以及在 19 世纪的大部分时间里，按照普通法，堕胎并没有遭到如此强烈的反对。换句话说，与美国大多数州妇女的现状相比，她们原本能够享受到更广泛的中止妊娠的权利……

如果从历史的角度来解释 19 世纪刑事堕胎法案的立法过程，并证明这些法案继续存在的合理性，可以提出以下三条理由：

（首先），有时会有人提出，这些法律是维多利亚时代特别关注制止不正当性行为的产物……

第二个原因是担心堕胎的医疗过程。当大多数反堕胎的刑事法律首次获得通过的时候，堕胎对女性来说还存在着相当大的风险……现代医疗技术已经改变了这种状况……

第三个原因是国家对未出生的生命权益进行保护——有些人将其表述为义务。这一理由背后的理论是：自怀孕那一刻起，一个新的人类生命便诞生……只有当怀孕母亲自己的生命受到威胁时，才能对体内携带的生命进行权衡，胚胎或婴儿的利益才允许被放到第二位。当然从逻辑上来讲，在该领域，国家对某项利益的合法保护不应该建立在某种结论上，也就是说，不能简单地认为生命起源于受孕或出生前的其他某个时间点。在评估国家利益时，除了要保护受孕妇女之外，对于只要有可能存在的生命，都要考虑在内……

宪法虽然没有明确提到任何隐私权问题……（早期最高法院）的决议明确指出，只有个人权利才能被认为是"基本的"或"隐含在法定自由的概念中"……包括对个人隐私的保护。除此以外，个人权利还涵盖了有关婚姻的活动……（和）生育。……

因此，我们得出结论，个人隐私权包括决定是否堕胎的决定，但是这一权利并不是无条件的，它必须以国家重要利益为前提。

……（没有）案例可以引用来支持第十四修正案中表明胎儿是一个"人"……通过对 19 世纪合法堕胎案例的考察，我们发现，那时候人们对待堕胎远没有今天这样严苛，所有这些都使我们相信，第十四修正案中的"人"并不包括未出生者……

一直以来，"生命开始于胎儿平安出生后"这一观点都受到了广泛支持……关于什么时候才能算作"生命"，医生和科学界……的注意力集中在受孕期，或者胎儿平安出生的时期，或者胎儿脱离母体后无需特殊护理"能存活的"过渡时期。胎儿脱离母体可以存活的时期一般是怀孕的 7 个月（28 周）以后，有时会早一些，甚至是 24 周……

根据目前的医学研究，涉及孕妇健康的关键时间点接近于怀孕头三个月的月末，因为到此时为止，堕胎的

---

[*] 引文和先前庭审的名字已被略去。

[**] 第十四修正案第一条款，即平等保护条款写道："所有在合众国出生或归化合众国并受其管辖的人，都是合众国的和他们居住州的公民。任何一州，都不得制定或实施限制合众国公民的特权或豁免权的法律；不经正当法律程序，不得剥夺任何人的生命、自由或财产；在州管辖范围内，也不得拒绝给予任何人以平等法律保护。"获取更多关于第十四修正案背景的信息，请登陆 http://www.answers.com/topic/fourteenth-amendment-to-the-united-states-constitution

死亡率通常低于正常分娩的死亡率。而在此时间点之后，堕胎的危险程度就会提高，一些州采取措施规范堕胎程序、保护孕妇健康是合情合理的。各州对堕胎的管理措施有很多。例如，对执业医生资格进行严格审核，对堕胎手术器械严格检查……

至于各州保护潜在生命的重要和正当权益，"关键"点是婴儿的成活力。原因在于，此后胎儿便能够在母体之外有目的地存活。州政府对胚胎的保护从逻辑学和生物学上来讲都是正当的。因此，如果州政府旨在保护胎儿生命的话，完全可以规定在该时间段（获得成活力之后）禁止堕胎，除非为保护母亲的生命和健康不得不堕胎。

问　题

1. 在19世纪将堕胎定为犯罪的法律是以哪三条理由作为依据的？
2. 在布莱克门的主要意见书中，他认为受宪法保护的隐私权是什么？如何将这一权利应用于生育和堕胎问题？
3. 第十四修正案中对"人"的定义是什么？这一定义是否包括"未出生者"？
4. "成活力"（viability）的含义是什么？
5. 根据主要裁决意见，在怀孕的哪段时间内，一州拥有保护"有可能存在的生命"的正当权益？为什么？

关于堕胎的辩护

朱迪丝·贾维斯·汤姆森

朱迪丝·汤姆森是麻省理工学院的哲学教授。这篇文章发表于罗伊诉韦德案的两年之前，成为堕胎辩论中的经典之作。作者并没有反驳"胎儿也是真正的人，每个人都有生存的权利"这些前提，而是提出即使这些前提是正确的，堕胎在道德上也无可指责。

大多数反对堕胎的人都是基于这样的前提：自怀孕那一刻起，胎儿便是人类，是一个真正的人。但是在我看来，对这一前提进行争论没有任何意义。例如，我们来看反对者们最常引用的一项论证。这项论证要求人们认识到人类从怀孕、出生到儿童期是一个连续的发展过程；画一条直线来代表这一发展过程，并在直线上选择一个点，然后说"在这个点之前，这个东西不是人，在这个点之后，这个东西是一个人。"以事物的自然本性来看，这是一个武断的选择，没有很好的依据。由此得出结论自怀孕那一刻起胎儿就是真正的人，或者至少应该算真正的人。但是该结论并不符合逻辑……这种形式的论证有时被称为"滑坡论证"，这一术语的含义不言自明。堕胎的反对者们如此依赖这种论证，并不加批判地加以接受，实在是令人感到失望。

然而，我更倾向于认为，"画一条直线"来表示胎儿发展过程的方法，前景黯淡……实际上，当人们第一次了解到自己在生命中获得人类特征的时间是如此之早时，往往都感到无比惊奇。例如，胎儿生长到第十周的时候，就已经拥有了脸、手臂和腿、手指和脚趾，内部器官已经发育出来，大脑活动已经能够被监测到……

我认为，即便我们承认胎儿从怀孕那一刻起就是一个真正的人，那么又该如何展开论证呢？我会采取这样的形式：每个人都有生存的权利，所以胎儿也有生存的权利。毋庸置疑的是，母亲也拥有权利决定自己身上将会发生的事情，她比之更重要。所以胎儿可能不会被杀死；堕胎可能不会被执行。

这听起来似乎有道理。但是，请你设想这个情况。某天早上醒来后，你发现自己与一位毫无知觉的小提琴家背靠背躺在床上。这位著名的小提琴家失去了意识。他被诊断患有致命的慢性肾病，音乐爱好者协会翻遍了所有可查阅的医学记录，发现只有你拥有与其相匹配的血型，因此你被绑架。昨天晚上这名小提琴家的血液循环系统已被接入你的体内，所以你的肾在为自己工作的同时，也正为他析出血液中的毒素。医院的负责人告诉你："你看，对于音乐爱好者协会的所作所为我们感到很抱歉——如果我们知道的话肯定不允许他们这样做。但是他们已经这么做了，这位小提琴家的血液循环系统已接入你的身体。如果强行分开的话他只能死去。但是不要担心，这种状态只会持续九个月。九个月后他自己的身体功能就会恢复，到时候就能安全地从你身上断开了。"从道德上来说，你是否有义务接受这种状况？……因为你记得，所有的人都有生存的权利，小提琴家也是人。当然你有权利决定自己的身体，但是一个人的生存权要比你对自己身体的决定权更重要。所以，你永远不能要求将他抛弃。我能想象得出，你在听到这件事情后可能会觉得骇人听闻，这说明在我刚才提到的那个听起来可行的论证中，有些地方真的是错的。

当然，在这个案例中你是被绑架的：你并非自愿接受手术，将小提琴家的身体接入你的肾。根据我提到的这种情况，那些反对堕胎的人会把由于强奸而怀孕的堕胎排除在外吗？当然他们可以说一个人有生存的权利，但条件是他的存在不是由于强奸才导致的……

当一位母亲的生命没有危在旦夕的时候，我在本文开头提到的论证似乎才有更强的说服力。"每个人都有生存的权利，所以未出生的人也有生存的权利。"孩子生存的权利比什么都重要，但是不比母亲自己的生命更重要，难道不是吗？她可以将自己的生命放在首位，而以此为理由选择堕胎。

这一论证在探讨生命权利时似乎毫无问题。而实际上并非如此，在我看来，这正是论证错误的根源。

我们现在应该反思，拥有生命的权利到底意味着什么。有些人认为，生命的权利包括获得能够维持个人生命最低需求的权利。但是如果维持一个人生命的最低需求实际上是他根本没有权利要求的事物，那又该如何呢？如果我病入膏肓，能够拯救我生命的惟一办法就是亨利·方达用冰冷的手抚摸我发烫的额头，但是尽管如此，我没有权利要求亨利·方达用手去抚摸我发烫的额头……

但是我想强调的是，我并非主张人类没有生命的权利……我一直主张的是，一个人仅仅拥有生命的权利，并不能保证其获得他人身体的使用权，也不能保证其拥有持续使用他人身体的权利，即使这个人需要以此来维持自己的生命。所以，生命权不能像堕胎反对者所认为的那样能够非常简单和清晰地论证他们的观点。

还有另外一种方法可以证明论证不成立。在最普通的案例中，剥夺一个人原本拥有的权利都是一种不公正的待遇。但是，如果这一修正案被接受，这项反对堕胎的论证中的缺陷便清楚地呈现在人们面前：证明胎儿是个真正的人，提醒人们所有的人都拥有生命的权利，向人们证明，杀死胎儿是侵犯了其生命权，这些都不足以证明堕胎是不公正的谋杀。是这样的吗？

我想我们可以将此作为一个前提：如果怀孕是由强奸所导致的，母亲并没有赋予未出生的婴儿利用她的身体获取食物和庇护的权利。实际上，你可以想象怀孕的母亲以什么方式赋予未出生的婴儿这一权利？绝对不是这样的场景：未出生的人漂泊在世界上，想要孩子的母亲对他说："我希望你进来"。

可能会有人提出，除了想怀孕的母亲发出邀请之外，胎儿还有其他方法获得使用母亲身体的权利。假设一名女性在知道有可能怀孕的情况下，自愿与他人发生性行为，并且事后确实怀孕了；她难道不应该为体内未出生的生命承担部分责任吗？显然，她并没有邀请胎儿进入自己的身体，那么她就可不承担自己的部分责任，给予不请自来的胎儿使用自己身体的权利吗？如果是这样，母亲选择堕胎……就是剥夺了胎儿已经拥有的权利，这种行为是不公平的……

就此问题我想说的第一点是，这是一种新现象。为了证明胎儿与其母亲一样拥有生命的权利，堕胎的反对者如此迫不及待地断言胎儿的独立性，却不知自己无意间忽视了原本可能得到的支持：如果他们承认胎儿依赖于母亲这个事实，便能够得出母亲应该对胎儿负有特殊责任的结论，这种责任赋予胎儿从母亲的身体汲取营养的权利，而独立的人是不可能拥有这种权利的，例如对于母亲来说，那位生病的小提琴手就是一个独立的陌生人。

从另一方面来说，这项论证赋予未出生的胎儿拥有使用自己母亲身体的权利。但是这项权利是有条件的，首先要求导致怀孕的行为是母亲出于自愿的，其次母亲要完全了解这项行为可能造成怀孕的机率。这就完全将强奸行为所导致的怀孕排除在外。

我们正在考虑的这项论证似乎能够成立，但是只能证明在某些情况下，未出生的胎儿拥有使用母亲身体的权利，所以也只有在某些情况下，堕胎才成为不公正的谋杀行为。如果还存在其他情况，那么就需要更多、更精确的讨论和论证。但我认为，现在可以将这一问题暂时搁置，因为无论如何，这项论证显然不可能证明所有的堕胎都是不公正的谋杀行为。

然而，我们可以先构建另一项论证。我们必须承认，可能存在某些情况，在这些情况下以一个人的生命为代价将其与你的身体分离是不道德的。假设你了解到小提琴家并不需要你付出九年的时间，而仅仅需要一个小时；你所需要做的，只不过是跟他躺一个小时，就能挽救他的生命。再假设说，允许他使用你的肾一个小时，并不会对你的健康带来任何损害。无可否认，你是被绑架的，你并没有允许任何人将他与你的身体相连接。然而，人们还是倾向于认为你应该允许他使用你的肾一小时，如果拒绝的话显得有些不近人情……

实际上人们必须分辨两种撒玛利亚人：善良的撒玛利亚人和拥有最低程度善心的撒玛利亚人……善良的撒玛利亚人会不辞辛劳地帮助有需要的人，即使自己的利益会受到损害……（摘自《路迦福音》10：30 – 35）。

当然这些事情涉及"度"的问题,但是也有不同之处,这种差别可能在"吉诺维斯事件"中能够更加清楚地显现出来,这是一个给人们留下深刻印象的事件。一位名叫姬蒂·吉诺维斯的女性被歹徒当街刺杀身亡,当时有38位邻居从窗户亲眼目睹了她被歹徒追杀长达半个小时的过程,但是没有一位目击者在吉诺维斯呼救后出来帮助她。一个善良的撒玛利亚人会立即冲出房间并帮助她击退歹徒,或者我们最好假设出来营救的是一位崇高的撒玛利亚人,因为这毕竟要面临死亡的风险。但是这38位邻居不仅没有出面帮助,甚至没有一个人拿起电话报警。拥有最低程度善心的撒玛利亚人至少也会这么做,而这些人却连最起码的也做不到,实在是令人吃惊……

在所有事件中有一个现象似乎是顺理成章的,那就是从道德上来说,人们并不会要求这38位邻居中的任何一个人冒着生命危险冲出房间给予受害者最直接的帮助,也不需要你花费9年或9个月的时间,去拯救一个没有特定权利(是否有权利我们暂且不谈)要求你这么做的人……

在我看来,拥有最低程度善心的撒玛利亚人法则是一回事,善良的撒玛利亚人法则完全是另外一回事,并且很难适用于现实……我一直在论证的是,从道德上来说,在一个人没有权利要求他人的情况下,没有人需要做出巨大的牺牲来维持他人的生命,即使这种牺牲并不意味着失去生命;人们在道德上并不需要成为善良的撒玛利亚人,或者是崇高的撒玛利亚人。但是当一个人无法依靠自己的力量摆脱困境的时候呢?在他请求他人的帮助和解救时,人们该怎么做呢?我觉得确实存在一些人们能够提供帮助的情况,在这种情况下一些善良的撒玛利亚人会伸出援手。继续刚才的假设,你被绑架了,需要花费九年的时间在床上陪伴那位小提琴家。但是你还有自己的生活。你感到非常抱歉,但只是无法做到为维护他的生命彻底放弃自己的生活。你无法自己摆脱困境,并寻求人们的帮助。我想人们应该考虑的是,鉴于他没有权利使用你的身体,我们不应该任由你被强迫放弃很多东西。我们可以提供你要求的帮助,这么做并不是对小提琴家的不公正。

在论证的过程中,我自始至终遵循堕胎反对者的说法,将胎儿当做一个人来对待。我一直在质疑的是,本文开头提出的从"胎儿是一个人"出发的论证,到底能不能得出其结论。我已经论证,它无法得出其结论。

当然,反对堕胎的论证有很多,有人可能说我只是盯住了错误的论证进行批判。还有人可能会说关键的前提并非仅仅是"胎儿是人"这一点,而是女性对"这个人"负有特定的义务,这个义务是由她是胎儿的母亲这个不容更改的事实所决定的。有人会进行反驳,认为我所做的所有类比都与此无关,因为你并不需要对那个小提琴家承担同样的特定义务;亨利·方达对我也无需承担特定的义务。由此,人们的注意力可能被转移到了另一个事实上,那就是男性和女性对抚养自己的孩子都必须承担法律上的责任和义务。

……当然人们对其他人并没有这种"特定的义务",除非个人明确或含蓄地表示愿意主动承担这个义务。如果一对父母既没有采取避孕措施,也没有选择堕胎,在孩子出生之后也没有让他人领养,而是将孩子留了下来,那么这对父母就应该对孩子负责,他们已经将权利赋予了孩子,并且现在不能因为发现抚养孩子是一件艰难的事情,就剥夺他的生命。如果他们采取了所有合理的避孕措施,那么即便意外怀孕,也不能简单地认定他们必须对胎儿负有特定责任。他们可能希望承担义务,或者还没有做好准备。在此,我的建议是:如果对这个孩子承担义务需要父母做出巨大牺牲,他们可以拒绝……

很多人希望堕胎在道德上能够被允许。在这些人看来,我的论证至少在两方面不会令他们满意。首先,我确实论证了堕胎并非不被允许,但同时我也没有论证堕胎是被允许的。完全可能存在的情况是,继续怀着孩子仅仅需要母亲达到最低程度善心的撒玛利亚人的标准,这是一个人们绝对不能降低的标准……

其次,我所论证的是在一些情况下堕胎是可以被允许的,当然我并不认为,有人拥有杀死未出生胎儿的权利。这两件事情非常容易混淆,因为在某个时间点之前,胎儿离开母体是无法存活的;所以,将胎儿移出母亲的身体势必会导致其死亡。但是,两者之间又存在显著区别。我在前面已经论证过,从道德上讲,你并不需要在床上熬9个月的时间以维持那位小提琴家的生命,但是这种说法绝对不等同于,如果你离开这位小提琴家的时候出现了一个奇迹,他活了下来,而你必须转过身来切断他的喉咙。你可以与他分开,即使这么做会让他失去生命,但如果分离的过程没有导致他死亡,那么你就无权通过其他手段去控制他的死亡。肯定会有一些人对我的这种论证方式感觉到不满意。但是孩子是每个母亲身上的一部分,想到他生下来就要被别人领养,再也无法见到他或听到他的消息,会令很多女性在精神上不堪重负。她可能宁肯孩子死去,也不希望孩子出生后与她分开。一些堕胎反对者常常认为这种想法卑鄙至极,因而对此不屑一顾，但这确实会令人万念俱灰。尽管如此，我仍然认为，没有任何一个人希望孩子死亡，但结果也只能是让孩子与母亲分离。

无论如何，在此我还想再次强调，本文自始至终一直承认胎儿从怀孕那一刻起便是一个完整的人。怀孕最初期的堕胎绝对不是谋杀一个人，本文提到的这些情形也不会是。

问题

1. 朱迪丝·汤姆森在胎儿是否是人这个问题上的立场是什么？
2. 汤姆森如何通过小提琴家的类比来阐述胎儿与母亲之间的关系？她由此推出了什么结论？
3. 反对堕胎的人士提出，如果胎儿拥有生命的权利，那么堕胎就是不公平的谋杀，汤姆森是如何做出回应的？
4. 根据汤姆森的说法，是否存在不道德的堕胎？
5. 有人认为，如果女性出于自愿发生性关系，那么怀孕之后就没有权利要求堕胎，汤姆森对这一说法是如何回应的？
6. 拥有最低程度善心的撒玛利亚人和善良的撒玛利亚人之间有什么差别？这种差别与堕胎的辩论有何关联？

拒绝选择：让女性远离堕胎之苦

塞琳·M. 福斯特

塞琳·福斯特是美国维护生命女权主义者（Feminists for Life of America）的主席。在这篇文章中，福斯特指出女权主义者有着反对堕胎的传统。她还主张堕胎非但没有使女性获益，反而有害于女性。

两个多世纪以来，女权主义者一直反对堕胎。

英国女权主义作家玛丽·乌尔斯顿克拉夫特在《妇女权利的合理性》一书中以17世纪式的尖锐措词公开谴责对妇女的性剥削。她一直谴责那些"破坏子宫中胚胎的人，或出生后抛弃孩子的人"。她说道："一切自然事物都应该得到尊重，违反自然法则的人难以逃脱惩罚。"

伊丽莎白·卡迪·斯坦顿于1848年在纽约市塞尼卡福尔斯镇组织了第一届妇女大会，苏珊·安东尼是主张妇女参政的组织者，两人在废奴主义运动中表现非常活跃。她们的基本信念是将全人类的权利扩大到妇女、奴隶和儿童——包括出生的或未出生的。当历史书籍中充满了她们为女性权利所做的努力时，却很少有人提到这些美国早期的女权主义者反对堕胎。

无一例外，早期的女权主义者强烈谴责堕胎。苏珊·安东尼和伊丽莎白·卡迪·斯坦顿在其激进的女权主义报纸《革命报》中称堕胎是"对儿童的谋杀。"斯坦顿将堕胎归为杀婴罪的一种，并曾说："一直以来，妇女被当做私人财产，可同时还有女性认为应该将我们的孩子也当做财产，按照我们认为合适的方式进行处置，这对女性来讲是可耻的。"

……今天很多人在了解到堕胎在19世纪非常普遍时也会感到非常惊讶。当安东尼认为金钱会玷污《革命报》的社论，拒绝在报纸上刊登广告时，伪装的堕胎药是女性杂志上的常见广告。

维多利亚·伍德哈尔和她的姐姐田纳西·克拉夫林创办了一份刊物：《伍德哈尔与克拉夫林周刊》。由于支持"自由性爱"，伍德哈尔被很多人认为是最激进的女权主义者，她还是美国第一位竞选总统的女性和胎儿的热情拥护者。"在还是胎儿的时候，孩子们已经拥有了作为个人的权利。"

……为女性权利而斗争的女权主义者，在争取选举权、参加陪审团的权利、为自己辩护的权利、独立的经济权以及保护自己免受婚姻强暴的权利时，同样也在为我们的生命权战斗……

艾丽丝·保罗，安东尼的继任者，平等权利修正案最初的起草者，曾经向她的朋友说过："堕胎是对女性最大的剥削。"

女权主义的恰当定义是，一种信奉全人类平等享有基本权利的哲学，无论个人的种族、宗教、性别、体型、年龄、籍贯、伤残或者出身。女权主义反对使用暴力去支配、控制或者伤害彼此。堕胎侵犯了女权主义的核心原则：不歧视、非暴力以及全人类的公正。

如今维护生命女权主义者组织的名誉主席帕翠西亚·希顿是两届艾美奖得主，同时也是一位畅销书作家，她曾经说道："女性经历意外怀孕的同时也得到了意想不到的喜悦。"但令人悲伤的现实是，帕翠西亚·希顿为女性展望的"意想不到的喜悦"实在是太少了。相反，经历意外怀孕的女性总是以悲惨而暴力的堕胎而告终。

我们的身体 我们的选择 我们的问题

堕胎支持者收集的数据显示,遭遇计划外怀孕的女性选择堕胎的首要原因是缺乏经济来源和情感支持。很多女性同时也提到,她们感到自己被抛弃了,甚至是被强迫去堕胎。虽然有儿童抚养法,但一些父亲还是会以拒绝抚养来威胁孕妇。怀孕的女性遭受配偶的家庭暴力事件也是屡见报端……

那些冒着高风险去堕胎的女性一般正处于读大学的年龄。五位堕胎者之中便有一位是在校大学生。很多年以来,维护生命女权主义者组织的大学生服务项目一直在关注全美范围内的在校女大学生。在大学健康中心孕检呈阳性的大学生告诉我们,她们从中心医护人员口中听到的第一句话几乎都是"我很遗憾"。

然后医护人员会塞给她们一张当地堕胎诊所的名片。大学的辅导员和任课教师得知这样的消息后,会告诉她们,如果生下孩子就不可能继续学业,似乎怀孕会使女性丧失阅读、写作和思考的能力。

学校提供的资源也是不平等的。一些学校会向堕胎的学生提供300美元的借款,但是如果年轻的妈妈选择生下孩子,则没有任何经济援助。根据已怀孕和已为人母的学生的报告,很多学校都不会向其提供住房、孕妇保险、儿童保健和远程协助等,而其他一些费用也很高。怀孕的女生走在校园里会被大家当成怪物来看待。

强迫一位女性在牺牲自己的学业或工作机会与牺牲自己的孩子之间做出选择,实在算不上"自由选择"。

不只是在学校,社会对堕胎之外的其他选择所提供的支持也是非常之少。已怀孕和已为人母的女性在工作场所仍然不能得到基本的福利,例如孕妇保险、工作分担、弹性时间、远程办公或者赚取最低生活工资的能力。

即使充满善意的家人或朋友也不能给予女性真正需要的帮助:真诚的祝福和无条件的支持。他们不是对怀孕女性说,"我该如何帮助你?",反而说,"一个孩子会毁掉你的生活"。

换句话说,大多数女性"选择"堕胎,其实是由于她们认为自己别无选择。

30多年前,美国最高法院正式对罗伊诉韦德案做出宣判,判决堕胎合法化,支持妇女堕胎权利的颂词"我们的身体,我们的选择"具有同样的含义:我们的问题。堕胎不是对一个社会成功满足妇女需要的权衡,而是社会失败的一种表现。

堕胎是对女性的伤害

堕胎给妇女身体造成的伤害可能导致不孕、习惯性流产甚至死亡。有乳腺癌家族史的少女在怀孕第二期接受堕胎会增加自己患乳腺癌的风险。很多经历堕胎的女性留下了情感上的伤痕。芬兰、英国、加拿大和美国等国家进行的研究表明,与生下孩子的女性相比,接受堕胎手术的女性有更高的自杀率、企图自杀率和精神病发病率……

堕胎是女性面临的问题症结,而绝对不是解决办法。美国人常常说:"失败不是选项"。然而,堕胎作为一种为援助妇女而设计的社会政策却是完全失败的。这些政策远远不能满足女性应得的需要,可她们却不得不接受现状。

拒绝选择

将"妇女权利"与"孩子"对立起来的虚夸言辞对解决女性面临的现实问题毫无益处。这种言论所造成的后果,便是每年有超过一百万的美国女性接受残酷的人工流产手术或者吞下苦涩的堕胎药。只要孕妇的困境得不到解决,每天都会增加几千名接受堕胎的妇女。虽然美国人在是否支持堕胎的问题上无法统一意见,但是在应当降低堕胎数量上却没有分歧。任何一个有同情心的人都不希望女性遭受残忍的堕胎之苦。

堕胎是社会无法满足女性需要的反映。苏珊·安东尼强烈要求积极分子找到驱使女性堕胎的根源。对女权主义者而言,是时候追本溯源并制定以女性为中心的计划,进而显著地减少堕胎了。

无论是反对还是拥护堕胎的女性权利拥护者,应该携起手来共同为妇女和儿童争取一个更好的结果。人们应该对驱使女性选择堕胎的原因进行综合分析。社会必须聆听来自各个层面女性的声音,包括接受过堕胎的女性、单身或已婚妈妈、被迫放弃孩子抚养权的妈妈等。男性应该参与到问题解决当中。促使如此多女性选择堕胎的根本原因主要是缺乏经济来源和缺少感情支持,人们需要聆听女性的呼声,并制定一个循序渐进的计划系统地消除这些原因。

这样的计划需要更多的人参与进来,尤其是那些从事高等教育、卫生保健、工程技术、公司经营、小型企业、娱乐行业、政府部门和新闻媒体行业的人。大家共同帮助社会改变辩论的方向,使其为所有相关人员带来积极的结果。

在开始阶段，人们必须为那些面临高堕胎风险的女性找到解决方案，这些女性主要是女大学生、年轻的女员工和低收入女性。

大学校园应当重新审视自己的政策和态度，为已经怀孕和为人父母的学生和职员提供支持。通过一些项目，例如维护生命女权主义者组织发起的怀孕资源论坛等，校园社区内的辩论双方能够将自己的分歧放到一边，共同为已经怀孕和已为人母的学生解决实际的需要，包括住房问题、儿童保健以及学生卫生保健计划内的产妇津贴等。

家庭友善的工作场所通过提供儿童保育、弹性工作时间和远程工作方式等福利，能够减少女性在工作和孩子之间做出选择时的压力。一些富有远见的公司会充分考虑到这一点，例如密歇根金属办公家具公司，它们为刚刚为人父母的员工在家中设置办公室，以帮助他们可进行远程工作。

孕妇保健中心需要设立专款基金以帮助妇女做出非暴力的、拯救生命的选择，无论孩子的母亲是已婚还是单身，有一个大家庭还是选择共同抚养，或接受收养。

近年来，宾夕法尼亚州的堕胎数量出现了显著的下降，其采取的措施是由州基金资源中心出资，鼓励并帮助女性留下腹中的胎儿。宾夕法尼亚州的法律明确规定，一名女性在寻求堕胎前，应当被准确而充分地告知堕胎程序、胎儿发育状况以及孩子父亲的权利和责任，以保证她能够慎重地做出选择。刚离任的州长罗伯特·凯西认为女性应当了解并能够处理这些信息。此外，人们可以和国家一起贯彻执行国家儿童健康保险计划（SCHIP），这项计划包括向低收入的女性及其未出生的孩子提供产前护理。

最后，非常重要的一点是，我们要转变对于孩子和养育下一代的消极态度，这在我们的文化中普遍存在。社会需要再一次重视和捍卫为人父母的权利，享受为人父母的天伦之乐。

重返女权主义的根源

1869年，玛蒂·布林克霍夫在《革命报》发表的文章中写道："如果一个男人依靠偷窃维持温饱，说明我们的社会可能出现了问题。因此，如果一个女人扼杀了自己未出世的孩子，说明她受到了极大的委屈，这个委屈可能来自教育，也可能来自环境。"每名女性都应该得到更好的对待，每名儿童都应该得到生存的机会。

该是重申女性的力量和尊严、父亲的重要价值以及每一个人类生命的价值的时候了。该是女性拒绝在牺牲教育和工作机会与牺牲孩子之间做选择的时候了。人们必须树立信心并拿出实际行动，尽全力为妇女、儿童和家庭创造最好的生存条件。在不久的将来，当人们回顾目前这种野蛮的做法时，应该感到奇怪，为什么女性会被迫忍受堕胎的痛苦。

女性应该得到善待。

问 题

1. 在过去的两个世纪中，女权主义者对堕胎持何种立场？
2. 福斯特认为，将堕胎作为女性的选择也就使堕胎成为了女性的问题，她这么说的含义是什么？
3. 当一名学生怀孕后，她所在的大学会有什么样的反应？
4. 根据福斯特的说法，堕胎给女性造成了哪些伤害？
5. 福斯特建议应该用什么政策取代堕胎？

10

你认为这个人手拿旗帜想表达什么？公司通过市场营销和广告如何对我们的生活施加影响？

市场营销与广告

要 点

262 | 消费文化中的营销
266 | 营销策略
270 | 广告与媒体
274 | 广告评价
280 | 批判性思维之问:透视广告与儿童

"如此之简单,穴居人都能做到。"很多人都对盖可车险的这条幽默的汽车保险广告耳熟能详,它生动地描绘了一位穿着很酷的穴居人,轻易地被盖可公司这句朗朗上口的广告语所激怒。这则不落俗套的广告使盖可车险名声大噪,公司仅在 2006 年便投入了 4.99 亿美元用于广告支出。自 1998 年发布穴居人广告以来,盖可车险的销售额从 28 亿美元激增至 110 亿美元,在各大保险公司中,它在车险市场所占的份额也由原来的第 6 位上升至第 4 位。实际上,这则广告如此流行,以至于扮演穴居人的喜剧演员约翰·莱尔及其个人主页(www.cavemancrib.com)也受到了大家的追捧。

而到了上世纪 90 年代,"变得非常富有"已经成为学生最重要的人生目标,在 2007 年

想一想 >>

- 市场研究和营销过程中采用了哪些策略？
- 营销和广告是如何影响消费者的？
- 作为消费者，我们如何才能更好地识别广告中使用的谬误和修辞手法？

的大学新生调查中，74%的大一学生认为富有是自己第一位的人生目标。

为什么盖可车险在销售与广告上取得了如此大的成功？本章将主要介绍商业中的市场研究和营销策略，包括盖可公司采用的策略。此外，本章还将介绍如何使用批判性思维技巧去识别和评价人们日常生活中遇到的营销策略和广告。具体内容包括：

- 学习营销在商业中的重要性
- 学习市场研究和营销策略
- 将 SWOT 模型应用于营销策略
- 考虑营销与广告对消费者的影响
- 审视大企业、广告宣传与大众媒体之间的关系
- 考察谬误推理与夸张修辞手法在广告中的使用

消费文化中的营销

在消费文化中，推销某一产品或服务是经营企业的基本组成部分，在美国这一点尤为明显。**企业**（business）是通过提供顾客需要的商品和服务以寻求利润的组织。（**利润** [profit] 是销售收入扣除所有支出后的余额。）一个企业成功与否，取决于它能否为顾客提供想要的产品，并以合理的价格出售。为了保持竞争优势，企业需要制订和实施有效的营销策略，并且为产品和服务做广告。

市场研究

确定产品和服务的目标市场并查明其是否符合顾客

需求的过程被称为**市场研究**（marketing research，也译作市场调研），营销专业人士将这一过程称为发现消费者的"敏感按钮"。

时尚设计师和原涂鸦艺术家马克·艾克（Marc Ecko）在20岁时成功引入了一款新的都市服装，目标群体为喜欢玩滑板和嘻哈音乐的青年男性。他创建的红犀牛无限（Ecko Unlimited）品牌以喷枪修饰的T恤衫和宽

马克·艾克在推广他的新都市服装系列时取得了成功，其中部分原因在于他首先仔细研究了目标群体的"敏感按钮"。

松下垂的牛仔裤为主，很快便聚拢了一大批忠诚的追随者。在这个案例中，艾克之所以成功，是因为他找到了目标群体的敏感按钮。这些年轻人希望找到一款能够表现自己另类生活方式的服装，而艾克恰恰满足了他们的这一需求。盖可车险同样将目标瞄准了青年人，采用幽默风趣、不落俗套的广告吸引新手司机，招揽了许多忠诚和长期的客户，为公司进一步发展打下了坚实的基础。

市场研究包括调查、观察和实验等多种方法，每种方法都需要熟练的批判性思维能力和归纳逻辑能力。调查研究用于收集对某一产品的反馈信息和评价意见，可以在购物中心进行现场调查，也可采用信件、邮件、网络或电话等方式进行调查。此外，还可以引入非正式调查和集体讨论会的形式。例如，美国西南航空公司通过焦点小组的形式，与顾客沟通并提出维持和改进公司在市场中地位的方法。为了提高顾客参与市场调查的积极性，有些公司会向参与者提供一定的奖励，例如现金或免费旅行等。

市场观察是指直接监测顾客的购买习惯。市场研究人员可以直接观察并记录顾客的购买行为，也可以使用条形码存货清单等销售数据来收集信息。例如美国的尼尔森媒体研究就是通过一个安装在电视机上的小装置，观察具有代表性的样本数据，进而追踪美国人的收视习惯。本章随后将对广告和大众传媒的关系展开更详细的介绍。

实验则是另外一种市场研究方法，这种方法主要是测量产品或服务的销量与所选变量之间的因果关系，经常考察的变量包括包装、广告标识和价格等。在研究中，研究者改变这些变量以测定这些改变如何影响顾客的反应。这三种方法都使用了归纳逻辑，它们只能提供什么产品在市场中最可能成功的信息，但并不能确保成功。

避免思维中的证实偏差和其他错误

像个体一样，一家企业可能研究失败或没有考虑某些证据，因为有时候它所相信的事实未必正确。信息可能会因为认知或社会错误而被曲解，例如证实偏差、概率错误、"我们/他们"错误等。如果企业最开始的假设

> 如果企业最开始的假设有问题，可能导致人们做出不正确的预测，采取不恰当的行为，最终得到糟糕的结果，这个过程有时被称为"厄运循环"。

有问题，可能导致人们做出不正确的预测，采取不恰当的行为，最终得到糟糕的结果，这个过程有时被称为"厄运循环"。

20世纪60年代，日本汽车制造商在美国市场陷入了"厄运循环"，他们向美国市场推出1000cc排量的小型汽车，而当时美国产的小汽车主流排量都在1500或1600cc左右，远远高于日本产的小型汽车。考虑到当时日本的路况非常差，汽车速度提升不起来，1000cc排量的汽车在日本本土已经足够，但是在美国高速路上，这种小排量汽车马力不足的缺点就充分暴露出来。时任达特桑（即现在的日产）美国大区销售部经理的片山丰对公司的主观假设提出了质疑，指出1000cc排量的汽车投放美国市场并不合适。然而，日本总部的高层却为了保全自己的颜面，拒绝了他的建议。片山丰足足花了将近十年的时间才改变了达特桑公司的偏见。而此时，改变经营策略的本田公司于1972年推出的思域汽车排量达到了1169cc，并且在随后几年里不断提高发动机马力，已经在美国小型汽车市场占据了相当可观的市场份额。

达特桑公司所犯下的错误正是证实偏差，这类问题在企业中一直存在。营销人员很可能会误解或曲解可获得的信息，将研究局限在支持自己观点的资源上，或者将反面证据作为非正常数据删除。达特桑/日产并非惟一一家在市场调研中没有考虑关键证据的汽车制造商。

1979年，进口汽车已经占到全美20%的市场份额。然而，美国本土制造商却将其看做非正常的数据。即使进入了20世纪80年代，美国的小型汽车生产厂家仍然忽视不断增长的进口汽车销量，在计算自己在全美汽车市场所占份额时歪曲了基本证据，统计总销量只包括了美国本土制造商的销售数据，而没有考虑进口汽车的销量。此外，当日本汽车一开始进入美国市场的时候，美国汽车厂商就主观推断美国人会继续购买美国制造的汽车。

证实偏差也可能会导致市场调研人员过度使用某一特定的反应，而不是探索其他选项，这在商界被称为**承诺升级**（escalation of commitment）或**损失规避**（loss aversion）。如果一家公司在营销某种产品时持续执行错误的行动路线，而不是尝试改变路线或者努力减少损失，这时便出现了承诺升级现象。例如，当录像技术在20世纪70年代成为主流的时候，两种相互竞争却又相互排斥的记录系统同时被推向市场，其中一种是日本索尼公司生产的盒式磁带（Betamax），另一种是日本胜利公司生产的家用录像系统（VHS）。即使事实已经非常清楚地显示，消费者更喜欢便宜的家用录像系统，索尼仍然继续生产磁带录像机。直到1988年，索尼为扭转自己的财务亏损，才最终决定转而生产家用录像系统。销售商的损失规避心理也影响了2008年次贷危机的发生，地产经销商在面临不断下滑的房地产市场时，仍然选择拒绝降低房屋的价格。

糟糕的沟通能力和倾听技巧也会导致公司高层做出错误的市场决策。如果一家公司假设顾客与自己对某一款产品拥有相同的期望和偏好，那么在听取顾客意见时就可能会做出歪曲的解释以迎合自己的世界观。公司可能会将顾客的偏爱描述为"非理性的"，或者将讨论的主题定为顾客应该想要什么。例如，一家时尚公司的销量出现下滑，当消费者调查小组指出销量下滑的原因是产品款式不吸引消费者时，公司的一位代表做出的反应是通过"解释"试图获得认同。调查小组没有去挑战其"权威"，而是礼貌地遵从了他的意见。在本案例中，这位公司代表表现出了糟糕的倾听技巧，忽视了顾客讲述的有用信息，并改变"事实"使其适合自己的世界观。结果公司的销量持续下滑。

由于证实偏差的存在，以及人们往往容易屈服于群体压力，很多公司使用独立的调查公司开展市场调研，或者在决策时依靠政府部门得到的研究数据。这些公司和部门在设计调查和从顾客或潜在顾客中选择代表性样本时都拥有非常专业的技术和团队。例如盖可车险公司就定制了马丁公司的调查服务，而马丁公司同时还为沃

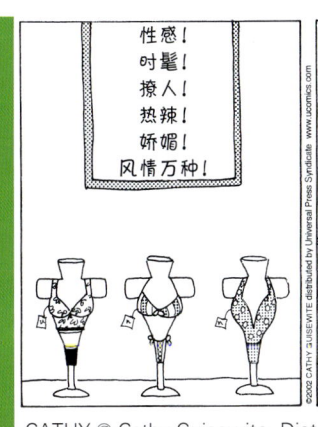

CATHY © Cathy Guisewite. Distributed by Universal Press Syndicate, Inc. Reprinted with permission. All rights reserved.

凯西漫画　泳衣制造业一直假设，女性喜欢穿性感的泳衣，但这么多年以来却从没有去考察这条假设是否成立。在1987年泳衣生产企业协会主持的一项市场调查发现，正如一位供应商所说，"大多数女性宁愿接受不打局部麻药的牙根管治疗手术，也不愿买一件泳衣。"在拼命按照时尚模特的身材为女性制作性感泳衣的时候，整个行业并没有考虑到大多数女性的顾虑，她们的身材可能已经走样，或者还有一点矮胖，穿上这种泳衣会令她们感到尴尬。泳衣生产企业花费了几年的时间，终于设计出了两件装的保守款泳衣，这种泳衣能够遮盖住隆起的小腹，方便在沙滩的公共浴场使用。

讨论问题

1. 你认为泳衣生产企业认定女性喜欢性感泳衣的原因是什么？给出答案并说明理由。
2. 回忆自己的经历，你是否尝试购买一项产品或服务，却像凯西那样发现没有一件适合自己的需要。写一张便条给制造商，陈述你希望买到的商品，以及你认为商品按照你的意见进行改进后能够卖得更好的原因是什么。

尔玛和UPS公司提供服务。

在向国际市场推出一款新产品时，准确、完整和无偏见的市场调研是非常重要的。在一个国家卖得非常好的产品到了另外一个国家却可能出现滞销。此时就需要公司仔细研究外观、包装以及产品名称等因素，而顾客对产品本身的兴趣也非常重要。当宝洁公司第一次在一个非洲国家推出一款罐装嘉宝婴儿食品时，几乎没有人购买。通过进一步调查，宝洁意识到了自己的错误。由于这个国家很多人目不识丁，通常的做法是食品类商品的标签上会配有实物产品的照片。通过运用归纳论证中的类比法，这些潜在的顾客得出了符合逻辑但令人恶心的结论，那就是印有婴儿大头像的宝洁婴儿食品罐里装的是磨成粉的婴儿！

东京尼桑总部的管理层将他们在美国市场推出的第一辆跑车命名为窈窕淑女时，也没能够进行有效的市场调查。这个名字与引擎动力和兴奋刺激毫无关系，而这恰恰是美国消费者希望在跑车上找到的元素。所幸，片山丰对此早有预见，他将"窈窕淑女"这个名字改成了"240Z"，也就是跑车的内部设计标识。这款跑车受到了广泛欢迎，即后来广为人知的Z系列汽车。

除了对现有的市场进行研究之外，市场调研必须预测未来，以占得先机。为了达到这一目的，市场研究者们必须摒弃个人偏见，保持思维开放、专注和心智上的好奇。市场最初发出的看似异常的信号，实际上可能是某一个趋势或潮流的萌芽。西联电讯公司在19世纪中期控制了全美的通讯网络，但是没有预见到电话给人们生活带来的深远影响。1876年该公司拒绝了购买亚历山大·格雷厄姆·贝尔发明的电话专利的机会。西联电讯得出的结论是："这种电话有太多的缺点，根本无法成为一种正规的通讯方法。"

营销策略

只有对自己的假设进行仔细检查，并搜集所有的相关信息之后，才能够开始制定战略计划。公司和企业等组织机构通过**战略计划**（strategic plan）来配置资源以实现自己的目标。在商业领域，战略计划通常涉及战略模型的使用。战略模型指的是"……一系列政策组成的体系，这些政策包含了对公司某项业务在未来具体运作中所涉及的投入、产出、流程和价值等的具体要求。"

SWOT 模型

SWOT 是"优势（strengths）、劣势（weaknesses）、机会（opportunities）、威胁（threats）"四个英文单词的首字母缩写。**SWOT 模型**（SWOT model）用于分析企业的优势和劣势，以及外部商业环境中的机会和威胁。这种战略模型既可用于制定市场战略，也可用于决定（与其他选择相比）是否开展一项新的业务或者扩大已有的规模。在个人面临重大人生决策时，SWOT模型也可以提供帮助，例如选择何种专业，从事哪项职业，以及到哪个城市去发展等。

SWOT 中的前两个组成部分（优势和劣势）是对企业内部进行评估。相反，机会和威胁对一个企业来说属于外部因素。分析一家企业的资源和竞争能力与绘制资产负债表有类似之处，需要将企业的优势和劣势或缺陷罗列出来并进行比较。

在进行 SWOT 分析时，首先需要列出企业最具优势的方面。**优势**（strenghs）被定义为一家企业的资产和核心竞争力，也就是说企业在哪些方面能够做得最好。一家企业的优势有助于提升自己达成目标的能力，并在某些方面比自己的竞争者做得更好。沃尔玛是全球最大的公司，雇员人数超过200万人。沃尔玛的主要优势在于它的效率和创新，通过创新使顾客买到最低价格的商品，其中最主要的措施便是80%以上的制造业产品从人工成本较低的国家和地区进口。沃尔玛的营销战略既雄心勃勃又有着非常高的效率。与现在濒临破产的竞争对手凯玛特不同，沃尔玛不会举行定期的特卖会，而是努力宣扬"永远低价"。沃尔玛营销策略的另外一个方面是它的"好工作"项目和社区慈善工作，例如，在设有沃尔玛大卖场的社区里，沃尔玛会积极把自己塑造成一个"好邻居"的形象。

相反，**劣势**（weaknesses）指的是企业缺乏或做得不好的方面，包括内部资源缺乏或不足，例如缺乏行业专家、信息获取不畅、资金短缺无法满足客户需求或者地理位置差等。在制订营销战略时，企业对自己的劣势

SWOT模型

优 势	劣 势	机 会	威 胁
• 设施位置 • 独特的卖点 • 庞大的消费者群体 • 员工的忠诚度/生产率 • 满足需求的能力 • 产品或服务的质量 • 公司声誉 • 消费者服务项目 • 强有力的管理 • 品牌认知 • 营销渠道	• 过时的设施/设备 • 不充分的信息 • 债务或有限的经济资源 • 微弱的消费者需求 • 强大的竞争者 • 管理不善 • 营销不善 • 不能应对最后期限的压力 • 缺乏专业技术	• 新的市场 • 竞争者的弱点 • 行业或生活方式的趋势 • 技术发展/创新 • 全球化的影响 • 并购竞争公司的机会 • 潮流影响 • 消费支出的扩大 • 新的合作者	• 竞争对手 • 限制性的法律法规 • 全球变暖 • 自然灾害 • 新技术 • 消费者需求的转变 • 消费者不满意 • 经济衰退 • 负面的媒体报道 • 工资福利成本上升 • 业务外包

"我能为你做点什么？"和"永远低价"的标语帮助沃尔玛牢固树立了世界企业的领导地位。

进行内部评估是非常重要的。即使是最具实力的企业也可能由于忽视内部劣势或者未能预见的外部威胁而被击垮。2008 年，房地产金融巨头房利美由于内部管理和财务问题，包括没有准备足够资金抵御房地产市场下滑（外部威胁）而陷入了绝境。采用拒绝相信等抵制的手段会使一家企业无法认清自己的内部劣势。当日本汽车制造商正在发展有效的自动化制造设备时，美国汽车公司仍然采用劳动密集型的生产模式，其制造一辆汽车所需要的工人数量是日本公司的 4 倍。正如前面指出的那样，面对日本汽车制造商推进的低价战略，美国汽车工业依靠打上"美国制造"标签以吸引顾客的营销战略已经失去作用了。

盖可车险的劣势之一在于，与美国的国民保险公司和好事达保险公司等保险业巨头相比，公司规模太小；另外，公司的名字也很难给人留下深刻的印象。盖可车险克服这一劣势的方式之一，便是将一只爱唠叨的壁虎（壁虎的英文读音为"盖可"）作为公司的吉祥物，这一营销策略帮助顾客更好地记住了公司的名字，并以此为乐。盖可车险还将广告渗透到广播中，每年在广告业务上的花费高达数亿美元。SWOT 分析的后两项（机会和威胁）指的是公司的外部因素，这两项因素通常会超出公司的控制。**机会**（opportunities）指的是公司能够利用的市场条件或发展机遇。要想制订有效的营销战略，公司必须对市场中出现的机会时刻保持警觉。这些机会包括新技术、消费支出的增长或新市场的开发等。例如，中东地区有很多空闲的石油资金，然而当地的宗教却禁止为追求利润将资金借出，或将资金投资于赌博业或烟草业。花旗等一些银行就主动抓住了这一机会，它们通过与来自中东地区的伊斯兰银行和公司联合开设伊斯兰支行，例如英国伊斯兰银行，打开了这一未开发的市场。由于大多数西方银行缺乏古兰经律法的专家，他们通过雇佣顶级的伊斯兰学者加入公司的董事会，从而克服了这一劣势。这些银行现在正利用符合伊斯兰律法的伊斯兰信用卡、伊斯兰抵押贷款和伊斯兰债券，积极开拓新的市场。

心智开放并富有创造力的批判性思维者是最有可能抓住机会的人。2003 年，当墨西哥裔美国籍的亿万富翁阿图罗·莫瑞诺从迪斯尼手中买下洛杉矶天使棒球队时，他看到了一个增加长期收益的机会，那便是通过营销策略去吸纳这个地区激增的拉丁裔人口。为了吸引这部分人，作为球队老板的莫瑞诺一开始便做了一件令人们匪夷所思的事——他大大降低了家庭套票和上等座位的价格，同时增加了运动员的工资支出（天使队的平均工资上升到联盟的第四位），以打造一支更具竞争力的球队。自从莫瑞诺买下天使队之后，球队的拉丁裔球迷数量增加了两倍，从安海斯 - 布希、通用汽车和威瑞森等赞助商那里赚得的广告收入增长了三倍。

威胁（threats）是指影响到公司顺利发展，可能严重拖累甚至破坏公司运营状况的不可避免的外部因素。这些因素包括自然灾害、经济低迷、政府政策、消费者购买习惯转变、外包成本升高以及新的竞争对手出现等。一家公司可能会忽视或轻视由外部威胁导致的财务问题，直到问题无法挽回时才意识到威胁的存在，例如国外企业的竞争。直到 20 世纪 70 年代早期，美国汽车工业一直经营得非常成功，长期以来的顺利发展使其认为自己的成功是理所当然的。所以，整个汽车行业没有认真对待来自日本汽车制造商的竞争，并开始慢慢走上了下坡路。到 2007 年时，通用汽车公司位于密歇根州弗林特市的制造工厂已经裁减了 7 万个工作岗位。

由于威胁来自于外部，公司必须时刻保持警惕，并

阿图罗·莫瑞诺（右一）通过吸引家庭和西班牙裔市场的营销策略来增加洛杉矶天使棒球队的收益。

对行业的最新发展趋势拥有充分的认识和了解。瑞士的雀巢公司和美国的通用食品公司（麦斯威尔）都没有对极品咖啡风潮给予足够重视，等到发现星巴克等咖啡业新贵在北美市场扎稳脚跟已经为时已晚。两家咖啡业巨头将相当大的市场份额拱手让给了新进入的竞争者。

面对外部威胁，一个公司不应当视而不见，而是应该做出积极的反应，扩大自己的营销策略以吸引更广泛的消费群体，或者为市场开拓新的空间。当吸引咖啡鉴赏家的星巴克登上西雅图和华盛顿的舞台时，唐恩都乐做出的反应是扩大自己的产品线，并调整公司的营销策略，推出了非常吸引眼球的新标语："美国的一天是从唐恩都乐开始的。"唐恩都乐的这一新营销策略，迎合了大多数美国人忙碌的生活节奏，强调唐恩都乐的上餐速度和效率，以此与星巴克缓慢而悠闲的就餐氛围形成鲜明的对比。

来自竞争者的威胁有时能够通过提供新的服务或者新的产品线而化解掉。丹麦乐高的销量自 2002 年起出现了下降。相比乐高的塑料积木，现在的孩子更喜欢 Xbox（一款由微软公司生产的电子游戏主机）。2004 年，乐高集团聘请了一位新 CEO，他帮助公司制定了新的营销策略，使公司致力于"更快地开发新产品和更宽的相关产品系列"，从而吸引如今的儿童和家长。随着新营销策略的实施，乐高的销量自 2006 年起开始回升。

面对法国沃尔玛的竞争威胁，美国百思买通过向顾客提供沃尔玛无法提供的服务来进行回应，这种提供卓越顾客服务的店内专家团队还有一个巧妙的名字——极客团队。同样，面对可口可乐的竞争，百事做出的反应是增加产品种类形成新的产品系列，包括佳得乐、果缤纷和 Propel 低能量营养水等无苏打汽水。这种营销策略使得百事可乐公司受益匪浅。虽然可口可乐公司的苏打汽水产量比百事多，但是最近几年苏打汽水的总销量出现了下降，致使可口可乐公司的股票受到了重创。

SWOT 模型只是众多商业战略分析模型中的一个例子。使用 SWOT 等战略分析模型的关键是提出成功的项目和营销战略，聚焦公司的优势，抓住潜在的机会，同时还要克服公司的内部劣势和外部威胁。

不只是一杯咖啡：星巴克向喝咖啡的人提供了放松的社会氛围。

消费者对营销策略的觉察

在营销某种产品或某项服务时，公司一般会混合使用多种策略。

最常见的策略之一便是品牌认知。一个为人所熟知的品牌名称或标志是一家公司最宝贵的财富之一，例如李维斯的501、苹果的iPod、麦当劳的金拱门等。为了想出一个能够给顾客带来积极情绪反应的商标名称，市场营销人员甚至愿意花费几百万美元求之。例如一些制药公司会聘请品牌顾问确定药品名称，例如"伟哥（Viagra）"就是一个积极向上和令人难忘的名称，在吸引消费者的同时也激起了医生的兴趣。为一款新的药品拟定品牌名称的整个过程大约会花掉25万美元。

除了提高品牌认知度，市场调研还发现，70%的购买决定是在零售商店现场做出的。这种现象被称为"冲动性购买"。作为批判性思维者，面对鼓励这种冲动行为的营销策略，

人们需要时刻保持警觉。例如，市场营销人员提出的策略能够将顾客更长时间留在商店里面，这样就可以让顾客购买一些本来没在采购计划中的物品。拿大多数药店来说，它们会让购买处方药的顾客等候15分钟，这并不是因为将这些药片放入塑料瓶子里需要花费这么长的时间，而是为了给顾客一定的时间去再选购其他药品。还有一种策略是将容易冲动购买的商品，例如糖果放到顾客最容易看到的区域，比如过道尽头的展示柜、位置比较显眼的货架或者结账柜台旁边。

售货员以及与顾客直接打交道的职员也是营销策略的一部分。在一些商店里，售货员或者其他职员会站在门口迎接顾客。市场研究发现，当一名顾客和售货员交流的时候，如果顾客最后没有买这件商品，他会产生内疚感。当这种情况出现的时候，这位顾客很可能会从该售货员或者商店里购买其他产品作为补偿。然而，这种内疚感明显是非理性的。作为一位聪明的顾客，需要意识到自己的不恰当反应，以免落入类似的营销圈套。

如果抱着相互尊重的态度，恰当的营销能够令买卖双方都比较满意，从而出现双赢的局面。顾客买到了自己想要的东西，制造商和零售商获得了利润。然而，并非所有的营销策略都是基于合理的诉求。虽然大多数广告仅仅是提供产品信息，但是广告还是被指责有诱导消

2010年纽约国际车展的新丰田Aygo。丰田的优势在于克服威胁的能力以及对新机会的追求，这使得丰田成为世界最成功的汽车制造商之一。

独立思考

钟彬娴，雅芳公司首席执行官

20世纪90年代中期，世界上最大的化妆品直销商——雅芳陷入了一个低谷。大多数消费者将这个品牌看做是老一代人才会使用的过时产品。为了克服这一劣势，雅芳当时的首席执行官吉姆·普雷斯顿考虑在稳定直销市场的同时，在商场开设雅芳专柜。当然，他并没有闭目塞听。

1994年，他聘用了35岁的钟彬娴作为美国市场部总监。钟彬娴认为，个人销售方法是雅芳的优势之一。所以，她建议普雷斯顿不要进入百货商场，而应当将主要精力用于开发更吸引顾客的新产品。她还认为雅芳的一大弱势在于，公司是由男性管理的，而男性并不真正了解现代女性对化妆品的需求，也不了解包装对女性的吸引力。一旦找到了问题所在，钟彬娴立即提出了相应的营销策略以改善公司每况愈下的销售额，并将其付诸于行动。她彻底改变了雅芳产品的色调、质感和包装，并且推出了一个非常成功的新产品系列，专为16至24岁女性设计的"Hook Up"品牌。

雅芳一直认为，世界各国的女性对美有着不同的观念，钟彬娴对公司的这个假设也提出了质疑。作为一名出生在加拿大的华裔女性，钟彬娴认为世界上所有女性对美有着相同的观念，所以会购买相同或相似的产品。她将这一观念作为打开140个国家的海外新市场的契机。在她加入雅芳的最初五年里，雅芳的销量增长了45%，股价上涨了64%。

到今天为止，雅芳在世界各地拥有440万名销售人员，其中包括在学校里推销雅芳产品的大学生。1999年，钟彬娴先后被任命为雅芳总裁和首席执行官。

讨论问题

1. 将钟彬娴提升雅芳业绩的战略规划与SWOT分析模型联系起来。
2. 想一想在完成一个人生目标时，例如成功的大学学业或者结识某个特别的人，你的一个劣势是什么？在克服这一劣势时，你的主观臆断如何妨碍你制定有效的策略？你能够采取哪些策略克服这一劣势？

费者之嫌。在下一节中，我们将针对广告展开更深入的介绍。

广告与媒体

广告有三个目的：（1）提高产品认知度；（2）让顾客了解产品或服务；（3）激发顾客购买欲望并创造品牌忠实度。在美国，每年用于广告的费用高达2 300亿美元，平均到每个家庭是2000美元。广告几乎无处不在，可以出现在电视、杂志、网络、广告牌、店内展示、公交车、出租车、学校公告栏甚至人们的衣服上。

毋庸置疑，广告能够为人们提供有价值的信息和选择，使我们的生活更加便利。从另一方面来说，广告的

就像纽约时代广场的这个场景一样，大众媒体中广告无所不在，包括商店展示、出租车和广告牌。

最终目的是为厂商赚取利润，而不是传播真理。从本质上来说，广告是单方面的说服性交流方式。在一些情况下，广告并没有提供任何有关产品的信息，而是依靠心理手段创造一种购买欲望。

广告在媒体中的作用

广告是大众传媒的基石。人们接触到的广告要远远多于其他形式的媒体节目。美国人平均每天要接触250条广告，从出生到25岁会接触大约200万条广告。通过大众传媒进行传播的广告即使占不到绝大多数，也有相当可观的数量。过去的电影院里没有任何广告，现在观众却不得不在灯光暗淡以后观看几分钟的广告，有时候在播放电影的一个半小时里，还会看到贯穿整部电影的植入式广告。

营销人员会将大量的资金用于确定自己产品的目标群体，并设计广告以吸引目标人群。循环图可以用于测量平面媒体的读者群，此外，还可以采用调查的方式确定哪些读者会阅读什么内容。通过使用记录个人收听习惯的日志，媒体调查公司追踪广播节目的听众。尼尔森公司是美国最大的媒体研究公司之一，该公司通过对超过5 000户家庭和13 000人的代表性样本的监测，获得全国电视节目的收视率数据。通过安装在用户家中电视机上的监测盒，尼尔森可以清楚地了解电视机的开机时间以及正在收看的节目。尼尔森公司还收集每户参与家庭的人口统计数据。商家可以通过这些信息判断哪档电视节目能吸引适合自己产品的观众。

通过这种方式，媒体研究者们发现，美国音乐电视台的《现实世界》节目是在年轻女大学生中最流行的节目之一。研究还发现，年轻人不仅比其他人更可能拥有手机，而且观看《现实世界》和《美国偶像》等真人秀电视节目的人，在一年内更换手机服务的概率要比普通人群高出34%。因此，在这种节目中出现的很多广告都是手机服务广告。

网络广告也越来越受到广告商们的重视。网络广告的优势之一便在于，根据人们访问的网络站点，可以更加精准地确定商品的目标客户群。与传统方式的传媒广告不同，网络广告允许客户与商家之间双向交流，因此还可以作为买卖交易和分销货物的手段，例如音乐和电子游戏的收费下载等。美国陆军国民警卫队正面临很大的募兵缺口，便求助于网络广告以吸引18岁至25岁的年轻人。愿意点击并浏览警卫队招募信息的网民可以获得影音商店的免费音乐和电子游戏下载。这种广告策略取得了很大的成功，吸引了超过20万年轻人的关注，其中有9 000人参加了征兵部门的面试。

网络的出现为营销人员提供了接触消费者的新渠道。

第 10 章 | 市场营销与广告 • 271

植入式广告

广告还可以嵌入到电视节目当中。这种广告策略被称为植入式广告，具体是指"在虚拟媒体中使用现实世界中真正的商业产品，产品的出现是传媒公司和产品公司之间经济利益交换的结果。"大多数植入式广告不太容易引起人们的注意，除非人们有意识地去关注它们。出现在《美国偶像》节目中的可口可乐产品是植入最频繁的品牌之一（参见"图片分析：媒体中的植入式广告"）。公司还可能愿意付钱以在节目中出现自己的商标。例如耐克和威尔逊体育用品公司等运动服饰品牌，会将自己的商标印在有可能在体育节目中出现的服装和装备上。

汽车公司也是频繁使用植入式广告的行业之一，例如电视连续剧《X档案》中使用的就是福特汽车。

植入式广告也会出现在电影中。电影《黑客帝国之重装上阵》中有一段高速公路上的场景，其中出现的每辆汽车都出自通用汽车公司。好时公司的巧克力产品在1982年拍摄的电影《E.T外星人》中出现之后销量大涨了60%。电影《电子情书》从某种程度上来说是为美国在线公司制作的广告。《蜘蛛侠3》推销了汉堡王的产品。克莱斯勒300C汽车在电影《防火墙》中闪亮登场，同时奥迪汽车出现在了电影《机械公敌》中。在《异形大战铁血战士》和《小鬼当家》两部电影中，百事可乐成为了首选饮料。苹果电脑使用植入式广告已经超过了20年的时间，产品出现在了《星际迷航4:抢救未来》《黑衣人》

媒体中的植入式广告 福克斯公司制作的电视节目《美国偶像》中出现的植入式广告：评委艾伦·德杰尼勒斯、兰迪·杰克逊、凯拉·迪奥嘉蒂、西蒙·考威尔与他们"最喜欢"的饮料。

讨论问题

1. 讨论图片中这条植入式广告的效果。植入式广告在多大程度上依赖于人们的谬误思维？
2. 假设你是一名广告顾问，正供职于目标群体主要是年轻人的电视节目，例如《美国偶像》。领导要求你为一款MP3播放器制定广告策略。讨论采用哪种广告策略最能够吸引目标群体的注意力，植入式广告还是独立的商业广告，说明你的理由。

《独立日》《极度狂热》等热门电影和《彻夜狂欢》等儿童电影中。孩之宝玩具公司的仿真玩具人则出演了《魔幻小战士》和《玩具总动员》等电影。

一些电视观众和传媒公司更喜欢植入式广告，而不是商业广告，因为植入式广告不需要占用节目时间。赞助商现在也更倾向于使用植入式广告，因为现在越来越多的家庭会使用数字录像机将电视节目和电影预先录下来等到空闲时观看，这样观众就会跳过商业广告。

非营利消费者权益保护组织——广告警示协会对植入式广告提出了质疑，认为植入式广告从本质上来讲具有欺骗性，容易误导观众。该组织指出，与普通商业广告不同，植入式广告并没有明确自己是付费播出的广告。此外，植入式广告不像传统商业广告那样与常规节目分开播放，这使得家长们更难控制自己孩子观看的广告类别。

电视广告与儿童

看电视是学龄儿童最主要的课外活动。美国儿童平均每年观看电视的时间超过 1000 小时，这比他们待在学校的时间还要长。如果将数据进行换算，每名儿童平均每周观看 5 小时的电视广告，每年总计观看大约 40000 则广告。儿童在 18 个月大的时候，就能够分辨麦当劳的金拱门和耐克的闪电标记等商标。很多心理学家认为，广告对儿童的发展和健康有着重要的影响。8 岁以下的儿童由于缺乏认知能力，无法辨别出广告的意图或者广告中频繁使用的错误推理和修辞手法。此外，广告中使用少儿节目中的角色也混淆了广告和节目本身的界线。8 岁至 12 岁的儿童强烈需要同伴接纳，有些广告则利用这一点来吸引相应年龄段的孩子。比起成年人，青少年对

由于缺乏批判性思维技巧，少年儿童非常容易受到电视广告画面的影响。

广告的怀疑更少，受广告的影响更大。由于儿童无法批判性地分析广告，美国心理学协会呼吁立法限制针对 8 岁及以下儿童的广告。

广告评价

媒体中大多数广告的重要作用在于让人们了解可以改善生活的不同产品和服务。然而，广告也能够影响人们去购买在观看广告之前既不需要也不想买的产品。这些广告不是使用逻辑推理来说服观众，而是使用谬误、修辞以及极富感染力的语言和画面来诱导观众。此外，一些广告会故意省略掉一些信息或前提，而这些内容对人们做出理性的购买决定是非常必要的。法律禁止广告向顾客传递错误或蓄意误导的信息。而另一方面，在广告中使用心理劝说和修辞手法一般是被允许的。然而研究发现，仅仅是想到能够立即获得金钱或想要的物品等奖励，就能够刺激人类的大脑释放出一种"快乐物质"多巴胺，并刺激头脑中产生诸如跑车或性感名模的图像。而市场营销人员则会利用这种人类倾向。作为批判性思维者，人们需要时刻保持警觉，并学会识别谬误和修辞手法，分辨出真实的信息。

迪赛服饰在广告中使用了虚荣谬误以及不合理的因果谬误，暗示穿着迪赛服饰的人会散发出令异性无法抵抗的魅力。

广告中常见的谬误

很多广告不是依赖可靠的信息和理性的论证来打动观众，而是凭借谬误和心理劝说来诱导消费者。例如，广告商们常用的恐吓策略，就是利用人们的恐惧、不安或羞愧感，或者给观众制造一种焦虑的情绪。广告常常使我们感到自己不够漂亮，或者身材不够苗条；呼吸不顺畅，身体散发异味，或者有头皮屑；性格缺乏魅力，或者穿着不合时宜；或者作为父母非常失败。紧接着，广告会为这些人们一开始并没有意识到的问题承诺一种解决方案。虽然在利用恐吓策略促进销售的产品中，确实有一些能够达到广告承诺的效果。但大多数广告纯粹是利用了不合理的因果谬误，这样的广告会创造一种虚假期望，如果使用广告中的产品，你的身上会发生一些美妙的变化，例如变得更漂亮，身材更苗条，更受人欢迎，更幸福。

广告中出现的另外一个常见谬误是诉诸众人谬误。诉诸众人谬误会给人们制造一种错觉，"每个人"都在使用这种产品，所以自己也应该使用。正如我们在第 4 章中提到的那样，人类拥有很强烈的适应并融入群体的愿望。这种类型的广告对青少年尤为有效，因为青少年倾向于根据自己同伴群体所拥有的物品或者喜欢做的事情来定义自己。如果"每个人"都拥有一部苹果 iPod，或者穿着耐克运动鞋，那么自己也必须拥有。渴望拥有其他"所有人"都有的物品会导致一些孩子走上偷窃甚至抢劫的道路。有人就因为自己穿的耐克鞋而殒命。

广告还会使用虚荣谬误，这也是一种大众流行谬误，这种形式的谬误会将某一产品与性感的、健美的、流行的、过着理想生活的人联系起来。例如酒类广告常常将饮酒与快乐的行为，或者成为一个有趣的人联系起来。此外，广告商们还会使用爱国口号把产品与爱国主义联系起来，例如美国克莱斯勒公司生产的"吉普自由人"，就是如此。还有一些公司将美国国旗放到产品旁边。

分析图片

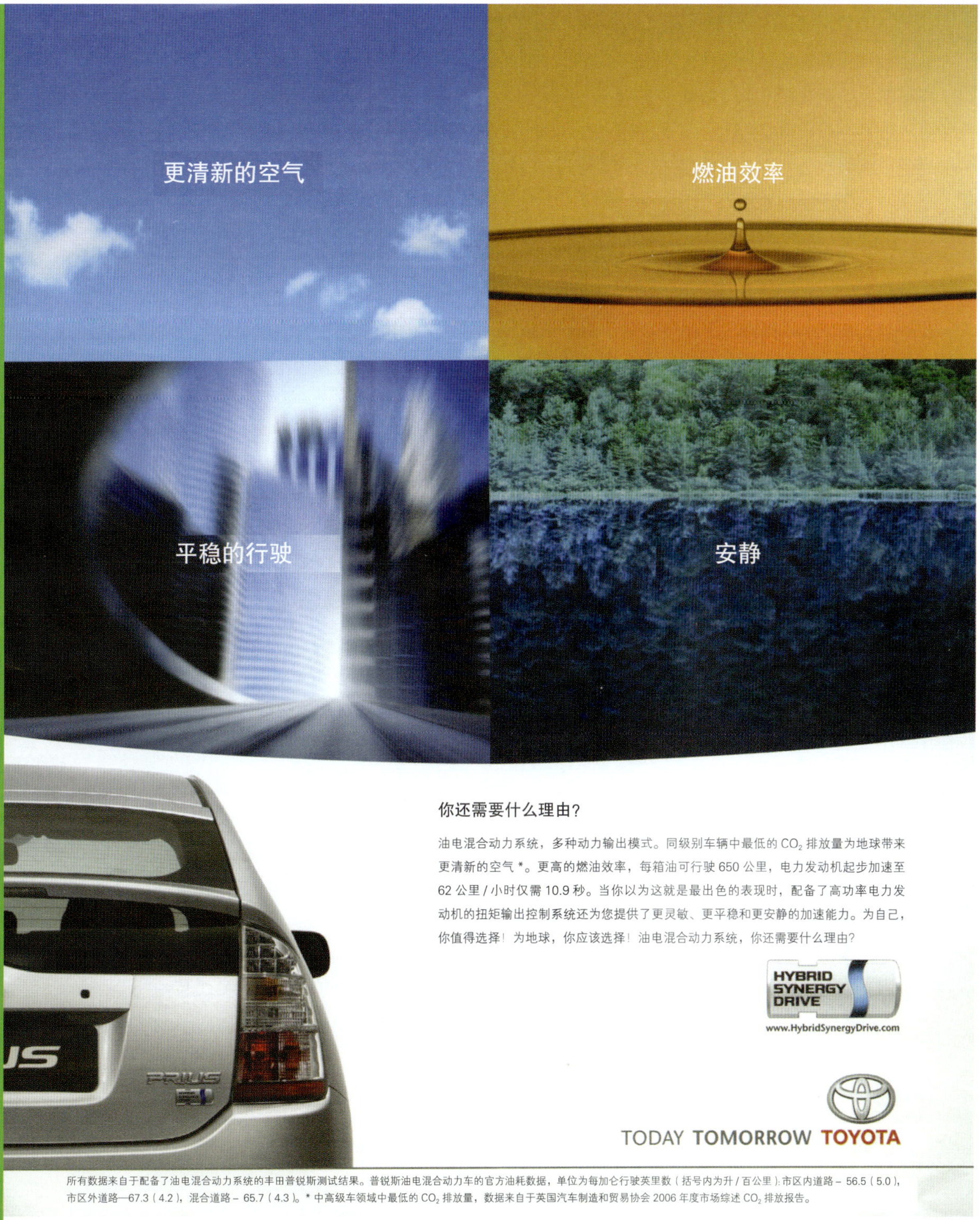

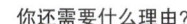

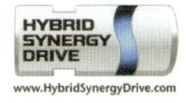

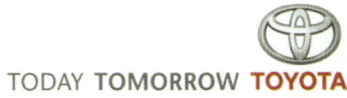

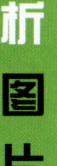

丰田混合动力系统的广告

讨论问题

1. 你第一眼看到这则广告时的反应是什么？解释自己为什么会有这样的反应。
2. 这则广告效果如何？讨论这则广告如何使用煽动性语言和画面来唤起人们对广告中汽车的强烈好感。
3. 广告呼吁：“为自己，你值得选择！为环境，你应该选择！”。讨论这句话使用了什么谬误，通过使用这种谬误广告商期望达到什么效果？

当广告商聘请体育或电影明星等名人来代言某种产品，而这款产品并非这位名人的专业领域时，就出现了不恰当诉诸权威的谬误。例如，美国尚品公司在签约前重量级拳击世界冠军乔治·福尔曼做广告代言之后，其烧烤台面的销量大涨，这其实十分荒谬，因为福尔曼既不擅长烧烤，也不懂得烹饪。

通过使用以偏概全的谬误，广告还会强化人们的刻板印象。例如女人常常被刻画成如铅笔般纤细的性感美人，年轻男人都是随心所欲的享乐主义者；黑人肯定是运动员或者音乐家，亚洲人则非常刻苦好学。

另外一种比较常见的谬误是构型歧义。荷美邮轮是一家航运服务公司，该公司在广告中宣称"荷美邮轮向您保证价格最低"。然而，这种宣传就出现了构型歧义谬误。因为从语法上来看，我们不能确切地解释这种说法。该公司指的是宣传册中的航线中最便宜呢，还是说与其他邮轮公司相比，荷美邮轮最便宜呢？我们很难得出确切的结论。

还有一些广告可能会使用自然主义谬误（认为自然的东西就是对人类有益的东西）和虚假两难谬误，或者在免费等关键词语上语词歧义。天然美国精神牌香烟的广告中，不仅使用了诉诸众人谬误，还错误地提出，由于自己的烟草是"纯天然的"，所以不像其他烟草那样有害。（什么烟草不是"纯天然的"，为什么"纯天然的"烟草对人类更安全？广告中并没有进行解释。）在这个例子中，美国联邦贸易委员会判定这则广告涉嫌欺诈，限令公司进行整改。

修辞手法和误导性语言

虽然美国联邦贸易委员会禁止广告中出现欺骗，但却允许使用修辞手法。所以，在广告中尤其容易出现委婉语。例如，在房地产广告中，小房子或公寓被描述为"舒适"、"优雅"或"紧凑"，而老房子则充满"魅力"或极具"特色"。一款软件产品被描述为一种"解决方案"，而低价产品则是"经济实惠"或"物超所值"。

使用夸张的修辞手法夸大某种产品的作用或效果，在广告业中也是被允许的。美国国家广播公司声称自己是"必看的电视节目"，美国通用食品公司宣称麦片是"早餐之王"，这都是广告中使用夸张手法的典型例子。

此外，广告会频繁使用情绪性的话语和措词，例如尽在掌控之中、鲜活、神奇、光明、尽享满足等，这些词语可以唤起消费者的积极情绪，并将其与产品联系起来。例如，美国尚品公司最近推出了一款小型烧烤架，为其取名为"精益减肥机"，这就给观众留下了一种印象，如果使用这款烧烤架，自己的体重就会减轻。

广告中使用的图像和标语常常会营造一种幸福美满的氛围，但却没有告知人们多少产品信息。丰田公司的"丰田，喜欢你为我所做的一切"和雪碧的"服从你的渴望"等标语并没有传递任何关于品牌的实质信息。这些煽动性的话语和措词有时难免存在欺骗嫌疑。2003年，菲利普·莫里斯公司由于在广告中使用词语"少量"而被判定为欺诈消费者，因为这使消费者错误地认为，与其他香烟相比，"少量"的香烟对人们的健康危害更小。

还有一种广告策略是使用模糊、晦涩或模棱两可的语言。例如"帮助"、"可能"和"多达"等词语的含义有时候非常模糊，对消费者来说毫无意义。比如某种产品声称可以让消费者节省"多达50%"的花费，但是这并不排除其他的可能性，消费者可能根本不需要，或者相比其他品牌的类似产品甚至花费更多。使用晦涩或专业的术语也可能令消费者产生混淆。例如，在借款或抵押贷款的广告中会出现"固定汇率"，尤其是在广告底部还会以极小的字体来说明借款利率按每日实际利率浮动，这到底是什么意思？

错误和薄弱的论证

为了劝说人们购买某种产品，广告可能会使用类比的归纳论证法，将产品比作某些积极或强大的事物。一些广告中使用的类比非常牵强，甚至是错误的。例如这个广告口号："雪弗兰：坚如磐石。"什么样的雪弗兰才能坚如磐石？人们肯定不会去驾驶一块岩石。此外，岩石不需花钱购买，不需要保养却可以屹立千年。实际上，很难说一辆汽车和一块岩石之间存在什么相似之处。

一些广告可能看起来好像是逻辑论证，但实际上却缺乏关键信息或者误导统计数据。例如，美国的制药公司葛兰素史克在杂志上刊登了一则看似使用了归纳论证法的广告，以反对美国国会立法允许进口其他国家的药品。然而，论证中却遗漏了许多前提。广告中写道："专家认为世界上供应的药品中有10%是假冒伪劣产品。我们能确定进口药品是来自于其余90%的非假冒伪劣产品吗？"广告在结尾处邀请读者"完成家庭作业！自己来算一下！对你而言，进口药品是否合算。"然而，广告中

莎白苏打酒广告 这则主打性感的广告被刊登在了面向普通大众的杂志上。

讨论问题

1. 你认为这则广告针对哪类受众？给出答案并说明理由。
2. 第一眼看到这则广告时你有何感受，脑海中出现了什么样的想法？为了唤起受众的想法和感受，这则广告使用了哪些修辞手法、谬误或图像？
3. 讨论这则广告与实际产品之间的相关性，这则广告是否有效？是否使你更想购买这款产品？给出答案并说明理由。

并没有向人们提供数学计算所需要的全部信息。两项前提中提供的数据虽然非常准确,但对没有鉴别能力的读者来说存在误导性,因为其中传递的信息是进口药品很可能是假冒伪劣产品。在我们对本国药品供应的相对安全性得出结论之前,除了了解来自于加拿大等国家的药物中假冒伪劣产品的比例,我们还需要第三个前提,本国生产的药品中假冒伪劣产品所占的比例。实际上,根据世界卫生组织的估计,全世界的药物供应中有10%是假冒伪劣产品,并且大多数假冒伪劣药品来自于发展中国家。这条广告还利用了恐吓策略以及"我们/他们"的认知错误,期望读者认为假冒伪劣药品只是其他国家的问题,而美国不会出现这种问题(虽然广告中并没有明确提出这种论断)。

在一些广告中,会在统计数据的基础上进行概括,但是这些数据往往没有控制组或对照组,也没有提供关于如何选取样本的信息。例如泰普尔床垫公司的一则广告提出:"我们的睡眠技术获得了美国宇航局的认可以及各大媒体的极力赞赏,世界上超过25000名医疗专业人士向您推荐本公司产品。"首先我们需要考虑一个含糊不清的术语——医疗专业人士。医疗专业人士是否只包括医生和注册护士?助理护士和医院杂工是否也计算在内?医疗专业人士的样本总量有多大,样本是如何选取的?美国一共有60万名医生和230万名注册护士。如果只计算这两个群体,那么在医疗专业人士中只有25000人建议使用泰普尔床垫,这是否意味着其余99%的医疗专业人士都不推荐泰普尔的产品呢?

对广告的一些批评

批评者认为广告对整个社会有害无益。他们批评说,广告中使用的谬误和修辞手法扭曲了消费者的思想,为非必需的商品和服务开辟了市场,导致了整个社会心态肤浅以及拜金主义盛行。由于广告业成熟度越来越高,煽动性越来越强,导致越来越多的人盲目追求自己根本负担不起的生活方式,陷入债务之中。并且如果人们无法达到广告中描述的理想状态,广告会让人们将责任归咎于自己。

在现实中,有些广告会将目标定位于少数族群和贫困家庭,这是广告备受争议的又一体现。例如,美国杂志《黑檀》和《拉丁女》的读者群体主要是黑人和拉美裔人,与以白人妇女为主要读者群的杂志《好管家》相比,其刊登的垃圾食品、香烟和酒精饮料等广告的数量要高出一倍,而养生和保健产品的广告数量则只有后者的四分之一。此外,随着发达国家越来越多的人开始戒烟,烟草公司进一步加快了在发展中国家开发市场的速度,尤其是在东南亚国家和地区。

烟草和酒类产品的广告对成瘾行为来说也是一种鼓动。例如,在维珍尼香烟广告发布之后,年轻女性吸烟者的数量大量增长。此外,研究还发现,一个人接触酒类广告的数量与饮酒量的多少存在直接关系。

很多烟草、酒类和垃圾食品的广告将目标瞄准了少数族群和贫困家庭。

批评者还指出，广告费用越来越高，大大增加了顾客购买产品和服务的成本，广告成本在有些产品中所占的比例高达30%至40%。此外，与小公司相比，大型公司投入巨额广告费用的能力使他们占据了巨大优势。因此，在小型地方性企业的衰退和大型垄断性企业的兴起中，广告的影响不容忽视。

广告业的支持者们对各种批评的声音做出了回应。他们认为，拜金主义等文化价值观并不是广告创造的，广告仅仅是反映了这些价值观。作为对广告误导受众指控的回应，他们指出，政府可以保护消费者免受欺诈性广告的侵害。诱导性的广告可能会使一些人上当，但大多数理智的人能够通过自己的判断认清这些广告。

此外，即使广告有时会误导受众，或者说服人们购买一些根本不需要的东西，这也可以得到补偿，因为广告确实给顾客提供了相当数量的有用信息，顾客通过这些信息能够做出更明智的决策。顾客可以通过其他信息渠道，尤其是通过网络、媒体以及《消费者报告》等官方数据获取产品和市场的相关信息。反对限制广告的人认为，限制以广告形式出现的言论自由以保护容易受骗的消费者，这种行为带来的伤害超过了它所能带来的所有好处。

广告或许会使小型企业处于不利地位，但是限制大型公司的言论自由以保护地方性企业，将导致产品和服务质量下降。广告业的支持者们认为，在完全自由的市场经济社会，最好的企业将会上升到最高的位置。而对于昂贵广告费用的抱怨，他们回应说，如果没有广告，市场人员就不能够进行大规模的营销，在很多情况下反而会使生产成本升高。最后，他们还提出一种论点，认为广告提供了媒体所需要的资金支持，可以让媒体免受政府部门的干预。

不管广告在人们心中的地位如何，可以肯定的是，它对人们的购买习惯和消费理念产生了深远的影响，且远远超出了人们的预期。因此，在利用批判性思维技巧去评价广告中的信息时，人们需要继续保持警惕。广告中出现的误导性语言、谬误和修辞手法常常不易为人们所察觉。在对广告进行批判性分析时，人们遇到的主要障碍便是自我服务偏差，自认为自己比大多数人更理性、更聪明。认识到自己的缺点，了解广告中使用的策略，这样我们才能够更好地识别这些策略，更不容易落入广告的操纵。

> 广告费用越来越高，大大增加了顾客购买产品和服务的成本，广告成本在有些产品中所占的比例高达30%至40%。

再想一想 >>

1. 市场研究和营销过程中采用了哪些策略？
   - 市场研究策略包括寻找消费者的"敏感按钮"以及使用调查、焦点小组和观察等方法。市场营销策略包括使广告面向特定消费者群体，将商品放置在卖场的特殊位置，应用SWOT模型决定公司的市场优势和劣势，以及面临的机会和威胁。

2. 营销和广告是如何影响消费者的？
   - 广告向消费者介绍了能够改善他们生活的产品和服务。但是广告还有可能为非必需的商品和服务创造市场，从而促生物质主义和拜金主义。媒体也会受到营销策略的影响，因为媒体的生存依赖于广告提供的资金支持。

3. 作为消费者，我们如何才能更好地觉察广告中使用的谬误和修辞手法？
   - 很多广告不是凭借可靠的信息和理性的论证来打动受众，而是依赖于谬误和修辞手法来误导受众。为了避免受到错误论证的影响，人们应当时刻对广告中的恐吓策略、诉诸众人谬误、虚荣谬误以及诉诸不恰当权威等谬误保持警觉。而对夸张和委婉词语等修辞手法提高警惕也能够帮助人们避免受到这些说服性手段的欺骗。

批判性思维之问

透视广告与儿童

儿童是美国增长最快的消费者群体之一。广告商每年花在12岁以下儿童上的广告费用大约为9亿美元。实际上，9至12岁的儿童平均每天会在电视上观看21条食品广告，平均每年7600条。在面向6至11岁儿童的电视广告中，几乎一半是食品广告，例如麦片、糖果和快餐等这些通常被人们称为"垃圾食品"的产品。有研究提出，这些广告促进了缺乏营养和高热量食物的销售，对如今儿童的过度肥胖负有一定的责任。而反过来，这种现象又导致社会民众呼吁政府对面向儿童的垃圾食品广告加以限制。

面向儿童的食品广告是否应当受到限制？耶鲁大学2004年进行的民意调查显示，73%的美国人希望对儿童食品广告加以限制。瑞士、挪威、加拿大和希腊等国家都已经采取了严格的措施限制针对儿童的广告。美国1990年通过的联邦通信委员会儿童电视法案（1996年修订）提出，广播电视节目是一种"公共信用委托人"，有义务为儿童的教育服务，应当限制儿童节目中出现的广告数量。

然而，广告内容一般被认为是受美国宪法第一修正案中的言论自由权利保护的。根据这一观点，任何对广告内容的限制都应当是自愿的。罗伯特·利欧迪策在本节第二篇文章中对这一观点进行了辩护，美国优化商务理事会的下属部门儿童广告评审组也对此观点表示赞同。儿童广告评审组的指导方针是，要求广告公司对儿童产品进行自我管理，而不是接受法律上的管制。

在儿童食品广告上，并非每个人都同意这种自我管理方法。美国医学研究所（IOM）进行的一项食品市场研究认为，如果企业没有自愿采取行动，应当通过一项法律限制广播和有线电视中播出的面向儿童的垃圾食品广告。公共利益科学中心（CSPI）也支持对儿童广告实施法律管制。2006年，CSPI联合其他团体以及忧虑的孩子家长向法院提起了一桩诉讼，状告凯洛格食品公司和媒体巨头维康集团（及其子公司尼克国际儿童频道），要求他们停止在儿童频道播放加糖麦片广告。CSPI认为，某些广告手段极不负责，是如今儿童肥胖增多的罪魁祸首。尼克国际儿童频道在2007年对这一指责进行了回应，禁止在垃圾食品广告中使用卡通角色。截至2008年9月，包括凯洛格、卡芙、麦当劳和百事在内的 11 家大型公司均同意限制面向儿童的垃圾食品广告。这一承诺正在美国联邦通信委员会的严密监控下执行。企业自愿进行自我管理是否能够解决问题，仍然需要进一步的观察。

是否应当从法律上对面向儿童的"垃圾"食品广告实施管制，伍坦和利欧迪策分别撰文提出了支持和反对的意见，下面我们将分别分析两人提出的相关论证。

管制儿童食品广告

玛戈·G. 伍坦

玛戈·伍坦，理学博士，华盛顿特区公益组织——公共利益科学中心的营养政策总监。在本文中，她详细介绍了 CSPI 的指导意见，并解释了 CSPI 支持对面向儿童的广告实施法律管制的原因。

规范儿童食品市场的指导意见

《规范儿童食品市场的指导意见》面向食品制造企业、餐馆、超市、广播和电视、电影制作公司、杂志、公关和广告机构、学校、玩具和游戏机制造商、学生活动和体育组织，以及其他制造、出售、营销和宣传儿童食品，或用其他方法促进儿童食品销售的组织。指导意见为儿童食品营销提供了标准，要求其方式不能破坏儿童的日常饮食规律或者损害儿童的身体健康。我们希望该指导意见能够为父母、学校领导、立法者、社区和健康组织以及其他致力于改善儿童饮食习惯的组织提供帮助。

在过去的 20 年中，儿童的肥胖率增加了 1 倍，10 岁以上青少年的肥胖率增加了 2 倍。即使能够保持标准体重，也只有很少（2%）的儿童能够达到美国农业部规定的营养饮食标准。目前，儿童饮食结构中含有太多高热量、盐、饱和脂肪酸和反式脂肪酸的食物，以及太少的水果、蔬菜、全麦类面粉和钙。这就增加了儿童患心脏病、癌症、糖尿病、骨质疏松症和其他严重疾病的危险。

虽然儿童的食物选择受到多种因素的影响，但食品市场的营销策略仍然起到了关键的作用。有研究表明，食品广告能够吸引儿童的注意力，影响他们的食物选择，促使他们要求父母购买广告中的产品。

父母应当为喂养儿童承担主要的责任。然而，如果父母不必对抗那些花费数亿美元来促销的低营养食品，那么让孩子吃健康食物将会是一件非常容易的事情。

父母提供的健康食物与广告中促销的食品存在着很大的差异，因此父母的权威受到了挑战。此外，很多父母拥有的营养学知识有限，而公司则聘请了大量拥有高超说服技巧的专家。在影响孩子的食物选择时，企业还拥有父母无法获得的资源，例如卡通人物、竞赛、明星和免费玩具等。

《规范儿童食品市场的指导意见》适用于所有年龄段的孩子（18 岁以下）。社会为儿童提供了特别的保护，其中包括要求使用汽车安全坐椅、限制未成年人购买香烟和酒精饮料等保护儿童的措施。然而，即使没有法律和管理机构的监管，营销人员也应当具有责任心，不要诱导儿童去吃有害健康的食品。

营养准则

负责任的儿童食品营销不仅需要考虑如何营销食品，还必须考虑应该向孩子营销哪些食品。《规范儿童食品市场的指导意见》为适合向儿童推销的食品设立了标准。

在理想的情况下，公司应当只向儿童推销最健康的食物和饮料，尤其是那些典型的消费不足的食品，例如水果、蔬菜、全麦食品以及低脂乳制品。

然而，营养标准如果只允许营销这些食品的话，似乎有些不切实际。所以我们提出了一种折中的方案。《指导意见》设立了标准，规定食品不一定要在营养学上达到尽善尽美，只要它们能够提供一些积极的营养成分，帮助儿童达到《美国饮食指导要求》，就可以开展营销活动。

一些营销手段并不仅限于促销单个产品，而是宣传一系列产品、公司的某一品牌甚至整个公司。例如，一项优惠活动可能鼓励孩子去某一家饭馆用餐，但没有特别推荐某一款菜品。出现在帽子或者网站上的公司标志或者卡通形象，目的是为了促进公司所有产品的销售。如果公司某一品牌下的面向儿童的食品超过一半属于低营养食品，那么该品牌的营销应当被禁止。如果在一则广告中出现了多款产品，只要有一款产品未达到最低营养标准，那么这则广告就可以被认定为在推销低营养食品。低营养食品的定义参见下文。

饮料

不应当向儿童推销低营养（定义如下）的饮料。

营养的/健康的饮料
- 水和不加甜味剂的苏打水
- 含有 50% 以上的果汁成分并且不加甜味剂的饮料
- 包括调味牛奶在内的低脂或脱脂牛奶、加钙的豆浆和大米饮料

低营养饮料
- 软饮料、运动饮料以及加糖的冰茶
- 果汁成分不足 50% 或者添加了甜味剂的果味饮料
- 含有咖啡因的饮料（低脂或脱脂巧克力奶除外，因为咖啡因含量极少）

食品

向儿童营销的食品应当满足下列所有标准（低营养食品为不满足这些标准的那些食品）：

营养物质	标准
脂肪	占总热量的比例不超过 35%，坚果、籽实、花生或其他坚果酱除外
饱和脂肪酸和反式脂肪酸	占总热量的比例不超过 10%
添加糖	添加糖的重量不超过总重量的 35%（水果、蔬菜等日常食材中自然存在的糖不属于添加糖）
钠	1. 每份薯片、薄脆饼干、奶酪、烘焙食品、法式炸薯条和其他零食中不超过 230 毫克 2. 每份麦片粥、汤、意大利面和肉类中不超过 480 毫克 3. 比萨、三明治和主食中不超过 600 毫克 4. 每餐不超过 770 毫克
营养成分	包含下列一项或多项： 1. 维生素 A、维生素 C、维生素 E、钙、镁、钾、铁或纤维占正常每日膳食参考摄入量的 10% 2. 半份水果或蔬菜 3. 51% 及以上（以重量计）的全麦类食材

食品与饮料的分量大小限制

单个项目	不超过营养成分标签中规定的标准分量（水果、蔬菜没有比例限制，可以排除在外）
谷类	不超过营销目标年龄范围内的儿童每日平均热量需求的 1/3

营销手段

在营销儿童食品时，相关企业应当做到以下几点：

产品特征及整体信息
- 支持父母控制孩子合理的营养摄入量，不削弱父母的权威。营销人员不应当鼓励儿童缠着父母购买低营养食品。
- 应当合理地描述产品的分量或包装食品，不直接或间接鼓励过量食用。
- 开发有助于儿童健康饮食的新产品，尤其是在营养密度、能量密度和分量大小等方面。
- 重新设计并改善产品的营养成分，包括添加更多的水果、蔬菜和谷物成分，减少食物分量、热量、钠、精制糖以及饱和脂肪酸和反式脂肪酸。
- 进一步促进符合《美国膳食指南》的健康饮食习惯，促进水果、蔬菜、全麦和低脂牛奶等健康食品的消费。禁止对健康食品进行负面描述。

特殊营销手段与奖励
- 在以下电视节目播出期间，不应当插播低营养食品的广告：(1) 超过 15% 的观众小于 12 岁；(2) 电视台、娱乐公司或电影工作室将儿童确定为目标群体的节目；(3) 适合儿童观看的卡通节目。
- 禁止产品或品牌植入式广告。
- 只允许提供符合上述营养标准的食品、饭菜或品牌的赠品和奖励。
- 只允许符合上述营养标准的食品使用许可协议或者交叉促销（例如电影、电视节目或电子游戏等关联促销），或使用卡通/虚拟人物以及电视、电影、音乐或体育名人对儿童进行营销。上述行为包括食品包装上的描述、广告中的描述、赠品以及商店内的促销。
- 禁止低营养食品或品牌的商标、品牌名称、卡通形象、产品名称或者其他营销元素出现在婴儿奶瓶、儿童服装、书籍、玩具、餐具或者其他儿童专用商品上。
- 只允许符合营养标准的产品和品牌出现在游戏（包

括桌面游戏、网络游戏和电子游戏等）、玩具或书籍上。
- 只允许符合上述营养标准的品牌或食品赞助体育赛事、学校或其他少儿活动。
- 禁止通过向低营养食品附加娱乐元素来利用孩子爱玩的天性进行营销。

给学校的特别指导
- 学校对儿童来说是一个特殊的环境，食品类公司应当支持学校的健康饮食，不在校园的任何地方营销、出售或分发低营养的食物或品牌。具体包括：宣传公司标志、品牌名称、卡通形象和产品名称；在自动售货机、书籍、课程和其他教学资料中进行产品推销；通过学校供应商进行营销；在海报和作业本封面上发布广告；在成绩栏、校园标志、运动场、校车和建筑等学校设施上发布广告；通过教育奖励项目提供食品奖励（例如，在学生阅读一定数量的书籍以后，可以赢得一张免费比萨的优惠券）；在家长购买了该公司一定数量的食物产品后，通过资助项目向学校提供一定的资金或学校用品；通过《第一频道》等校园电视进行宣传；直接出售低营养食品；赞助学校筹款活动。
- 营销食品时，禁止利用产品的情绪、社交或健康益处误导儿童，或者利用儿童未发育成熟的弱点和情绪来推销任何食品。

问题

1. 针对儿童的电视广告面临怎样的政治环境？
2. 根据伍坦的说法，为什么人们不能单纯依靠父母来管理孩子的饮食习惯？
3. 为什么儿童容易被推销不健康食品的媒体广告所吸引？
4. CSPI 对儿童食品的营销手段提出了哪些指导意见？CSPI 是如何证明这些指导意见的合理性的？
5. CSPI 认为广告商使用的哪些营销策略应当受到限制，为什么？

广告与言论自由：警惕食品保姆

罗伯特·利欧迪策

> 罗伯特·利欧迪策是美国国家广告协会的主席和首席执行官。在这篇日志中，他对 CSPI 发布的指导意见进行了回应，指出该指导意见是对言论自由权利和自由交换信息权利的侵犯。利欧迪策还声称，指导意见的制订者们根本不了解食品广告和儿童的电视观看习惯。

言论自由是美国人拥有的最重要和最基本的权利。在世界上最自由的国度里，言论自由是人们自由交流观念和理想的基础，推动了美国人生活方式和生存之道的发展。言论自由还是进行选择和个人责任的基础。如果不能自由交流信息，美国人做出自由选择的能力就受到了限制，也就失去了这种天赋的权利。当言论自由受到限制时，所有的人都是输家。当人们开始失去这些自由，即使是最低限度的失去，他们都面临着一落千丈的危险，他们的权利和特权会逐渐被削弱。这就是我看到公共利益科学中心（CSPI）最近发布的《规范儿童食品市场的指导意见》之后，如此迫切地想说点什么的原因。

对于 CSPI 或是其他任何机构提出通过限制或修改合法企业的言论自由来解决问题，都令我感到相当震惊。我们都知道现在存在许多社会问题，儿童和成人肥胖作为最可能"治愈"的问题之一而引人注目。但是在寻找治疗方法时，我们所遵循的路径不应当践踏人们的核心权利和美国人的特权。毫无疑问也无需争辩，有一系列可以考虑和实行的合理方法，值得我们投入全部的精力。但任何人都不应有将践踏第一修正案作为一种解决之道的想法，无论是通过政府监管，还是通过不受支持的自律法令。因此，我就 CSPI 发布的《指导意见》撰写了一篇社论，发表在今天的《广告时代》中（全文如下）。

……

上周，公共利益科学中心做了一件既不符合公共利益也没有科学根据的事情。他们发布了一则考虑不周且过分强制的市场指导意见。他们以错误的数据为基础，以法律的威胁为支持，企图强制食品和广告企业遵循其错误观点。在营养构成以及如何与消费者进行合适的商业交流等问题上，他们的错误显而易见。

在发表这些《指导意见》时，CSPI 对食品广告和儿童的电视观看习惯等方面的陈述并不符实；他们忽视了市场之外影响儿童食品消费的一系列因素；他们漠视食品公司为提高自身产品的营养价值所做出的大量努力；他们忽视了广告已经成为美国管制最严厉的领域的事实，无论是食品广告还是其他广告。

自封为这个国家的食品保姆，CSPI 已经提出一系列极度过分的管制建议，明确规定了可以接受的营养成分、食品分量、包装设计和标志使用，并且进一步寻求控制电视节目、电子游戏、网络站点和书籍中提供的信息内容。此外，他们还试图规定如何使用奖品促销、许可证明、交叉推广和赞助服务，甚至规定了超市内食品的摆放位置！

指导意见对细节的限制达到了荒唐的地步。例如，儿童被定义为"18 岁以下的人"；低营养饮料被定义为"纯果汁含量低于 50% 的饮品"；"超过 1/4 的观众是儿童"的节目应该被禁止。他们猛烈抨击食品和餐饮行业、广播公司、娱乐公司和整个广告行业，是对营销自由的公然侮辱。

我们不接受威胁！美国的消费者也不会，与 CSPI 不同，他们能够认识到个人责任、父母监护、公共教育、饮食平衡和自我控制的重要性，当然还有体育活动在儿童营养和肥胖问题上发挥的作用。

所以让我详细指出 CSPI 的指导意见中的主要错误。

首先，CSPI 似是而非地宣称，面向儿童的广告数量在过去的十年中增长了一倍。然而，尼尔森媒体调查公司对 1993 年至 2003 年这十年间的媒体记录进行详细研究，得出了不同的结论。为保持美元价值恒定而对通货膨胀进行调整后，食品和餐饮行业在电视广告（包括有线电视）上的实际支出在这十年期间出现了下降。此外，从这段时期的第一个四年到最后一个四年，供 12 岁以下儿童观看的食品广告的实际数量下降了 13%。事实并不像 CSPI 希望人们所相信的那样，餐饮和食品行业的广告对人们的轰炸持续增长。实际上，12 岁及以下的儿童看到的食品和餐饮广告变少了。

其次，CSPI 的报告指出，"父母对养育孩子负主要责任"。然而，指导意见忽视了这一观点，也忽视了成人为家庭和孩子购买了绝大多数食品这一事实。他们还漠视大多数食品专家所固有的认识：鼓励儿童良好营养的最佳方法是促进健康、平衡的饮食，而不是尝试将一些产品描述为"好的食物"，其他是"坏的食物"。一些其他国家已经尝试禁止或严格限制儿童广告，但与没有实施类似限制政策的国家相比，这些努力并没有降低其国内的肥胖率。

最后，让我们看一看食品和广告行业为了满足儿童的特殊需要，正在采取的重要积极措施，实际上这些工作从来没有停止过。30 年前，广告业成立了儿童广告评审组（CARU），专门负责识别对成人来说真实无误且没有欺骗性，但仍然可能误导孩子的素材。CARU 建立了一套详细的规则，积极主动地确保儿童没有在广告市场中被欺骗，具体规则可登陆 http://www.caru.org/guidelines。CARU 坚持不懈地执行监控，接受来自于监管机构、消费者保护团体、检察机关、竞争对手以及普通大众等各方面的投诉。CARU 指导下的行业合规记录显示了该机构的高效率。

同等重要的是，食品和餐饮企业采取了很多重要的措施，正在向市场不断推出健康的新产品。例如很多企业现在正重新开发胆固醇、脂肪和热量更低的产品。它们正在研究如何去除食物中的反式脂肪酸，减少钠和糖含量，添加全麦类食品，并提供更多的奶制品和沙拉类产品。

毫无疑问，儿童营养和肥胖是严重的社会问题。然而，正如美国卫生部长在 2001 年所做的开创性报告中指出的那样，"对于这一复杂的挑战，没有轻而易举或者一蹴而就的解决办法。"CSPI 的指导意见过于狭隘地关注食品广告，由此误导了公众。与此不同，卫生部长的报告就如何以一种平衡而全面的方式迎接挑战，给出了考虑周全的具体建议。报告还进一步呼吁所有的人，包括企业、个人、家庭、学校、政府和媒体共同携手合作，为这个国家的每个人带来更多的健康。我们接受这个挑战，并且已经准备就绪，愿意与所有有志于此、敢于担当的团体合作，找到能够真正解决问题的方法。

问 题

1. 根据利欧迪策的说法，什么是美国人拥有的最重要和最基本的权利，为什么？
2. 根据利欧迪策的说法，CSPI 的《指导意见》在哪些方面践踏了我们的"核心权利和特权"？
3. 利欧迪策根据什么认为 CSPI 的《指导意见》弄错了关于食品广告和儿童电视观看习惯的事实？
4. 根据利欧迪策的说法，CSPI 的《指导意见》在哪些方面进行了"荒唐的限制"？
5. 利欧迪策在文章中提到，CSPI 的《指导意见》忽视了一个事实，在为孩子购买和提供健康食品时，父母应当承担主要的责任，他这么说的意思是什么？
6. 利欧迪策建议食品和广告企业应当采取哪些措施去解决儿童广告与儿童肥胖的问题？

媒体如何影响你对当地、国家和世界事件及议题的意见?

大众传媒

要 点

289 | 美国的大众传媒
290 | 新闻媒体
296 | 科学报道
298 | 互联网
302 | 媒介素养：一种批判性思维的方法
305 | 批判性思维之问：大学生群体中的网络剽窃现象

斯沃斯莫尔大学的一群学生对有关伊拉克战争的媒体报道感到不满，他们认为相关报道内容过于狭隘，为此决定创办自己的广播电台。大三学生伊娃·巴伯尼是战争新闻广播电台的助理制片人，她说道："我们一直听到的是关于伊拉克的军事话题，甚至能够听到关于美国士兵的故事，却听不到伊拉克人自己的声音。我们想从伊拉克人的角度进行报道。我们感到主流媒体报道的许多事件确实缺少相关的历史和背景介绍。"

为了让观众更加清晰地了解伊拉克人如何看待战争，战争新闻广播电台的学生志愿者采访了亲身经历了战争的伊拉克民众，获取了大

想一想 >>

- 在美国，大众传媒和大企业集团之间的关系是怎样的？
- 新闻媒体有哪些局限性？
- 互联网在哪些方面改变了我们的生活？

斯沃斯莫尔大学的学生和指导教师正在为战争新闻广播电台准备故事，他们收集了伊拉克战争和阿富汗战争的第一手资料。

量的一手资料。为了达到这个目的，学生志愿者使用特殊的互联网软件来免费拨打国际长途电话。尽管他们的采访对象有限，只能是会说英语的或者能够找到翻译的伊拉克人，但是这些新闻报道依然触动了许多听众的心灵，比如一个父亲说她的女儿在某个美国军队检查点被枪击，还有一个伊拉克艺术家的工作之一就是给战争暴力画像。

斯沃斯莫尔广播电台的节目曾经获得了巨大的成功，美国一些大学和公共广播站都能够接收到。此外，世界其他地方的广播站也可以接收到。通过网址www.warnewsradio.org便可以收听。

斯沃斯莫尔广播电台节目的成功对相关媒体而言是有启发意义的，促使其他大学考虑着手类似媒体产品的制作。它也从某个角度说明了传统大众传媒存在的一些缺陷。与大多数大学里的媒体不同，大众传媒不能依赖于补贴和志愿者。大众传媒只有吸引大量的受众，找到赞助商刊登广告才能生存下去。大众传媒依赖于广告和发行量，因此它们需要取悦于赞助商和受众。

良好的批判性思维技能要求我们能够批判性地分析媒体信息。在第11章我们将介绍下列内容：

- 回顾美国大众传媒的历史
- 了解大众传媒对广告收入的依赖程度
- 掌握批判性地评价媒体新闻报道的技能
- 找到如何评价有关科学研究的报道
- 考察政府对新闻报道的影响
- 考察互联网对我们生活的影响
- 培养分析媒体图片的策略

美国的大众传媒

我们生活在一个信息爆炸的时代,每天都会接触到大量的信息。美国人平均每天大约要花9个小时来看电视、网上冲浪、打电话、阅读报纸和杂志,或者使用其他形式的媒体。尽管大多数人都声称自己会对听到的或看到的信息保持合理的怀疑,然而实际上我们被媒体欺骗的程度超出了自己的想象。因此,学习扎判性地思考从媒体上看到的、听到的或读到的信息是非常重要的。

大众传媒的兴起

20世纪40年代晚期,在电视机出现之前,广播和杂志是**大众传媒**(mass media)的主流形式,也就是用来影响庞大受众的传播形式。相比之下,**小众传媒**(niche media)是为了满足少数有特殊兴趣的人,比如养牛、园艺或汽车赛,或者是针对具有特定的人口统计或地理特征的受众,比如女性、非裔美国人或居住在阿拉斯加的人。

到1930年为止,一半的美国家庭都拥有一台收音机。在20世纪30年代到40年代,几家大型国家广播网络为全国听众播放新闻节目和娱乐节目。诸如《生活》《展望》和《星期六晚邮报》等发行量大的杂志也向广大公众传播信息。为了获取视觉新闻,人们会走进电影院观看每周的新闻短片。甚至在电视机问世之后(二战结束不久)的许多年里,也只有3家全国性的商业电台(即ABC、CBS和NBC),另外在某些地区还有几家当地的独立电视台。

在我们的文化中,大众传媒的不断增加已经改变了我们的生活。自从20世纪50年代以来,我们的经验越来越受掌控媒体的大企业而非上一代人所依赖的家庭和教育机构所影响。从另一个方面来说,假如没有这些大众传媒公司,我们就不会像今天这样,能够免费或以相对便宜的价格欣赏娱乐节目或了解新闻消息——包括新闻、消费者评论以及在线数据库。

当今的媒体

现如今,有线电视、卫星广播和互联网等媒体让我们眼花缭乱,不知如何选择。结果,观众或听众获得的信息日益碎片化。就电视而言,尼克频道的目标群体是儿童,MTV的目标群体是青少年和年轻人,美国有线电视台不断重播某些节目以吸引婴儿潮时代出生的人,福

广州的报刊亭:世界范围内共有大约20万种杂志,其中大部分是面向某个特定的小众群体。

美国人从哪里获取新闻?

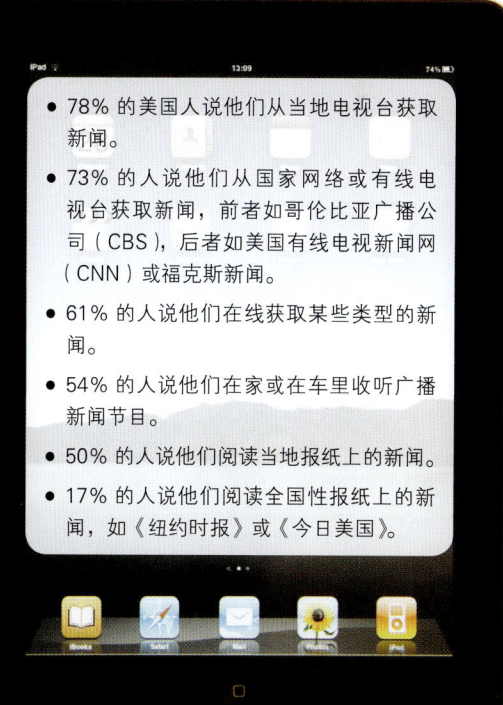

- 78%的美国人说他们从当地电视台获取新闻。
- 73%的人说他们从国家网络或有线电视台获取新闻,前者如哥伦比亚广播公司(CBS),后者如美国有线电视新闻网(CNN)或福克斯新闻。
- 61%的人说他们在线获取某些类型的新闻。
- 54%的人说他们在家或在车里收听广播新闻节目。
- 50%的人说他们阅读当地报纸上的新闻。
- 17%的人说他们阅读全国性报纸上的新闻,如《纽约时报》或《今日美国》。

http://www.perinternet.org/Reports/2010/Online-News/Summary-of-Findings.aspx?r=1

第11章 | 大众传媒 • **289**

克斯电视（Fox Television）的目标人群则是年轻的城市观众。甚至有24小时提供购物服务、天气预报、即时资讯的频道。诸如《滑雪》《连线》《岛屿》和《互联网世界》等杂志，以及许多广播电台属于小众媒体，面向特定生活方式的人群或少数族群。

此外，现在越来越多的美国人根据自己的政治立场来选择收听或收看哪些媒体。保守派的批评者常常指责具有自由主义偏见的新闻媒体，这种偏见已经得到有关研究的支持。比如，大多数的新闻媒体曾经支持民主党的总统候选人、堕胎权、更加严格的环境制度、减少军费开支。例如，在2008年的总统选举中，绝大多数媒体支持参议员奥巴马。

在我们可选择的新闻媒体剧增的同时，少数几家大型公司控制了新闻媒体。1983年，50家公司掌控着美国绝大多数的新闻媒体；而到了2010年，屈指可数的那么几家公司便拥有了美国大多数的新闻媒体产业。这几家公司分别为通用电气、华特迪斯尼、美国在线时代华纳、传媒大亨默多克的新闻集团、考克斯通讯公司、哥伦比亚广播公司和赫斯特集团。《新媒体垄断》（2004）一书的作者贝戈·蒂克安认为，与其说这些媒体企业丰富了媒体的多样性，给民众提供了更多的选择，倒不如说他们形成了垄断集团，互相合作，促进了贪婪和保守的政治价值观。例如，华特迪斯尼的企业价值观在倡导传统家庭观和性别刻板印象的电视节目和电影中得以显现，同时在华特迪斯尼自己的产品中也有所体现，比如玩具、衣服、家庭游船和主题公园。因此，一档电视节目、一本杂志或一份报纸的内容在很大程度上受公司所有者的兴趣和价值观的支配。

除了通过自己的产品来影响公众之外，新闻媒体公司还试图直接影响公共政策的制定，比如它们每年会为国会竞选活动投入巨资，在游说活动中的花费甚至更多。举个例子，电视、电台和无线网络都要依靠空中无线电频率来传送和接收信息，媒体说客正在试图劝说国会推进空中无线电频率私有化，而空中无线电频率目前是由政府通过联邦通讯委员会管理的。这对联邦通讯委员会造成了一定的压力，导致政府在过去几十年里趋于放松管制。

除了媒体公司控制空中无线电频率之外，其他企业通过大众媒体中播放的广告来影响公众。企业可以在电视或电台上的广告时段播放广告，也可以在报纸、杂志或网络上的广告版面刊登广告，但要向媒体公司付费。没有其他大企业的资金支持，媒体公司无以为生。因为广告商向媒体公司付钱，所以公众才可以"免费"观看电视节目或收听电台节目。作为交换，观众或听众必须接受广告。如果一档节目没有吸引公众的注意或者一本杂志的发行量不足，那么赞助商就会撤销广告，媒体公司就会亏损，最终这档节目或这本杂志会倒闭。因此，留住广告商是媒体公司最为关心的问题。

新闻媒体

根据皮尤研究中心的《2013年新闻媒体现状》报告，报纸、杂志和电视新闻的影响力在2000年达到顶峰之后下滑了30%。新闻报道的减少，一部分原因来自新闻产业面临的经济问题和裁员。电视台削减了高达50%的新闻报道，而体育、天气和交通的报道则占据了40%的内容。这些问题由于受众的减少还在不断加剧。几乎三分之一的人已经放弃了特殊的新闻发布机构，因为它不再提供他们过去习惯获取的新闻报道和信息。报纸和杂志也随着电子媒体和社会网络的发展而遭到缩减，后者正日益成为大众的新闻来源，特别是年轻人。

在过去的几十年中，新闻媒体发生的另一个变化是，关于政府事务和外交事务的报道越来越少，转而倾向于报道有关娱乐、生活方式和名人丑闻等方面的信息。因此，虽然从表面上看美国人获取信息的渠道在不断增加，但实际上他们所了解的信息与20年前没有多大差异，在某些方面甚至更少。皮尤研究中心开展的民意调查结果显示，在1989年，74%的美国人能够认出副总统，而到了2007年，只有69%的美国人能做到这一点。同时，美国人也开始对新闻报道覆盖率的可靠性产生质疑，因为新闻越来越倾向于报道"娱乐资讯"而非信息。

世界传媒大亨鲁伯特·默多克出生于澳大利亚，是福克斯频道的所有者，他于2007年购买《华尔街日报》和几家新英格兰小报，这一事件导致公众们担忧新闻报道会日益转向保守派立场。

新闻报道的可靠性

新闻媒体几乎总是声称自己对当地、国内和国际的新闻事件进行了客观而真实的报道。除了向公众传递信息，新闻媒体在披露政府和大财团丑闻的过程中也发挥着关键的作用。新闻主编兼记者艾达·塔贝尔（1857—1944）揭露了约翰·洛克菲勒所有的美孚石油公司的垄断行为，因而联邦政府对此进行了调查，1911年美国最高法院最终裁定将美孚石油拆分。20世纪70年代初，《华盛顿邮报》的鲍勃·伍德沃德和卡尔·伯恩斯坦在揭露1972年水门事件的政治丑闻中起了关键作用，直接导致尼克松总统在1974年下台。2005年，在卡特里娜飓风期间和之后，新闻网络将全体民众的注意力引向了美国当局对重大自然灾害的准备不足，并指出制度性种族歧视在一定程度上仍然存在。这些事例表明，新闻媒体在向公众传递重要信息方面作用强大。

尽管媒体提供了许多有价值的新闻线索，但是仍然有很多美国人认为"与其说媒体报道新闻，倒不如说媒体制造新闻。"1985年，皮尤研究中心开展的一项调查发现，只有56%的美国人认为，新闻机构通常会直接提供一手资料。到2002年，该数字已经降至35%，更加凸显了公众对新闻媒体的信任度不断降低。

> **1985年，皮尤研究中心开展的一项调查发现，只有56%的美国人认为，新闻机构通常会提供一手资料。到2002年，该数字已经降至35%，更加凸显了公众对新闻媒体的信任度不断降低。**

与其他类型的大众媒体一样，新闻媒体的目标不仅仅是向公众传递关键信息，使公众了解关键问题，而且还会选择能够吸引大多数人的事件，并以一种引人入胜的方式来呈现，如此我们才会被吸引，观看那些赞助商的商业广告。

一直关注新闻或大部分时间关注新闻的成年人比例

年龄	比例
18-29	35%
30-49	56%
50-64	65%
65+	70%

哗众取宠与新闻娱乐化

媒体选择新闻故事经常考虑的是其娱乐价值而非其新闻价值。大多数人更喜欢感人的故事、真实的犯罪故事或灾难性故事，而不是对国内外大事的批判性分析。因此，报纸在大多数时候会占用大部分页面包括头版头条来报道关于英勇救人、名人丑闻、儿童绑架、飞机失事、自然灾害和恐怖谋杀案的故事。

人们倾向于对难忘事件形成错误认知，即人们的思维容易夸大轰动性事件（常常是恐怖事件）的重要性，新闻评论员和新闻记者正是利用这一点来吸引观众的注意力。例如，在1999年科罗拉多州哥伦比亚高中发生的枪击事件中，14人被杀，这一备受瞩目的学校枪杀案给人们留下了错误的印象，使得许多人认为在美国此类枪杀案十分泛滥。弗吉尼亚理工大学2007年发生了震惊全美乃至世界的校园枪击案，造成33名师生丧生，这次"大屠杀"强化了人们的这一错误印象。

由于我们更倾向于记住轰动性事件，因此我们逐渐认为这些事件发生的频率很高，而事实上很少发生。相反，主流新闻媒体很少报道持续存在的问题，比如全球变暖、歧视和贫穷。出现这种现象的主要原因在于，对此类问题进行深入而全面的调查要花费大量的时间和金钱，成本远远高于派一组人去报道某个灾难现场。

追求轰动效应的娱乐新闻正被贫嘴的电台节目主持人带向极端。联邦通讯委员会确实有权力管理和审查媒体中过于露骨的新闻素材，但是冒失无礼的种族歧视和性别歧视的言论已超出了政府管理机构设置的下限。然而，公众和媒体公司的赞助商可以对电台播放什么或不

在2010年毁灭性的海地地震之后，新闻栏目在灾难发生后数周仍然密切关注海地，因为如此之多的人迫切需要援助。

播放什么施加影响。2007年4月，节目主持人唐·伊姆斯在节目中无缘由地将罗格斯大学女子篮球队称为"卷毛妓女"，这引起了广大公众的强烈抗议，并导致最大的广告商撤资。因此，哥伦比亚广播公司和微软全国广播公司同时宣布取消该档节目。在此之前，伊姆斯主持的节目在全国各地的电台和电视同时联播。有些人非常支持广播公司的决定，但也有人指责此举是对媒体言论自由的恶意打击。因此伊姆斯又回到广播电台主持谈话节目。

新闻中的偏差

除了选择那些能够吸引大量受众的故事之外，带有偏差的新闻报道也是吸引我们的一种方式。记者也许会通过夸大某些细节、忽略或贬低他人的方式使受众觉得故事更加有趣。新闻组织同时也需要让赞助商乐于继续提供资金支持。因此，新闻组织一般不会播放或出版疏远或冒犯听众、观众和赞助商的故事。正是由于这一点，我们所接收到的新闻信息往往是片面的。

新闻报道中存在的另一种偏差是性别偏差。尽管女性新闻主播越来越多，但通常情况下，新闻报道仍然是从男性的角度出发的。"生活方式"故事的特例除外，男性作为消息来源的数量是女性的两倍多。卓越新闻项目对45家新闻机构的研究发现，报纸是最有可能在每个故事中引用女性作为信息来源的媒体，而有线电台则是最不可能的媒体。

新闻媒体也会利用其他的文化偏差，比如年龄偏差和人们对变老的恐惧心理，来引起人们的注意。比如，《新闻周刊》2006年的一期标题是"让皮肤保持年轻的新秘密"。事实上，这篇文章没有任何新"秘密"，仅仅是常识性建议的老调重弹，比如涂抹防晒霜和润肤霜，同时也提到了让皮肤看起来更年轻的外科手术。

新闻分析的深度

正如本章前面提到的，大多数人对轰动的新闻事件更加关注，比如令人发指的犯罪故事或知名人士的丑闻，而对当下时政的深度分析则不太感兴趣。尽管有些新闻节目，比如美国国家公共广播和英国广播公司国际频道会做一些深度分析，这两家都是由政府提供资金支持的广播网，不依赖于广告收入，不过美国国家公共广播确实接受一些广告收入，但总的来说，新闻媒体很少对新闻事件进行批判性分析。相反，由于新闻媒体需要维持或提升自己的收视率或收听率，因此会努力迎合普通观众的口味。除此之外，许多美国人注意力的持续时间很短，很容易被竞争性行业所吸引，比如手机、互联网和视频游戏。也有不少人对某个问题的深度分析缺乏兴趣或理解能力。因此，即使是非常重要的新闻事件，对其内涵的分析讨论通常也是以很短的篇幅呈现。

一味地追求简洁不仅导致观众或读者无法洞察问题的本质，而且图像和发言人的评论也脱离语境，或者忽略了某些重要信息。正如你在"图片分析：新闻媒体中的刻板印象和种族歧视"中所看到的，图片的文字说明也可能具有误导性，不经意地助长种族歧视和其他的消极刻板印象。在这些例子中，我们经常对图片的原始情境或发言人的意图一无所知。

在2000年的总统选举中，共和党候选人乔治·W.布什讲了一个政治色彩的商业笑话，说副总统阿尔·戈尔声称自己发明了互联网。因为这种说法不准确，所以共和党从来没有播送过这条商业广告。尽管如此，戈尔宣称自己发明互联网的事情还是受到了新闻媒体的疯狂炒作，这些媒体甚至从未查证戈尔说这话的原意或当时

一些人认为恶搞模仿共和党副总统候选人萨拉·佩林的喜剧演员蒂娜·菲是真正的佩林。

独立思考

爱德华·默罗，广播记者

爱德华·R.默罗是新闻播音的先驱和传奇人物。他于1908年生于北卡罗来纳州格林斯伯勒，父母是贵格会教徒，他本人就读于华盛顿大学演讲专业。1935年，默罗加入哥伦比亚广播公司（CBS）。当时的哥伦比亚广播公司还没有新闻播音员。二战期间，默罗去伦敦为CBD报道战争。他不是依赖于假设、传闻证据或政府发布的新闻，而是雇佣和训练了一队通讯员来协助他。默罗对伦敦在战争期间发生的事件进行了准确而深入的报道，这为优秀的新闻建立了高标准。

1951年，默罗转向电视。他擅长批判性地分析问题和事件，有一种不陷入认知错误或群体思维的能力，持续地让他的职业生涯大放异彩。20世纪50年代，他在对抗麦卡锡及其红色恐慌中展现出伟大的正直和勇气。默罗始终让公众了解正在发生的事情，尽管这让他频繁与CBS的主管和节目的赞助商发生冲突。默罗的新闻报道促进了麦卡锡主义的衰败。默罗还利用他的新闻节目来倡导民主理念，诸如言论自由、公民参与以及追求真理。

默罗于1961年离开CBS，在肯尼迪总统的邀请下担任美国新闻署署长。他的烟瘾很大，于1965年死于肺癌。然而，他作为批判性思维楷模的传奇故事和典范仍然留存在人们的记忆中。2005年的电影《晚安，好运》记述了默罗在麦肯锡时代的职业经历。

讨论问题

1. 想一想最近重要的国家事件或国际事件，比如反对恐怖主义的战争。比较现在的新闻播音员对这一事件的报道与默罗对麦卡锡主义的报道。
2. 参考你在上一个问题中选择的事件，讨论如果你是新闻播音员或记者，你会如何报道该事件，时刻记住如果你失去了赞助商，你将失去表达观点的媒介。

的语境。事实上，戈尔从未声称自己发明了互联网。相反，他曾经在1999年的一个访谈中提到"我在美国国会任职期间，我倡议创建互联网"。这一言论的语境是，戈尔作为国会议员和副总统在积极促进互联网的发展，以及帮助互联网的发明者们将互联网发展到今天这种程度做出过一些贡献，而不是作为一名科学家或发明家。

由于时间限制，编辑和新闻播音员必须决定采纳哪些故事，忽略或缩短哪些故事。新闻事件还必须能够抓住观众的注意，而相比国内外新闻，观众往往对体育运动和天气更加感兴趣。电视新闻节目更是如此。在美国，一档典型的时长半小时的地方新闻节目，用于报道美国外交政策的时间仅仅38秒，包括伊拉克战争这类大事件，而相比之下，报道体育和天气的平均时间是6分21秒。

由于财政预算有限，以及需要在其他新闻机构之前

你知道吗？

在美国，一档典型的时长半小时的地方新闻节目，用于报道美国外交政策的时间仅仅38秒，包括伊拉克战争这类大事件，而相比之下，报道体育和天气的平均时间是6分21秒。

很多美国人对新闻的深度分析不感兴趣，而且很容易受手机和视频游戏的吸引。

播放最新消息以保持收视率，新闻媒体往往从政府或企业召开的新闻发布会或公开的新闻稿中获取信息，很少自己做调查报告（自己做调查花费较高，而且耗时较长）。然而，从新闻稿中得到的信息可能会过于简单或带有偏见，目的在于强化新闻发布会所塑造的形象。2002—2003年期间，在宣传入侵伊拉克的过程中，美国媒体在缺乏全面调查的情况下，仅以政府提供的新闻稿信息为基础，便报道美国已经在伊拉克发现制造生化武器的移动实验室。结果却表明，这条信息是错误的，而且现在人们普遍认为这条信息是美国政府官员故意散布的假情报，目的在于获取公众对攻打伊拉克的支持。

除了对外发布新闻稿之外，政府官员也可能邀请精心挑选的记者来参加新闻发布会，那些可能会提多余问题的记者则被排除在外。此外，不允许其他记者跟进提出问题。为了成为受欢迎的记者，他们必须小心谨慎，不能冒犯政府方面的消息源或公司的赞助商。因此，记者在批评消息来源、出版或播放可能会得罪消息提供者的内容时需要再三考虑。

政府部门还会支付给记者一些钱以推进某些政治议程——也就是所谓的"花钱能使鬼推磨"（pay to sway）。美国卫生和公众服务部从联邦基金中拨付4万多美元给合众国际社专栏作家麦琪·加拉赫尔，旨在她的专栏中推进《婚姻保护修正案》，该项法案将婚姻限制为一个男人和一个女人的结合。《纽约时报》《华尔街日报》和《华盛顿邮报》等报纸上都有麦琪的专栏。美国教育部支付给阿姆斯特朗·威廉24万美元，让他宣传总统乔治·W.布什的教育措施，比如"不让一个孩子掉队"。诸如此类的事件，连同政府对于向新闻界发布信息或虚假信息的控制，使得我们开始质疑新闻界是否有能力担当政府监督者这样的角色。

政府人士也可能出于政治意图向新闻媒体泄露敏感信息。2003年，美国前外交官约瑟夫·C.威尔逊四世向媒体透露，布什政府为了证明对伊拉克发动战争的正当性，歪曲了关于伊拉克

前白宫新闻发言人罗伯特·吉布斯在做新闻简报。

在卡特里娜飓风发生后的新闻报道中,美联社刊登了一张新闻图片(左上),图中一个黑人从一家商店带着货物趟过洪水,图片说明这样写道:"在路易斯安那州新奥尔良市,一个年轻人在抢劫杂货铺之后带着货物穿过齐胸深的洪水。"美联社的另一张图片(左下)是两个白人带着货物趟过洪水,而这幅图片的文字说明却是:"在路易斯安那州新奥尔良市,两名居民在当地一家杂货铺发现面包和苏打汽水后带着这些东西穿过齐胸深的洪水。"换句话说,作者在描写白人时用了"发现"这个词,而在描写黑种人时却用了"抢劫"。

分析图片

媒体中的刻板印象与种族歧视 除了使用图片和脱离语境的引文外,新闻媒体也会不经意地通过描述性语言来操纵观众的知觉。在 2005 年卡特里娜飓风发生后的新闻报道中,有两幅描绘人们从商店携带货物涉水的图片,有些读者就抱怨图片的文字说明体现了种族偏见。

讨论问题

1. 如果真的存在种族偏见,讨论这两幅图片的文字说明是如何体现种族偏见的。
2. 从杂志和报纸上找出配有文字说明的图片。讨论文字说明是否带有某种偏见。如果存在某种偏见,请解释其中的原因,并使用中性语言重写一遍。

疑似拥有大规模杀伤性武器的情报。美国副总统迪克·切尼的前高级助理刘易斯·利比对这项指控感到非常愤怒（有人宣称是奉上级命令行事），向媒体泄露了威尔逊妻子的名字——瓦莱丽·普莱姆，她是中央情报局的秘密特工，如此一来，不仅她的秘密身份受到威胁，而且有可能遭受来自她曾应付过的外国的迫害。

近来，一位前国家安全局官员向媒体透露了一则关于非法窃听项目的信息。如果某个团体被怀疑与恐怖组织有联系，国家安全局可以在未经特别法庭许可的情况下，对该团体的国际电话进行窃听。这则信息的披露引起了一场轩然大波，白宫被指控滥用权力秘密监视美国人的生活。

证实偏差

信息源的不断增加，以及吸引和保持观众兴趣的需要促使各家媒体通过调整报道来尽力吸引特定观众。仅仅通过对信息或接受采访的专家进行筛选，新闻媒体的报道就会有失客观、出现偏差。

皮尤研究中心发现，新闻观众变得越来越极端和"政治化"。美国福克斯新闻是一档保守的新闻节目，其观众更有可能是共和党和保守派。而民主党人和无党派人士更喜欢看美国有线电视新闻网。与此一致，2005年美国广播公司报道，据《华盛顿邮报》民意调查显示，在观看福克斯新闻的电视观众中，67%的人认为基地组织与萨达姆·侯赛因有联系。而在从美国国家公共广播获取信息的听众中，该比例仅占16%。美国国家公共广播是一个政治倾向相对自由的广播网。根据政治倾向来选择信息来源会导致证实偏差。新闻节目既没有为我们提供最新消息，也没有挑战我们原有的偏见，仅仅证实了我们以前持有的观点和偏见，如此一来，便会阻碍我们成为批判性思维者。

即使新闻播音员如实地报道他们所获得的新闻消息，不做任何评论，这也并不意味着他们是客观的，或者说就公众利益来看，他们选择报道的新闻事件是最重要的。作为批判性思考者，我们不能想当然地认为，新闻媒体会不偏不倚、公平公正地报道问题或事件。相反，在认可某个新闻事件准确无误之前，我们需要询问信息来源的可靠性和可信性。我们也要牢记，媒体报道哪些新闻在很大程度上是由吸引广告商和观众兴趣的需要所决定的。

科学报道

尽管我们大多数人会对从电视上看到的或报纸上读到的新闻保持怀疑，但耶鲁大学的一项研究却发现，当涉及科学发现和假设时，人们往往信以为真。我们倾向于相信这些信息是真的，仅仅因为我们读到的内容被称为"科学"。然而，这种信任有时是错误的。

科学发现的歪曲报道

大多数记者没有接受过科学方面的训练，在报道科学研究的结果时有时会出错。有些记者也许会为了吸引更多的观众而有意曲解科学发现。1986年，《新闻周刊》有一期封面的标题为《大龄女性：理想伴侣难寻觅？》，这则封面故事是基于耶鲁大学和哈佛大学社会学家完成的一项关于婚姻模式的科学研究而写。根据这项研究，接受过大学教育的35岁白人单身女性找到理想伴侣的几率只有5%，而40岁以后，这一几率降到了2.6%。《新闻周刊》的文章报道"那些40多岁的女性被恐怖分子杀害的几率也比她们找到伴侣的可能性大；她们结婚的可能性只有可怜的2.6%。"

原来的研究中并未涉及恐怖分子部分，这只是记者为了哗众取宠、取得轰动效应而采用的夸张手法。而且，记者根本没有将这一研究结果与其他的调查和研究进行核实。实际上，根据美国人口普查局的数据，1986年40

媒体有时为了追求轰动效应会曲解科学发现，就像1986年的一则40岁的女性结婚几率的故事中所发生的那样。

岁女性——甚至是有大学背景的白人女性——结婚的概率要高得多，总人口中是 23%。尽管如此，《新闻周刊》的文章对美国人有极大的影响，从而使那些原本希望终有一日能够结婚的大龄知识女性深感焦虑、失去信心。这一事例表明，新闻媒体对我们的想法和感受有很大的操纵能力。

如果媒体将科学假设作为事实而不是预感或假设进行报道，科学发现也会被夸大或误传。2003 年，天文学家发现一颗大行星——行星 2003QQ47。科学家们估计，这颗行星于 2014 年撞击地球的几率不足百万分之一。新闻媒体立即抓住这一新闻进行大肆宣传，有些媒体打出了极为醒目的标题，比如"2014 年 3 月 21 日，世界末日"和"地球即将毁灭"。

媒体出现偏差的另一个原因是，记者根据文化规范与自身的偏见，包括种族偏见和性别偏见，来解读科学发现。在关于人类进化的报道中，我们直接的祖先克鲁马努人过去通常被描述为白皮肤、金发碧眼和富有创造力，而尼安德特人则被刻画成黑皮肤、黑头发、粗野的洞穴人。实际上，我们并不知道任何一种早期人类皮肤和头发的颜色。在一些科学类节目中，性别偏见也很明显。如 2006 年《探索频道》有一期题为《人类的崛起》的报道，节目内容的性别偏见比标题更加明显。在报道中，男人总是被描绘成在人类进化中占据着重要的地位，发明了火，创造了工具、农业以及艺术；而女性仅仅是个小角色。其实，科学家们并不知道到底是男人还是女人创造了这些发明和进步。更确切地说，是媒体强加给了观众这种偏见。

记者们也许会简化科学报告或报告结果来最大程度地产生影响力和吸引观众。比如，《洛杉矶时报》报道了由哈佛大学研究者进行的一项关于代人祷告（代替别人做的祷告）在治愈心脏分流术病人中的作用的报告，标题为"迄今为止规模最大的研究表明，祈祷对治愈心脏病无效"。然而，这个标题是带有误导性的，因为这项研究仅仅是针对某个特定类型的祷告者——由一群陌生人代替别人做祷告，并没有研究由病人自己祈祷或由病人的朋友或亲属代为祈祷所起的作用。（要了解关于祈祷的研究摘要以及对实验设计的评价，请参见第 12 章。）

除此之外，媒体在报告科学研究时还会重点强调其有争议的方面。比如，在对干细胞研究进行报道时，媒体通常集中于使用胚胎干细胞进行的研究，而忽视那些不使用胚胎干细胞的研究结果。于是，留给公众的印象便是干细胞研究总是要依赖于流产的胚胎。

政府影响和偏差

由于许多记者依赖于新闻稿，所以科学报告也许会被歪曲以支持政府制定的政策和大公司的利益。20 世纪 80 年代，二恶英的危害成为公众日益关切的事情。二恶英是用于除草剂中的一种高度致命的化学物质。比如橙剂，是美国在越南战争中投向森林地区的落叶剂，用于破坏植被，使敌方士兵失去藏身之地。二恶英也是一些工业化学过程的副产品。1991 年，《纽约时报》根据政府报告写了一篇报道，标题为"美国官员表示二恶英的危害言过其实"。这篇文章声称，"现在有些专家认为，暴露于二恶英的危险只不过相当于晒一周的日光浴"。其实，这篇文章列举的一些事实是错误的，二恶英远比日光浴的毒性要大，但是记者却没有开展充分的调查来揭露这些事实。

科学报道可能在无意间制造种族和性别刻板印象。

如果是由政府资助的科学研究，那么科学家在向公众报告研究结果时就会承受一定的压力，他们不得不考虑报告要符合某项政治议程。美国环境保护署的科学家就全球变暖的范围、程度以及工业在引发或加快全球气候变化中的作用开展过专项研究，白宫就曾经出面干预，弱化甚至删掉研究报告中的部分章节。2004 年，美国宇航局的科学家詹姆斯·汉森是全球变暖问题的世界级领先专家之一，他对外公开，白宫修改了他和其他科研者的研究报告，而且限制了他的谈话对象。由于媒体主要从新闻稿获取信息，而不是自己进行调查性报道，因此，多年来媒体一直在淡化全球变暖的程度。

对科学报道进行评价

科学报道与一般的新闻报道不同。对于一般的新闻报道，我们通常无从得到主要的信息来源，而对于科学报道，我们往往可以通过查阅科学研究的原始资料来评估某一事件的可信度。在评价大众传媒中的科学报道时，首要的一步是确定谁得出的这一论断。是记者，还是记者引用了该领域内某个科学家或其他专家的话？此外，记者是直接引用专家的话，还是对科学家们的发现进行阐释或修饰，就像1986年《新闻周刊》对单身女性与婚姻之间关系的报道。

为媒体提供消息的人的资质如何？他（或她）是否就职于知名度高的大学、研究实验室或其他可靠的组织？还是他在正讨论的科学领域几乎没有任何知识背景——他是一个宗教领袖、演员、小说家、政治家或者是占星家？除此之外，我们还应该打听清楚记者的资质。提供信息的人也许是可信的，然而，记者自己也许缺乏必要的科学知识背景，从而无法准确地对研究结果进行概括与解释。

一份全面的科学报道应该注明该研究或文章首次发表的科学刊物名称。它是一份可信度高的刊物吗？也就是说，该刊物在发表重要的研究发现之前，需要同行评议吗？即由其他有资质的科学家对研究结果进行确认。如果你对这篇报道有任何疑问，你可以在图书馆或图书馆的在线数据库查阅许多期刊。同时，如果你想获得一个更加均衡的观点，可以看看该领域的其他专家对这一科学发现做出怎样的反应。比如，与媒体的报道相比，科学家更

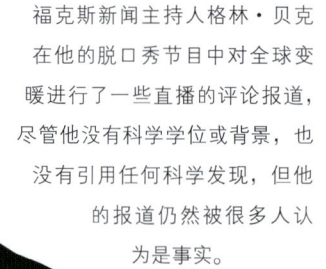

福克斯新闻主持人格林·贝克在他的脱口秀节目中对全球变暖进行了一些直播的评论报道，尽管他没有科学学位或背景，也没有引用任何科学发现，但他的报道仍然被很多人认为是事实。

桑贾·伊古普塔博士是一位受欢迎的电视明星，同时也是神经外科医生和埃默里大学医学院的神经外科助理教授。这些资质让他很好地胜任CNN的首席医学记者。

加关注全球变暖问题吗？

最后，问问你自己，媒体报道自身是否存在偏见？记者所代表的媒体是否要推进某一特定的政治议程，从而促使他夸大科学发现的某些方面，而对其他方面却轻描淡写甚至置之不理？请记住，记者不仅需要尽可能地吸引观众，而且需要避免触犯他的老板和其他有权势的利益集团。

总的来说，媒体有时会误报或歪曲科学发现。也许是因为记者在准确概括科学研究方面缺乏必要的训练。除此之外，有些媒体机构倾向于过分强调科学研究的某些方面而忽视其他方面，或者将某些推测或观点包装成事实，从而对科学研究进行炒作。政府和企业等外部的利益集团也会影响科学发现被报道的方式。作为批判性思维者，我们在解读大众传媒中的科学报告时需要注意这些问题。在第12章中，我们将对如何评价科学假设和研究做更多的介绍。

互联网

20世纪90年代被称为"互联网的十年"，万维网、电子邮件和电子商务都爆炸性增长。自从2000年以来，美国使用互联网的人数几乎增长了三倍。截至2009年，全球有超过18亿人口都是互联网用户，其中北美人占76.2%，欧洲人占53.0%，亚洲人占20.1%，而且非洲和中东地区使用互联网的人数增长速度最快。互联网给全球通信和我们的日常生活带来的普遍影响是不可估量的。

世界范围内，从2000年到2009年互联网的使用量增加了400%。

互联网对日常生活的影响

美国的互联网用户每天的在线时间平均为3个小时。根据2007年美国秋季新生调查的结果，现在大学新生网上冲浪的时间比学习时间更长。人们可以在网上购物、办理银行业务、购买音乐会门票或电影票、做研究、玩游戏、赌博、下载音乐，甚至不用走出家门就可以获得大学学位。要了解更多有关大学生在线赌博问题，请参见第4章。

互联网不仅创造了一些新的职业，比如软件工程师，而且可以让学生和其他求职者知道能够从事哪些工作以及在线投简历。我们可以在网上获取想了解的所有信息，还可以观看电影、阅读书籍，从而使其他形式的大众传媒日益衰微，比如电视、广播和印刷书籍。因为互联网对我们的生活和决策有着深刻的影响，而且其影响越来越大，所以学会批判性地思考那些从互联网上看到的、听到的和转发的信息是非常重要的。在第4章，我们考察在网上做研究时，评价了网络信息来源有效性的不同标准。在下面的内容中，我们将会考察网络对我们社会生活和政治生活的影响。

社交网站

互联网正以重新塑造年轻人社会动力的方式影响着他们的日常生活。Facebook和Twitter等社交网站正在以惊人的速度增长。用户在这些网站上发布大量的信息、图片、故事、个人日记和音乐等，其他用户可以浏览观看。Facebook是其中最流行的网站，全球用户超过4亿。据调查，86%的大一新生每周都会浏览社交网站，其中19%的人每周浏览这些网站的时间超过6小时。

希望与别人交流当然是非常好的。但是，良好的沟通技能需要我们事先对发出的信息进行辨别和思考：我们发布的消息传达了什么样的信息？我们发布的帖子，不管是言语的还是非言语的（或图片），表达了怎样的态度和感受？

比如，社交网站上的某些个人资料信息里面包含学生们的淫秽图片，或者是他们参与诸如吸食大麻等违法活动的照片，以及一些恶意诋毁教授和其他人的评论。一些在网站上发布个人信息的年轻人的判断力和批判性思维技能成为一个严峻的问题。尽管我们发布这些帖子的本意是想告诉同伴自己很幽默或者敢于对抗权威，但是学校领导、未来的老板却会将这些信息误读为我们是不负责任的、卑鄙的。

在发布信息时，我们需要考虑谁有可能看到这些信息，不管是有意的还是无意的。虽然Facebook主要是为大学生设计的，而且用户有很大的权限决定谁可以访问自己的网站，但是互联网毕竟是大众媒体的一种。就其本身而言，公众都可以浏览。事实上，近来Facebook对任何人都是开放的，而且在其6400万用户中，有一半以上是校外人员。在2008年的总统选举中，奥巴马的支持者利用社交网络鼓励年轻人走出校门，为自己支持的候选人投票。

许多学生认为，自己的个人信息是保密的。然而，已经有几个大学生因为发布关于诋毁某个教授的言论、种族歧视言论或威胁要杀掉某人的帖子而被开除。越来越多的雇主开始在这些社交网站上浏览求职者的个人信息，以此作为核实其背景的一种方式。有时这些信息不利于大学毕业生的求职。这些学生在发布信息之前缺乏批判性的思考，无异于在实现自己人生目标的道路上设置了障碍。警察也开始在社交网站上查阅个人相关信息，以此作为执法的手段。布莱恩特学院的大三学生乔舒亚·利普顿开车撞了两辆车，而且其中一个司机受重伤。几天后他在Facebook的个人主页上传了一张自己身穿囚服、伸舌头讥笑的照片。而这张照片后来在审判中被用

在社交网站上发布信息时考虑的要点

- 我发布信息的目标或动机是什么?
- 谁是信息的受众?在你的答案中要既包括有意的受众也包括无意的受众。
- 信息中要传达什么含义?
- 在言语信息或非言语信息中传达了什么样的感受或态度?
- 发布的信息是否让我离生活目标更近了?

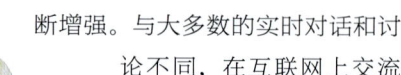

作了他对自己的行为毫无悔过之意的证据。在发生事故时,利普顿血液中的酒精含量是法定界限的两倍多。

作为批判性思维者,你需要认真研究社交网站,学会如何使用它们。在发帖之前,你需要三思而后行。看似笑话或开玩笑的帖子,也许最终会导致一个人被学校开除,或者被梦寐以求的工作拒之门外。

被称为"伟大平衡器"的互联网

由于其便利性,互联网被誉为"伟大的平衡器",以及"迄今为止,人类发明的参与度最高的大众发言形式"和"自实行普选以来人类民主最伟大的进步"。在2008年的总统选举中,www.presidentblog2008.com 网站在传播和讨论有关候选人及其立场的过程中发挥了非常关键的作用。在健康的民主制度下,自由和开放的信息传播是很重要的。传统的大众传媒往往是由少数几个大企业控制的,而互联网则不同,它不受集中控制。除此之外,互联网与电视也不同,电视是单向交流,而互联网则对所有人开放,任何人都可以上网。任何可以上网的人都能够互相交流观点,而且他们发布的信息,全球的人都可以看到。美国前副总统阿尔·戈尔在他的《攻击理性》一书中写道:

> 互联网也许是重建一个开放的交流环境的最大希望。在这样的环境下,民主对话可以蓬勃发展……互联网不仅是传播真相的另一个平台,它更是追求真理、分散化创新和传播新想法的平台……

随着机会的日益增多,我们作为批判性思维者和民主社会参与者的责任感也不

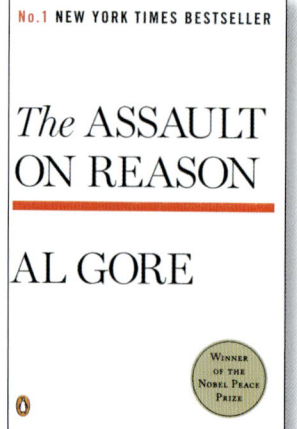

断增强。与大多数的实时对话和讨论不同,在互联网上交流观点使我们能够有时间对他人论证前提的可信度进行批判性地分析和研究,同时我们还可以做出逻辑性强、有可信证据支持的回应或反驳。

互联网也有可能会彻底改变上过大学和没上过大学的人之间不断扩大的经济差距。近年来,高等教育在节省费用方面取得的一个进步便是在线课程的使用,以及互动式的在线小组研究和讨论。比如,网络大学的学费还不到一般私立大学的一半。互联网不仅使更多低收入家庭的孩子能够接受更高的教育,而且使更大范围的人能接受更高水平的教育,包括远程学习者,以及那些因为身体健康、工作或家庭责任而不能去学校上课的人。

互联网不仅使更多低收入家庭的孩子能够接受更高的教育,而且使更大范围的人能接受更高水平的教育,包括远程学习者,以及那些因为身体健康、工作或家庭责任而不能去学校上课的人。

互联网在很大程度上为学习、分享和讨论思想提供了公平的环境,但是它也有消极的一面,给侵犯他人隐私、骚扰、欺骗和恐吓他人制造了新的机会。作为批判性思维者,我们在使用互联网时需要对其风险有充分的认识和了解。不道德的人可以通过互联网数据库窃取我们的私人信息,比如信用卡或社会保险号码。黑客,甚至更糟糕的是网络恐怖分子,会蓄意破坏或修改商业、教育和政府档案。除此之外,有人利用网络技术向无数网民散播破坏性的计算机病毒或发送骚扰性或欺诈性的电子邮件。最后,正如我们在第4章中所提到的,网络上充斥着不良的或有偏见的网站。无论是谁,只要想创建网站,都可以实现。尤其是在聊天室和个人网站上,经常有人发布一些他们想要散布的带有偏见的议题或观点。为此,作为批判性思维者,我们在使用互联网信息时务

行动中的批判性思维

越过你的肩膀：监视员工使用互联网

大约80%的员工表示，上班期间平均每天都要花费1个小时使用互联网处理个人事务，包括浏览色情网页、购物、赌博、下载文件和发送电子邮件。这不仅导致生产率的下降，而且也带来很大的风险，比如安全漏洞、无意下载了病毒、蠕虫病毒和间谍软件。除此之外，同事们也会接触到暴力色情作品，在一项调查中，40%的员工表示，他们曾经看到过同事在浏览色情网站。大多数的被访者反映自己曾遭受过这类侵犯。

尽管有法律规定，禁止雇主秘密监视员工，但法律也有例外，即当员工使用公司所有的设备时，比如电脑。根据美国一家管理协会的报告，超过80%的公司监视员工使用互联网的情况，一半以上的公司会追踪和审查员工的电子邮件。大多数公司（但不是所有的）会向员工告知有关监视的制度。通过告知不允许员工使用互联网处理个人事务，由于观看其他员工互联网网站上的色情作品而引起的性骚扰事件大大减少，雇主也不再为此苦恼。反对监视员工使用互联网的人认为，这不仅侵犯了员工的个人隐私权，而且也没有提升员工的生产效率。

讨论问题

1. 讨论支持或反对监视员工使用互联网的观点。
2. 雇主、互联网服务供应商和无意下载的间谍软件都可以追踪到我们访问的网站。除此之外，美国爱国者法案要求，如果有需要，大学图书馆可以提供学生使用互联网的记录。了解到自己可能被监视会在哪些方面影响你使用互联网的方式？

必谨慎，除非能够确保信息来源准确可靠。

互联网的滥用：色情作品和网络剽窃

过去十年里，互联网技术突飞猛进地发展，由此也引发了一个问题，即媒体界的言论自由是否应该应用到互联网言论中，包括淫秽和色情作品。2010年，大约有372万个色情网站，占网站总数的12%。色情作品是能带来数十亿美元的行业，而且是互联网中发展速度最快的行业。在所有的搜索引擎请求中，25%是搜索色情作品。遗憾的是，许多人不够理性，没有考虑到浏览这些网站对他们的家庭生活和职业生涯可能带来的消极影响。例如，20%的男性承认，自己在工作时间浏览过色情网站。甚至在一些案例中，有些人为此而丢了工作。参见"行动中的批判性思维：越过你的肩膀：监控员工使用互联网"。

作为家长或者未来的家长，我们应该认真研究和思考互联网可能对孩子们带来的影响。互联网的便利性意味着孩子们在家里便能轻易上网。据估计，90%的8~16岁孩子曾经在线浏览过色情网站。网络色情作品的最大用户群是青少年，对于15～17岁的青少年而言，80%的人曾经多次接触赤裸裸的色情作品。父母能够控制孩子们在家观看电视节目的时间，也可以将色情书籍清理掉，但是网络色情作品对孩子而言却是24小时随时可得，只需点击一个按钮即可。为了解决这些可能发生的问题，我们需要富有创造力的批判性思考，找到有效的解决办法。

网络剽窃也是引起关注的一个互联网滥用的问题。研究表明，40%的大学生曾经在网上剽窃或者购买论文。有些人错误地认为，互联网上的资料是公共资源，任何人都可以使用；也有一些人抱着侥幸心理从网络上复制论文，相信自己可以逃避惩罚。教育者越来越广泛地使用剽窃检测软件和网站来抓住那些作弊的学生，比如TurItIn.com。尽管许多教育者认为，互联网要承担部分责任，因为它提供的信息太容易获得，但是最根本的责任仍然在于作弊者自身。剽窃不仅是欺骗，而且反映了剽窃者没有能力或不愿意独立思考或培养批判性思维技能。

计算机和互联网改变了媒体技术，而且极大地增加了我们获取信息的渠道。然而，像任何新兴技术一样，互联网的使用也要加以辨别——充分发挥它的优势和长处，避免它的缺陷。

媒介素养：一种批判性思维的方法

媒介素养（media literacy）是一种理解和批判地分析大众传媒给我们生活所带来的影响，以及有效运用不同形式媒体的能力，包括娱乐节目和新闻。在民主制度下，我们被寄予期望能够参与到热点话题的讨论中，而且要在选举中做出知情决策，所以媒介素养非常重要。如果我们不能认识到媒体对我们的生活和决策的影响，或者自欺欺人地认为，媒体只是对别人有影响，对自己而言毫无作用，那么我们就陷入了被媒体控制的危险，从而不能掌控自己的生活。

媒体体验

思维的三层模型——体验、解释和分析——可以用来培养媒介素养能力（回顾思维的三层模型，参见第1章）。在运用这一模型时，第一个步骤是意识到生活中的媒体体验。

大多数人并不知道自己实际上花费了多少时间来收听或收看媒体。在一项研究中，研究者观察和记录了成年人使用媒体的情况，结果发现，研究者观察到的成年人使用媒体的实际时间，是采用标准问卷或电话调查所得时间的两倍。如果你认为媒体在你的生活中的作用不大，请把你在典型的一天中收听或收看广播或电视节目、阅读报纸和杂志以及访问网站的次数记录下来。你极有可能会为自己每天在媒体上所花费的时间感到吃惊。

体验同时也涉及对媒体信息的制作过程的理解。每条信息都是谁负责制作的？制作者的目的何在？比如，你阅读的文章或正在观看的电视节目是为了传播事实真相，还是仅供娱乐？有些节目两者兼有，比如《杰瑞·斯普林格秀》、美国喜剧中心频道播出的《乔恩·斯图尔特每日秀》等脱口秀节目。如我们前面所提到的，为了达到吸引、取悦观众的目的，即使是权威的新闻来源也可能以一种误导的方式来报道新闻。

此外，问问自己哪些问题正在被讨论？使用非动机性语言就相关信息写一份总结。关于这些问题可能会有一些新闻、消息或娱乐节目。注意节目中的画面，包括评论员、演员或嘉宾的位置和形象，以及他们的性别、

有些电视节目，比如《乔恩·斯图尔特每日秀》，既有新闻性又有娱乐性。

种族、民族等等。同时也要留心背景音乐和图片的使用，它们是积极乐观的、舒缓的、鼓舞人心的，还是紧张的、悲观的、不祥的？除此之外，还要关注广告节目所占的时间或空间。哪些产品广告在播出？这些产品如何强化相关信息？

解释媒体信息

一旦你已经收集了所有的事实，下一步便是做出解释，或者试图理解体验的意义。这些项目信息传达了怎样的价值观和观点？描述你对这些消息或某个特定节目或文章的回应和解释。反思自己的回应，为什么你会有这样的感受？语言、音乐和视觉图像对你有什么样的影响？有没有某个特定的新闻人物是你所认同的或者对他有积极的情感，有没有其他新闻人物会让你产生消极反应？是什么激起了你的这一反应？

你也许会因为乔恩·斯图尔特拿保守派开玩笑的方式而喜欢美国喜剧中心频道播出的《每日秀》节目，因为许多主角都是漂亮的年轻女郎而喜欢NBC的《赌城风云》节目，喜欢福克斯广播公司播出的《24小时》，因为里面有惊心动魄的动作场景。你的这些反应说明了什么，你如何解释周围的世界，如何解释自己的某种偏好和抗拒？你是否只观看那些能够证实自己政治观和世界观的节目，而对其他节目充耳不闻？如果真是这样，你或许应该扩展自己接触媒体的习惯，更多地去接触那些与自己观点不一致的媒体信息。

只观看与自己的观点一致的节目会导致证实偏差和狭隘思维。为了克服这种偏差，应该观看或阅读不同的电视频道、杂志或报纸对同一事件或新闻的报道。再次，应用思维的三层模型，记录你对相关经验的解释，然后对解释进行批判性的分析。扩展你的媒体体验可以帮助你克服狭隘思维。

以一个批判性思维者的视角对媒体进行解释，充分考虑不同的观点十分重要，不能假定自己的观点是正确的而且是惟一的解释。不要认为每个人都同意你的解释，或者认同你喜欢的节目所传递的信息。其他人也许会从完全不同的角度来解释某条媒体信息。你可以询问别人对某个电视节目或某篇文章有何看法。比如，乔恩·斯图尔特主持的《每日秀》节目也许被有些人解释为无礼的或反美的。其他观众可能觉得《赌城风云》中年轻漂亮的女郎有辱女性尊严，或者设定了不现实的评价女性漂亮与否的标准。《24小时》中刺激的动作场景也许被有些人解释为我们文化中犯罪行为猖獗的一种体现。记住，此时此刻，你要做的只是列出这些解释，而不是对它们进行评价。我们的解释有些是有依据的，而有些只是基于自己的观念、个人感受和偏见，一旦你加以分析，凡此种种便会暴露无遗。

第三个步骤是对你的解释进行批判性**分析**。分析常常以提问题开始。你可以将自己对某个新闻信息所做出的反应作为分析的出发点："这档节目或这篇文章为什么会让我有这种反应？"在权衡事件的原因和分析之后，产生诸如同情或道德义愤之类的情绪反应是很正常的。但是从另一个方面来讲，愤怒或轻蔑这样的情绪反应也许暗示了你潜在的偏见或扭曲的世界观。

请记住，在分析的过程中，博采众长是最有效的，因为我们每个人对同一新闻信息都有不同的体验和解释。在分析的过程中，如果你的解释受到别人的质疑，务必注意你产生的任何抗拒。比如，若有人认为，某些节目或杂志有辱女性人格，你是否会感到不屑或恼怒？

在对某个媒体信息进行分析时，要确定该信息的意图和结论。这条信息通过什么方式让我们更加详细地了解事件、问题和科学发现？这条信息是否有良好的推理和事实依据，还是运用了修辞手段和谬误论证？对事件本身及其发展的描述，其偏差程度或夸张程度如何？媒体呈现的信息是否会导致我们文化中的刻板印象和拜金主义，或者引起人们的低自尊以及对犯罪的恐惧？我们对道德是非观念的认识又会如何？分析也许还需要你自己进行研究。媒体中的色情作品是否会对女性造成伤害？观看暴力节目的人是否更有可能采取暴力行为？媒体对孩子们又会带来什么影响？

在民主制度下，大众传媒发挥着不可或缺的作用，因为它让我们了解事件和问题的发生经过。实际上，新闻媒体有时被称为政府的第四权力部门，因为它对行政权、司法权和立法权起着监督的作用。另一方面，因为大众传媒依赖于商业广告作为财政支持，它有时更加关注吸引受众的注意力，而对提供关于重要事件和科学发展方面的信息则不太重视。作为批判性思维者，我们需要形成媒介素养，这样我们就能理解媒体对生活带来的影响，也有能力对媒体信息进行批判性分析。

再想一想 >>

1. 在美国，大众传媒与大企业之间是什么关系？
   - 大部分大众传媒由几家大公司来掌控。而且，为了赚取广告收入，大企业会影响媒体报道的内容。一般情况下，媒体需要推广赞助商的价值观，至少不会与其唱反调。
2. 新闻媒体有哪些方面的局限？
   - 随着可供选择的新闻来源越来越多，包括网络，人们越来越倾向于选择与自己的世界观相一致的新闻节目。为了吸引观众，新闻媒体经常根据新闻故事的娱乐价值和轰动效应来选择新闻，却不考虑它们的新闻价值或对国内外重要事件的深度分析。
3. 互联网在哪些方面改变了我们的生活？
   - 对于许多美国人来说，互联网日趋成为他们获取新闻和信息的首要来源。在求职、发布信息和社交中，互联网也得到广泛应用。

大学生群体中的网络剽窃现象

如今,几乎每个人都十分熟悉互联网在提供信息方面所具备的优势。但是,不可否认,互联网也有非常明显的负面作用,其中之一便是,它使学术剽窃变得更加容易。剽窃是一种不诚实的抄袭行为,牵涉到欺骗和意图误导读者,在这种情况下主要是误导教授。

近期的一项研究表明,44%的大学生承认自己有过"剪切—粘贴"的网络学术剽窃行为,而在1999年,这一比例仅为10%。更重要的是,在被调查的5万名学生当中,77%的人并不把这种剽窃行为视为一种严重的过错。在高中生中,互联网剽窃现象也越来越普遍,学生们都在为奖学金和进入名牌大学而激烈角逐。大学教育费用的增加和就业市场的激烈竞争加剧了这一趋势。

许多人将网络抄袭现象的加剧归咎于学生。也有些人认为教师应该承担部分责任。一些著名的"论文工厂"网站也受到抨击,自从20世纪90年代以来,这类网站发展迅猛,它们专门向学生出售文章和学术论文。

尽管美国有些州已经通过了试图限制计算机辅助剽窃的法案,但是收效甚微,在遏制学生使用这些网站方面几乎没有起到什么作用。1999年,联邦法院拒绝受理波士顿大学控告五家公司在网络上出售学术论文的诉讼案。论文工厂的拥护者辩称,试图限制学术论文交易的法律涉嫌侵犯宪法第一修正案中的言论自由。

反网络抄袭软件的出现,可以帮助老师更加容易地查出学生的论文是否存在抄袭。TurnItIn.com网站为全球成千上万家教育机构服务,每天都要从教师那里接收10万份学生论文。该网站首先将学生论文上传到它的数据库,这一行为的合法性还有待商榷。然后,在数据库里进行搜索,与网络上数以亿计的其他论文进行比对。

网络剽窃的受害者远非读者。其他学生也受到伤害,甚至包括剽窃者自身,他没有从老师布置的作业中直接受益。最后,剽窃会对整个社会造成危害,因为学生学会了欺骗,他们会将这种态度带到未来的职业生涯中。

在下面的文章中,作者就网络剽窃的原因、后果以及学术团体应该采取哪些措施以减少剽窃展开了讨论。布鲁克·萨德勒认为,网络剽窃是错误的,应该受到严厉惩罚。相反,拉塞尔·亨特则鼓励剽窃,他认为网络剽窃是学术团体重新思考传统知识模式的一次机会。

网络剽窃的弊端：十大危害

布鲁克·J. 萨德勒

> 布鲁克·萨德勒是南佛罗里达州大学的哲学助理教授。在下面的文章中，她提出了几个论证说明为什么剽窃是错误的。同时，她对学生剽窃的原因及其对作弊学生、学术团体和社会的负面影响做了深入的剖析。她得出结论，大学非常有必要制定遏制剽窃的严厉政策，对作弊的学生必须做出惩罚。

剽窃有哪些弊端？

……首先，暂且不考虑版权问题，剽窃可以被视为一种偷窃行为：拿走别人的东西，把它当成是自己的在使用……但是，这种解释并不适用下列两种情况，如室友自愿放弃自己的作品，或者在网上购买的论文。

第二，剽窃涉及欺骗意图……教授给学生的作业评分，前提是学术诚信。学生在作业中故意欺骗教授，从而得以通过，如果告知教授真相，他们是决然不会同意的。

第三，剽窃侵犯了高等教育的立足之本——诚信。学生们深信，教授会尽自己所能给他们诚信的教育——没有不适当的偏见，不歪曲事实，不有意遗漏相关证据，不歪曲该领域的研究发现，不基于偏见、个人感情或主观标准给学生的作业评分。当然，正如我们看到的，并不是所有教授都能做到这些，没做到的教授显然是不道德的。但是，学生也有责任来维护学术诚信。教授花费时间和精力来教育学生，是基于学生乐于接受教育的假设。当一个学生做出任何学术欺诈行为时，他就失去了接受教育的可能性。这个学生没有体验到独立完成作业所需要付诸的努力，也没有从老师给出的积极反馈中受益。教授的评论不能真正地激发学生对课题产生新思考，不能激励学生做出改进，不能帮助他找到写作中存在的弱点，当然也无法为其提供克服弱点的必要方法。剽窃是对那些关注教学的教授的严重打击……学术欺诈行为会严重干扰甚至彻底击垮教育之基础——诚信，尤其是大学教育。

第四，对班里的其他同学而言，剽窃会带来不公平。尤其是当作弊学生剽窃的是一篇专业性研究论文时，剽窃论文的水平会远远高于班里其他同学自己写的作业。如果教授没有察觉学生的剽窃行为，那么剽窃的论文质量更高的事实就会蒙蔽教授的双眼，使得教授无法从学生提交的论文中判断出他们的真实水平。这样就造成诚实学生提交的作业看似比较差。这种现象有两大弊端。其一，它会改变教授的评分标准，不利于诚实的学生……其二，剽窃会使教授很难评价自己的教学效果……因此，剽窃不利于教师调整自己的教学来适应学生的真实能力，而且对那些一直从教师教学中获益的学生而言是一种不公平。

第五，剽窃的学生没有努力凭借自身完成作业，自然无法从过程中获益。他没有真正地学习材料和投入到作业当中，因此他所受教育的质量就会大打折扣。他没有获得作业要求练习或掌握的技能。对于写论文，其大部分价值并不在于最后的成品，而在于写作的过程。

第六，剽窃的学生沉溺于恶习中不能自拔，这种恶习与前面所说的欺骗有所不同。剽窃的恶习依赖学生自身。或许是懒惰，或许是由低自尊带来的某种懦弱……因此，剽窃的学生习惯于懒惰、好逸恶劳、不诚实、懦弱、自卑，导致自己没有能力去做老师布置的作业。

第七，一般来说，那些剽窃却侥幸逃脱惩罚的学生往往认为，要想在人生道路上出人头地，最佳的办法是欺骗、欺诈、违背诚信或者走捷径。这种信念会弱化学生分享各种实践活动内在真谛的能力，将他们获得的奖赏仅限制在诸如金钱或地位这样的身外之物上，并给他们灌输一种信念，一生中的主要成就要通过竞争来获取，而不是合作，也不是通过自己在实践中不断磨砺而培养出适应社会需要的优秀品质……如果大学接纳、忽视甚至提倡这种人生观，那么，学生自然会把这种态度带到其他公共情境以及与陌生人的交往中，处处以自我为中心，以自己的利益为出发点与人竞争。这样便促生了人们的一种想法，像大学这样的公共机构只是教会了学生实现个人成功的方法和途径，而在提升学生的社会责任感或实现其他更大的教育目的方面没有什么作为。

第八，学术欺诈行为不受到惩罚会降低大学学位的价值。雇主都希望大学毕业生在受教育期间掌握了某些显而易见的技能……通过剽窃获得学位的学生并不具备这些技能。他们并非真正获得了学位……当受过高等教育的学生没有掌握相关的能力或知识，无法明智地参与到公共话语或商业活动中去，那么人们对高等教育的价值心怀疑虑也就不足为怪了。

第九，剽窃和学术欺诈行为会使学生失去从创造性的自我表现中获得自豪感的机会，也会妨碍学生接受自己在认识和智力方面的局限性。有时，我们认为，剽窃的问题在于它侵犯了知识或学术诚信的价值；但是，一般的学生（包括大学肄业生）都没有意识到自己卷入到了一项长期的、危及诚信的学术活动中。学生仅仅是根据教师布置的大纲来写论文……即便如此，人们也意识到，学生论文有一个非常重要的作用，它可以通过激发学生去了解专家学者取得的学术成就，让学生有机会去认识自己在认知和智力方面存在的不足。在写作业的过程中遇到困难时，学生们能够坚持谦虚谨慎的态度，继续深造，并在好奇心的驱使下勇于探索，最终为自己在知识上取得的进步和创造性的表达方式感到自豪。

第十，高等教育的意义之一在于，学生可以从课程、作业或教授那里学习一些在校外无法学到的东西，这些知识在校外或者根本学习不到，或者很难学到，或者学习效果不如在学校好……高等教育特有的价值之一还包括发生在学生之间以及教师和学生之间的人际互动。大学不只是传递信息的渠道：从（匿名的）教师到（匿名的）学生，就像传递包装好的货物那样……虽然分数确实在可以一定程度上评估质量，但是给学生论文打分以及参与到学生作业中的意义远非如此，它涉及某个学生努力地表达自己、运用概念、扩展自己的世界观、逐渐获得认识和理解。如果学生剽窃，这种参与是不可能的。如果我是正确的，那么高等教育最基本和最独有的一个特征在于，它提供了人际互动的机会，然而剽窃完全阻碍或破坏了这一目的。

……剽窃是错误的，因为无论是对学生、教授、大学，还是对整个高等教育这项工程，或是公众对高等教育价值的认识而言，它都是有害的。

认识到剽窃错误的严重性与如何应对完全是两码事。我发现，制定严厉的政策是一个非常有效的方法。惩罚措施要起到遏制或威慑的作用，就必须战胜学生认为剽窃对自己有利的想法……在我的课堂上，如果学生剽窃，最低的惩罚便是这门课程不及格，而不仅仅是这次作业不及格。如果对剽窃学生的惩罚力度仅仅是这次作业得F，那么这个学生会理所当然地存在侥幸心理，假如剽窃的文章没有被发现，她可能会得A，而一旦被发现，最坏的结果是得F。为了使剽窃成为一个糟糕的赌注，惩罚措施必须更加严厉。如果学生知道，剽窃会导致整个学期都不及格，而不仅是某次作业，那么剽窃被抓的风险就远远超过了诚实完成作业之后不及格这一后果……也许有其他措施可以达到同样的效果，但是这些措施能够消除学生认为采用不诚实的手段来通过课程是一种明智之举这样的想法。

如果学校制定了严厉的政策，那么准确告知学生，什么是剽窃或哪些行为属于学术不诚信是非常重要的……学校有必要向学生提供相关信息，列举相关例证，告知他们哪些是合适的或不合适的引用，指导学生如何开展研究，如何将他们在其他文章中发现的材料适当地整合到自己的讨论中。

问题

1. 剽窃从哪些方面破坏了学生与教师之间的信任？
2. 为什么说剽窃对于班里其他同学来说是不公平的？
3. 剽窃给剽窃者带来了哪些方面的危害？
4. 为何说剽窃危害了大学教育的价值和高等教育的进取精神？
5. 根据萨德勒的观点，为什么针对剽窃制定严厉的政策，给予剽窃者严厉的惩罚是非常重要的？

为网络剽窃感到高兴的四大理由

拉塞尔·赫特

拉塞尔·赫特是一位英语教授，任教于加拿大新不伦瑞克省弗雷德里克顿的圣托马斯大学。赫特认为，网络剽窃给教育者提供了一个新的机会，重新审视客观上鼓励网络剽窃的陈旧教育模式，形成一种更加积极的、合作的、受情境约束的和基于问题与任务的教学模式。

人们总是认为"信息技术革命"给教育带来了翻天覆地的变化——有时是好的，当然也经常有坏的。在高等教育体系中，信息技术带来的最常见的灾难或许当属"网络剽窃"。每当一个高校申请注册TurnItIn.com时，当地媒体总是以"学生学会了不必承担责任的互联网犯罪"这样的标题进行报道，这些故事往往出现在专门为政治性丑闻或赞助商广告预留的版面上。近期，随着几所以"荣誉准则"的军事化管理模式著称的美国南方名牌大学的舞弊丑闻浮出水面，小报的头条新闻迅速从儿童性侵案的报道转向舞弊案。

几乎所有人都认为,网络剽窃对于高等教育无疑是一场灾难。但是,这也恰恰是我在此想说的。我认为,网络剽窃的便利性引发的挑战应该受到欢迎。我预测并期望,网络剽窃不断增多的趋势促使事情朝更好的方向变化。下面是几则具体的例子,日益便利的网络剽窃给它们造成了威胁。

1. **制度化的讲究修辞的写作环境(学术论文、文学短文和学期论文)受到挑战,这是一件好事**。人们越来越质疑,依赖这些方式能否评价学生对知识和技能的掌握程度,他们十分关心学生的学习和如何评价、培养学生,尤其是学生运用书面语言能力的培养。人们一直认为,学生的学习情况可以通过他在讲究修辞的人为写作情境下的能力准确地反映出来,然而一旦学生通过了正规的教育训练(比如考试或学术论文),他便再也不会写这类文章。剽窃使得上述观点不再可信,而且越来越站不住脚。如果教师由于担心学生几乎肯定会购买批量生产的学期论文,因而在课堂上创建更具有想象力、合理讲究修辞的写作情境,那么从 schoolsucks.com 网站上可以轻易购买到论文,这一事实对本该有所改变的写作实践而言是一项非常有利的挑战……近年来,其他许多类似的观点认为,教师可以通过重新构思作业的方式和给学生提供更加真实的修辞情境来使剽窃变得更加困难。近年来,这些方面已经有所改善。

   有人认为,我们能够解决这个问题,通过让学生相信"他们是真正的作者,有很多有意义或重要的话要说",或者让他们修改自己的作业,同时我们可以看到修改的部分。而我认为,只要教师继续给学生布置脱离情境的、缺乏读者的、毫无意义的写作练习,这种方法还是行不通。除非是一个浪漫的诗人,对于任何人而言,"有话要说"与"有人这样说"或者"有真实的原因这样说"没有什么差别。我认为,要解决这个问题,我们需要重新思考写作在学生生活或这门课程中的定位。

2. **围绕分数和证书的制度化结构受到挑战,这是一件好事**。也许更加重要的是,剽窃对教育机构创建和鼓励的分数制所带来的巨大压力形成了挑战,这种压力导致许多优秀的学生到处走捷径(许多证据表明,不只是成绩处于边缘的学生会陷入作弊的危险,那些优秀学生也面临同样的问题,他们出于某些原因,认为自己的人生道路取决于老师任意给出的平均绩点)。一个更加核心的问题是,剽窃本身对大学的激励机制和奖惩机制带来了挑战,这是一个零和博弈,几乎没有人是赢家。

   就目前的结构而言,大学本身是最有可能鼓励剽窃和作弊发生的场所。如果我想学习如何弹吉他、如何提高我的高尔夫球技或者写编程语言,"作弊"是我最后想到的事情。这与情境完全无关。但另一方面,如果我想拿到一个文凭,证明我会跳吉格舞,能够在 80 杆以内打完一圈高尔夫球比赛或者制作一个漂亮的网页(事实上从未想过真正做这些事情),我很可能会考虑作弊(而且认为这主要是道德问题)。下面是我们为学生创造的情境:在这样一种体系下,每个人唯一关心的激励或动力因素便是分数、荣誉和文凭。当我们的学生说(他们通常是这样的):"如果没有学分,我为什么要这么做?""如果不评定等级,我何必要这么做?",甚至有学生说,"我明白我应该这样做,但是你不打分,其他的老师也会为我做的事情打分。"他们所说的正是教育机构成功教会他们说的。

   当我们告诉学生剽窃只是一个道德问题时,学生们以不同的方式学习同样的内容。我们都说,学生选择不作弊的惟一原因是遵守道德规范。但是请认真思考,如果你想制作一把椅子,并且专门上了一门课程来学习如何制作,那么你做出不作弊的决定绝对不是因为道德上的考量。

3. **几乎所有的学生包括许多教师,都默认知识是存储的信息,技能是独立于知识的能力,该知识模型受到剽窃的挑战,这是一件好事**。当我们从内容和内在逻辑性(以及语法运用)等方面来判断一篇文章时,我们便忽视了写作中最重要的事实,即学术性和社会性价值。最近几年,针对巴西教育哲学家保罗·弗莱雷所谓的"银行储蓄式教育模式"的批评时有发生……主动学习、基于问题和任务的学习、合作学习的支持者,以及许多其他教育方面的"激进派人士"都认为,与两台电脑交换信息包不同,信息和观念并非是被转换和复制的惰性物质,而是需要重新编排、重新组合、重新构建、重新改造和革新,并且以新的形式交换——不仅是学习过程,而且是智力型事业的社会基础。一种教育模式认为,知识以打包的形式存在,让学习者认为,自己的学习正是把预存的信息输入到自己的文章和头脑中。

   与此相似,有一种模式认为,诸如"撰写学术文章"这样的技能是根据需求来施展的能力，更何况任何真实的写作情境、实际的问题或效果预期（或者对"学术论文"本身的界定）。这种观点妨碍学生认识到所有的写作都受到修辞情境的影响，从而导致学生无法辨别表达和措辞上的转换，所以很多剽窃的文章一眼即被认出……

4. 但是还有一个最重要的理由来迎接这一挑战，远比其他任何理由更加重要，甚至比复印和电子文档对文本的影响更大，复印和电子文档的出现对传统的知识产权和版权带来了很大的冲击，有能力对文本进行复制的人群远远超出了有资格进行复制的范围。也就是：**面对这一挑战，我们不得不帮助学生学习我认为他们在大学里能够学到的最重要的东西：即学术研究的智力型事业是如何运作的**。传统上，当我们向学生解释为什么剽窃是有害的，以及他们的动机应该是恰当引用并注明出处时，我们会通过例子向学生们说明如何在写文章的过程中共享观点和信息，这与他们在完成课堂作业时所做的完全不同，而且极度破坏了他们对研究假设和研究方法的理解。

学者——通常是作者——使用引用有几个目的：他们不仅建立了自身的诚信，而且为其学术同盟者做了宣传，同时可以引起读者对自己所做工作的注意，维护与同盟者的关系，为自己坚持的立场举出例证，或者指出与对立理论或观点的细微差异。他们并不利用引用来避免自己受到网络剽窃的指控。

与学者相比，大学生在写文章时使用引用的最明显的不同在于：通常情况下，学者是出于某些积极方面的考虑，而学生是为了避免某些消极方面。

我们由此得出的结论是：开设关于"避免网络剽窃"的课程或专题研讨会，把剽窃完全当作一个问题来看待，这一开始就是错的。打个比方，这就相当于找到一种好的方法，教给那些完全不知棒球为何物的人什么是内野高飞球规则。

问 题

1. 大多数接受高等教育的人如何看待信息技术革命，他们最担心的问题是什么？
2. 网络剽窃问题在哪些方面给学术界目前的奖励体制带来了挑战？
3. 学者和大学生在引用的方式上存在什么差异？
4. 大多数教师对网络剽窃这一问题作何反应？
5. 传统的知识模型是什么？为什么说网络剽窃对该模型带来了挑战？
6. 赫特对网络剽窃感到高兴的理由是什么？

科　学

你认为科学家在观察玻璃烧瓶时,心里在想些什么?学习科学方法论如何帮助我们更好地评价科学论断?

要　点

313 ｜ 什么是科学

316 ｜ 科学方法

321 ｜ 评价科学假设

325 ｜ 研究方法与科学实验

332 ｜ 托马斯·库恩与科学范式

334 ｜ 批判性思维之问:当进化论遇上智能设计理论

根据联合国环境规划署发布的报告,在过去的 100 年中,由于全球变暖,海平面已经上升 1.2 到 3 米,并且目前仍在持续上升。在过去的几十年里,全球变暖现象呈现出加速趋势。自从 1850 年人类开始记录温度以来,最热的 11 年均集中在过去的 13 年当中。2006 年 1 月份是美国温度记录史上最热的一个月,与 1895 年至 2005 年的标准温度 31 ℉相比,其平均温度高出了 8.5 ℉。

2002 年,南极洲一块与罗德岛大小接近的冰架与大陆断裂漂进大海。如果南极洲西部的冰盖全部融化,那么到 2050 年,海平面将

想一想 >>

- 什么是科学方法?
- 如何区分科学与伪科学?
- 科学实验和研究方法包括哪些不同的类型?

会升高9米。实际上融化过程已经开始,并且融化速度远比科学家早先的预测要快。换句话说,如果这一趋势继续发展下去,到现在的大一新生退休时,世界上绝大多数的沿海城市和社区都将被海水淹没。

升高的海平面也会导致陆地受到侵蚀,淡水和低海拔地区的农业耕地逐渐盐化,人们的食物和淡水供应将被中断。此外,科学家预测大型风暴的数量和强度也都会有所增加,而气候变暖将会导致传染疾病的发生,尤其是疟疾等热带疾病将会在类似美国南部的地区普遍流行。还有可能出现另一种情形,当然概率非常低,这一场景正如2004年的科幻电影《后天》所描绘的:气候变化导致洋流改变(洋流在历史上确实发生过改变),令地球骤然进入了另一个冰河时代。

与其他研究相比,某些关于全球变暖和其他自然过程的科学研究更加严格,在解释和预测一些现象时也更加准确。作为批判性思考者,我们应该有能力解释和评价新闻媒体所报道的科学故事,以及科学期刊中出现的研究报告。我们不仅仅需要决定新的科学发现是否值得考虑,还要设法将其应用到日常生活和公共政策中。在这个过程中,更为重要的基础是将科学视为一种发现真相的方法进行批判性思考的能力。在本章,我们将:

- 学习科学的发展史
- 识别并批判性分析科学假设
- 学习科学方法
- 学习如何评价科学解释
- 分辨科学与伪科学
- 学习科学实验的不同类型及评价方法
- 了解科学实验涉及的伦理问题
- 检验托马斯·库恩关于常规科学和范式转移的理论

什么是科学

科学（science）是由可观察和测量的事实（科学家将其称之为数据）推理得出可供检验的解释。科学家的工作是以系统的方式发现、观察和收集事实并解释数据之间的关系。为了确定解释是否合理，科学家们会构想出假设并进行验证。在本章的"科学方法"一节中，我们将了解更多科学家使用的方法。

现代科学对人们的生活有着深远的影响。因为科学在我们的文化中无处不在，以至于人们倾向于认为科学是一种获取各种知识的自然方法。在本节中，我们将学习现代科学的发展历程和一些科学假设。

科学革命

在17世纪以前的西欧，基督教教义尤其是天主教教义被认为是真理的最终来源。波兰天文学家尼古拉斯·哥白尼（1473—1543）断言，宇宙的中心是太阳而不是地球，从而掀起了一场科学革命。然而，大多数历史学家都将英国哲学家和政治家弗朗西斯·培根爵士（1561—1626）视为现代科学之父，因为他对科学方法进行了系统阐述。在他的著作《新工具论》（1620）中，培根提出采用直接观察法来发现世界真相。培根的科学方法非常成功地丰富了人们对世界的认识，提高了人们操控自然的能力。使用这种方法时，我们首先要对世界进行系统的观察，并通过检测和实验的手段得出相关推论。

科学假设

科学是感知和解释现实的主要方法，事实上，西方文化通常将科学视为感知和解释现实的自然方法。然而，人们必须时刻谨记，科学是人类创造的一个体系，就其本身而论，其基础是某一特定世界观或者一系列假设。

经验主义 经验主义（empiricism）是最基本的科学假设之一，该假设认为知识的主要来源是人们的身体感受。科学家们将经验主义视为获取知识的惟一可靠的方法。因此，随着一代又一代的科学家们积累了越来越多的观察资料和数据，他们正确解释自然规律的科学能力也越来越强。

客观性 现代科学的一项相关假设是客观性（objectivity），是指人们可以将自身之外的物理世界当做一种客体进行观察和研究，而不受科学家或观察者的主观影响。因为这个世界是独立于个体观察者之外的客观存在，而系统的观察将使科学家们最终达成一致意见。但这个假设最近受到了量子物理的小小冲击，量子物理学发现，仅仅是观察量子活动的行为也会使其发生改变。

虽然早期的经验主义者（包括培根）认为客观性是可以实现的，但当今的大多数科学家都承认，以往的社会经验以及天生的认知和感知误差都会对人们感知世界的过程产生影响，即使是受到严格训练的科学家也不例外。例如本书第4章中曾经提到，人们倾向于将随机现象进行有秩序的解释。其中最著名的例子之一便是火星运河的存在。很多天文学家一直相信火星上有运河，直到1965年"水手4号"航天探测器飞抵火星并拍下了火星表面的照片。照片上清晰地显示，火星上并没有运河。原来这些所谓的"运河"不过是一些光学假象，人们的

哥白尼发现地球绕太阳转而非太阳绕地球转，这一发现推动了科学革命。

大脑倾向于赋予这些随机数据意义，并且就科学家而言，他们对火星上存在运河也抱有一定的期望。

虽然无法保证完全客观，但仍然可以作为一种理想状态。科学家会在研究过程中尽力摒除偏见，保持观察过程的客观性和语言的缜密性。

唯物主义 经验主义的进一步发展，便是**唯物主义**（materialism）学说。科学唯物主义者认为，宇宙中的一切事物都是客观的物质。（唯物主义中的"物"与痴迷于金钱、消费品和其他"物质产品"没有任何关系。）虽然也有一些科学家认为存在独立的非物质领域或精神领域——在哲学中这种观点被称为**二元论**（dualism），但唯物主义仍是大多数科学家所信奉的假设。根据科学唯物主义的理论，感知、想法和感情都可以还原为对物理系统的描述，例如脑电波、刺激和反应等。对于非物质概念，例如有意识的智能生命，则没有必要进行科学描述和无关解释。由于科学的基础是唯物主义，因而在解释物质为什么拥有意识以及如何获取意识方面几乎毫无所获。

可预测性 传统上，科学家一直假设物质世界是有序的，并且是可以预测的。宇宙是由相互关联的因果关系组成的，人们可以认识这些联系，可以通过系统的观察和归纳推理发现这些联系。与客观性一样，这一假设也受到了量子理论和海森堡测不准原理的冲击。在量子理论中，即使处于最理想的测量环境下，要同时预测量子的位置和动量也是不可能的。

一致性 与传统的可预测性假设联系在一起，假设宇宙拥有潜在的一致性，或者说，所有现象都存在统一的动态结构。这些统一的结构可以转化为科学定律，并得到广泛应用。实际上，科学家艾尔伯特·爱因斯坦为研究大统一原则呕心沥血，但这一研究至今仍然没有取得任何成果。

科学的局限性

科学的明显优势在于使人们得以建立关于自然世界的知识体系，但它仍然存在一定的局限性。局限之一，至少从一个哲学家的视角来看，它将物质世界的存在性作为研究的起点。但是正如17世纪法国哲学家勒奈·笛卡尔所说，外在世界只是我们大脑中的一个观念，没有直接的证据证明"外在"世界的确存在。换句话说，科

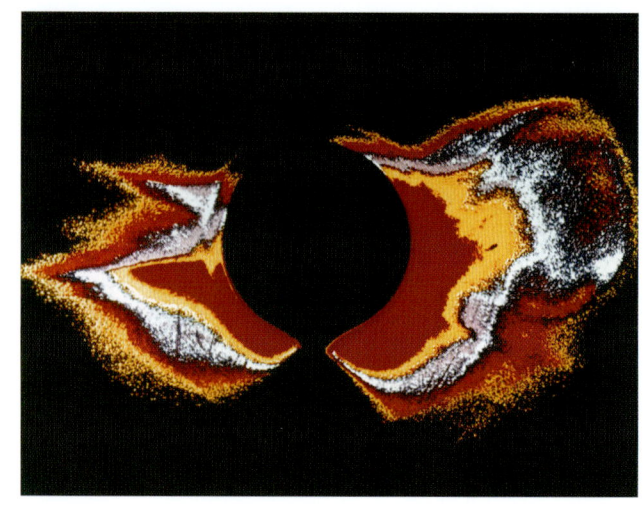

磁场能量是人类感官无法感知的。

学的起点，也就是物质世界的存在性，无法得到经验的证明！

经验主义以及将感官体验作为科学的基础，都将科学限制在了可观测到的共享现象之内。然而，物质世界中还存在很多其他东西，例如暗能量和暗物质、某些电磁波以及亚原子粒子等都是人们的感官所感觉不到的，甚至连为扩展人类感官而设计的科研仪器也检测不到。此外，在弦理论的研究中，物理学家利用数学推理得到结论，人类的大脑至少可以感知和处理九个维度，而不是人们一直所认为的三维。

> ……人们如何体验现实取决于大脑的结构，
> 是大脑组织并赋予了感官信息意义。

此外，认为宇宙是有秩序且可预测的假设也遭到了量子力学的质疑。诸如大卫·休谟和伊曼努尔·康德等一些哲学家认为，即使人们多次观察到某一事件紧随另一事件发生，单纯的观察都不能从逻辑上确定这两个事件之间存在一种必然的因果联系。康德特别指出，因果不是外部世界的一种属性，而是人类头脑的一种产物。此外，单纯的观察并不足以揭示自然界中存在的潜在一致性或结构。换句话说，人们如何体验现实取决于大脑的结构，是大脑组织并赋予了感官信息意义。

量子力学对可预测性、决定论和物质现实提出了质疑，指出在宇宙中，除了严格的物理因果定律之外，还有其他力量在发挥作用。因此，加利福尼亚大学伯克利分校的物理学家和视觉科学教师斯坦利·克莱因提出，量子力学为科学和宗教提供了对话的桥梁。

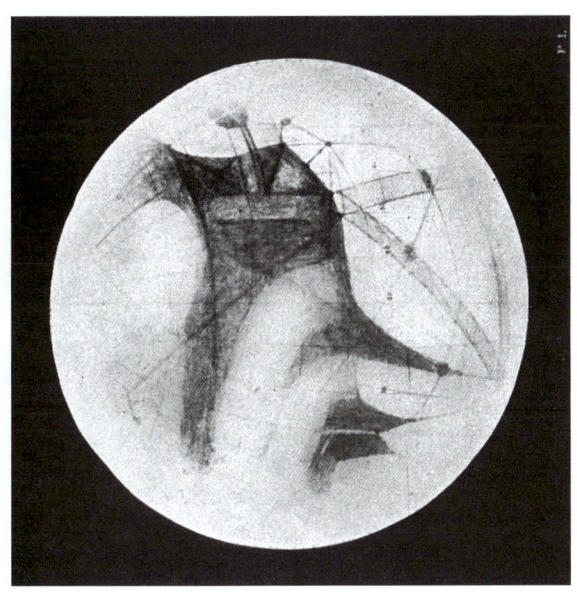

分析图片

火星上的运河

讨论问题

1. 讨论在类似火星"运河"事件中,语言的表达方式如何影响人们对自然现象的预期和观察。举例说明你的答案。
2. 回忆自己是否曾经仅以观察为基础而得出错误的结论。你如何意识到是观察误导了自己?科学知识在纠正你的错误知觉时发挥了什么作用?

科学与宗教

关于科学与宗教的关系,有四种基本立场:(1)出现冲突时,科学总是凌驾于宗教之上;(2)出现冲突时,宗教总是凌驾于科学之上;(3)科学和宗教分别是两个相互独立、相互排斥的领域;(4)科学和宗教涉及同一领域,相容且互为补充。

大多数科学家和西方哲学家的立场是,当科学与宗教发生冲突时,科学总是凌驾于宗教之上。这种态度引起了科学与宗教之间的对抗,尤其是原教旨主义宗教。例如很多保守的基督教徒,一贯认为《圣经》是上帝意志的文字表现,永远不会出错,不仅是在宗教领域,在科学领域同样有效。实际上,自1982年以来开展的所有盖洛普民意调查中,美国公众相信进化论的人数比例从未超过51%,只有14%的美国人相信不受上帝控制的科学进化论。换句话说,大多数美国人认为,达尔文的进化论是错误的。很多美国人接受各种版本的神创论学说,即使他们不是大多数。

持有第三种立场的人,例如约翰·普里斯大法官(参见"批判性思维之问:当进化论遇上智能设计理论")否认两者之间存在冲突。相反,他们认为科学和宗教是互相独立、互相排斥的两个领域。科学负责处理客观和经验中的现实;宗教则关注价值观、主观和精神领域的现实。科学解决"是什么"和"如何做"的问题;而宗教则解决"为什么"的问题。根据这一观点,人们可以接受进化论,而不必抛弃"人类是上帝按照自己的形象创造出来的"这一宗教信仰,因为赋予灵魂是一个单纯发生在精神领域的过程。这种观点在教皇若望·保禄二世于1996年《给教廷科学院的信》中得到充分展现。

这种取向也会面临一些问题,其中之一便是,在某些情况下,科学和宗教就同一种现象得出不同的论断,

第 12 章 | 科学

米开朗琪罗描绘《创世记》中的故事"创造亚当"。

比如关于人类生命的起源、祈祷治病的效果以及圣经中的大洪水现象是否真的发生等问题。从逻辑上来讲，当两者的论断出现冲突时，它们不可能同时正确。

根据第四种观点，科学和宗教处理相同领域的问题，并且两者是可以和谐共存的。这种观点在犹太教、印度教和伊斯兰教以及一些主流新教徒的教派中可以找到。如果宗教经文与科学论断发生冲突，那么经文应当被重新解释。例如《创世记》中关于创造天地的故事应当是一种隐喻，而不应该单纯按照字面的意思去理解。英国圣公会牧师、生物化学家亚瑟·皮考克对这种方法表示支持。他提出，宗教和科学解决的应当是同一领域的问题。然而，他们却致力于同一领域的不同方面。但从本质上讲，两者必须总是"最终趋于一致……在现实中，科学和神学活动应当是相互作用、相互启发的两种方法"。因此，科学和宗教应当互相吸收对方的信息，以拓宽自身研究现实的视角。

虽然科学家经常拒绝接受对于自然现象的宗教解释，但科学界与宗教信仰确实存在千丝万缕的联系。犹太教和基督教有一个共同的观点，那就是为了人类的利益，上帝赋予了人类使用科学控制和改变自然的权力。此外，人类中心说假设人类是宇宙中的主要存在，与其他动物有本质的不同，因而科学家可以关押和利用其他动物开展研究和实验，以此改善人类的生活。某些科学家对人类中心作了更进一步的解释，提出宇宙之所以存在是为了让有意识的人类生命拥有发展的空间，即所谓的人择原理。

虽然科学立足于一系列未经证实的假设，但这并不意味着科学是无效的，或者这些假设是错误的。实际上，人们需要对科学保持清醒的认识，科学不仅有强大的优势，也存在自身局限性。并且人们也看到，在揭开宇宙神秘面纱的过程中，科学已经取得了极大的成功，科学创造的新技术极大地改善了人类的生活。

科学方法

美国国家科学基金会组织的一项研究表明，虽然大多数美国人意识到几乎生活中的每件事情都是科学研究的成果，但仍有70%的受调查者表示对科学过程或方法并不了解。**科学方法**（scientific method）是指识别问题，然后通过严格、系统的观察和实验法来检验对该问题的解释是否合理。

就这一点而言，第1章中思维的三种水平——经验、解释和分析与此有相似之处。单凭经验或感官数据无法带给人们任何信息，还必须依据现有的科学知识和理论（分析）进行解释。就像思维的三种水平那样，科学方法不是线性的过程，而是一个动态、循环递进的过程，每次分析之后要重新观察以检查是否一致，根据进一步的分析和观察，不断修改对问题的解释。

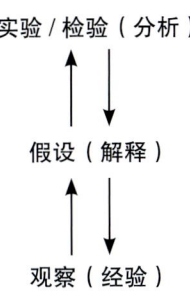

科学方法包括非常详尽的步骤，以指导一名科学家系统地完成对观察结果的分析。虽然不同的科学分支之间有所差异，但基本步骤分为以下五步：(1)识别问题；(2)提出假设；(3)收集外部信息并提炼假设；(4)验证假设；(5)评价检验或实验的结果。在本节中，我们将依次学习每个步骤。

1. 识别问题

科学方法首先要求科学家对需要研究的问题进行识别。这需要良好的观察技巧、勇于探索的精神以及找到正确问题的能力。生物学家拉塞尔·希尔在研究英国足球队的运动员时，观察到身穿红色队服的球队取胜概率更高。于是他提出了一个问题：这其中是不是存在什么因果关系？在某一领域内，随着之前工作的不断推进，也可能出现新问题。例如，沃森和克里克于1953年发现了DNA结构，在先前研究成果的基础上，人们提出了人类基因工程这个问题。或者一个政治家、一个政府机构甚至一个普通人都可能让科学家注意到一个新问题。例如，2006年秋天，北美和欧洲的养蜂人注意到他们的蜜蜂正在逐渐消失，至今昆虫学家仍然在研究这一问题。

2. 提出原始假设

一旦问题被识别，科学方法的下一个步骤便是提出一个有效假设。**假设**（hypothesis）本质上是有科学依据的猜想，是对一系列现象提出的可能的解释，并作为进一步研究的出发点。对于蜜蜂种群突然消失的问题，科学家们提出了几个假设。一些研究者猜测新型烟碱类杀虫剂的使用可能是导致蜜蜂消失的原因。还有研究者认为，蜜蜂被某种病菌或真菌感染而大量死亡。还有人提出手机信号的辐射干扰了蜜蜂的导航系统，但这种假设很快便被否定。

提出的假设是试验性的，可能随着进一步的观察而发生变化。从另一方面来说，一个科学理论通常会越来越复杂，并且能够得到该领域内先前工作的支持。美国国家科学院将**科学理论**（scientific theory）定义为"对自然界某些方面作出的有充分依据的解释，包括事实、法则、推论以及可检验的假设"。然而，因为科学方法是一种归纳方法，科学家无法确定某种理论或假设是绝对正确的。美国物理学家里查德·费曼（1918—1988）因在量子电动力学方面取得的成就而获得了诺贝尔奖，他曾说过："如果你认为科学是确定的，那么只是你的一己之念而已。"科学家可能对某些结论有很大的把握，例如进化论，但是他们永远不能绝对确定。

一个成熟的假设需要使用精确的语言进行表述，其中的关键术语应当有清晰的定义。术语的科学定义一般是理论性定义或者操作性定义。操作性定义能够提供准确的测量方法，用以收集数据、解释和测试。例如气象学家通过研究天气和气候变化来定义"厄尔尼诺现象"，具体是指海洋温度在连续3个月或更长时间内持续高出平均温度0.5摄氏度以上的现象。如果在假设中提到一个新的术语，那么就必须提供约定的定义。

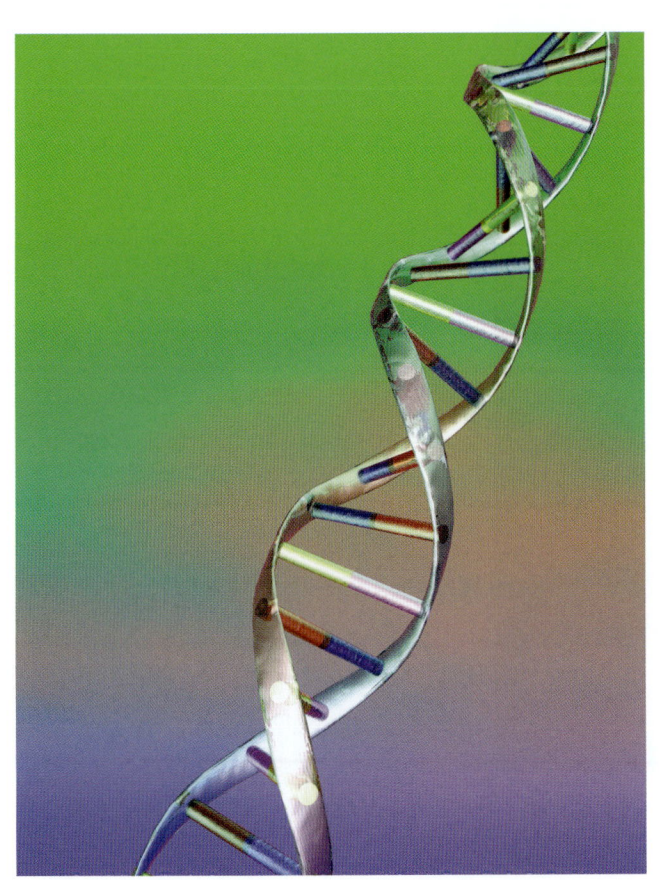

对于正在研究的问题，科学假设应当提供一个可供检验的解释。为了便于此项工作的进行，假设经常以假言命题的形式进行阐述（如果……那么……）。如果将希尔关于足球的假设写成假言命题的形式，可以得出：如果一支球队穿着红色队服（前件），那么这支球队比穿蓝色队服的球队更可能赢得比赛（后件）。

如果 A，那么 C。
A。
因此，C。

这样可以得到一个假言推理论证。论证的推断或结论——"这支球队比穿蓝色队服的球队更可能赢得比赛"，是否有规律地跟随前件——"一支球队穿着红色队服"而发生？如果确实随之发生，那么第一个前提（假设）是正确的，该假设值得更进一步的检验。如果没有随之发生，那么第一个前提（假设）就是错误的，这个假设应当被抛弃。我们将在本章后面的内容中介绍评价科学解释的附加标准。

3. 搜集附加信息并提炼假设

由于人们不可能接受周围所有的感官数据，所以假设可以帮助人们关注额外的数据。如果在观察中没有假设的引导，人们就不知道哪些信息是需要的，哪些信息是可以忽略的。

科学观察可以是直接的，也可以是间接的。为了辅助人们的感官感觉，尽可能地减少观察者的偏见以及认知和知觉错误，科学家们会使用显微镜、望远镜、录音机和听诊器等仪器。现在几乎所有的天文发现都来自于通过望远镜进行"观察"的计算机化摄像仪，天文学家研究计算机中的照片而不是进行直接观察。此外，科学家还利用温度计、钟表和天平等测量仪器辅助观察。

在进一步观察的基础上，最初的假设可能会被修改。因为人们不可能确定假设是正确的，所以对科学而言收集信息是一个持续不断的过程。在这一步中特别重要的是，科学家必须尽力做到客观，不带偏见地、系统地记录数据。

也许只有在对自己的观察结果进行仔细检查之后，科学家们才能注意到异常模式。例如，当年仅 22 岁的查尔斯·达尔文作为自然科学工作者，跟随英国皇家海军考察船"贝格尔号"环球旅行时，在加拉帕戈斯群岛收集了大量当地植物和动物的标本，并做了大量的笔记。然而，直到回到英格

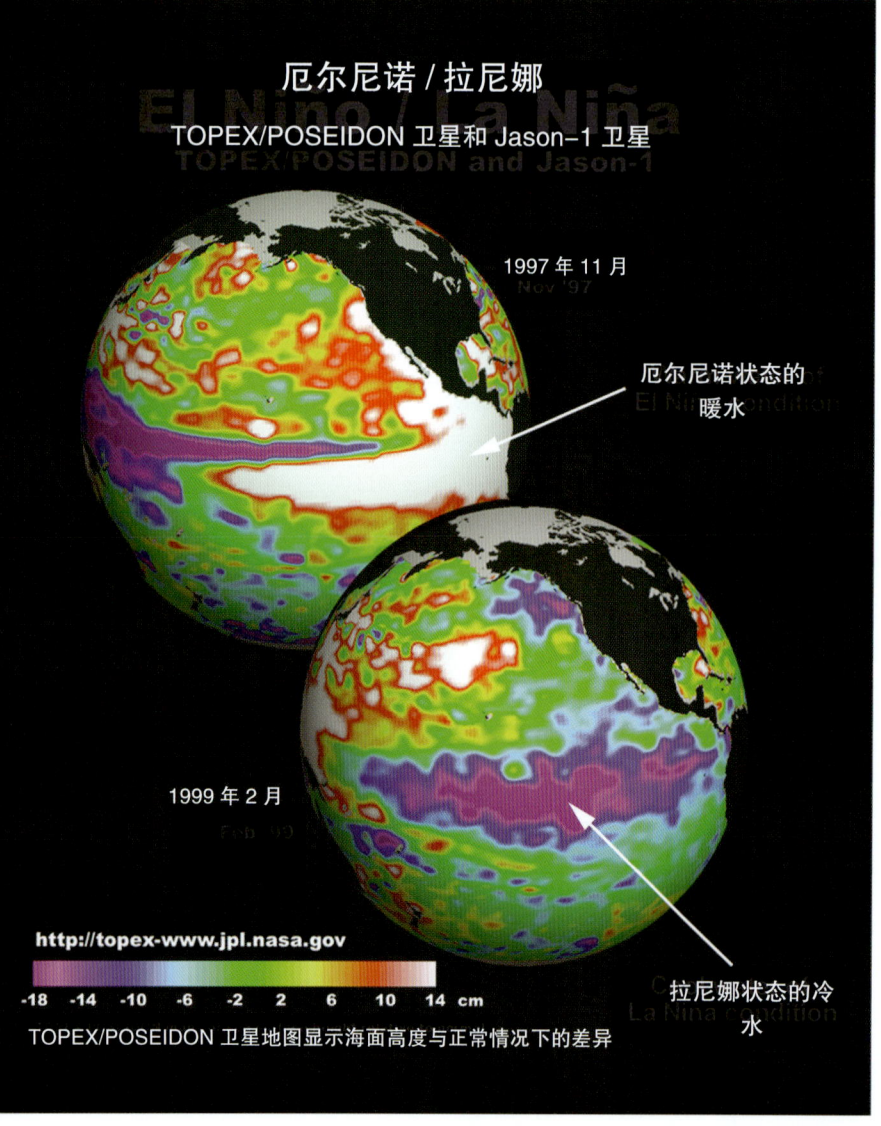

自从 20 世纪 70 年代开始，厄尔尼诺和拉尼娜都逐渐变得更加频繁和剧烈。在 2009 年和 2010 年之交的冬天，厄尔尼诺给加利福尼亚带来巨大的暴风雪。

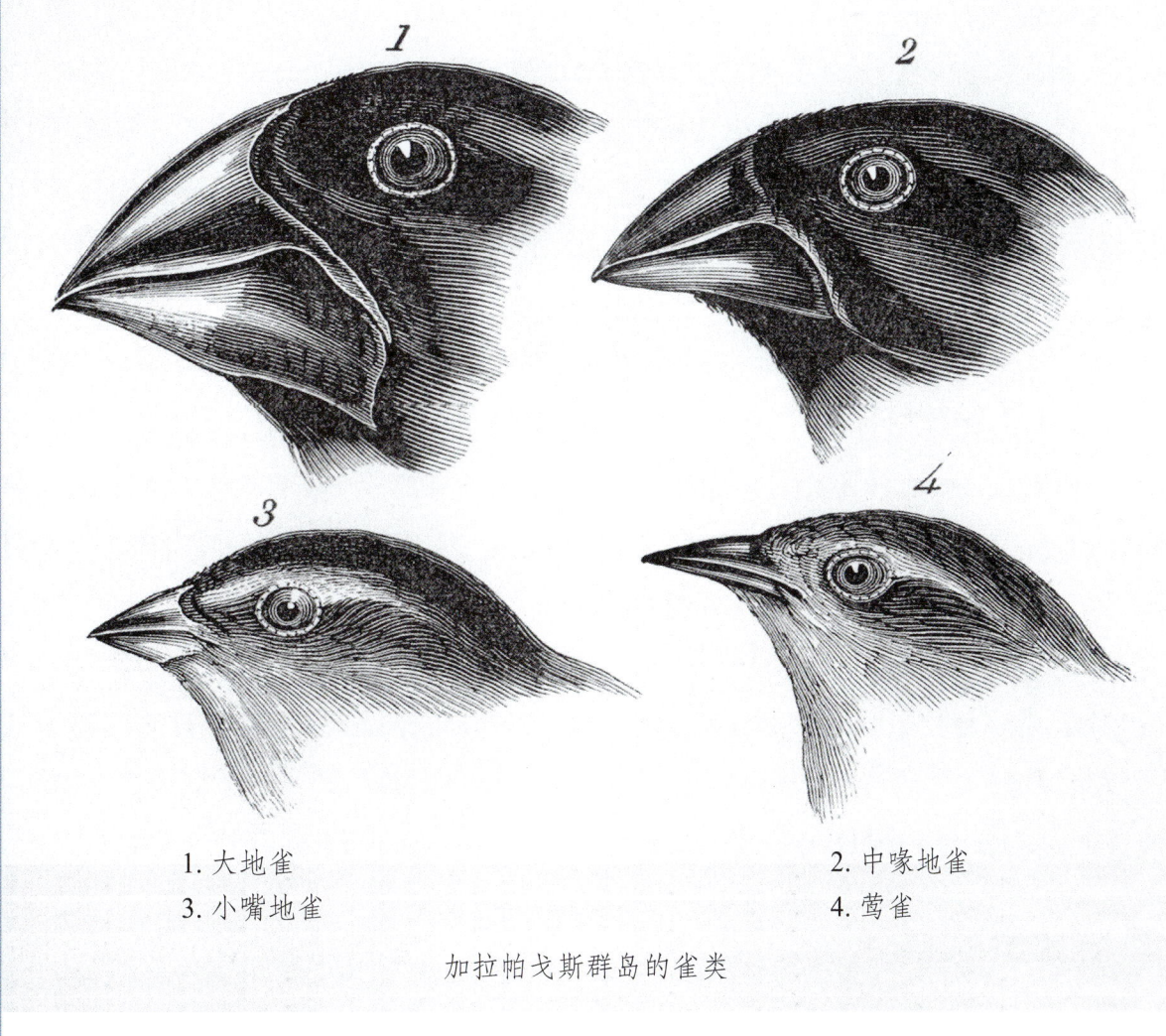

1. 大地雀
2. 中喙地雀
3. 小嘴地雀
4. 莺雀

加拉帕戈斯群岛的雀类

分析图片

达尔文描绘的生活在加拉帕戈斯群岛上的鸟类的喙

讨论问题

1. 观察图片并给出可能的解释，为什么这些雀类拥有不同的喙。
2. 回顾批判性思维技能列表。讨论在达尔文构思进化论时，这些技巧分别起到了哪些作用？

兰之后，他才开始注意到样本的不同寻常，并在几年之后据此提出了进化论。

在收集信息时，科学家会避免接受毫无根据或道听途说的证据。他们时刻保持怀疑的态度，不轻信人们所说的任何事情，除非他们对事情的真伪拥有令人信服的第一手证据。例如，我们在第 7 章中曾了解到，人们在接受采访时，会倾向于塑造自己的良好形象，或者回答他们认为采访者希望听到的内容。

当她还是一名人类学专业的研究生的时候，玛格丽特·米德（1901—1978）对一项课题非常感兴趣，那便是在西方文化中令青少年感到烦恼的问题，在所谓的更原始或更简单的文化中是否也存在。她假设，在这些文化中，青少年将会有所不同，出现的问题更少。为了给这个假设收集数据，米德住在南太平洋群岛的一个萨摩亚小村庄里，观察和采访了 68 个 9~20 岁的女性。根据这些采访资料，她得出结论，萨摩亚女孩普遍拥有一个无忧无虑的青春期，而且在非常小的年龄便发生草率性行为，这个发现震惊了很多西方人（吸引了很多西方青

玛格丽特·米德曾经居住在萨摩亚人的村落里进行一项观察研究，以证明她的理论：与西方社会相比，生活在更朴素的文化中的女性青少年更加无忧无虑。多年以后，她再次回到那儿，就当年她从收集到的一些错误信息中得出的相关结论接受采访。

少年和大学生）。多年以后，曾经接受米德采访的一些萨摩亚族小姑娘长大成人，她们坦言当年对米德说了谎，目的只是开玩笑。在这个案例中，米德对自己假设的执着以及对轶事证据的过度依赖，使她在收集信息时出现了偏差。

科学家不能单纯依靠观察来决定某一种假设是否正确，或者是否是某一现象的最好解释。由于粗劣的信息采集方法、社会期望谬误、认知和知觉错误，人们进行的观察可能是不全面或者是片面的。使用的设备也可能出现偏差，因为设备本身就是人类发明的，人类决定了仪器的测量方法。例如，在寻找地球和地球之外的新生命形式时，科学家使用的是一种探测土壤、水、岩石和大气样本中是否存在 DNA 的仪器。然而也有可能存在（或曾经存在过）其他非 DNA 的生命形式，例如基于 RNA 的生命。

4. 检验假设

在观察、收集数据和提炼假设之后，科学方法的下一个步骤是检验假设。在 2004 年的奥运会期间，拉塞尔·希尔和同事罗伯特·巴顿开展了一项针对团队项目的研究，以检验球队的队服颜色与比赛成败之间是否存在关系。

我们可以通过在实验室中开展的控制实验来检验假设。为了检验炭疽病毒疫苗的实际效果，路易·巴斯德设计了一个实验，在实验中他为 25 只动物接种了疫苗。此外他还饲养了另外 25 只动物作为控制组，控制组中的动物没有接受疫苗注射。通过科学实验，他发现该疫苗在抵御炭疽病毒方面是有效的。在本书后面章节中，我们将会更加详细地介绍实验设计方面的内容。

如果对一个新假设的检验需要依靠对经验证据的直接检验，而这些经验证据又不经常出现，那么检验过程可能会花费大量时间。例如，爱因斯坦在相对论中预测，太阳的万有引力会使星光发生弯曲。然而，为了检验这个假设，科学家必须等待多年，直到发生日全食时（1919 年）才能进行。而要彻底检验一个假设可能也需要许多年。明尼苏达州开展的双生子家庭研究就是一项长期研究，始于 1983 年，用于鉴别基因和环境对人类心理发展过程的影响。研究者们对超过 8000 对双生子及其家庭进行了长期的跟踪和调查。通过仔细比较同卵双生子和异卵双生子的个人特征，研究者们已经能够得出结论，在祈祷和参加宗教活动等宗教行为方面，大约 40% 的变异源于基因而不是环境。这项研究仍在进行中。

在科学方法中，检验和实验是一个批判性的步骤，因为某些我们认为正确的假设，在实际中却很难得到支持，经不起检验。一项假设越是经得住检验，人们就越有信心认定该假设正确的可能性。然而正像本书前面所论述的那样，人们永远无法绝对确定某项假设是正确的。

5. 以检验或实验结果为基础来评价假设

科学方法的最后一步是以检验和实验结果为基础对假设进行评价。如果结果或发现不支持该假设,那么科学家们会拒绝接受该假设,并回到科学方法的第2步,提出一项新的假设,然后重复这一过程。我们将在"评价实验设计"一节中学习如何对实验结果进行解释。

科学方法是不断发展的。当新的证据出现时,旧的假设和理论可能会被修改或推翻,或者被更具解释力的新假设所取代。但是应当时刻牢记的是,对科学家来说,如果新的数据与旧的理论相矛盾,任何理论都有可能被取代,包括那些人们已经普遍接受的理论,例如达尔文的进化论或者爱因斯坦的相对论。在下一节中,我们将学习采用哪些标准来评价科学解释。

评价科学假设

不同的科学家在观察同样的现象时,可能会得出不同的假设或解释。我们已经提到了一些判断科学假设优劣的标准:假设应当与被研究的问题相关,使用精准的语言,能够提供可检验的解释。而评价科学解释的其他标准则包括一致性、简洁性、可证伪性和预测力。

好的假设应当与研究问题相关

首先,一个好的假设或解释应当与研究问题相关。也就是说,它应当与试图解释的现象有关系。很明显,人们不能在一个假设中包含所有的观察和事实。相反,人们需要判断哪些内容与正在观察的问题存在相关。例如,波兰化学家居里夫人(1867—1934)主要专注于镭和钍的原子特性,从而提出关于放射性的最初假设;希尔则在他的假设中关注球队队服的颜色。

好的假设应当与完善的理论保持一致

科学是由逻辑上保持一致的假设或理论组成的系统。如果科学解释与相关领域内的完善理论保持一致,那么它便是比较好的解释,美国科学史家托马斯·库恩将其称为"常规科学"(本章后面将详细介绍库恩关于常规科学和范式的概念)。科学体系组成了一个范式,或者称为看待和解释世界的特殊方式。例如,在环境学家看来,最新提出的假设"大陆边缘海床上的海洋甲烷水合物矿床的释放等海洋内部过程是导致全球变暖的主要原因"是一个很好的假设,它与已经建立起的科学范式"全球变暖是地球上的人类活动和自然界物理化学变化引起的综合性结果"相一致。而从另一方面来说,智能设计理论就没有达到这一标准,因为它与已经确立的进化论相矛盾。

然而,科学家并不会轻易放弃与现有理论相冲突的解释,尤其是当这些假设符合良好解释的其他标准时。爱因斯坦的相对论认为时间和空间是相对的,而牛顿经典力学则认为时间和空间是固定的和绝对的,因此,相对论与牛顿经典力学是对立的,起初令人非常困惑。可结果却证明,它能够更好地解释某些现象。在一般情况下,对于人们能够通过"正常"能力观察到的现象,牛顿理论仍然能够有效预测,但是在光速等极端条件下(30万公里/秒),牛顿力学已经无法适用。爱因斯坦的相对论促使人类开始站在宇宙的高度上对物理学进行彻底的重新思考。

独立思考

阿尔伯特·爱因斯坦，大发明家

爱因斯坦的一位中学老师曾经告诉他的父亲："无论爱因斯坦以后做什么，都将一事无成。"然而，年轻的爱因斯坦（1879—1955）却不是一个任由别人的观点来左右自己命运的人。作为学校的一名普通学生，他更喜欢按照自己的计划学习，并自学了数学和科学。爱因斯坦拥有一颗好奇的、创造性的和善于分析的头脑，很快意识到了牛顿物理学的不足，在16岁时，他便已经形成了相对论的雏形。

1900年，爱因斯坦从瑞士苏黎世联邦工业大学毕业，获得了物理学学士学位。他没有申请到教师职位，只好接受了一份瑞士专利局的工作。在业余时间，他继续从事物理研究，并于1905年拿到了博士学位。同年，他发表文章阐述自己提出的相对论，后来该理论给物理学带来了彻底的变革。最初，他的文章遭到了质疑和嘲笑，但最终获得了广泛的支持。1914年，爱因斯坦获得了柏林大学的教授职位。1921年，他获得了诺贝尔物理学奖。

到了20世纪30年代，由于自身的犹太血统，爱因斯坦成为希特勒黑名单上的重要人物。他只好于1933年移居美国，在新泽西州的普林斯顿高等研究所担任教授。爱因斯坦同时还是一位人道主义者和反战主义者，站在广阔的社会背景下审视科学。由于担心德国正在研制原子弹，爱因斯坦于1939年给罗斯福总统写了一封信，敦促总统加紧研制原子弹。他还在信中一再强调，永远不能将原子弹用于平民。当听说美国向日本投下了原子弹时，他无比震惊。

在广岛遭到原子弹轰炸后，爱因斯坦成为一名反核武器和反战活动家，同时也是世界政府运动的主要领导人。以色列政府曾邀请他担任第二届总统，但是被拒绝了。爱因斯坦在晚年致力于研究建立物理学大统一理论，将自己的相对论与量子理论统一起来，但是没有成功。1955年他在睡梦中安详逝世。

讨论问题

1. 年轻的爱因斯坦反抗权威的性格，对其保持心智开放和质疑已经建立的科学范式起到了什么作用？你对公认的科学持什么态度，将你的答案与自己的态度联系起来。
2. 在问题解决和科学发展过程中，爱因斯坦十分重视科学家共同体的重要性，包括以往的科学发现。讨论为什么相互协作的方式和接纳他人的观点在科学思维中如此重要。
3. 科学家在道德上是否有义务拒绝从事可能用于生产杀伤性武器的研究？将你的答案与自己希望从事的工作联系起来。有些技术可能对人类和环境有害，作为一名消费者，你是否也有义务拒绝购买基于此类技术的产品？给出答案并说明理由。

好的假设应当简单

如果一对互相矛盾的假设或解释都能满足基本的科学标准，科学家一般会接受更简单的假设，这一逻辑原则被称为奥卡姆剃刀原理（以中世纪哲学家奥卡姆的威廉的名字命名）。例如，绝大多数科学家拒绝接受智能设计理论，其中一条重要原因便是，进化论比智能设计理论更简单。科学家提出，仅仅是进化的过程便能够解释复杂器官的逐渐发展，例如人类的眼睛是由简单有机体拥有的光敏感细胞进化而来的。没有必要画蛇添足地为这一过程添加智能设计的观点。

从另一方面来说，没有迹象表明，物质世界本身喜欢更简单的事物。简单是科学家们更喜欢的东西。可是当有竞争性的假设存在时，更加复杂的假设也有可能是正确的。例如，爱因斯坦的相对论并不符合简单的标准。然而，将它与相对更简单的、以绝对空间和时间为基础的牛顿理论相比，相对论却能够更好地解释某些现象，并拥有更好的预测力。

好的假设应当是可检验的和可证伪的

一项假设或解释应当以可检验的形式呈现，可被其他科学家重复验证。除了可检验以外，一项解释必须能够被科学实验或观察证伪。因为人们无法百分之百地确定并证明某种科学解释是正确的，所以用于判断科学解释优劣的并不是证实，而是可证伪性。例如，根据对成千上万只天鹅的观察，其中每一只天鹅都是白色的，人们做出假设："所有的天鹅都是白色的。"但是，这项假设是可以证伪的，因为只要有一只天鹅不是白色的，就可以证明该假设是错误的。而事实上这种事情确实发生了，人

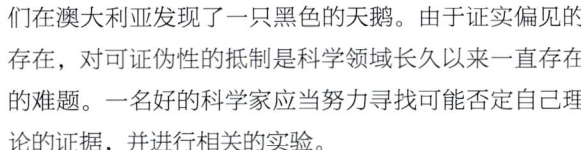

们在澳大利亚发现了一只黑色的天鹅。由于证实偏见的存在，对可证伪性的抵制是科学领域长久以来一直存在的难题。一名好的科学家应当努力寻找可能否定自己理论的证据，并进行相关的实验。

从另一方面来说，能够接受所有挑战的理论往往存在致命的弱点，因为人们不能对它们进行可证伪性检验。例如，西格蒙德·弗洛伊德关于俄狄浦斯情结的理论就无法满足可证伪的标准。因为如果一个人声称自己没有俄狄浦斯情结，弗洛伊德的理论就会宣称他将这种情结压抑在了无意识中。*然而，就其本质来说，无意识思维是无法接受检验的。因此，弗洛伊德的理论就无法被证伪。

好的假设应当拥有预测力

最后一点，好的假设或解释应当拥有预测力，并能够准确预测和解释类似事件的发生。一项假设的预测力越强，说明其越有效。如果假设为未来的研究提供了新思路，那就说明该假设是富有成效的。

例如，大爆炸理论不仅预测了宇宙正在膨胀，而且预测了宇宙中氦的数量和星系的分布。1965年人们第一次探测到宇宙微波背景辐射的存在，而大爆炸理论能够单独对其进行解释。同理，爱因斯坦的广义相对论之所以能够被广泛地接受，也是由于其强大的预测力。与牛顿理论相比，广义相对论更加精确地预测了某些日月食的出现。

好的科学解释应当满足上述所有或大多数标准。下一节，我们将学习科学解释或假设与伪科学之间有哪些不同。

鉴别科学与伪科学假设

伪科学（pseudoscience）是指伪装成科学并试图证明自身合理性的解释或假设。然而，与科学不同的是，伪科学的基础是情感诉求、迷信行为和夸张言辞，而科学解释却是基于系统的观察、推理和检验等科学方法。占星术、精神治疗、数字命理学（研究数字代表的超自然含义，例如，根据某人出生于2001年9月11日可以推算出此人的命运）、塔罗牌占卜以及读心术都是伪科学

---

* 俄狄浦斯情结是指小男孩对母亲产生的性感觉，通常与父亲对母亲的情感相对立。弗洛伊德认为这是正常的发展。

诺查丹玛斯的预言如此模糊不清以至于只能在预言发生之后才能被"证实"。

的例子。

科学解释和假设要求尽可能使用精确的语言，而伪科学的解释和假设却经常使用模棱两可的语言，因此无法确定什么能够证实该假设。例如，占星术的描述往往是非常模糊的，这样的描述放在任何人身上都是适用的。因此，伪科学的论断是无法证伪的。

对绝大多数的伪科学解释而言，没有相应的检验或实验来证明其有效性。当某一预测不准确时，没有人努力去查明原因或者寻找所谓的现象背后的因果机制。即使开展了少量研究，例如关于超感官感知或鬼魂等方面的研究，这些研究设计也很粗糙，其过程往往难以复制。当某个精心设计的科学实验未能找到支持伪科学的证据时，这样的实验通常会被忽略。为了对抗科学提出的质疑，伪科学在澄清错误的解释时常常会将责任推卸给实验对象。例如，当一个接受信仰疗法的人未得到治愈时，伪科学可能会说，那是因为这个人不够虔诚。

伪科学的解释也无法满足预测性的标准。由于大多数伪科学的解释使用极具概括性的语言，所以几乎任何可能性都出自其预言。此外，当预测恰好支持伪科学家的论断时，他们主要依赖于轶事证据；伪科学家往往忽视失败的预测。这一伎俩导致了难忘事件错误。伪科学还善于利用人类思维中的认知错误。例如，被当做超感知能力证据的某些预兆，其实不过是基于概率错误和难忘事件错误的巧合而已。

不足为怪的是，大多数伪科学的预测都是在事件发生之后做出的。16世纪的预言作家诺查丹玛斯，被现代人认为成功预测了诸如法国大革命和德国纳粹崛起等大事件，并且预测了2001年9月11日的世贸大厦袭击事件。但是与前两次预言一样，对"9·11"事件的"预测"也是在袭击发生之后才进入人们的视野的。由于预言所使用的语言往往模糊不清，人们可以随意篡改来迎合很多类似的事件。就如同诺查丹玛斯在"预测""9·11"事件时所说的：

地球的中心燃起了大火，
将会震动这座新城，
两块巨石长时间地对峙，
在那之后，阿瑞图萨把水染成红色。

尽管预言缺乏科学性、合理性，但人们对它的信仰却普遍存在，并且自20世纪90年代以来愈演愈烈。

预言最大的隐患之一便是诈骗钱财。美国人每年都会为此花费数十亿美元，这些预言善于利用情感诉求，并向人们承诺可以治疗绝症、获得幸福和财富、拥有超乎寻常的神秘力量，许多人抵制不住诱惑而受骗。

伪科学的字面意思是"虚假科学"。为了避免被伪科学的空头承诺所骗，人们需要了解如何批判性地评价伪科学的论断，前面列出的标准可供参考。此外，人们还应当意识到认知和社会错误会扭曲我们的思维，并且让我们容易受到伪科学的蛊惑。

你知道吗？

31%的美国人相信占星术是准确的，其中最可能相信占星术的是年轻人。

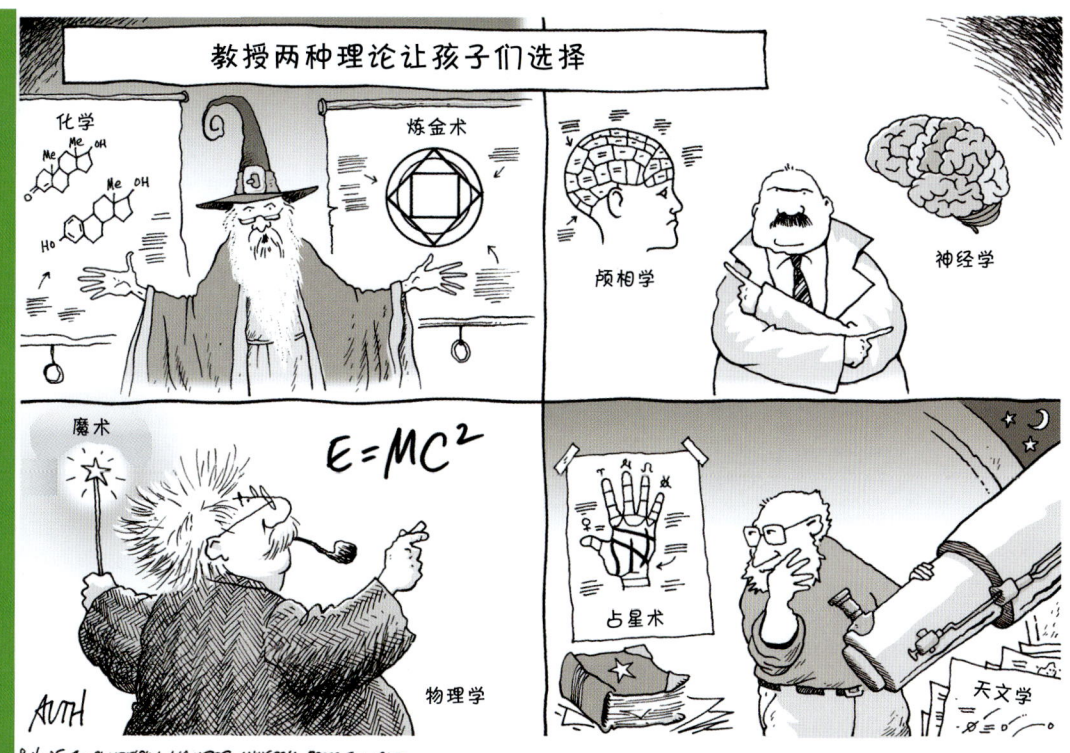

科学 VS 伪科学

讨论问题

1. 对漫画中给出的四个例子，应用本节所讨论的标准确定两者之中哪个是科学，哪个是伪科学。
2. 在中学和大学，是否应当教授伪科学的内容？讨论学习伪科学是否会提高或阻碍学生的批判性思维能力发展，具体表现在哪些方面？

研究方法与科学实验

科学家使用研究和实验来检验假设。在本节，我们将探讨研究方法的基本要素，并详细介绍采用实验的三种研究方法：现场实验、控制实验和单组实验（前后测实验）。

研究方法与研究设计

研究方法（research methodology）是指基于现有的科学技术和程序，系统地收集和分析信息的过程。实验只是研究方法的类型之一。**科学实验**（scientific experiment）一般在完全控制或半控制的条件下进行，包括系统的测量和对数据的统计分析。其他的研究方法则包括观察、调查和访谈。例如，科学家常常在实验室里模拟日光或星光作为控制条件，并在该条件下进行实验，但人种学家珍·古道尔采用的研究方法则是在坦桑尼亚的野外直接观察黑猩猩的生活习惯，以检验她提出的"黑猩猩能够使用工具"这一假设。天文学家亚瑟·艾丁顿在研究重力对光线的影响时，采用的研究方法是在日食发生时进行观察。调查和访谈是社会科学中经常采用的研究方法。在前面的第7章，我们已经学习了如何使用调查法来检验一项假设。

在构思研究设计时，科学家需要考虑哪种方法最适合自己的假设。例如在天文学和气象学中，虽然科学家们在模拟条件下开展了某些实验室实验，但是由于人们很难甚至无法控制影响天体运动或天气的变量，模拟实验一般是不可行的。

在设计实验时，科学家首先要写一份方案，根据接受检验的假设类型、需要测量的变量以及采用何种

人种学家珍·古道尔使用观察作为研究方法来检验她关于黑猩猩能使用工具的假设。

测量方法，对实验意图或目标做出清晰的界定。**自变量**（independent variable）是实验者控制的因素，**因变量**（dependent variable）则是随着自变量的变化而发生变化的变量。在一个相对控制的环境中，研究变量有时会自然地变得一目了然，而不需要设计一项实验。例如生物学家拉塞尔·希尔在2004年奥运会中通过观察拳击比赛等四项格斗赛事，对自己的假设进行了检验。在这些比赛中，红色和蓝色队服（独立变量）被随机分配给比赛双方。希尔发现，穿红色队服的一方击败穿蓝色队服的一方的概率是60%，这一比例要高于随机概率。

在控制实验中，除自变量以外，其他所有变量均保持不变。在实验设计中没有加以说明或控制的变量称为**混淆变量**（confounding variable）。在现场实验和观察研究中，研究对象并不是被随机分配到各组，环境也没有受到严格的控制，因此混淆变量这个问题就比较明显。例如，在希尔的研究中，队员的技能差异、观众的反应和其他因素可能混淆了观察结果。

如果研究方案使用了实验设计，那么就应当明确描述实验材料。**实验材料**（experimental material）是指一组或一类被研究的对象，例如豌豆苗、光线或大学生等。研究者在使用某个样本之前，应当根据总体大小和选取原则精确定义样本。此外，对研究总体来说，样本是否具有代表性也非常重要。

思考下面这个例子：政府和企业资助了一项针对双酚A的研究。双酚A是一种类雌激素的化学物质，被用于塑料制造业。人们怀疑该物质是导致精子数量过低、不育症和乳腺癌的原因。但是，以大鼠为被试的研究结果并没有发现类似的影响。科学家据此得出结论，除非剂量过大，不然这种化学物质对人类没有危害。然而，这些结论是不准确的，因为很多这类研究所使用的大鼠与人类有很大差异，它们对雌激素并不敏感。因此，他们的研究结果并不能被合理地推广到人类身上。这类研究已经引起了人们道德上的担忧，政府资助的工业性研究往往容易产生偏差。

此外，对道德因素的考虑可能限定了哪些实验设计类型是合适的。例如，在利用控制实验研究吸烟对儿童的影响时，如果随机分配一半儿童到实验组，并要求他们必须吸烟，这就违反了道德原则。

总的来说，在选择实验方法的类型时应当考虑下列因素：实验材料和样本的可得性、资金和时间限制、训练有素的人员和研究需要的其他资源。科学家还需要决定，是在自然条件下（现场实验）还是在实验室的控制条件下进行研究，哪种条件能够得到更有效的结果。此外，科学家还必须在道德规范内开展实验。

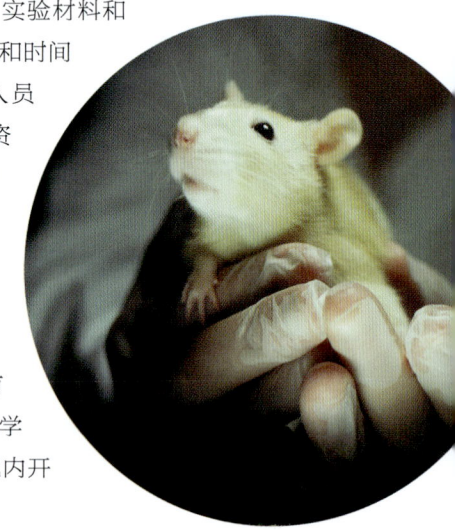

现场实验

在某些情况下，在研究者施加影响最小的自然条件下研究某种现象可能是检验假设的最佳途径。现场实验的环境经过了人为设计，但在研究对象看来就像自然发生的那样。将两组或更多组相似的研究对象以非随机的形式分到不同的处理或实验干预条件下。然后将各小组的结果进行比较，以判断处理变量所产生的影响。

例如，为了检验"与其他种族相比，旁观者更可能向同种族的受害者伸出援助之手"这个假设，心理学家丹尼尔·韦格纳和威廉·克兰诺设计了一项现场实验。

实验者在一座校园建筑里徘徊等待，当他距离预先选择好的实验对象一步之遥时，会"不小心"将手中抱着的一摞卡片掉到地上。实验对象对实验设计毫不知情。如果实验对象立即帮助这位实验者，他的行为会被记录下来。研究者之后会对采集的数据进行分析，比较不同种族小组的表现存在哪些差异。

现场实验也存在缺点。由于自然条件不受人为控制，研究者很难像在实验室里那样随意进行操纵。例如在韦格纳和克兰诺开展的现场实验中，选取的研究对象可能由于考试不及格而情绪低落，因此不愿意停下来帮助别人，但平时他们很可能会提供帮助。此外，研究者假设，各小组之间除了种族不同以外，在其他所有方面都相似，这一点也是有疑问的。

控制实验

有些人认为，现场实验只能算作准实验，只有控制实验才是真正的科学实验。控制实验主要用于决定自变量和因变量之间是否存在因果关系。为了排除其他有可能干扰实验结果的混淆变量，控制实验中一般只保留一个自变量。为了确保实验组和控制组的各项基本条件相同，研究对象会被随机分配。实验组接受处理（自变量），而控制组则不接受任何处理。在以人类为研究对象时，参与者并不了解自己属于实验组还是控制组。最后将各组得到的结果进行比较和统计分析，以决定处理过程或因变量的影响效果。

尽管设计不同的控制实验会有所不同，但基本的设计过程如下所示：

实验组：
随机分配 ⟶ 处理 ⟶ 最终测试
控制组：
随机分配 ⟶ 最终测试

圣奥古斯西修道士格雷戈尔·孟德尔（1822—1884）曾进行过一项著名实验，对几代杂交豌豆的遗传特性进行研究，在实验中，他严格控制了实验室的环境，使光线、温度和水分等变量保持一致，只将基因作为自变量，从而消除了环境特征对实验的影响。他的研究方法在当时是开创性的，建立了现代遗传学的基础，为未来的科学研究提供了模型。

开展控制实验的优点在于，科学家可以更好地控制可能影响实验结果的不同变量。而控制实验也存在一个潜在的不足，那便是以人类为研究对象时，由于人们知

豌豆花色的孟德尔遗传

粉花种系植株的两朵花　　　粉花与白花种系杂交产生的植株的两朵花　　　白花种系植株的两朵花

行动中的批判性思维

科学与祈祷

哈佛大学的科学家进行了一项控制实验，结果发现，祈祷治疗并不能帮助接受心脏搭桥手术的患者康复。1800名病人被随机分配成实验组和控制组。其中实验组又分为两组，其中一组知道自己正在接受祈祷治疗，而另一组则对此毫不知情。控制组没有接受祈祷治疗，也不知道自己是否接受了该种治疗。接受祈祷治疗的两组成员名单被分别交给了两个天主教修道院和一个新教组织的神职人员。他们为名单中的人提供了为期30天的相同祈祷，祈求"手术成功、迅速康复以及不出现并发症"。统计分析显示，三组病人的康复速度并不存在显著差异。

这项研究是否能够证明祈祷治疗没有效果？"我对代人祈祷者一直持怀疑态度，"迪安·马雷克牧师说道，"我们心中所想的，可能并不是被祈祷者心中真正的想法……很显然这受到了神圣活动和个人选择的控制。"还有批评声音认为"科学在测量地球的运行轨道……新药的效果等方面非常实用，表现得出类拔萃。但是现在我们想要科学研究的是发生在时空之外的事物。这个结果只能说明人们不应该去试图证明超自然的能力。"

讨论问题

1. 评价该研究的实验设计。你是否同意实验者对使用祈祷的限定？给出答案并说明理由。
2. 这项研究是否证实了祈祷治疗没有效果？对该研究的批评是否合乎逻辑？给出答案并说明理由。
3. 就你个人来说，是否相信祈祷能够起作用？在回答这一问题时，为祈祷提供一个操作性定义。换句话说，当你根据观察和实际效果，提出祈祷确实有或者没有效果时，具体含义是什么？讨论有哪些证据支持你对于祈祷效果的结论。

道自己在参与实验，因而会随之调整期望。在医学和心理学研究中，这个问题尤为严重。为了确保接受处理的过程不影响实验结果，研究者会向控制组提供安慰剂。

安慰剂（placebo）是一种没有治疗效果的物质，例如糖丸或者虚假处理。安慰剂之所以被采用，是因为期望和自我实现对人类的影响非常大。如果研究对象认为自己接受了某种有效的治疗，即使只是接受了安慰剂，他们的状况也会得到实际改善。

实验操作者或观察者对实验结果的预期也会使数据出现偏差。在**单盲研究**（single-blind study）中，研究对象不了解自己属于实验组还是控制组。而在**双盲实验**（double-blind study）中，直到数据收集和分析结束，研究对象和实验者都不了解哪一组是研究对象。例如，在研究一种新药的疗效时，实验组和控制组的研究对象会服用同样大小和颜色的药丸；因此，分发药丸的实验者也不知道哪些是安慰剂。这种做法就减少了实验者的无意识偏差对实验结果造成的影响。

单组（前后测）实验

单组实验不使用实验组和对照组，只使用一组实验对象。研究变量在处理前和处理后的前测和后测中分别测量。前测与后测所使用的测试方法一般是相同的。

制实验，转而采用单组实验，这样所有的孩子都能够得到药物治疗。此时进行比较的不再是实验组和控制组孩子的病情严重程度，而是实验前测和后测的结果。

评价实验设计

本节介绍了多种实验设计方法，但好的实验设计都具有某些共同特征。最主要的特征之一是能够区分不同的假设。如果相同的实验结果能够用于支持两个相互矛盾的假设，那么只能说明这个实验设计非常糟糕。例如，有人说将大蒜挂在大门口，吸血鬼便不敢登门，你打算亲自做一项实验去检验这一假设。于是你在自家门口挂上大蒜，并暗中使用摄像机记录下一个月内造访的吸血鬼数量。结果整整一个月都没有吸血鬼登门拜访。这是否证明这一假设是正确的，大蒜能够让吸血鬼远离家门？事实并非必然如此，因为实验结果还可能支持另外一个与此相矛盾的假设，那便是吸血鬼根本就不存在。

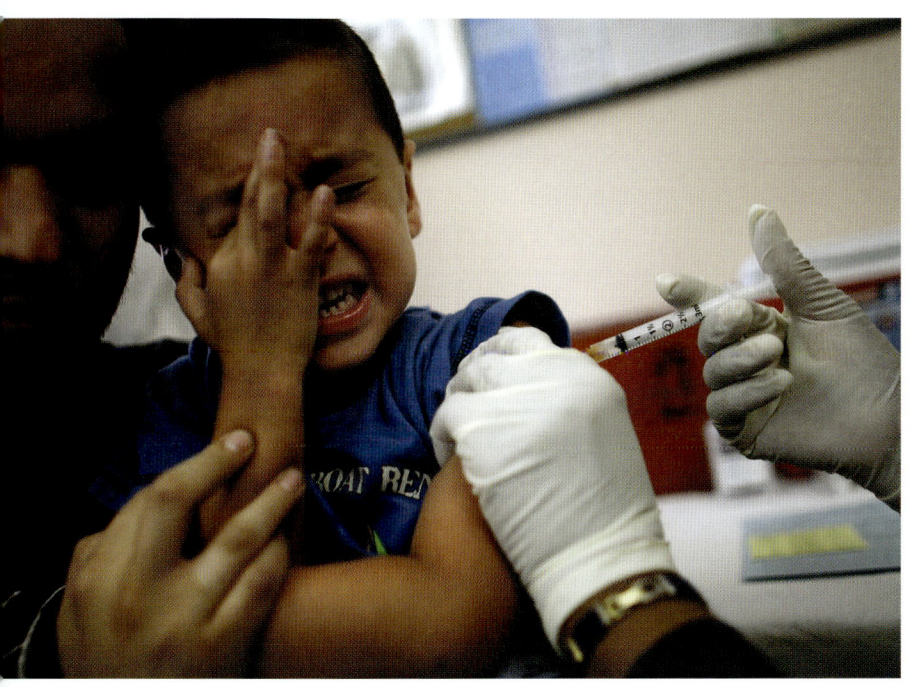

有时单组实验是必不可少的，比如当一种药物马上被发现非常有效时。

单组实验：

前测 ——→ 处理 ——→ 后测

例如，为了研究社区志愿工作对大学生道德推理的促进效果，研究者在一组大学生进行社区志愿服务之前对其进行了道德推理测试——限定问题测验（DIT），然后在学期末等这些学生完成志愿服务以后再次进行测试。结果发现，学生的DIT分数在学期末显著提高。那么，是否可以得出结论，社区志愿服务（自变量）有助于提高DIT分数（因变量）？如果存在一个控制组的话，人们对结果的确定程度肯定不一样。

单组实验的一个缺点在于，由于没有控制组，无法控制可能影响实验结果的其他变量，例如学生的成熟，或者经过了前测，学生对测试更加熟悉。因此，由于单组实验比控制实验更容易设计和实施，所以经常被用来作为探索性实验，如果探索性实验的结果比较理想，则会继续开展控制实验。

但是在有些研究中，单组实验可能比控制实验更可取，尤其是当实验组中的研究变量呈现显著的积极效果时。例如，为了研究一种新抗癌药物的效果，以患有白血病的儿童为实验对象进行了一项控制实验。3个月后，实验者发现，与使用安慰剂的患儿相比，使用新药的患儿病情明显好转。此时，实验者在道德上有义务停止控

好的实验设计应当没有偏差。如果样本容量过小，不具有代表性，实验者或实验对象存在主观偏见，都有可能造成实验误差，所以应当仔细检查，严格控制，尽量减小实验误差出现的可能性。英国医学杂志《柳叶刀》上发表了一项1998年开展的研究，提出孤独症和儿童时期接种牛痘疫苗存在联系，而该结论只是根据对12个孤独症儿童进行的测试结果，并且没有采用控制组进行比较。不幸的是，媒体公布了这一结论，并引起了很多家长的重视。尽管很多科学家对实验设计提出批评，并指出该结论缺乏进一步的证据，但仍然难以挽回已经造成的恶劣影响。

好的实验设计的第三个标准是，对研究变量结果的测量应当是可信的、准确的和精密的。如果测量工具在不同时间或者被不同的人使用时都能够提供一致的结果，那么就符合**信度**（reliability）的标准。两个不同的实验者在研究课题时使用的某一IQ测验方法得出了相同的结果，并且过一段时间之后再次测量的结果与前面保持一致，那么就可以说，这种IQ测验方法是可靠的。

一种测量方法准确是指，在测量某种现象时，它与其他测量标准保持一致。在科学中，对于 1 秒的准确测量方法是"铯 133 原子基态的两个超精细能级之间跃迁所对应辐射的 9,192,631,770 个周期所持续的时间。"此外，测量方法还应当是精密的，精密程度取决于研究问题。在研究全球变暖对阿拉斯加冰川消融的影响时，"天"甚至"年"都可以算作是足够精密的时间测量方法。然而，核裂变的连锁反应时间是以毫秒（千分之一秒）计的，此时，人们就需要对时间进行更精密的定义。

准确、精密的测量能够使实验被其他科学家重复或重现。在科学期刊中发表的实验应当完整、详尽地呈现实验目的以及实验设计细节，以供其他科学家重复实验。也就是说，如果其他科学家执行相同的实验，应当得到同样的结果（参见"行动中的批判性思维：如何阅读科技论文"）。可重复性是非常必要的，因为一项研究结果可能存在偶然性，也可能使用了有问题的样本，甚至可能是虚构的。（近年来，媒体上不断曝出关于欺骗性实验和伪造数据的案例，尤其是在涉及金钱利益比较多的生物工程等领域。）

最后一个标准是普遍性。一个设计良好的实验，由样本得出的结果应该能够被推广。如果一项实验结果能够被准确地推广到现实世界，便具备了**外部效度**（external validity）。如果研究中的样本不能代表总体，而研究者却没有意识到，那么在推广过程中便会出现问题。20 世纪 80 年代之前，大多数医学和心理学研究只使用白人男性作为研究对象。研究者们这么做的原因是为了保持样本的同质性，从而最小化样本误差。然而，当研究者们将结果推广到全部人群的时候就可能会出现问题。例如，本书前面曾介绍过，女性从麻醉中苏醒过来的时间要比男性早，这种现象使女性病人容易经历令人恐惧的外科手术。1985 年，美国食品与药品管理局要求药品制造商提供资金开展临床实验，实验必须包含性别、年龄和种族等数据。

解释实验结果

实验完成后，科学家通常将数据分析结果发表在科学期刊上。虽然并非全部，但大多数科学期刊要求发表的文章必须符合"行动中的批判性思维：如何阅读科技论文"中的内容结构。一些声望较高、拥有众多读者的科学期刊，比如《科学》《自然》等，由于篇幅限制，会要求作者将文章中的部分章节进行压缩或合并。

科技论文在结论部分会介绍数据分析过程以及得到了哪些统计显著的发现。实验结果一般通过平均值或变量之间的关系来呈现。无论是证实假设，还是证伪，实验结果在科学知识体系中是同等重要的。

由于科学方法的基础是归纳推理和统计概率，因此看起来显著的结果实际上也可能只是巧合。**误差范围**（margin of error）是基于样本量大小的统计学参数，用于测量**置信水平**（confidence level），科学家可以根据置信水平将实验结果推广到总体。

误差范围和置信水平是负相关关系。也就是说，如果置信水平是 95%，那么误差范围就是 5%，或者说实验结果是基于随机变化而不是因果关系的可能性是 5%。一般来说，在社会科学中，95% 的置信水平便足够了，但是医学和药学实验对置信水平的要求较高，有时达到 99% 和 99.9%。这是因为，在这些学科中，错误的推广可能导致灾难性的后果。

将几项类似的实验结果放在一起进行统计分析被称为**元分析**（meta-analysis）。当使用新的样本重复进行实验并取得显著结果时，由于检验的总样本容量变大，实验的置信水平也会随之提高。但如果随后进行的实验的结果与先前实验不同，那就应当重新检验原来的假设。

科学实验中的伦理问题

尽管有些科学实验设计得非常巧妙，并得到了显著结果，但如果违反了道德规范和准则，仍然是不可取的。当以人类为研究对象时，保障被试的知情同意权、其他权利以及避免对其造成伤害等伦理问题尤其重要。

在纳粹集中营中，以犹太人、战争犯和俘虏为实验对象所做的人体实验是最不道德的科学实验。在其他国家，一些处于弱势的少数族群成员也在未经本人同意的情况下被迫参与科学实验。1930—1950 年间，美国公共卫生部开展了一项关于梅毒对人体影响的研究，也就是臭名昭著的塔斯基吉实验。实验对象是毫不知情的亚拉巴马州梅肯县的贫穷黑人男性。这些人并不知道自己染上了梅毒，也没有人为他们提供任何治疗。在青霉素成为治疗梅毒的有效手段后，研究人员也没有对参与实验的黑人患者提供必需的治疗，这导致很多人死亡。而这样做的目的仅仅是为了促进科学知识的发展。

自 20 世纪 70 年代以来，人们越来越关注科学研究

行动中的批判性思维

如何阅读科技论文？

科技期刊上发表的论文一般包含以下结构：

- **摘要**：简要概述研究的主要发现
- **引言**：研究假设以及类似研究的背景信息
- **方法**：对实验设计进行详细描述，包括具体的实验步骤和实验方法；介绍实验材料，包括样本及其选取方法。
- **结论**：回顾实验的理论基础，解释数据的分析过程，总结哪些发现得到了数据的支持；可以包含描述实验结果的图片或表格。
- **讨论**：对数据进行分析和解释，解释数据与结果之间的逻辑关系，讨论结果的显著性，对该领域的贡献，研究的局限性以及对未来研究的展望。
- **参考文献**：研究中参考或借鉴的文章、书籍和其他资料列表。

讨论问题

1. 从科学期刊上选取一篇你感兴趣的论文。首先阅读摘要和引言部分，然后详细阅读方法部分，并根据本节介绍的实验设计标准对实验设计进行评价。描述实验设计有哪些局限，哪些方面可以进一步改进。
2. 阅读论文中的结论和讨论部分。讨论论文的结论是否得到了实验结果的支持，以及该研究对进一步研究的意义。

中人类被试应有的权利。例如，1963年的米尔格拉姆服从实验和1971年的斯坦福监狱实验（本书第1章曾对这两项实验的相关内容进行了介绍）都使人们遭受了身体和心灵上的伤害。在今天看来，这是十分不道德的科学实验。

科学家们应该承担责任，运用自己的批判性思维能力分析自己所属领域内其他科学家的研究成果，并敢于揭露学术欺骗行为。

原子弹的制造让人们更加深刻地理解了科学中立的概念，不道德地使用科学成果也越来越受到关注。第二次世界大战中，艾尔伯特·爱因斯坦曾敦促美国开发原子武器，但后来他对自己在原子弹研制过程中发挥的作用感到非常懊悔，并将其称之为一生中的"重大错误"。最近，基因工程研究和人类克隆可能性的道德问题引起了人们的热议。

科学家在制造原子弹中的作用在一些科学家中引发了道德担忧。

韩国科学家黄禹锡在2005年举行的新闻发布会上承认,自己在人类胚胎干细胞克隆的科研成果中造假。

科学实验和研究报告应当遵守的道德原则还包括正直和诚实。如果一项研究是由政府资助的,那么科学家可能会承受一定的压力,需要向公众发布与当前的政治议程相一致的研究结果。例如,美国白宫出面干涉环境保护局科学家发布关于全球变暖程度和工业对全球变暖影响的报告,弱化甚至删除了其中的部分章节。此外,由于职称和职位的提升往往取决于发表的文章,所以科学家承受着巨大压力,面临着"发表还是隐匿"的艰难抉择,从而可能有意地夸大研究成果,或者有选择地发布某些成果。

韩国生物医学家黄禹锡曾被认为是世界上干细胞研究和克隆领域最出色的专家。在2004年和2005年,他先后在《科学》上发表了两篇文章,声称自己已经成功克隆出人类的胚胎干细胞。他的这一成就被视为该领域内的突破性进展。然而,一些科学家对其工作提出了批评,并对他使用的研究方法提出了质疑。在2005年举行的新闻发布会上,黄禹锡承认,自己在科研成果中造假,欺骗了公众,他为此而道歉,声称:"成功的光环蒙蔽了我的双眼。"作为一名专业科学家,这场骗局使得他一败涂地。

科学家们应该承担责任,运用自己的批判性思维能力分析自己所属领域内其他科学家的研究成果,并敢于揭露学术欺骗行为。虽然同行评审在避免科学研究中的不道德行为、程序错误和欺骗行为中发挥

了一定的作用,但评论家更倾向于拒绝发表不符合现有科学规范的科学假设和研究。在下一节中,我们将介绍标准的科学范式。

托马斯·库恩与科学范式

在其标志性著作《科学革命的结构》(1962)中,美国物理学家和科学史学家托马斯·库恩(1922—1996)对传统的科学观念提出了挑战。传统观念认为,科学方法是客观的,科学都是进步的。而库恩则认为科学与其他人类事业一样,是一种社会结构,是当时社会的一种产物。因此,在决定哪些是可以接受的假设时,科学也会受到社会期望和专业规范的影响而产生偏差。

常规科学与范式

库恩提出了三个关键概念:常规科学、范式和科学革命。**常规科学**(normal science)是指"严格地以一种或多种已获得的科学成就作为基础的研究,这些科学成就得到了当时科学界的认同,并为进一步的实践提供基础。"常规科学通过科技期刊和教科书进行传播。

常规科学的成就为该领域内的研究提供了范式或模型。**范式**(paradigm)是已经被社会所接受的观点,比如世界是什么,人们应该如何研究世界等问题。如果一个范式可以成功解决科学家正在研究的问题,并且能够获得大量拥护者的支持,就可以成为常规科学的一部分。

在库恩看来,范式不仅影响人们决定哪些是值得研究的问题,还影响着人们对自然现象的实际感知。例如,当前的一个科学范式认为,意识是基于有机体的,永远不可能被计算机或者人工智能(AI)所模拟。因此,即使是智能计算机的行动或操作,在大多数科学家看

来也仅仅是机械问题。

虽然常规科学在取得新成果和新技术等方面是非常成功的，但库恩指出，常规科学不利于探索新鲜事物。反过来又加剧了证实偏见的形成。当新鲜事物出现时，往往马上被人们所摒弃，或者由科学家们按照现有的范式进行解释。例如，当火星的运行轨道出现异常，无法用古老的地心说范式进行解释时，西方学者便多年忽视该现象，直到哥白尼的出现。

科学革命和范式转换

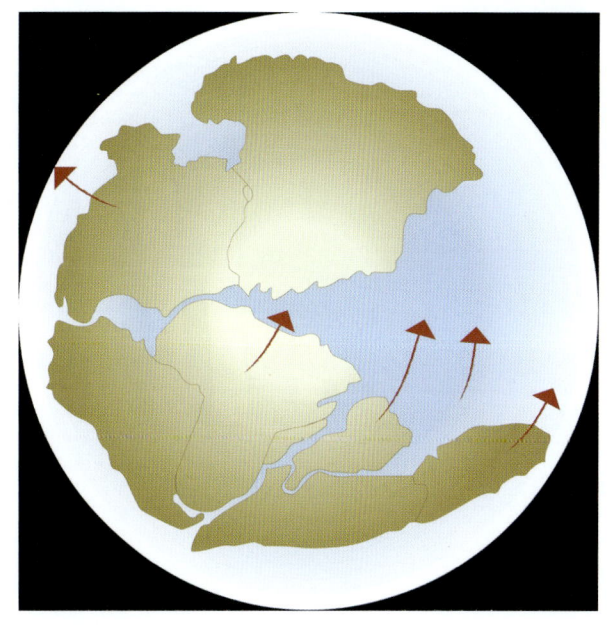

库恩认为，科学发展并不是一个严格的线性过程，也就是说，科学并不是沿直线前进的。库恩提出，当一个新范式出现时，危机是非常必要的。如果异常现象一直存在，或者始终无法由现有的范式所解释，就可能出现"危机"，并导致旧的范式被废弃。

当一种新的科学理论可以有效替代受质疑的范式时，**科学革命**（scientific revolution）或范式转换就会发生。哥白尼的地球绕太阳公转理论，爱因斯坦的相对论，阿尔弗雷德·韦格纳的地壳构造板块和大陆漂移理论，以及达尔文的进化论等都代表了各自领域内的范式转换。

范式转换要求人们使用一种新的方式去观察世界，这一过程可能需要花费数十年的时间。一些科学家接受了旧范式的教育，并一直在旧范式的影响下开展工作，改变对他们来说尤其困难。他们付出了一生的时间和声誉来证明某个理论，因此当旧的范式受到挑战时，即使反面证据已经摆到了面前，大多数人仍会奋力为其辩护。

不符合常规科学标准的理论，常常受到人们的嘲笑和奚落，甚至被冠以欺诈的恶名。相关的研究发现也无法在主流科学期刊上发表。当1915年韦格纳第一次提出大陆漂移理论时，也遭到了同事的攻击。像陆地一样大的东西居然能移动，在很多人看来这是极为荒唐可笑的。但是，到了20世纪60年代，支持地壳构造板块和大陆漂移理论的证据已经变得势不可挡，人们再也无法忽视这一理论。

新范式一般容易受到年轻科学家和新人的拥护，因为他们刚刚进入该领域，或者对该领域并不了解，没有在旧范式下投入太多的时间和精力。1905年，爱因斯坦第一次发表相对论的假设时只有26岁。

库恩关于常规科学的评论，使科学家和其他人更加注意社会期望和证实偏见对科学研究的影响，这产生了极大的社会价值。作为批判性思考者，我们需要认识常规科学的假设和范式，同时还应该对不符合这些规范的假设保持心智的开放性。在评价一个新的假设时，我们需要应用本章中介绍的标准进行客观评价，而不应该由于其不符合常规科学的范式将其简单地忽略掉。

再想一想 >>

1. 什么是科学方法？
   - 弗朗西斯·培根首次对科学方法进行了系统化定义，认为科学方法包括识别问题和检验问题解释时所用的严密、系统的观察和实验。
2. 如何区分科学与伪科学？
   - 伪科学不是科学的观察、推理和检验，而是大量基于情感诉求、迷信行为和修辞手法的解释或假设。此外，伪科学假设的措词总是模糊不清，无法对其检验，科学假设则与此不同。
3. 科学实验和研究方法包括哪些不同的类型？
   - 科学实验在完全控制或半控制条件下进行，包括系统的测量和数据统计分析。其他研究方法则包括观察、调查和访谈。

批判性思维之问

当进化论遇上智能设计理论

　　学校课堂上宗教与科学之间的法律冲突，可一直追溯至1925年的斯科普斯案。当时法官判决，不准公立学校教授任何与圣经中的创世故事相矛盾的内容。1987年，在爱德华兹诉阿奎拉德一案中，这一判决被推翻，美国最高法院判决"神创论"属于宗教理论，在学校中教授宗教理论违反了宪法中关于政教分离的原则。科学与宗教之间的战争最近又重新燃起了硝烟，打的旗号是智能设计理论与进化论。20世纪80年代，一些科学家开始苦苦思索，DNA分子编码中的数字信息根源究竟在何处，并发展了现代智能设计理论。智能设计理论的支持者们提出，诸如细菌的鞭毛等生物的结构如此复杂，不可能是自然选择的结果，惟一的解释就是存在一位智能设计者。但是，他们并没有指出这位智能设计者是谁。

　　智能设计理论的支持者将其作为一种有证据支持的科学理论而提出，并进一步向科学假设——自然界中的一切事物完全是物质产生的结果——提出了挑战。从另一方面来说，进化论的支持者认为，智能设计理论根本谈不上是一种科学理论，只能算是一种宗教观点，因为它需要对生命的起源进行超自然的解释。此外，自然选择的进化论在解释发现的化石和DNA证据时更具有说服力，也得到近150年来的大量研究的支持。

　　尽管进化论是科学研究中占统治地位的范式，但大多数美国人仍然认为，达尔文关于进化的科学理论是错误的。主流科学家和公众的信仰之间存在重重矛盾，并且人们担心，美国学生在科学课程中的表现与其他发达国家的学生之间的差距会越来越大，这些引发了关于科学课程应该教授哪种理论的论战。

　　美国有几个州的立法机关正在考虑改变科学课程表，将智能设计理论等"可供选择的理论"包含到课程体系中去。最近的一起公开审判引起了媒体的高度关注，美国公民自由联盟起诉宾夕法尼亚州多佛学校董事会。原因是，董事会要求高中生物老师在教授进化论的同时也必须教授智能设计理论。2005年12月，历时6周的审判结束。法官约翰·琼斯做出了不利于学校董事会的判决，提出存在"压倒性的证据"证明智能设计理论不是一种科学理论，并且"智能设计理论不能与创世记完全割裂，因此与宗教存在渊源。"这本身违反了宪法第一修正案中要求政教分离的条款。

作为专家证人，迈克尔·贝希和肯尼斯·米勒两人出席了多佛学校董事会的审判。本书对两人的观点进行了摘录。在第一篇文章中，迈克尔·贝希提出，智能设计理论和不可简化的复杂性概念是对生命最好的科学解释。肯尼斯·米勒的文章则对贝希的主张做出了回应。在文章中，米勒指出，科学证据并不支持智能设计理论，而是与进化论一脉相承的。

不可简化的复杂性：达尔文进化论的障碍

迈克尔·贝希博士

生物化学家迈克尔·贝希是里海大学的生物学教授。他坚持认为，达尔文的进化论无法解释生命的起源，只有智能设计者才能够创造出细胞生物不可简化的复杂性。

在开创性著作《物种起源》中，达尔文希望解释前人无法解释的事物，原来生物世界的多样性和复杂性可能来源于简单的生物法则。当然，他的解释就是自然选择的进化论……

这是一种非常简练的思想。当时的很多科学家立刻意识到，它能够解释很多生物学现象。然而，在判断它是否确实能够解释所有生物学的问题时，仍然有一个重要的原因让人们保留意见：生命的基础仍然是未知的。在达尔文时代，原子和分子仍然是理论结构，没有人确定其是否真的存在……因此，对达尔文及其同时代的人来说，还完全不了解错综复杂的生物分子基础。在过去的一百年中，科学家们已经掌握了更多关于细胞的知识，尤其是在过去的五十年中，关于生物分子基础的理论取得了长足的发展……

自达尔文第一次提出进化理论以来，科学已经取得了巨大的进步，所以，现在重新审视这一理论是否仍然是对生命的最好解释，应该是非常合理的。在《达尔文的黑匣子：进化论的生物化学挑战》（Behe, 1996）一书中，我曾经指出达尔文的进化论已经过时了。达尔文建立的机制面临的最主要的困难是，无法解释细胞中存在的很多系统，我将其称为"不可简化的复杂性"。我将一个不可简化的复杂系统定义为"一个由几种配合良好的、相互影响的必要部件组成的单个系统，整个系统的基本功能由各个部件配合完成，并且去除其中任何一个部件都会导致整个系统的实际功能丧失（Behe, 2001）。我以日常生活中的机械捕鼠器作为不可简化的复杂系统的例子，这是一件人们可以在普通五金商店买到的物品。这种捕鼠器非常具有代表性，它由多个部分组成：一个弹簧、一个木制平板、一个锤子以及其他部件。如果捕鼠器上任何一个部件被人取走，就不能再发挥捕鼠的功能……

因为达尔文本人所坚持的一个原因，不可简化的复杂系统似乎很难被纳入到达尔文的理论框架中。达尔文在《物种起源》中写道："如果能够证实，任何一个复杂器官的形成没有经历无数的、连续的细微变化，我的理论将完全崩塌。但是我无法找到这样的例子。"达尔文在这里强调的是，他的理论是一个渐进的理论。自然选择必须在一段非常长的时间内，通过细微的步骤逐渐改善系统……然而很难想象的是，一些类似捕鼠器的系统能够按照达尔文所描述的过程那样，由一些事物逐步发展而来。例如，一个弹簧或者一个平台本身都不能捕住老鼠，即使为这个非功能元件再增加一个元件也无法做出一个捕鼠器。所以，生物中不可简化的复杂系统似乎向达尔文的进化论提出了一个难题。

问题因此就转变为，细胞中是否存在不可简化的复杂系统？是否存在不可简化的复杂分子装置？答案不仅是肯定的，而且有很多。在《达尔文的黑匣子》一书中，我介绍了几个生物化学系统作为不可简化的复杂性的例子：真核纤毛、细胞内运输系统等。在这里，我将简要地描述细菌的鞭毛……鞭毛可以想象为一个细菌用来游泳的舷外马达。这是在自然界发现的第一个真正旋转的结构。它包括一个长的纤维状的尾巴，可以起到螺旋桨的作用；当它旋转的时候会带动液体介质运动，依靠其反作用力推动细菌前进。通过一个被称为钩形区域的装置，螺旋桨间接地附着在传动轴上，这个装置起到万向节的作用。而传动轴则附着在一个马达上，来自细胞外部的酸性物质或钠离子向细胞内部流动，从而为转动提供动力。就像一个汽艇上的舷外马达必须保持稳定那样，当细菌的螺旋桨旋转时，会有蛋白质保持鞭毛的固定位置，以起到定子结构的作用。其他蛋白质则起到轴衬的作用，允许传动轴通过细胞的外层隔膜。研究已经表明，细胞内部至少需要 30~40 种蛋白质才能够生产出一个功能性的鞭毛……缺少其中任何一种蛋白质，或者缺少任何起到螺旋桨、传动轴、主轴等作用的部件，功能完整的鞭毛结构都无法建立起来。

正像捕鼠器那样，我们很难用达尔文的理论来解释，自然选择的逐渐进化过程如何筛选随机的变异，从而产生细菌鞭毛，因为很多部件在其功能出现之前也必须存在……解释鞭毛起源中存在的问题并不局限于鞭毛本身，还应该扩大到其相关的控制系统。

其次，一个更加细微的问题是，各个部分是如何组织构成一个整体的。在这一方面，细菌鞭毛无法与舷外马达进行类比：舷外马达一般是在人类，或者称为智能主体的指导下进行组装的，智能主体能够指定哪个部件安装到其他的部件上。但是细菌鞭毛的组织信息（或者说组装任何一个生物分子装置）却存在于作为部件的蛋白质结构本身……因此，即使我们可以假设细胞中存在组成鞭毛所需的所有相应的蛋白质（正在执行除了推进工作之外的其他工作），但是缺乏如何将它们组装成鞭毛的具体信息，仍然无法得到鞭毛结构。不可简化的问题仍然存在。

出于这样的考虑，我得出的结论是，达尔文的进化论无法解释细胞内的许多生物化学系统。相反，正如我所指出的那样，如果一个人看到了鞭毛、纤毛或者其他不可简化的复杂细胞系统中各部件的相互作用，就会相信它们像是被设计出来的——设计来源于一个智能主体的主观意图……

达尔文的支持者没有去证明进化论如何清除障碍，反而希望通过玩文字游戏来逃避不可简化的复杂性……肯尼斯·米勒确实声称……一个捕鼠器并非不可简化的复杂装置，因为捕鼠器的各个部分，即使拆分成单个部件也依然能够自己"发挥作用"。米勒注意到，一个捕鼠器的支撑条可以作为牙签使用，所以即使离开了捕鼠器仍然有其他"功能"。他继续提出，捕鼠器的其他任何部分都可以作为镇纸使用，所以它们本身都具有"功能"。并且由于任何有质量的物体都可以作为镇纸使用，那么任何物品的任何部件都拥有自己的功能。转眼间，已经没有任何东西属于不可简化的复杂事物！

……当然，这貌似合理的解释却依赖于显而易见的谬误，厚颜无耻的含糊其辞。米勒利用了"功能"这个词所具有的两个不同的含义。回顾不可简化的复杂性的定义，是指除去一个部件会"导致这个系统丧失实际的功能"。但在米勒的阐述中却并非如此，米勒将关键点从完整的系统本身所拥有的独立功能转移到了另外一个问题上，人们是否能够发现其中一些部件的其他用途（或"功能"）。然而，如果有人从我描述的捕鼠器中移走了任何一个部件，它就无法再捕鼠了。该系统实际上已经丧失了有效的功能，所以这个系统具有不可简化的复杂性……

将捕鼠器这个问题抛在身后，米勒接着又对细菌鞭毛展开了讨论，并且再次使用了同样的谬误。近年来，已经有研究表明，细菌鞭毛是一个远比想象中更精密的系统。不仅表现在它可以像旋转推进装置那样运转，它还包含了一个精巧的构造，用于从细胞内部向外部运输蛋白质，以组建该装置位于细菌外部的部件（Aizawa, 1996）。米勒连眼睛都没有眨一下，便断言鞭毛并非不可简化的复杂事物，理由是即使鞭毛中缺少了一些蛋白质，剩余的部分仍能独立地运输蛋白质。（在一些细菌的Ⅲ型分泌系统中发现了与鞭毛中的一些蛋白质类似但不相同的蛋白质。）米勒再次用模棱两可的措词将注意力从系统作为旋转推进器的功能转移到了部分部件运输蛋白质通过细胞膜的能力。然而，正如我论证的那样，移走鞭毛中的任何一个部件肯定会破坏系统作为旋转推进器的功能。因此，与米勒的观点相反，鞭毛实际上就是不可简化的复杂装置。此外，运输蛋白质的功能与旋转推进的功能几乎不存在直接关系，就像捕鼠器与牙签之间的关系那样……

智能设计假设的展望

我已经详细阐述了达尔文的支持者所提出的错误论证，这些论证使我受到了莫大的鼓舞，智能设计理论正沿着正确的轨道发展。毕竟，如果一项观念的反对者拥有充分的根据，在进行攻击时引用了客观数据，表现出强大的说服力，那么反对者完全有自信声称这种观念值得探究。

对智能设计理论而言还有非常重要的一点，即分子结构并不局限于我在《达尔文的黑匣子》一书中所讨论的例子。更确切地说，大多数蛋白质都是作为复杂分子机器的组成部分被发现的。因此，智能设计理论可能会扩大至细胞特征的其他部分，并且可能进一步到达更高一级的生物学水平。

科学在 20 世纪所取得的进步已经引领人们得出了设

计假设。我希望在 21 世纪科学能够进一步证实并扩展这一假设。

参考文献

Behe, M. J. 1996. *Darwin's Black Box: The Biochemical Challenge to Evolution*. New York: The Free Press.

———. 2001. Reply to my critics: A response to reviews of *Darwin's Black Box: The Biochemical Challenge to Evolution. Biology and Philosophy* 16: 685–709.

Darwin, C. 1859. *The Origin of Species*. New York: Bantam Books.

问 题

1. 自达尔文时代以来，科学家们获得了哪些关于生物细胞的信息？
2. 贝希提出的"不可简化的复杂系统"指的是什么？
3. 根据贝希的说法，为什么将这一概念纳入达尔文的自然选择进化论框架中如此困难？
4. 根据贝希的说法，捕鼠器和细菌鞭毛是如何阐述"不可简化的复杂系统"这一概念的？
5. 为什么贝希认为生命一定存在智能设计者？
6. 贝希如何回应肯尼斯·米勒对智能设计理论的批评？

对智能设计理论的生物化学论证的回应

肯尼斯·米勒

> 肯尼斯·米勒是一名布朗大学的生物学教授。在对贝希提出的生物系统中存在不可简化的复杂系统这一概念进行批判性分析之后，米勒认为这种复杂性并非是不可简化的，而是可以通过自然选择的进化理论进行解释的。因此，没有必要为了解释这种复杂性而讨论智能设计者是否存在。

科学如此令人振奋的原因之一，便在于它的变革性。随着科学的不断发展，某个领域或实验室的科研工作者的一个发现或者实验结果，都有可能彻底改变人们对自然的理解……

1996 年，米歇尔·贝希在科学的传统上大胆地迈出一步，向所有生物学中最有用、最有效和最根本的概念——达尔文进化论发起挑战。贝希在《达尔文的黑匣子》一书中将其煽动性的论断详细地罗列出来。他提出，无论达尔文的进化论曾经多么成功地解释某些现象，都无法解释生物细胞中生物化学的复杂性……

贝希的论证围绕存在于所有生物细胞中的复杂分子结构展开。他提出，这种复杂结构不可能进化而来，因此只能是智能设计的产物……对于这个简短的评论，我要做的是对这一推理过程进行检验。我将考察这个论断的科学证据及其逻辑结构，并提出所有人在面对任何科学假设时都会提出的最基本的问题：是否符合事实？

一个特殊的论断

近一个半世纪以来，反驳进化论的经典方式之一，便是举出一个极其错综复杂的结构，然后要求进化论者指出"如何进化而来"。这类挑战举出的例子几乎包括了所有的事物，从人类眼睛的神奇结构，到放屁虫的化学防御能力。乍看起来，贝希的例子似乎符合这一传统……

然而，贝希也意识到，仅仅是这种结构的存在，以及进化论者尚未逐步解释其进化途径，并不能成为反对进化论的有力武器……

考虑到科学的主要任务是提供解释并进行检验，迄今为止，仍然存在一些事物无法用进化论来解释，但是这一事实并不能算作反对达尔文的论证。相反，这只能说明该领域仍然生机勃勃、十分活跃，并且充满了科学挑战。贝希意识到了这一点，因此，他在智能设计理论中的主要论断非常不同。他注意到，科学还无法解释细菌鞭毛的进化过程，这一点非常正确，但是他又更进了一步。按照他的说法，这样的科学解释永远不会出现，为什么？因为鞭毛拥有一种特征，贝希将其称为"不可简化的复杂性"。

……不可简化的复杂性是贝希反对达尔文观点的关键。为什么？因为它提出了一连串的推理，对进化论进行批评，转而得出智能设计的结论。就任何复杂的生物化学结构而言，不可简化的复杂性使得人们从原则上将进化论起源的观念排除在外。为了使自己的观点尽可能清晰，贝希使用了捕鼠器这种普通的机械装置作为不可简化的复杂性的例子……

只有所有的部件都齐备时，捕鼠器才能发挥功能，也就是说缺少一个或两个部件的捕鼠器是没有用的，不可能捉到老鼠。如果将这一类比扩展到不可简化的复杂生物化学结构中，就意味着这些结构在所有的部件都具备之前也是没有任何功能的。当然，这也就是说，自然选择无法按照一次只完成一个部件的进程，逐渐制造出类似的结构。在所有的部件都具备之前，它们是没有任何功能的，而自然选择只能选择有功能的系统，所以无法发挥作用……

在贝希看来，观察到的现象和观察本身都证明了智能设计理论。如果细胞的生化结构不是通过自然选择进化而来，那么只剩下一个合理的选项，即由一个智能主体设计而来……

如果贝希的论证与之前的论证有类似的地方，那便是这一点。200年前威廉·佩利在《自然神论》一书中清晰地提出了经典的"智能设计论证"，这一经典理论在后来的相关论证中都得到了反映。达尔文也清醒地意识到了这一论证，所以在撰写《物种起源》时，他特别对该论证做出了回应。从本质上说，达尔文的回应是指进化过程通过一系列具有完整功能的过渡阶段而创造了复杂的器官。如果每个过渡阶段都能够获得自然选择的青睐，那么整个过程就是畅通的……

问题的核心

为了充分挖掘智能设计理论中生物化学论证的科学基础，我们应该探讨贝希在书中列举的不可简化的复杂系统的例子，认真研究这些结构的细节。其中一个例子是真核纤毛，这是一种像鞭子的复杂结构，可以令细胞自由运动，其具体形式多种多样，比如绿藻和人类精子……

按照贝希的说法，在不可简化的复杂系统中，任何部件的移除都会导致该系统停止正常运转。纤毛给人们提供了一个很好的机会去测试这一论断。如果论断是正确的，那么人们在自然界中应该无法找到缺乏基本部件却具有功能的纤毛。不幸的是，事实并非如此。自然界中有很多缺乏关键部件却具有完整功能的纤毛。最有说服力的例子之一便是瓦片鳗鱼的精子鞭毛，与一般的纤毛相比，它至少缺乏三种重要部件：中心双联体、中心轮辐以及外臂动力蛋白（Wooley，1997）……

贝希论断中的关键要素在于："按照定义，任何不可简化的复杂系统的初期形式，由于缺少部件，是没有功能的。"但是微管蛋白、马达动力蛋白和收缩性的肌动蛋白等纤毛中的独立部件在细胞内的其他结构中是有完整功能的。这自然就意味着对纤毛的每个主要部件来说，存在着可供选择的功能，因此这一论证是站不住脚的……

反驳设计论

如果像智能设计理论的支持者声称的那样，生物化学论证是一个科学假设，那么据此应当能够做出经得起科学检验的预测。"不可简化的复杂性"这一假设最重要的预测……在于不可简化的复杂结构中的组成部分是没有任何功能的，不可能受到自然选择的青睐……

这个系统作为不可简化的复杂性的最好例子，得到了最广泛的引用。但正如我们所看到的那样，事实证明，该系统包含的独立部件拥有可供选择的功能。在科学范畴中，这就意味着不可简化的复杂性的假设是错误的……

捕鼠器困境

为什么智能设计理论的生物化学论证在经过仔细考察后会如此迅速地崩溃？我认为这是由于该论证本身存在逻辑缺陷。例如，将机械捕鼠器作为不可简化的复杂系统的类比物来考虑。贝希指出，如果捕鼠器的五个部件中任何一个被拿走，就不可能正常运转。然而，仅仅需要一点创造力，就会发现拿走一个部件，用剩下的四个部件去组建一个正常工作的捕鼠器其实是非常简单的……

捕鼠器的五个独立部件在其他不同的条件下是否有用（可供选择）？这个问题可以通过下面的例子来思考：作为个人习惯，我有时会佩戴一个领带夹，它包括三个部分：平台、弹簧和小锤，而我使用的钥匙链只包含两个部件：平台和小锤。实际上，"不可简化的复杂"捕鼠器的各个部件，可以应用在人们能够想象出的很多例子中。

这一点是显而易见的。在假定为不可简化的复杂机械结构中，如果某些部件在不同的条件下能够得到充分利用，那么建立在该概念上的核心论断就是错误的……自然选择可以为了不同目的创造生物化学结构中的元素。自然选择可以创建复杂的结构，而捕鼠器的例子意外地为这一方式提供了完美的类比。

打破逻辑链条

进化论的批评者们喜欢宣称自己在生物化学领域为智能设计理论找到了证据表明了智能设计者的存在……

这种"大声而尖锐的呐喊"的来源到底是什么？其实根本没有任何直接的证据，只是一系列的推理，这些推理始于观察到"不可简化的复杂性"，之后一步一步得出智能设计的结论（见下文），这一系列的推理与经验证据毫无关系：

智能设计的"证据"是什么?

下面是根据对生物化学复杂性的观察而得出智能设计理论的逻辑链条。

1. 观察:在细胞中包含的生物化学结构中,如果缺乏单个部件可能会导致整体功能的丧失。定义:这种结构因此被称为"不可简化的复杂事物"。
2. 论断:根据定义来看,任何失去了独立部件的不可简化的复杂结构是没有任何功能的,因此自然选择不会选择这一结构。
3. 结论:因此,不可简化的复杂结构不可能由自然选择进化而来。
4. 延伸结论:因此,类似的结构一定是由其他机制创造的。由于惟一可供选择的机制就是智能设计理论,所以类似结构的存在是智能设计理论的证据。

当以这种方式呈现智能设计理论的生物化学论证背后的推理时,论证中的逻辑缺陷就变得显而易见。第一项陈述是正确的,细胞确实包含了一些复杂的分子结构,这些结构中缺乏任何一个部件都可能会影响到整体的功能。但是,第二项陈述中关于功能丧失的论断却是明显错误的。就像我们已经看到的那样,很多类似结构的单个部件在细胞内确实有着清楚的功能。一旦意识到这一点,论证的逻辑就失效了。如果第二条陈述的论断是错误的,那么整个推理过程就被打破,而两项结论则都是错误的。

细胞中并不包含智能设计理论的生物化学证据。

参考文献

Behe, M. (1996a) *Darwin's Black Box*, New York: The Free Press.

Huynen, M.A., Dandekar, T., and Bork, P. (1999) "Variation and evolution of the citric acid cycle: A genomic perspective," *Trends in Microbiology* 7:281–91.

Meléndez-Hevia, E., Waddell, T.G., and Cascante, M. (1996) "The puzzle of the Krebs citric acid cycle: Assembling the pieces of chemically feasible reactions, and opportunism in the design of metabolic pathways during evolution," *Journal of Molecular Evolution* 43:293–303.

Musser, S.M. and Chan, S.I. (1998) "Evolution of the cytochrome e oxidase proton pump," *Journal of Molecular Evolution* 46:508–20.

Wooley, D.M. (1997) "Studies on the eel sperm flagellum," *Journal of Cell Science* 110:85–94.

问 题

1. 与贝希反驳达尔文有关的科学的"变革性特征"是什么?
2. 米勒指出,贝希的论证反映了经典的"智能设计论证",他的意思是什么?
3. 根据米勒的说法,智能设计理论的两项基本论断是什么?
4. 根据米勒的说法,哪些证据驳斥了不可简化的复杂性论证?
5. 从对生物化学复杂结构的观察,到得出结论说它们可作为智能设计理论的证据,米勒是如何概括这一推理链条的,他又是如何对此进行分析的?

13

你认为这些示威者在试图表达什么观点?为什么理解法律和政治体系如何运作对于成为民主社会的公民很重要?

法律与政治

要 点

343 | 政府的社会契约论
344 | 美国民主制度的发展
349 | 美国政府的行政机构
351 | 美国政府的立法机构
356 | 美国政府的司法机构
360 | 批判性思维之问：征兵制与《通用国家服役法案》(2007)

2001年9月11日，恐怖分子袭击了美国纽约世贸中心（双子塔）和华盛顿五角大楼。事件发生后不久，美国国会便通过了《爱国者法案》*。这份长达132页的法案扩大了联邦政府调查和逮捕国内外可疑恐怖分子的权限，尤其需要指出的是，该法案允许"多点窃听"和"秘密搜查"，前者是指允许联邦调查人员窃听可疑恐怖分子拨打的任何电话，后者是指允许联邦调查人员在没有通知的情况下进

* 《美国爱国者法案》的全称是"Uniting and Strengthening America by Providing Appropriate Tools Required to Intercept and Obstruct Terrorism"。要了解该法案全文，请浏览网站http://www.epic.org/privacy/terrorism/hr3162.html.

想一想

- 民主制度的两种主要类型是什么?
- 美国政府的三大机构分别是什么?
- 在美国,公民如何参与到政府管理过程中?

入和搜查可疑恐怖分子的家。尽管最初公众对《爱国者法案》的支持率很高,但目前已有所下降。尤其是针对"国内恐怖主义"的规定,已经遭到部分公众的抵制,这些公众认为该法律侵犯了他们的公民自由权。

《爱国者法案》最具争议的规定之一是第215款。该条款规定,联邦调查员有权调取可疑分子的图书借阅记录、信用卡消费记录和商业往来账户信息。它还允许联邦调查员在没有逮捕令的情况下,安装高科技工具拦截和收集嫌疑人的互联网信息,还可以进入他们的邮箱。几所大学对该项法律提出抗议,认为它侵犯了学术自由和个人隐私权。至少有7个州和380多个城市和县已经通过了反对《爱国者法案》的决议。

美国前副总统阿尔·戈尔在2005年的一次演讲中,公开反对延续《爱国者法案》,谴责总统布什剥夺了全体美国公民的自由权,践踏了宪法,"一而再,再而三,持续不断地违反法律"。美国前司法部长阿尔韦托·冈萨雷斯是《爱国者法案》的捍卫者,他主张,该法案对于维护国家安全和打击恐怖主义十分必要。2006年,美国国会决定将《爱国者法案》再延期4年。《美国爱国者法修改与再授权法》再次扩大了司法部门"侦查和干扰"可疑恐怖分子活动的职能。2007年,该法案进一步扩大政府的权力,允许政府在未获得《外国情报监听法案》批准的情况下实施监听。这些议案,比如《爱国者法案》是怎样通过的呢?如果一项法律侵害了公民的自由权,会导致什么样的后果?作为生活在民主国家的公民,我们如何运用自己的批判性思维能力,评价、积极参与政策制定的过程?本章我们将围绕这些问题展开讨论,具体包括下面几个问题:

- 了解政府的社会契约论和国家主权的概念
- 学习美国民主制度的发展
- 批判性地评价不同类型的民主制度及其依据
- 识别与讨论民主制度下公民的权利和责任
- 考察选举过程,以及我们是否有义务去投票
- 了解政府的三大机构——行政、立法和司法
- 了解制定法律的过程,以及公民如何参与到这一过程中
- 研究法律与道德之间的关系
- 考察法院系统中证据规则和判决先例的运用和逻辑基础

政府的社会契约论

我们为什么要遵从法律?政府和法律从一开始为什么会存在?难道我们不应该有自己做决策的自由吗?政府通过规则和法律来向我们施加压力,难道没有损害我们作为批判性思维者对自己的生活做出理智决定的自主权和能力吗?

自然状态

大多数政治学的理论家会对最后两个问题做出否定回答。他们认为,人们在某个政府的管理下生活比无政府的状态更好。无政府是指处于"**自然状态**(state of nature)"。尽管无政府状态听起来像是实现自由的理想状态,但是假如没有政府,强者就会在没有法律约束限制其攻击性和野蛮性的情况下,把自己的意愿强加到别人身上。

如果我们生活在自然状态下,那么我们的生活就会像英国政治家、哲学家托马斯·霍布斯(1588—1679)所描绘的那样:"面临持续的恐惧、因暴力而死亡的危险;一个人的一生是孤独、贫困、污秽、野蛮又短暂的……人与人之间的战争会持续不断。"生活在这样的状态下,我们的日常决策将会主要基于诉诸武力或恐吓策略,而不是理性的讨论和辩论。

托马斯·霍布斯(1588—1679)。霍布斯认为,在没有政府的自然状态下,人们的生活将是孤独、贫困、污秽、野蛮又短暂的。

社会契约论

英国哲学家约翰·洛克(1632—1704)的哲学思想极大地影响了美国政府的发展。按照洛克的思想,建立国家的惟一目的,乃是为了保障人们的自然权利。没有政府,我们的言论自由权和对有争议的话题进行公开辩论的权利都将面临重大危险,而这些对批判性思维而言是至为关键的。

洛克认为,承认社会契约的政府能够最大程度地保护人们的自然权利。**社会契约**(social contract)指的是,一个社会的人们全体自愿达成一致意见,同意组成一个政治共同体,并遵守他们选择的政府所制定的法律。这种社会契约是隐性的。洛克并不认为,某种现实契约签署在遥远的过去。然而,社会契约论认为,只有在政府保护人民免受伤害,而且不欺凌他们的情况下,人民才会接受政府的**统治权**(sovereignty)——行使政治权力的专属权。一个社会契约必须对人民和政府两者都有利;否则,人们放弃自然状态而选择在公民社会生活就会毫无意义。

约翰·洛克(1632—1704)。洛克的政治哲学观影响了美国政府的发展。

美国宪法是在洛克思想的影响下形成的，是社会契约论的一个典范。它的序言中提到：

> 我们美利坚合众国的人民，为了形成一个更完善的联邦，树立正义，保障国内的安宁，建立共同的防御，增进全民福利，以及确保我们自己和子孙后代的自由，乃为美利坚合众国制定和确立这一部宪法。

对于我们中有些人没有参与社会契约（在此指的是美国宪法）制定的情况，洛克认为，这些人仍然选择居住在这个国家，而且享受这个国家的福利，这种行为等同于**默许**（tacit consent）遵守这个国家的社会契约和法律。然而，当洛克提出默许的观点时，世界上尚有美洲这样的无主之地，至少欧洲人是这么认为的。如果有人不同意或不接受执政政府，那么他们可以迁居到美洲。由于失去了做出选择的自由，如今的默许已与洛克时代大不相同，默许不再有自愿的特点，因为地球上已经不再有什么地方不是在某个政府的统治之下。而且，我们中的许多人没有足够的能力选择和迁居到其他国家，或者说我们也许不具备资格获得自己所向往的国家的移民身份。尤其是后者，人们总是希望给自己和家人争取最好的生活，因此他们也许会选择通过非法渠道移居到另一个国家，这又会导致一连串的新问题，比如关于国家主权的界限，以及人们决定什么才是对自己和家人最好的社会契约的权利。

尽管拥有统治权的世界政府并不存在，遵守国际法是各个国家的自愿行为，但是倘若忽视国际法，那么也要承担一定的后果。就目前而言，国际法背后有强大的力量支撑，但是这股力量常常是"自然状态"，而不是一种社会契约。除了国家自愿遵守之外，国际法的影响力通常不是来自逻辑论证，而是来自其他国家的压力，这些国家之所以强制实施国际法是因为它们从中能够获益。倘若一个国家拒绝遵守国际法，那么它有可能要面临来自其他更强大国家施加的经济刺激、威胁、制裁措施，甚至会遭受战争。换句话说，只要国家保留独立的主权，那么世界上的国家就会以霍布斯式的自然状态存在，即强国会把自己的意愿施加在弱国身上。

国际法律

如今，整个世界被划分为独立的主权国家，每个国家都有明确的领地。那些不支持自己国家政府的人们，无法选择成为世界公民，因为根本不存在世界政府。尽管确实存在一系列国际法，包括《日内瓦公约》和《联合国世界人权宣言》，但是国际法管理的是国与国之间的关系，而不是个体之间的关系。

除此之外，国际法面临两难困境，因为它与绝对的国家主权这一概念是互相矛盾的。现在的联合国不是一个世界政府，而是多个独立主权国家的集合。因此，在某种意义上说，国际法并不是由主权国家的立法机构所制定的严格的法律。因为联合国对它的成员国没有最高统治权，因此也没有合法的权力来强制实施国际法和条约。

美国民主制度的发展

在一个民主国家，政府的**法定职权**（legitimate authority）来自于人民本身。政府让我们受益，保护我们的安全，作为回报，我们有义务遵守法律，因为我们自愿达成契约——也就是我们已经默许——愿意在政府的管辖下生活。在一个以社会契约论为基础的民主国家，尤其重要的是，我们作为公民，有权利知道政府和社会当前的重大事件。遗憾的是，大多数美国人对政府知之甚少。在2006年的一项调查中，只有1%的美国人能够说出宪法第一修正案保护的五项自由权利，然而能够说出动画片辛普森家族成员名字的比例却达到20%。

在下面的章节中，我们将更多地了解民主制度如何运行，我们作为公民如何运用批判性思维技能来影响政府决策的过程。

代议制民主：防止"多数人暴政"的机制

直接民主（direct democracy），是指所有人都直接参与制定法律，管理自己。**代议制民主**（representative democracy），比如美国，是指人民把这一权力交给选举出的代表来行使。美国宪法的制定者确立实行代议民主制度，部分原因在于，在18世纪80年代末美国拥有400万人口（包含100万奴隶），如此多的人口不利于实行直接民主制。另一个原因在于，创建者们认为，在制定公共政策和立法方面，普通公众没有能力做出最佳决策。问题不只是大多数人容易犯思维错误和推理谬误，而且我们中的许多人掌握的信息不实或缺乏必要的信息来做出重要的决策。为此，大多数人最终会制定出缺乏深思熟虑的政策和法律，这不仅对少数政治家不利，而且也无益于多数普通公众，即著名的**多数人暴政**（tyranny of the majority）。为了避免出现这种情况，代议制民主将日常的政治决策交给人们选举出来的代表们，因为至少从理论上讲，这些代表有能力制定出合理的、可行的公共政策。

对直接民主和多数决定原则的担忧，连同开国者对英国君主立宪制和任何一种政府掌握过多权力的制度的不信任，最终导致了两种截然不同，有时甚至是互相矛盾的设想——民粹主义和精英主义。**民粹主义**（populism）是一种平民主义政治信条，相信普通平民的智慧和品德，认为所有人一律平等。相反，**精英主义**（elitism），是指由那些"最优秀的人"来统治管理国家，这些人通常是男性，来自优越的种族，拥有较高的社会经济地位和文化程度以及王室血统（在君主立宪制的情况下）。

美国宪法在制定之初比现在更加倾向于精英主义。在长达几十年的时间里，美国宪法中所谓的个人自由和平等的理想只适用于具有欧洲血统的白人男子。这种精英主义受到了美国总统詹姆斯·麦迪逊的挑战，他在有关美国宪法的文集《联邦论》中，对新宪法的内容不断反复颂扬（参见"独立思考：詹姆斯·麦迪逊总统"）。相反，反联邦主义者担心，宪法会削弱部分州18世纪80年代正在实行的更加直接的自治制度。美国的民主制度逐渐地由一种精英主义模式向民粹主义模式转变。1870年，公民选举权的范围首次扩大到所有的成年男性，1920年扩大到所有女性，1978年第26修正案将选举权扩大到18~20岁的群体。

尽管已经发生了这些变化，但是现代政治中的双重标准仍然十分明显——在本例中，是指同时信仰精英主义和民粹主义。一方面，认为任何人都可以参与政府管理，另一方面，又需要候选人用自己的财富为建立一个高效政府提供资金支持，两者是互相矛盾的。再举一个例子，越南战争期间的兵役法给贫穷和未受过良好教育的人带来了沉重的负担。大约有60%符合条件的成年男性因有合法的豁免或延期权利而不必服役，因为他们正在上大学，又或者是幸运地抽中不用服兵役的数字。还有一些年轻人，他们的父母凭借自己的政界关系，设法让自己的孩子到非战斗部门，比如成为各兵种的后备军。这引起公众的强烈抗议，认为该部法律不公平，最终导致兵役法的废除。在后面"立法机构"的章节中，我们将更加深入地研究关于征兵的问题。

自由民主：保护个人权利

托马斯·杰弗逊因说过这样的话而颇负盛名："民主只不过是暴民统治，51%的人也许会剥夺剩下49%的人的权利。"由于担心多数人暴政，《权利法案》，即宪法的前十条修正案对宪法进行了补充，在多数人投票和公众舆论之外又增加了一些具体权利。因此，除了代议制民主之外，美国也推行**自由民主**（liberal democracy），在这个国家，公民的自由权利，包括投票权、宗教自由和言论自由都受到保护。

为了保护公民不受到政府的压迫，宪法的制定者建立了监督机制来限制无限权力。监督机制之一是实行**联邦制**（federalism）。这是一种政治体制，在这种体制下，权力被划分到中央（即联邦政府）和各州政府两级机构。另一种监督机制是将联邦政府划分成三大机构：行政机构、立法机构和司法机构。三大机构之间互相独立，而且有权自行采取行动，这就是著名的**三权分立**（separation of powers）原则。为了避免三大机构中任何一个机构滥用权力，美国建立了完整的监督制衡机制，每个机构都有一定的权力来阻止另两个机构的行动。在本章，我们将更加深入地学习美国政府三大机构的有关内容。

政治竞选和选举

政治竞选和选举是代议制民主的一个重要方面。通

独立思考

詹姆斯·麦迪逊总统

詹姆斯·麦迪逊（1751—1836）是美国第四任总统，被称为"美国宪法之父"。与许多崇尚精英主义的同僚不同，他更倾向于平等主义，注重倾听民众的声音。他是典型的批判性思维者，能够不带偏见地分析当时的世界观和制度，而不是接受普遍流行的多数派观点。

麦迪逊公开表示反对奴隶制度，直言这种制度与共和国的理念相悖。他力排众议，设法将接受奴隶制度的文字剔除出宪法，并推论，既然南方会反对废除奴隶制度，那么暂时保留20年的折中方案比永久的奴隶制度更加有利。麦迪逊提出折中方案也许受到他本身是奴隶主，并且从来不曾解放自己的奴隶这一事实的影响，这可能是因为他负债累累，如果没有奴隶便无法维持其绅士般的生活方式。实际上，在通过美国宪法之后，又过了75年，将奴隶制度确定为非法的第十三条修正案才获得通过。

尽管麦迪逊是乔治·华盛顿的贴身顾问，但是他因精英主义和政府行政机构权力的增长而焦虑不安。最终麦迪逊与乔治·华盛顿决裂，然后与托马斯·杰弗逊结成联盟，杰弗逊是《独立宣言》的主要作者，强烈支持个人自由权利。虽然杰弗逊自身也是一名奴隶所有者，但是他是奴隶制度的反对者。1809年，麦迪逊接替杰弗逊成功继任美国总统。

讨论问题

1. 讨论麦迪逊将奴隶制度排除在美国宪法之外的折中方案。如果换做是你，你会如何解决麦迪逊面临的道德困境，尤其是当你的生活方式依赖于你所反对的某种做法时（比如，由贫穷国家的廉价劳动力或者奴隶生产出来的产品）？使用具体的例子来阐明你的答案。
2. 麦迪逊以其高瞻远瞩而出名，他能够超越他所处时代普遍流行的政治观。当今美国社会主要的政治观是什么？是否存在某些违反平等、公正的民主原则的观念？如果存在，请讨论应该采取什么措施来纠正。

过竞选，我们能够了解到哪些人想代表我们行使权力，通过选举，我们可以表达自己的政治选择。另一方面，因为美国的选举活动过于频繁，参与竞选的政党和候选人更容易把注意力放在给选民带来短期利益的政策上，比如减税。而像消除贫困这样的长期政策往往被忽视。作为批判性思维者，我们的责任并不应该止于投票。我们应该坚决要求选举出的代表能够对他们的决定负起责任，我们需要批判性地评价政府政策，对国家面临的诸多困难，比如贫穷、全球变暖、工作外包、移民和恐怖主义，做出有效的回应。

在2008年的总统大选中，民主党候选人巴拉克·奥巴马在竞选中花费了5亿多美元，远远超过了先前的任何一个总统候选人和他的对手约翰·麦凯恩。在总统选举中，竞选费用的影响不算太大，除非竞争十分激烈。关于总统竞选的结果，90%的变数在竞选活动真正开始之前就已经决定了，候选人所属的政党也是影响公民如

2008年，巴拉克·奥巴马发表了"我们需要改变"的竞选演讲，利用人们对布什政府的不满赢得了成功。

何投票的一个决定性因素。

尽管民主允许公民通过选举的方式参与到政治过程中，但是政治竞选活动并不总是能够选出最优秀的人来代表我们。竞选活动的花费是非常高昂的，参加竞选的候选人必须拥有巨额的私人财产，或者赢得某些大富翁、大公司或利益集团的支持。在美国国会竞选活动中，花费水平是非常重要的问题，它是决定谁能赢得选举的重要因素之一。不同候选人的竞选经费往往不同。现任官员（已经在政府系统工作的人员）一般能够得到更多的资助。与现任官员竞争的候选人通常要依靠自己的个人资源，这就导致参议院的席位只是给那些有钱人或家庭背景优越的人准备的。

另一个影响选举结果的因素是媒体对候选人形象的描绘，比如奥巴马代表着"变革"；麦凯恩则代表着阅历和正直等个人品质，以及在争议性话题上的立场。比如，在1960年的总统角逐中，约翰·F.肯尼迪与理查德·尼克松进行电视辩论时，其风度非凡的表现让他的立场大大巩固，类似于奥巴马在2007年和2008年的竞选活动中热情洋溢的演讲。

1960年肯尼迪与尼克松进行了美国总统竞选历史上的第一次电视辩论，自此，大众媒体使政治竞选活动改头换面，以一种全新的形式进行。由于需要吸引大多数观众的注意力，大众媒体更多地把重点放在修辞手法的使用上，借以强化民众已经了解到的候选人持有的积极或消极的观点，而不是向公众传递信息和对重要问题进行批判性分析。比如，在约翰·麦凯恩提名阿拉斯加州州长萨拉·佩林担任副总统之后，支持自由党的媒体一直将她描绘成一个准备不足、缺乏经验的候选人。让证实偏差更加复杂化的是，大多数人在观看新闻节目和阅读报纸时，只选择那些证实自己关于政党和候选人的已有观点的报道。此外，拥有良好声誉的报纸和新闻杂志会提供有关候选人和新闻事件的深度信息，它们在确保一个民主国家的公众的知情权方面发挥着极为重要的作用。

民意调查对选举过程的影响也愈发重要。尽管有些民意测验，比如盖洛普民意测验，是可信赖的、公平的，但是不能忽视的是，也有一些民意测验为了得到某个结果在设计调查问题时便带有先入为主的观念，而不是为了准确反映被访者的态度。除此之外，民意测验结果的唾手可得，使得候选人更容易将竞选立场偏向大多数人，而避免站在不受欢迎的立场上。民意测验也会改变我们投票的方式，因为人们有一种潜在的倾向：改变自己原有的立场，服从大多数人的意见。

互联网是改变民主形式的一股潜在力量，它可以通过一系列网络上的政治活动将政党、政治家和公民联系起来。2004年，互联网首次在总统选举中扮演重要角色，总统候选人在线筹款和竞选。在2008年的总统大选中，奥巴马通过网络筹集到几百万美元的资金，这些资金多数来自小公司的赞助。

特拉华州最高法院在2005年的John Doe诉Patrick Cahill案中，将互联网描述为"一种前所未有的推动民主进程的媒介"。互联网使得人们可以通过博客、留言板等多种方式向成千上万的人表达自己的观点。而且，它使得直接投票变成可能，不管是为候选人投票还是为来

对于选举民意调查的一个批评是，投票人倾向于转向在民意调查中领先的候选人。

自家庭或图书馆的议题投票。我们还要见证将来互联网会给选举和政治带来的巨大变革。

投票：权利还是责任？

作为公民，我们参与代议制民主的主要方式之一便是投票。尽管投票发挥着极为关键的作用，但是在全世界民主国家中，美国是选民投票率最低的国家之一。只有在某些欠发达国家投票率才更低，比如赞比亚。

在美国，是否投票完全由公民自己决定。美国的民主特别重视个人自由和自由权，一个重要的体现便是认为公民有权自愿参加经济和政治活动，包括投票选举，政府管理机构无权干涉。而在某些民主国家，比如澳大利亚、比利时和卢森堡，参加国家选举的投票活动是强制性的，为此选民的投票率非常高。

有些支持强制性投票的人对美国实行的自愿投票制度提出了质疑，指出美国目前的自愿投票制度使选举向精英主义倾斜，因为投票率与受教育水平和社会经济地位密切相关。那些不参与投票的人都是年轻人、经济水平较差或接受正规教育较少的人，以及某些少数族群的成员。比如，在 2004 年的总统大选中，处于 18~24 岁这个年龄段的人中，只

你知道吗？

在 2004 年的总统大选中，只有 58.3% 具备投票资格的选民真正参与投票选举活动。在非总统选举活动和总统初选活动中，投票率甚至更低。

投票年份	占总人口的比例
2008	58.2
2006	43.6
2004	58.3
2002	42.3
2000	54.7
1998	41.9
1996	54.2
1994	45.0
1992	61.3
1990	45.0
1988	57.4
1986	46.0
1984	59.9
1982	48.5
1980	59.3
1978	45.9
1976	59.2
1974	44.7
1972	63.0
1970	54.6
1968	67.8
1966	55.4
1964	69.3

资料来源：U.S. Census Bureau, http://www.census.gov/hhes/www/socdemo/voting/publications/historical/index.html
IDEA International, http://www.idea.int/vt/viewdata.cfm

**1964—2008年
美国联邦竞选的投票比例**

有 41.9% 参与投票，而在 65~75 岁的人群中，该比例高达 70.8%。此外，只有 28% 的西班牙裔公民参与投票。2008 年总统选举的投票率大约为 64.1%，是最近 20 年的最高水平，其部分原因在于年轻人、西班牙裔和非裔美国人的参与，他们中的绝大多数把票投给了巴拉克·奥巴马。然而，年轻选民投票的比例仍然低于年龄大的选民，30 岁以下的选民中只有 53% 的人参与选举投票。反对强制性投票的人认为，公民不应该被迫行使自己的权利。强迫那些缺乏动力、一无所知或者不具备评价不同候选人和社会问题所需要的批判性思维技能的人参加投票，对于选出最优秀的代表没有什么益处。

作为有责任感的公民，我们在做出如何投票的决定时需要保持心智开放。我们收集到的信息应该是准确的、公平的。对于政治竞选活动中经常使用的错误推理，包括谬误和修辞手法，我们应该保持警觉。我们也要记住，对于有争议性的话题，候选人为了达到成功当选的目的，在表达立场时会采取某些策略，或者表面上采纳大多数人认可的观点来争取尽可能多的投票者，或者保持模糊两可的态度以避免冒犯潜在的支持者。

总的来说，根据社会契约理论，政府的合法权力来自于人民。在过去的两个多世纪，美国已经从一个崇尚精英主义的民主国家转向民粹主义的国家，或者说是人民的政府。虽然美国的宪法和社会契约规定政府有保护个人权利和社会公共利益的责任，但是我们作为公民，也负有遵守法律和参与投票选举的义务。即使没有参与投票，或者没有参与重大事件的公共讨论，这也是一种参与形式，因为这种默许支持了当前的现状，或者说肯定了大多数发出声音的、有实力的群体。

美国政府的行政机构

在美国，联邦政府的行政机构由总统领导，总统是国家的首脑，是级别最高的政府官员。除了总统和白宫的职员，联邦政府的行政部门还包括执行政府具体事务的其他机构。

行政机构的作用

行政机构由白宫幕僚、内阁部以及15个执行部门组成，包括国防部和教育部。内阁部由副总统和15个部长组成。内阁名义上的作用是作为总统的顾问，而实际上现在它的主要任务是维持自己部门的运行。行政部门承担着政府部门事务和公共事务，处理外交事务，指挥武装力量，在参议院的同意下，任命联邦法官（包括最高法院的法官）、大使和其他高层政府官员。行政部门也承担着法律实施的任务，通过管理监狱、警察机关和以国家的名义提起刑事诉讼（参见"图片分析：警察与法律的实施"）。

行政命令和国家安全

传统上讲，政府的行政机构在战争时期拥有更多的权力。为此，在国家危难时期或战争时期，人们运用批判性思维技能来评价政府的方针政策尤其重要，不能一味地服从当权者所说的话。在美国南北战争期间，林肯总统中止了人身保护令（一种保护个体免受不合法拘禁的程序）。总统伍德罗·威尔逊因社会党人、前总统候选人尤金·V.德布兹公开抗议美国加入第一次世界大战而下令将其监禁。在第二次世界大战中，富兰克林·D.罗斯福曾经将日裔美国人遣送到集中营（参见"图片分析：日裔美国人战俘营和第9066号行政命令"）。不管这些政策合理与否，公民都没有提出自己的反对意见。为了制衡政府的行政权力，美国国会于1971年通过了《非拘禁条例》，它规定"非经国会立法不得囚禁或拘禁公民"。

最近，乔治·W.布什政府实行行政特权，规定美国政府可以对敌军士兵采取无限期拘留措施，并且他们不能求助律师或向法院提起诉讼。上一届布什政府也存在扩张审讯权力的现象，包括严刑拷打的审讯方式，在没有法院批准的情况下对美国公民实施监听，随意阅读公民的电子邮件。其中的有些行为已经违反了联邦法和国际法，有些批评者指出，这些行为已经僭越了宪法中禁止"不合理"搜查和扣押的保证。布什将这些行为解释为美国正面临着持续不断的恐怖主义威胁，这些完全是保护国家安全和有效打击恐怖袭击的必要举措。而反对者认为，这些行为恰恰是布什扩张行政权力的反映。

对行政权力的监督

行政权力的危险在于它可以无限扩大，对个人权利的侵犯远远超过了维护国家安全的需要。立法机构是限制行政权力扩张的主要监督机制之一。美国国会必须通过所有的战争宣言（尽管自从第二次世界大战结束以来，已经不需要国会发布宣战的命令。）此外，国会可以对它想要监督的特别项目的资金进行扣留，同时，如果国会觉得行政机构超越了自身的权限，也可以通过立法对其进行约束。比如，国会通过了《信息自由法》来保护公众对政府信息的获取。但是《信息自由法》也规定了好多种豁免，包括总统有权对涉及国家安全的信息保密。这一豁免令部分媒体感到十分沮丧，他们认为这是对公众知情权的干扰和破坏。

立法机构反对行政权力滥用的最后防线是**弹劾**（impeachment），是指众议院正式对某位高层官员提起诉讼，被弹劾的官员在参议院接受审判，如果被宣判有罪，就会被免职。

司法机构也有权约束行政机构的权力。前总统乔治·W.布什曾多次无视人身保护令而对居民实施拘留，尤其是置人们要求法院评估拘押合法性的权利于不顾，联邦法院对此提出质疑。布什辩称，这些拘留犯不是普通的罪犯，而是"敌方战斗人员"，这是为了拘留恐怖主义嫌疑人而采用的一个术语，如此他们便不在《非拘禁条例》的保护范围之内了。最高法院对此并不认同，坚持声称被称作"敌方战斗人员"的公民有权利申请法律顾问和庭审，就像2004年的"哈姆迪诉拉姆斯菲尔德案"一样。在这项判决中，法官安托宁·斯卡里亚写道："遵从权力分立的盎格鲁—撒克逊体系所保护的自由的核心，绝非行政机构随心所欲地无限期的拘禁。"

媒体也对行政机构的权力扩张起着监督的作用。为此，在民主国家，新闻媒体的自由最需要保护。实际上，媒体被称为政府的第四支机构，它作为监督部门，在监

警察与法律的实施 2009年，哈佛大学教授亨利·路易斯·盖茨在他的家中被前来调查强行入室的警方逮捕。警方随后被控种族定性和在逮捕盖茨时行为粗暴。奥巴马总统和拜登副总统在白宫与盖茨（左二）、萨吉恩特·詹姆斯·克劳利（左三）举行"啤酒峰会"讨论该事件。

不管哪一级警察部门，警察必须反应迅速，解决各种新问题。在一个民主国家，他们需要充分认识到公民的权利，能够平衡公民权利与社会稳定秩序的需要。此外，他们必须能够尽快地识别问题、分析问题，评价各种可能的方案，经常是在几分钟甚至更短的时间内解决问题。

由于警察不当执法的情况过多，比如采取恐吓威胁等手段，以及对批判性思维技能的需要，现在许多警察都需要大学文凭或学位才能晋升。针对警察的教育包括在街道治安等模糊情境中的决策能力、压力管理、领导能力、冲突解决、多样化训练、沟通技能，同时也包括法律和民主社会价值观方面的培训。

讨论问题

1. 想象你是可疑的强行入室事件中的警察。你会如何着手评估该问题并做出适当的反应。如果你最初提出的方案没有效果，请记住准备一个备选方案。与其他人一起讨论你的方案。
2. 讨论你或你认识的人曾经与警察打交道的经历（比如，交通违章、向警察求助或问路）。对这名警察的行为进行评价，讨论他的行为是如何反映有效的批判性思维技能的？（还是缺乏批判性思维技能）

督政府腐败和权力滥用中发挥着关键性作用。一些大的新闻媒体，比如《纽约时报》《洛杉矶时报》《华尔街日报》和《华盛顿邮报》，在保障公众知情权方面发挥着十分重要的作用，它们向公众披露政府的作为和不作为，准确呈现有关某些特殊政策和决定的研究论证，包括支持和反对的意见，其中《华盛顿邮报》就曾经在尼克松时代（1969—1974）将水门丑闻公之于众。

最后，作为公民的我们，也是监督政府权力滥用的重要力量。德国新教徒领导人之一马丁·尼莫拉是德国纳粹统治的反对者，他曾经说道：

最初，他们追杀共产主义者的时候，
我没有说话———因为我不是共产主义者；
然后，他们追杀社会主义者的时候，

我没有说话——因为我不是社会主义者；
后来，他们追杀工会成员的时候，
我没有说话——因为我不是工会成员；
再后来，他们追杀犹太人的时候，
我没有说话——因为我不是犹太人；
最后他们把矛头指向了我，
而此时已经没有人能为我说话了。

20世纪30年代，德国从一个民主国家转变成独裁国家，部分原因在于人们对少数人肆无忌惮、滥用权力的行为不敢大声发表意见，其中便包括了上台之前的阿道夫·希特勒。独裁统治的长盛不衰依赖于信息闭塞或公民的政治冷漠，而一个健康的民主国家要兴旺，则需要见多识广、理智的公民及时给予反馈。作为批判性思维者，我们需要保持警惕和消息灵通；同时，当我们有足够的证据表明行政部门或其他行政机构滥用权力的时候，我们也要勇于抗议，或向媒体揭发。

美国政府的立法机构

众所周知，民主的基础是**法治**（rule of law），政府机关必须按照经特定程序制定的成文法规定行使职权。法治可以保护人们远离**人治**（rule of men），在人治制度下，统治阶级可以为私人利益随心所欲地制定法律和法规。

立法机构的作用

在美国，宪法第一条确定由国会来作为联邦政府的立法部门，并赋予国会立法权。国会由参议院和众议院两院组成。

在每两年一届的国会会议上，成千上万的议案被提交。其中只有不足500条能够最终成为法律。一项议案最终成为法律所花费的时间长短不一，长则多年，短则几天。比如，《爱国者法案》于2001年10月23日提交至众议院，两院仅用了两天时间便一致通过。相比之下，20世纪60年代，《权利法案》花费好几年的时间才最终得以通过。同样，废除奴隶制度和赋予女性投票权等法律的制定也都耗时多年。大多数法律是永久性的，除非联邦最高法院撤销或国会做出修改。也有一些法律，比如《爱国者法案》和《濒危物种法案》只在一定时间内有效，因此国会可以对它们进行重新修订、修改或者废除。

公民与立法

作为普通公民，虽然我们在直接参与法律制定时会遇到某些障碍，但是仍然有一些能够参与到立法过程中的途径。

游说（lobbying）是通过提出有利于实现某个人或某个组织目标的观点来试图影响政府的私人说服行为。在美国，大多数的游说活动是由某些利益集团完成的。大公司、行业协会、工会、游说团体和政治利益集团等雇佣游说者替他们们提出自己的陈述和主张。在华盛顿，注册游说人员多达27000人，也就意味着，国会的每个议员平均要面对50多个游说者。

自从20世纪60年代民权运动开始，公益团体和单一问题游说团体的数量有了大幅增加。最有影响力的两个公益组织是同道会（Common Cause）和公共市民(Public Citizen)。同道会游说范围非常广泛，包括提升政府公职伦理和政府改革；公共市民是由拉尔夫·纳德领导的一批游说组织，为消费者权利保护、环境和监管改革等问题游说。而良知与战争中心(Center on Conscience & War)是一个单一问题游说团体，旨在扩大对有良知的抵制服兵役者的合法保护，反对像《通用国家服役法案》（2007）这类恢复征兵的议案（参见"批判性思维之问：征兵制与《通用国家服役法案》"）。

国会是政府的立法机构，负责制定法律、监督行政权力的使用。

茶党运动是2008年美国大选之后不久由基层民众发起的运动。他们集会示威以反对大政府和高税收以及向政治竞选人提供支持。

　　游说受到宪法第一修正案的保护。宪法第一修正案中写道："国会不得制定关于下列事项的法律：确立国教或禁止信教自由；剥夺言论自由或出版自由；或剥夺人民和平集会和向政府请愿申冤的权利。"宪法的制定者认为，公众和私人利益集团的游说活动能够刺激不同利益集团之间的充分竞争。游说能够通过多种方式促进整个国家政治制度的发展，比如对某些特定问题和议案提供信息和专家意见，运用通俗易懂的语言对复杂的问题进行解释，站在经济、商业和公民等不同角度进行辩护等。

　　反对游说的人认为，游说团体，尤其是那些受大企业、大商业利益集团资助的组织，比如烟草、制药和石油等行业，他们对政府施加了不正当的影响。如果这些游说组织不是通过合理的论证和可靠的证据来支持自己的意见建议，而是用贿赂、提供娱乐或者为候选人和参选政党提供资金赞助等方式对立法者施加影响，那么问题就变得严重了。有些公益组织正在游说政府从法律上禁止这些贿赂行为，或者至少应该受到限制。

　　作为普通公众，我们可以就某个特定议案或我们认为应该立法的领域与立法者进行交流，从而影响立法过程。如果你不太清楚应该与哪位国会议员联系，你可以登录网站 http://www.govtrack.us/congress/findgovnreps.spd，然后输入你的邮政编码。该网站上有你所在地的两位参议员和众议员的电子邮件，你也可以通过网站对他们的立法活动进行监督。http://www.congress.org 网站上有立法者的相关信息，可以帮助你注册投票，张贴关于立法的预先通知，把你给立法者写的信转寄给他本人。每个州的政府网站上都有你所在州代表的名字和相关链接。

　　你在与州议员和联邦议员进行沟通之前，首先需要对自己要提出的法规或问题非常了解。立法信息系统网站（http://www.senate.gov, http://www.house.gov）对国会两院所有最新的待定议案都有详细介绍。由于同一时期需要讨论的议案非常多，一般而言，你把注意力集中在自己感兴趣的公共政策领域是最有效的。如果你要获取自己感兴趣的议题所属的联邦机构或州机构的名称，最好登陆 http://www.firstgov.gov. 该网站上列有美国政府网站地址的名单、政府资源和政府服务的相关信息，以及美国参议员、众议员、州议员和白宫的名字、联系方式和电子邮件地址。

　　如果你对某一特殊话题感兴趣，你完全可以加入某个公民游说组织或监督组织，比如塞拉俱乐部、国际特赦组织美国分会或者全美步枪协会，来监督相关问题的立法动向。这种做法的优势在于，有一个信誉良好的公民组织为你对待审核的议案进行调研，让你随时掌握最新情况。其中的大多数公民组织也会让你了解到，一般是通过电子邮件的方式，什么时候你应该与议员联系讨论相关的议案。

要提出一项有效的论证，不仅需要良好的分析能力，而且也需要对立法过程有充分的了解。要成为博学多才、见多识广的人，你还需要保持心智开放，培养一种有益的怀疑精神，能够辨别谬误、错误的推理和修辞手法。显而易见，你的论证越合理、越有说服力，你的研究越充分全面，你得到积极回应的可能性就越大。

有些州出台了公民立法提案和公民复决法，允许公民直接对某些话题进行投票。**公民立法提案**（initiatives）包括由公民提出的法律或宪法修正案。写一份公民立法提案需要前期开展大量研究，而且要征询专家以及利益相关各方的意见。要想使公民立法提案获得投票表决权，需要在请愿书上搜集到足够数量的签名。**公民复决**（referenda）与公民立法提案非常相似，但前者是由州立法者提议投票表决的。

有些人赞成公民立法提案和公民复决是因为它们是直接民主的形式，但是反对者认为，它们容易受到大多数人一时心血来潮的影响——也就是诉诸众人的谬误——远不如由知识更加渊博的议员做出的合理判断。另一种批评公民立法提案和公民复决的声音是，在涉及复杂问题时，采用二选一（是或否）的迫选方式会使投票者陷入错误的两难困境中。还有一种反对的声音，指出当今开展公民立法提案或公民复决需要巨额资金，尤其是在像加利福尼亚这样的大州（加利福尼亚经常举行此类活动），会导致整个过程处在大利益集团和大企业的控制之下。

如果你想亲身去体验一番，并且想找机会锻炼你的批判性思维能力，作为大学生有很多在政府部门实习的机会，也可以在某个政治竞选活动、游说组织或公益组织中做志愿者。比如，每个学期，全美大约有400个学生参与到华盛顿实习项目中。每个学生要在位于华盛顿特区的美国大学实习一个学期，完成由美国大学提供的实习项目，得到正式的学分，学生可以把这些学分转到自己所在学校的档案中。（要了解更多信息，请登录网站 http://www.washingtonsemester.com.）州政府和当地政府也可以提供实习岗位，比如州长办公室、州议会、市政府和公设辩护律师办公室等部门。有些实习岗位发薪资，有些则提供住宿。

不公正的法律和不合作主义

尽管"道德法则"和"法律法则"之间存在差异，但是在民主制度下，我们仍然期望法律应该是公正的，是不侵犯普遍道德原则的。有些法律似乎与道德关系不大，比如在马路的哪一边开车或者提交所得税申报表的最后期限等。而从另一方面讲，刑法的主要目的是为了维护道德，将一些违反道德的行为定为非法行为，比如谋杀、强奸、盗窃、敲诈勒索、胁迫等。

一般而言，刑法的范畴是指那些对别人造成伤害的不道德行为。然而，自我伤害的行为，比如吸烟、吸大麻（不包括贩卖）和不戴头盔骑摩托等，则处于道德上的灰色地带。**自由论者**（libertarians）——反对政府对个人自由进行任何限制——认为，我们享有自由的权利做自己想做的事情，只要我们的行为不伤害别人，即便会对自己造成伤害也无妨。反对自由主义的批评者回应道，我们生活在一个社会，任何人的行为都会对别人带来影响，自由论者所说的情况根本不存在（比如，假如我们不戴头盔骑摩托发生车祸导致永久性脑损伤，那么我们

1968年，在田纳西州的孟菲斯市，成百上千的非裔美国环卫工人举行游行示威，抗议不公平待遇和不人道的工作环境。

就会给社会带来麻烦，社会要承担照顾我们余生的责任，同时我们也无法用自己的智慧才能为社会做贡献）。

成为负责任的公民需要我们能够意识到第9章中提到的基本道德原则和权利，而不仅仅是对我们的社会文化所认可的观念随声附和。我们应该有能力形成自己的论证，权衡约定俗成的前提和描述性的前提，来支持或反对某些特定的法律和政策，比如征兵、死刑、同性婚姻和仇恨性言论等问题。有些不道德行为，比如发表仇恨性言论或粗暴对待自己的父母和朋友，不属于非法行为。因为一旦将这些行为定为非法，便会带来一些消极后果，涉及对人身自由和言论自由权利的限制，这样弊大于利。因此，在现实生活中，我们通常依靠家庭和朋

独立思考

洛杉矶教区红衣主教罗杰·马奥尼

罗杰·马奥尼于1962年被委任为牧师。多年来，他在加利福尼亚州立大学弗雷斯诺分校教授社会工作。他也帮助美国果园工人和果园主解决劳资纠纷。1985年，马奥尼成为罗马天主教洛杉矶教区的大主教，洛杉矶教区是全国最大的管区。六年后，他被擢升为红衣主教。大主教管区及其下属的288个行政区的使命之一便是给需要帮助的人施以援手——不问原因。在绝大多数信徒都是拉丁美洲人的管区，无论对于合法居民还是非法移民而言，教堂通常都是最后的庇护所。

2005年，美国众议员通过了一项议案，即《边境保护、反对恐怖主义和非法移民的法案》（H.R.4437）。这项法案规定为非法移民提供帮助属于违法行为，包括在流动厨房给他们分发食物这种慈善行为。红衣主教马奥尼提出抗议，认为政府没有权力规定像教堂这样的私人组织做慈善活动是非法行为，因为这已经超越了国会的权力界限。他特别指出，这项法案有悖于《圣经》的旨意，《圣经》要求我们"要帮助那些社会上最底层、最少数、最弱小的人"。*

马奥尼呼吁他所在管区的牧师和信徒拒不遵守这项法律，继续给那些需要救助的非法移民提供帮助，假如这项议案真的成为法律，也要做好充分准备进行公民不服从运动。成千上万的美国人都参与到反对这项议案的抗议活动中，最后这项议案未能通过国会的批准。《2007年综合移民改革法案》最终也未能成为法律。

讨论问题

1. 红衣主教马奥尼认为，H.R.4437法案是不公正的，你同意他的观点吗？（要了解议案的全部内容，请浏览http://thomas.loc.gov/home/multicongress.html。）给出你的答案并说明理由。

2. 列举一项你认为不公正的法律。你为什么认为它是不公正的？设计对该项法律提出抗议的策略。你的策略涉及公民不服从吗？请加以解释。

＊引自 "The Gospel vs.H.R.4437"，Editor letters, *New York Times*, March 3,2006,p A22

友来规范这些不道德行为。

尽管在我们违背道德规范时会面临文化上的谴责，但是只有法律才能承担起官方惩罚或罚款的责任。遗憾的是，并非所有的法律都是公正的。一项法律，如果它是歧视性的、有辱人格的或者侵犯个人基本自由，那么它就有可能是不公正或不道德的法律。比如，《吉姆·克劳法》规定在美国南部实行种族隔离以及其他歧视非裔美国人的形式都是合法的，这些法律本身就不公正。我们在第9章了解到，当道德关注与非道德关注之间存在矛盾时，包括法律规定，应采用道德优先原则。这也许需要我们进行法律抗议活动来反对不公正的法律，如果抗议无效的话，也可以采用不合作主义进行非暴力抵抗活动。

公民不服从（civil disobedience），是指公民采取一种积极的非暴力反抗行为，拒不遵守大家普遍认为不公正的法律，以达到改变相关法律或政府政策的目的。在民权运动中，罗莎·帕克斯在亚拉巴马州蒙哥马利市乘坐公共汽车时就对法律规定的"白人专座"采取了公民不服从的行为。20世纪三四十年代期间，印度对英国殖民政策采取了非暴力抵抗运动；后来的南非抵抗种族隔离制度斗争也采用过这种方式。自19世纪早期以来，美国从未间断各种不合作运动，包括帮助奴隶逃亡、抵制非正义的战争、抗议种族隔离政策、拒不服从部队征兵、释放实验室动物、对堕胎和缺乏堕胎渠道提出抗议，以及通过静坐罢工来反对挪用大学基金支持种族隔离制度。

1846年，美国作家、伟大的哲学家亨利·戴维·梭罗为了反对旨在扩大奴隶制版图的美墨战争，拒绝缴税，并因此入狱。尽管他的抵抗是短暂的（事与愿违，他的朋友拉尔夫·瓦尔多·爱默生替他支付了罚款，第二天他便被释放），但这是美国历史上公民不服从运动的第一个重要事件。1849年，梭罗发表了《论公民的不服从》，在文章中，他列出了公民不服从的四个标准。第一，我们应该只能使用道德的、非暴力的方式来达成自己的目标。这些方法包括联合抵制、罢工和非暴力反抗。第二，我们应该最先考虑通过法律途径来改变不公正的法律，比如给社论撰写者写信或者游说国会的参议员和众议员。第三，我们必须对自己采取的不合法行为予以公开。假如没有人知道我们正在违反法律，那么我们所做出的努力就不可能产生任何效果，不可能改变不公正的法律。第四，我们应该甘愿承担相应的后果，可能会遭到监禁、罚款、驱逐出境、失业或者社会谴责。

要参与公民不服从，我们必须从各个角度对自己的立场进行认真的、合乎逻辑的思考。我们需要做好充分的准备，不利用谬误或修辞手法去说服别人，而是要运用理由充足的论证，坚定自信地与人进行沟通。

参与公民不服从可能会导致我们入狱，甚至带来更糟糕的后果，因此在做出使用公民不服从的决定之前，我们需要退一步，批判性地分析整个局势，找出最有效的策略来抵制某项法律。这种策略可能涉及公民不服从，也可能不涉及。有些人也许会通过离开这个国家的方式来抵制某项不公正的法律。在越南战争期间，大约有9万所谓的"逃避兵役者"移民到加拿大，许多人直到今天仍然居住在那里。但是，因为他们选择不再待在美国，也没有将他们的抵抗行为公之于众，不像少数反对服兵役但选择留在美国并最后被监禁的人那样，所以他们的行为称不上公民不服从。

> 1846年，美国作家、伟大的哲学家亨利·戴维·梭罗为了反对旨在扩大奴隶制版图的美墨战争，拒绝缴税，并因此入狱。

2009年伊朗总统选举之后，一些和平抗议者遭到警察的攻击、毒打甚至被杀死。

总的来说，在美国，制定法律是立法机构的职责所在。我们作为普通公民，有多种途径可以参与法律制定的过程，包括直接与立法者联系、参加游说组织、提供志愿服务、实习以及在投票活动中发起倡议。当我们认为某项法律不公正时，我们还可以抗议或采取公民不服从行动。

美国政府的司法机构

美国宪法第三章规定要建立联邦政府的司法机构。开国者认为，司法机构，即法院系统是危险性最低的政府部门，因为法官通常是被任命的，而且是终身制。因此，法官不会像选举出来的官员那样承受来自大多数选民的压力。开国者也认为，法官需要选举出来的官员保护他们远离政治压力。

司法机构的作用

如果说立法者考虑的是制定什么样的法律，那么司法机构负责的是法律在什么情况下适用以及如何解释的问题。法院也有对刑事案件量刑以及在民事案件中判定损害赔偿金的权力。但是，司法机构没有执行法律或判决的权力。相反，它要依赖于政府的行政机构来执行审判决定。比如，美国联邦最高法院在布朗诉教育委员会一案（1954）中，最终裁定基于种族的学校隔离政策违宪，执法机构负责实施判决，取消多个学区内的种族隔离制，执行一体化教育。在20世纪50年代至60年代的很长一段时间中，艾森豪威尔总统和肯尼迪总统不得不使用联邦军队来强制人们服从废除种族隔离的命令。

美国联邦最高法院是全美最高级别的法庭。最高法院的职能是评价法律，废止联邦政府或州政府制定的任何违宪的法律。这就是著名的**司法审查**（judicial review）权。最高法院也对行政机构和国会进行监督。比如，

美国联邦最高法院法官。2005年布什政府委任约翰·罗伯特（第一排中间）为法院首席大法官。

1989年，国会通过了《国旗保护法》，规定凡是故意污损国旗的行为都是违法行为。抗议者认为，这项法律违反了宪法第一修正案对言论自由的保护。美国联邦最高法院对此表示同意，并在美国诉艾奇曼案（1990）中，判决该项法案违宪。

> 1989年，美国国会通过了《国旗保护法》，规定凡是故意污损国旗的行为都是违法行为。

证据规则

美国司法系统的一个显著特征，就是在审理案件的过程中允许控辩双方展开辩论。在民事案件中，一方通过辩论来控诉另一方；在刑事案件中，政府（代表人民）起诉刑事被告违反了法律。因为司法系统建立的基础是对抗性模式，司法程序要遵循严格的**证据规则**（rules of evidence）。这些规则的目的是确保"法律的实施是公正的……提高证据规则的合法性，最后达成弄清事实真相以及运用合理的程序做出决定的结果。"

证据规则可以禁止使用基于错误和谬误推理的断言。常见于冲突模式中的人身攻击（人身攻击的谬误）尤其是被禁止的。在联邦法院和州法院中，证人不诚实、不够格，其证言往往不予采信。此外，除非有证据表明，他们对事情真相确有了解，或者是该领域内可信任的专家，否则目击者也许不会为某个案件作证。轶事证据是被禁止的，除非在某些找不到目击者出庭作证的情况下（参见"分析图片：塞勒姆女巫审判案"）。

判定审判中的证据是否予以采信，对辩论进行理性思考，指导陪审员考虑证据规则，最终做出既公正又符合法律的决定，这些都是法官的责任。在法庭上，律师和法官的作用取决于他们提出和理解论据的能力。尤其是法官，需要非常熟练地对各方提出的论据进行解释，并且对它们的合理性和说服力作出判断。

由于陪审员有可能存在偏见，或者容易犯认知错误和做出错误推理，因此，法庭不能只是根据陪审员的意见做出判决。一方面，如果法官认为，案件中的某方律师试图通过错误推理来影响陪审员的意见，那么法官有权利指导陪审员在做出决定时忽视某些证据。另一方面，如果法官认为，陪审员做出的决定违反了证据规则，不能得到法律的支持，那么法官甚至可以直接驳回陪审员的决定。

法律推理与判例原则

法律推理也会用到我们在日常生活中经常使用的演绎论证和归纳论证。法律推理总是涉及归纳论证中的类比方法。这些类比经常采取先例的形式。在美国司法系统中，存在这样一种可能，法官会根据同一管辖区域更高级别法院对先前类似案件的审判作出回应，保持决定的一致性，即便法庭裁决事实上并不是法律。法律判例形式也就是所谓的**普通法**（common law），在某些情况下，可以追溯至中世纪的英格兰。普通法与法律或宪法修正案不同，它并非源自政府的立法机构，而是来自几个世纪以来众多法官对案件的审理结果，是基于先例的一种判例法体系。

判例法是很重要的，因为在一个公正的社会，法律的使用应该具有一致性和公平性。根据**先例原则**（doctrine of legal precedent），如果先前的法律案件与当前案例在关键方面很相似，那么当前案件就应该以同样的方式进行判决。但是，判例是在类比或归纳逻辑的基础上做出的，因此它们从来不是决定性的，只能是较强或较弱。它们也不会对国会产生约束力。在某些案例中，基于判例做出的判决也许会被以后的规则推翻。

要确定某个案件是否有法律判例，第一步是准备一份**案情摘要**（case brief）。这需要认真研究案例，并总结出关键细节。在列出关键细节之后，再寻找其他类似的说明同样规则的法院判决——比如，隐私权和支配权。最后一步是对类比做出评估。它们在哪些方面存在相似性？相似性程度有多高？你的案件有何不同？是否存在某些差异会弱化这一类比？每个案件运用了什么样的规则？对当前的案件做出同样的判决是否合理？

比如，在好消息俱乐部诉米尔福德中心学校案（2001）中，美国最高法院判决，宪法第一修正案禁止高中建立宗教组织，要求米尔福德中心学校将基督教的好消息俱乐部驱逐出校园。最高法院的判决是基于早期的两件具有里程碑意义的案件，分别是艾弗森诉教育委员会案（1947）和伊利诺伊州麦科勒姆诉教育委员会案（1948）。这两个案件都适用了托马斯·杰斐逊"政教分离"的思想。这些早期案件的最终判决都将宗教与公共教育分离开，基于此，法院最后决定，宗教组织应该与公共学校保持独立。

塞勒姆女巫审判案　证据规则是由司法部门确定的，目的是避免法院审判程序变成毫无事实根据的指控，以公众舆论和非理性情绪取代可靠的证据，就像1692年发生于美国马萨诸塞州塞勒姆镇的女巫审判案那样。法官斯托顿负责主持审判，而他是一个牧师，并没有接受过法律方面的专业培训。19个人，其中多数是女人，在缺乏有说服力证据的基础上被认定为使用巫术，并判处死刑。只有一个人被证明是无辜的，其余的人都被处以死刑。

在对塞勒姆审判程序的谴责中，波士顿牧师英克里斯·马瑟写道："10个巫术嫌疑人侥幸逃脱要好过1个无辜的人被冤枉。"马瑟是一位清教徒领袖，尽管他仍然相信巫师确实存在，但他也认为人们没有能力通过司法途径来找到他们。塞勒姆女巫审判案中的不当行为对美国司法系统的发展造成了深远的影响。这场审判引发的公愤，最终导致马萨诸塞州清教徒对法院的掌控走到了尽头，而且逐渐形成了当今司法体系中普遍使用的"无罪推定"原则。

讨论问题

1. 讨论证据规则的应用可能会对殖民地时期的美国塞勒姆女巫审判案的结果造成什么影响？
2. 想一想有没有这样的经历，你曾经冤枉别人，或者是你被别人冤枉做坏事。讨论如何使用证据规则来帮助你或冤枉你的人，做出更好、更公平的决定。

通常情况下，先前的判例对以后的法院判决而言是具有权威性的，除非有证据表明，先前的审理决定在某些关键方面与当前案件显著不同，或者有明显错误。先例必须是在合理和公正的基础上做出才是有效的。如果法律判例的判决违反了公正原则，那么就不会对法庭产生约束力。比如，1857年，美国最高法院在斯科特诉桑福德案的判决中，支持把奴隶当做私人财产的法律，大多数法官认为："宪法对奴隶属于私人财产有着明确而清晰的规定。"然而，这一规定违反了公正原则，因此，在以后的案例中不能作为先例。事实上，1865年，第十三条宪法修正案增加了禁止奴隶制度的条款。

在某些案件中，没有先例。这种情况经常出现在涉及新技术应用的案件中。比如，从互联网上下载或禁止下载是否违反了宪法第一条修正案对言论自由的规定？电子窃听是否违反了第四条修正案对"禁止不合理的搜查和扣押"的规定？

美国宪法历时已200多年，因此很难知道该如何去解释某些新设立的法律是否符合宪法。宪法中的条款是很久之前制定的，远在新兴技术出现之前，所以将这些条款用于解决当今社会的问题是非常困难的。比如，宪法第十四条修正案中关于平等保护的条款是否对女性合法堕胎予以保护？制定于1791年的第二条修正案是否允许个体公民拥有枪支？诸如此类的问题对宪法提出了质疑，其中某些条款是否已经过时，应该予以修订。

虽然最高法院在对案件进行判决时不采用陪审团，但是大多数低级别法院都采用陪审团（不包括上诉法院），那些会受到案件审理结果影响的公民或公民团体可以向法律顾问或"法庭之友"提交相关的情况介绍。法庭之友可以就某个案件向法庭阐述某种特定的观点，或者提醒法庭注意没有考虑到的问题或证据。

在美国，接受由同胞组成的陪审团的审判是基本的宪法权利之一。

陪审义务

与许多国家不同，在美国，陪审员在司法体系中扮演着非常重要的角色。美国宪法第六条修正案保障的基本权利之一是，被告有权由犯罪行为发生地的州和地区的公正陪审团予以审判。要成为陪审团的一员，必须具备两个条件，一是美国公民，二是年满18周岁。法庭从选民名单或选民与驾驶员混合名单中随机选择候用陪审员。为了保证陪审团的公正，必须随机选择陪审员，人们不能志愿承担陪审义务。有的人在一生中多次被邀请担任陪审员，而有的人则从未有过这样的机会。要了解更多关于陪审义务的信息，以及司法系统是如何运作的，请浏览网站 http://www.uscourts.gov/faq.html 或者 http://paperealm.com/jury/index.html。

对于高效的陪审员而言，良好的批判性思维能力是非常关键的。一项加拿大的研究发现，那些逻辑推理能力强的人是承担陪审义务的最佳人选。这些人也倾向于在陪审团的审议中占据主导位置，可以激励其他陪审员充分运用自己的批判性思维能力，而且能够为他人对这个案件的观点和分析提供积极的参考意见。换句话说，成为陪审员有可能提升我们的批判性思维技能。作为陪审员，除了受到案件本身以及那些在批判性思维能力方面更加优秀的人的影响之外，还会接受来自法官的指引，而这些法官接受过有关证据规则的专门的批判性思维能力训练。

政府的司法部门与法律如何解释密切相关。司法程序是按照证据规则和法律判例进行的，其中会涉及类比归纳推理。公民参与司法系统的方式之一是担任陪审员。

再想一想 >>

1. 民主制度的两种主要类型是什么？
   - 在直接民主制度下，所有的人都能够直接参与制定法律和管理自己。在代议制民主制度下，就像美国，人民是将权力赋予他们选举出来的代表。
2. 美国政府的三大机构分别是什么？
   - 美国政府的三大机构分别是行政机构、立法机构和司法机构。
3. 在美国，公民如何参与到政府管理过程中？
   - 公民参与政府管理的方式有：政治竞选活动、选举投票、游说立法者、参加游说组织、在政府部门实习、担任陪审员以及抗议不公正法律的公民不服从活动。

批判性思维之问

征兵制与《通用国家服役法案》(2007)

大多数国家不实行征兵制。美国的征兵制有一段悠久且充满矛盾的历史。反对者认为，征兵制侵犯了人们的自由权，降低了军队的质量和动力。他们还指出，征兵制是歧视性的，至少在制定之初是这样的，因为它给贫穷的年轻人带来不公平。支持者认为，服兵役是我们作为政治团体成员之一必须承担的责任。虽然服兵役会限制人们的自由，但是在危机时刻，战争能够保护这些自由。此外，征召而来的士兵，就像越南战争中的士兵，并不情愿参加非正义的战争，这对狂热政府或职业军队而言是一种监督。

1863年，美国国会通过了《联邦征兵法》，该法规定所有20~45岁的美国健康男子都必须服兵役。这项法律允许人们花钱雇佣别人代服兵役，或者付300美元的抵偿金免服兵役，为此纽约市发生了工人暴乱，强烈抗议这项不公平的法律和战争本身。

第一次世界大战期间，美国于1917年通过了《选征兵役法》。政府将征兵看做是战争期间提升军事力量的最公平、最有效的方式。为了避免遭到不公平的指控，这项法律禁止替代服兵役或支付抵偿金。除此之外，出于良心反对战争的人还可以选择非战斗的服役方式。尽管该法律在这些方面做出了改进，但仍然引发了公众的强烈抗议，因为这属于"强制性劳役"，违反了第十三条修正案关于奴隶制度非法的规定。1918年，美国最高法院裁定，征兵符合宪法规定，而且是一项"崇高的、至高无上的责任"。

二战期间，美国于1940年重提征兵制。1941年，服兵役的适龄人群扩展到18岁到38岁。当时大约有1000万美国男性由选征兵役局（SSS）选征入伍。尽管这部征兵法引起了和平主义者以及其他人的强烈抗议，期间也经历过几次中断，但它一直持续到1973年。在朝鲜战争中，150万人被征召入伍。

1969年，在越南战争期间，美国重新建立了采用抽签法的征兵制度。在适龄人群中，大约有60%的人没有服兵役，原因是他们在上大学，而上大学是免除或延期服兵役的合法理由，从而导致人们强烈抗议这种不公平。大约有9万违反征兵法的人逃到加拿大，在那里，作为移民的他们深受欢迎。美国征兵制于1973年结束，直至1980年，选征兵役制成为"重要备用制度"。当时，为了应对苏联入侵阿富汗，美国实行强制性征兵制，18~25岁的年轻人必须到SSS进行兵役登记。而且，有人提出了女性参军的问题。但是，国防部认为，不应该让女性进行兵役登记，因为部队不允许女性参加地面作战任务。

2003年，美国国会首次提出《通用国家服役法案》，用来应对伊拉克战争给职业部队带来的巨大压力。布什政府和国防部都表示反对这项法案，并提出更倾向于志愿兵役制。法案分别于2005、2006和2007年被重新修订和提出。总统巴拉克·奥巴马当时还是参议员，他投票支持该项法案。如果该法案最终能够通过，那么就会恢复征兵制，"每个美国公民（不管男女）和每个在美国定居的人，只要年龄在18~42岁之间，都有义务服为期两年的兵役"。年龄小于20岁的全日制高中生可以延期服兵役，那些极端贫困、身体有残疾或智力有障碍的人可以免除兵役，曾经在"部队光荣服务至少6个月的人"也可以免除兵役。对于那些由于道德伦理或宗教信仰而从良心上反对战斗或斗争的人，可以给他们安排非战斗性或民事性服务。

在下面的文章中，美国众议员查尔斯·兰赫尔和朗·保罗围绕《通用国家服役法案》和恢复征兵制的优点展开辩论。

恢复征兵制

美国众议员查尔斯·兰赫尔

> 纽约的查尔斯·兰赫尔自1971年以来一直都是美国众议院的民主党成员。在兰赫尔任职期间，他一直是《通用国家服役法案》的支持者，多次呼吁政府恢复征兵制。在下面的文章中，兰赫尔辩称，志愿兵役制是不公平的，它将过于沉重的负担强加在了少数人身上，而不是将保卫祖国的责任公平地分摊给所有的社会阶层。

我重提恢复义务兵役制的议案，并非因为我支持伊拉克战争或者支持总统关于升级这一冲突的计划。而是我认为，假如美国陷于危难之际，我们所有人，包括任何社会阶层的每一个人，都必须承担战斗的义务。

迄今为止，这种情况尚未发生。由于当下的兵役服务能带来经济利益，所以目前战斗在伊拉克的绝大多数士兵都是年轻人。他们入伍的主要动机是获取每年4万美元的津贴，而且还可以享受几千美元的奖学金来上大学。参军的年轻人一般来自失业率高的城乡社区，入伍前他们几乎没有任何机会实现他们的美国梦。我的同事，国会议员艾克·斯凯尔顿已经证实了这一点，并指出这些年轻人具有强烈的爱国精神。对此，我表示赞同。

也该是给所有的美国人——包括富裕阶层——提供一个机会证明其爱国精神的时候了。当国旗升起的时候，应该敬礼；当发生战争时，应该保卫祖国。义务兵役制能够实现这一切。

我的议案要求，战争期间，凡是年满18~42岁的美国合法居民都有义务服兵役，征兵数量由总统决定。未完成高中学业的学生可以适当延期，最大不超过20岁，20岁以后不得再延期。出于道义原因而拒服兵役者以及病人除外。该议案有一条永久性的条款，规定那些不用服兵役的人需要提供两年的民用服务，比如在海上、机场、学校、医院或其他机构。

我认为，支持伊拉克战争的每个人都会支持恢复义务兵役制。

昨晚，布什总统宣布，他打算再增援21000名美国士兵进驻伊拉克。美国军队已经达到极限，超过一半的战斗部队都部署在伊拉克。问题是，增援部队——包括战争进一步升级后可能需要的兵力——从何而来？

总统所说的21000名士兵不会是新兵。他们中的许多人目前已经在伊拉克战场上，而且将继续延长驻守时间。部署在伊拉克的25万士兵中，大多数人已经不是第一次被派往伊拉克，有些人已经多达6次。

自开战以来，有14000多名退役老兵——预备役成员——从工作岗位和家庭中被召回，投入到伊拉克战争中。在所谓的"避免损失"指令下，数千人驻守伊拉克的时间都被延长。

强制性地让这些名义上的志愿兵重复服役，不仅违反了与士兵所签订协议的宗旨，而且是对共患难原则残酷的、不公平的践踏，这在对战争的指控中却只字未提。

昨晚，布什总统向全国发出警告，美国需要为伊拉克战争作出更多的牺牲。然而，事实是，这种牺牲只是100多万服役的士兵和他们的家庭在付出。最终，3000名士兵牺牲，22000名士兵受伤致残。

然而，我们其余的人却未被号召作出任何牺牲。在美国战争历史上，不要求平民承担战争的代价，这还是第一次。举债发起战争，截止目前大约花费了5000亿美元，而且该数目仍在继续增加。我们把这些债务留给了子孙后代。

问题

1. 兰赫尔为什么重提《通用国家服役法案》？
2. 伊拉克战争在兰赫尔的推理中起着什么样的作用？
3. 根据兰赫尔的论述，现在年轻人入伍参军的主要动机是什么？
4. 兰赫尔的议案的基本结构是什么？
5. 针对国家服役法案的反对者，兰赫尔是如何作出回应的？

征兵：战争的可怕代价

美国众议员罗恩·保罗

共和党人罗恩·保罗自1996年以来一直担任美国得克萨斯州的众议员。保罗受过专业的医学训练，于1963~1968年期间在美国空军担任航空军医。在下面这篇文章中，保罗极力反对征兵，原因是大多数战争只会带来毫无意义的痛苦，将年轻人征召入伍的政策是不公平的，等同于强制性劳役。

战争的终极代价几乎总是自由的丧失。真正的反抗暴君统治的防卫战争和解放战争可能会维护或建立一个自由的社会，正如美国早期对英国殖民统治的反抗。但是，这样的战争少之又少。大多数战争是不必要的、危险的，给人们带来无谓的痛苦，没有任何益处。纵观古今，多数战争的后果是交战双方自由和生命的丧失。我们目前正在发起的这场战争恰恰就是这种毫无必要、危险的战争。为了赢得人民对非正义之战的支持，国家领导人不惜使用阴谋欺骗人民。

伍德罗·威尔逊总统在1916年选举中曾经承诺，保证不会让美国人民卷入欧洲战争中。然而几个月后，经过精心策划，他迫使、操纵国会对德宣战。最终美国未能幸免，还是加入了第一次世界大战。无论是一战之前的美西战争，还是之后的所有战争，美国总统都采用欺骗的手段来获取大众对非正义军事冒险行动的支持……

每提到战争，就会涉及欺骗。"服兵役是每个公民的普遍义务"计划再次抬头。当下战争的巨额花费已经令人瞠目结舌，再制定计划大刀阔斧地扩展人力成本，强迫那些与伊拉克人民无冤无仇，不想卷入这场战争的年轻男性（也可能包括女性）入伍参军，实在令人难以置信。

数千名美国人已经战死沙场，更有数万人受伤甚至致残，然而，还有千千万万的士兵将要经历新的、残酷的战争，饱受折磨，不知日后可能患上何种疾病。

我们被告知，我们必须支持政府对伊拉克发起的先发制人的战争，因为萨达姆·侯赛因拥有大规模杀伤性武器（以及打击基地恐怖组织）。据说，伊拉克给我们的国家安全带来了严重威胁。但是，事实证明，所谓的这些威胁并不存在。公民不支持入侵伊拉克似乎意味着反美和不爱国。

由于最初发起伊拉克战争的理由根本就不存在，政府便改变策略，声称战争的目的是帮助伊拉克建立西方式的民主国家，传播西方的价值观……

目前的复杂局势激发许多人呼吁战争升级，越来越多的部队被派往伊拉克。预备役军人和国民警卫队队员不能等着退役，也没有打算延长服役。我们几十年来一直坚持的外国干涉政策一时之间也不可能发生改变。如何赢得这场无法取胜的战争，这是一个亟需解决的问题。

为了扩充军队，国家有可能恢复义务兵役制。美国宪法十三条修正案明确禁止"强制劳动"，显然这条规定已经被多次视而不见，鲜有人愿意对即将到来的兵役制的合宪性提出质疑。

不得人心的战争需要征兵。志愿兵不复存在，他们也应该这么做。一场真正的、正义的保卫战能够唤起民众的支持。从长远来看，一个征召而来的、不幸的士兵的处境比过去的奴隶更好，因为"奴役"是暂时的。但是，从短期来看，服兵役更加危险，更加有辱人格，因为一个人被迫赔上生命，为根本不值得的理由而冒险。相比之下，奴隶是更安全的，因为奴隶主为了获得经济上的利益会保护他们的生命。让士兵身陷险境是可以接受的政策，而且这也是需要士兵的原因所在。然而，经常发生的是，那些经历过战争的士兵，最初受到尊敬，一旦战争结束，他们（包括男兵和女兵）很快便被遗忘。不久之后，伤员和病人也会遭受同样的命运，被忽视或遗忘。

有人说，美国在世界各地发起战争是为了促进和平，然而战争所付出的代价已经远远超出使世界变得更加美好的愿望。把促进自由当做实行征兵制的借口，这是有史以来人类所能想到的最荒诞离奇的想法！被迫服兵役，冒着生命和受重伤的危险来换取自由的生活，这毫无意义。谁又有权利牺牲别人的生命来实现某些不确定的价值？即便动机是好的，也不能说明强迫毫不相关的人服兵役是正当合理的。

有人说，18岁的年轻人有义务为祖国做贡献。这简直是一派胡言！很显然，与那些在毫无正当理由的情况下便被剥夺自由的18岁小伙子相比，一个50岁的"草鸡鹰派"（他发起战争，却将危险置于无辜的年轻人身上）对这个国家负有更大的责任。

所有的兵役都是不公平的。十八九岁的年轻人永远都不应该服兵役。兵役的本质决定了它势必是不公平的。所有的兵役制都会伤害到大多数弱势的年轻人，因为精英人物很快就会学会如何逃避战争。

战争的花费及其造成的经济损失是巨大的，不容低估。除了那些大发战争横财的人，战争永远不会带来经济利益。战争给人民带来的巨大灾难在于完全漠视了本国人民的公民自由权。众所周知，两次世界大战中，德裔美国人和日裔美国人都遭到了虐待。

但是，伴随征兵而来的真正的牺牲在于，强迫少数弱势年轻人去参战，而那些年龄大的人非但自己逃避危险，不去参战，而且还从军事胜利中为自己贴金，寻求荣耀。这些战争既毫无意义，又不合乎道德，而且在绝大多数情况下甚至都不是由国会宣布的。

假如没有征兵制，不得人心的战争则更难发动起来。

20世纪60年代和70年代早期，征兵制曾经一度衰微，越南战争便走向结束。最重要的是，我们不能依靠暴力来保护自由。一个自由的社会总是采取志愿兵役制。只有专制统治者才认为，迫使年轻人参加战斗，为荒谬的战争服役并不算什么。我确信，如果美国真的面临一场生存之战或保卫战争，将会得到每一个体格健全的美国人的支援。这绝非是过去一个世纪我们如此频繁地在远离家乡的地方发起的那种战争。

一个当选官员最糟糕的投票莫过于，支持制定征兵法发动非法战争，而他自己却玩花招逃避服役。但是，一个按照规定逃避服役的人有资格为避免不必要的战争而奔走，抗议征召所有其他人参军入伍。

一个乐于奴役一部分国民去参加非正义战争的政府，人民永远不会信任它能保护国民的自由。不管新保守主义如何花言巧语，目的永远无法证明手段的合理性。

问 题

1. 根据保罗的观点，大多数战争的终极代价是什么？
2. 当保罗说"每提到战争，就会涉及欺骗"，他意指什么？
3. 根据保罗的观点，为什么不得人心的战争需要征兵，而真正的保卫战和正义之战却不需要？
4. 为什么说就其本质而言，征兵是不公平的？
5. 保罗将奴隶制度与征兵制进行比较的基础是什么？

图书在版编目（CIP）数据

独立思考：日常生活中的批判性思维：第2版／（美）博斯 著；岳盈盈等译. — 北京：商务印书馆，2015（2023.12重印）

ISBN 978-7-100-11880-4

Ⅰ.①独... Ⅱ.①博...②岳...③翟... Ⅲ.①思维方法 Ⅳ.①B804

中国版本图书馆CIP数据核字（2015）第309355号

版权所有。未经出版人事先书面许可，对本出版物的任何部分不得以任何方式或途径复制或传播，包括但不限于复印、录制、录音，或通过任何数据库、信息或可检索的系统。

本授权中文简体字翻译版由麦格劳-希尔（亚洲）教育出版公司和商务印书馆合作出版。此版本经授权仅限在中华人民共和国境内（不包括香港特别行政区、澳门特别行政区和台湾地区）销售。

版权©2016由麦格劳-希尔（亚洲）教育出版公司与商务印书馆所有。

本书封底贴有McGraw-Hill公司防伪标签，无标签者不得销售。

权利保留，侵权必究。

独立思考：日常生活中的批判性思维（第2版）

〔美〕朱迪丝·博斯 著

岳盈盈 翟继强 译

刘冰云 责编

商 务 印 书 馆 出 版
（北京王府井大街36号 邮政编码100710）
商 务 印 书 馆 发 行
山东临沂新华印刷物流集团
有 限 责 任 公 司 印 刷
ISBN 978-7-100-11880-4

2016 年 5 月第 1 版　　开本 889×1194　1/16
2023 年 12 月第 11 次印刷　印张 23.75
定价：128.00 元